工艺致胜

——城市轨道交通设备系统安装工艺指南

天津工程咨询有限公司　组织编写

龙赤宇　王一飞　主　编

中国建筑工业出版社

图书在版编目（CIP）数据

工艺致胜：城市轨道交通设备系统安装工艺指南 /
天津工程咨询有限公司组织编写；龙赤宇，王一飞主编.
北京：中国建筑工业出版社，2024.10. -- ISBN 978-7-
112-30408-0

Ⅰ. U239.5-62

中国国家版本馆 CIP 数据核字第 2024U2Q862 号

影响轨道交通设备安装工程质量与设备安装工艺密切相关，尤其是在隐蔽工程和成品保护有太多需要提高的方面。目前实际施工中一些工艺做法不规范、不合理，已有图书资料也不系统、不完善，一方面遗漏关键环节，另一方面有许多过时和低效的工艺。为了提升行业的设备安装整体水平，本书是在各参建参编施工单位现有的企业标准、培训手册的基础上，结合多年工程建设经验，并补充了一些在国内尚属空白的先进工艺工法编制的。本书旨在系统、全面地阐述工艺工法，突出关键和既好又快的原则，来完善城市轨道交通相关设备的安装工艺。本书既可以作为现场施工、监理的指导手册，也可以作为各施工企业、监理企业的培训材料，同时也供高职、中专在技能培训教学中参考使用。

责任编辑：曾　威
责任校对：赵　力

工艺致胜——城市轨道交通设备系统安装工艺指南

天津工程咨询有限公司　组织编写
龙赤宇　王一飞　主　编
*
中国建筑工业出版社出版、发行（北京海淀三里河路 9 号）
各地新华书店、建筑书店经销
北京建筑工业印刷有限公司制版
北京中科印刷有限公司印刷
*
开本：787 毫米×1092 毫米　1/16　印张：32¼　字数：803 千字
2024 年 12 月第一版　2024 年 12 月第一次印刷
定价：**118.00** 元
ISBN 978-7-112-30408-0
（43677）

编写单位及编写人员名单

编写单位	参编人
天津市地下铁道集团有限公司	龙赤宇、谢卫华、赵春柳、阮庆军、孟杰、陈敏、刁亚宁、黄婷、郑剑锋、姚勤隆、高航、秦晋、孙虹
天津工程咨询有限公司	王一飞、秦莉、马富刚、王博弘、董轩、张军
中发建筑技术集团有限公司	邓立军、刘南、曹磊明
中国铁路通信信号上海工程局集团有限公司	郝建刚、邹庆林、吴健
中铁建大桥工程局集团电气化工程有限公司	曲正、王磊
中铁电气化局集团第一工程有限公司	车合三、刘立根、魏巍、李文鹏
中铁十二局集团电气化工程有限公司	杨宪军、王勇军
中国铁建电气化局集团有限公司	刘晋明、洪攀峰
天津安装工程有限公司	陈玉国、刘洋
上海市安装工程集团有限公司	李中领、孙涛
中铁武汉电气化局集团有限公司	刘威、吴有祥
天津津利堡消防装饰工程有限公司	张志勇、高华立
河北省安装工程有限公司	王树明、蒲攀峰
通号城市轨道交通技术有限公司	谢怡、曹项项
交控科技股份有限公司	谷宇、李巍峰
天津京雄科技工程发展有限公司	刘瑞申、俞昕
奥的斯电梯（中国）有限公司	杨海

各章节编写分工情况

	章节编号	主编	副主编	编写人员
1	城市轨道交通专业划分基本概念	王一飞	秦莉	龙赤宇、车合三、杨宪军
2	设备安装工艺基本条件	王一飞	秦莉、姚勤隆	龙赤宇、车合三、刘立根
3	通用安装工艺	王一飞	秦莉、姚勤隆	龙赤宇、刘立根、魏巍、张军
4	变配电系统施工安装工艺	龙赤宇	杨宪军、刘晋明	阮庆军、车合三、王磊、刘立根、王勇军、李文鹏、赵春柳
5	柔性接触网系统施工安装工艺	龙赤宇	曲正、车合三	刘立根、王勇军、吴有祥、刘晋明
6	刚性接触网系统施工安装工艺	龙赤宇	刘晋明、刘威	车合三、阮庆军、王磊、刘立根、王勇军
7	接触轨系统施工安装工艺	龙赤宇	王磊、杨宪军	黄婷、刘立根、吴有祥、洪攀峰
8	环网电缆施工安装工艺	龙赤宇	赵春柳	秦晋、李文鹏、车合三、刘立根、杨宪军
9	杂散电流系统防护施工工艺	龙赤宇	车合三	阮庆军、王磊、刘立根、洪攀峰、王博弘、魏巍
10	动力照明系统施工工艺	龙赤宇	姚勤隆	赵春柳、黄婷、秦晋
11	通信系统施工工艺	龙赤宇	郝建刚、谢卫华	陈敏、邹庆林、魏巍、王博弘、董轩
12	信号系统施工安装工艺	龙赤宇	谷宇、谢怡	邹庆林、郑剑锋、曹项项、李巍峰
13	综合监控系统施工安装工艺	龙赤宇	谢卫华、郝建刚	邹庆林、王博弘、孙虹、马富刚、魏巍
14	自动售检票系统施工安装工艺	龙赤宇	谢卫华	邹庆林、孙虹
15	FAS系统施工安装工艺	龙赤宇	刘瑞申、高华立	张志勇、刘洋、孙涛
16	站台门系统施工安装工艺	王一飞	邓立军、李中领	刁亚宁、刘南
17	通风空调系统施工安装工艺	王一飞	邓立军、王树明	孟杰、刘南、曹磊明、孙涛、刘洋、蒲攀峰、张军
18	给水排水系统施工安装工艺	王一飞	陈玉国、李中领	邓立军、高航、刘南、曹磊明
19	消防施工安装工艺	王一飞	张志勇	高航、高华立、刘洋、孙涛、张军、俞昕
20	综合支吊架施工安装工艺	王一飞	马富刚	刘南、孟杰、曹磊明、张军
21	电梯与电扶梯施工安装工艺	王一飞	秦莉	杨海、龙赤宇、刁亚宁、马富刚

前　言

随着中国城镇化的发展，城市轨道交通已经成为我国各大中城市交通出行的主要方式，截至 2023 年，我国大陆地区开通城市轨道交通运营线路的城市已达 55 个，合计 244 条线路，运营总里程已超过 10841km，目前尚有约 6350km 的城市轨道交通处于建设阶段，而已经获得建设规划批复的线路约有 7000km，可以说城市轨道交通在我国已经发生了翻天覆地的变化，对现有的城市交通结构产生了重大影响。如今，城市轨道交通已经从"量"的剧增逐步向"高质量发展"转变，技术提升有着广阔的空间。城市轨道交通从传统的体量型发展，到"质变"的建设品质提升，再到融合高科技技术的"智变"的智慧化发展格局，已经成为行业内各位同行所形成的共识。然而，城市轨道交通高质量发展不能仅仅依靠于"智慧城轨"与"绿色城轨"的赋能，更重要的是需要提升质量的内涵。

回顾城市轨道交通的建设历程，我们发现，在已经投入运营和正在建设的绝大多数的城市轨道交通长期处于紧张的"赶工"状态，这与我国城市轨道交通所共识的发展策略相比是矛盾的，而质量提升的缓慢既不能满足城市轨道交通发展的需要，也必然会给运营安全和社会安全带来一定程度的隐患，同时也成为轨道交通高质量发展的障碍。切实提升城市轨道交通的施工安装质量，既是国策所需也是行业自身发展的迫切需要。以往我们常常指责城市轨道交通的建设主体责任者，为了达到缩短工期的目的，不惜以牺牲质量和投资作为代价，形成了城市轨道交通发展的弊端，但随着地铁建设经验的不断积累，我们也发现，造成工程质量不高的原因不仅是工期的影响所造成的，也和其设备安装工艺密切相关，尤其是在很多隐蔽工程和成品保护方面，我们有太多的方法需要发展和提高。很多设备安装只要工艺优化到位，不仅可以提升安装施工质量，同时也能在一定程度上有利于工期和投资的兑现。"良好的设备安装工艺既是质量保证的首选，又是相对程度上保证工期的前提"已经成为越来越多从业者的共识。在多年的建设管理中，我也发现了这样一个有趣的现象，就是全国从事城市轨道交通设备安装的施工企业绝大多数是央企，即便如此，其工艺做法也大不相同，甚至大相径庭，而且每一家施工企业的工艺做法都或多或少地存在着瑕疵，甚至存在某些施工企业对某种专业的工艺工法处于茫然不知的状态。以前有过类似关于城市轨道交通的设备安装方面的专业书籍，但一方面不系统、不完善，另一方面缺乏关键环节，再一方面存在着过时低效的工艺描述。为了提升行业设备安装的整体水平，我从 2019 年开始和同事以及天津工程咨询有限公司王一飞等参与天津地铁建设的同行们一起，在各参建、参编施工单位现有的企业标准、培训手册的基础上，结合多年工程建设的经验，补充多个在国内尚属空白的工艺工法，并通过在地铁建设的工程实践中检验和尝试，编制出本书，旨在通过本书从系统、全面的角度出发，突出关键环节、突出在"既要干得好又要干得快"背景下的工艺工法，来完善城市轨道交通相关设备的安装工艺。

用于设备安装的工艺其实有很多，而且始终处于发展和提高之中，本书所描述的工艺也并不意味着就是最先进、最完善的最优方式，不排除存在更好的工艺做法。对于有些专业，本书给出了关于工器具和施工人员配备的建议，但这些建议也不是一成不变的，需要结合现场的具体情况来灵活安排。本书所起到的作用，旨在通过抛砖引玉来推动全国城市轨道交通设备系统工程建设质量的进一步提升。

由于城市轨道交通涵盖的设备非常多，一些不太常用的设备如燃气辐射供暖、消防水炮、自动人行道等，以及一些新型设备，如非晶合金变压器、飞轮储能装置等的安装工艺没有纳入本书的编写中，而且重点放在以地下铁道、高架线路、地面线路为背景，以轮轨为运行方式的城市轨道交通，其他如空中列车、跨座式独轨、磁悬浮等交通方式未在本书体现。

本书既可以作为现场施工、监理的指导手册，也可以作为各施工企业、监理企业的培训材料，同时也供高职、中专在技能培训教学中参考使用，其他形式的轨道交通如存在某些专业的相似性时，亦可作为参考。

这里特别要感谢车合三、邓立军、张志勇三位朋友，他们编写的内容很多都是具有独创性的，所编写的工艺既新颖又实用。此外，还要感谢天津工程咨询有限公司在编辑、出版方面都做了大量的组织工作，同时也感谢所有的参编人员，本书的完成离不开他们的无私奉献。

由于水平有限，而且很多工作又是在业余时间完成的，参编人员大多数都是第一次参与写书，所以本书编著的内容难免有错、漏以及水平不足之处，也恳请读者批评指导，以实现中国城市轨道交通设备系统建设水平的共同提高。

龙赤宇

目　　录

1 城市轨道交通专业划分基本概念

　　城市轨道交通工程专业众多而复杂，在相关的国家标准和行业标准中也有着不同的划分方式，不同地域的专业归属也有着各自的习惯。即便如此，无论是对于城市轨道交通的初学者来说，还是对于具有丰富经验的从业者来说，建立起较为清晰的概念是非常必要的，这样不仅有助于完善城市轨道交通行业的知识体系，同时也有助于读者形成大局观意识，即便本书给出的概念存在不足或者缺陷，也可以在批评的声音中不断地完善和改进，从而避免落于含混不清、概念模糊的怪诞中，直至陷入巴纳姆效应。

　　城市轨道交通的专业划分，按照大类可分为土建、设备和运输。其中土建主要包括线路、限界、建筑、结构、人防、装修、轨道、路基，轨道专业和装修专业在某些城市则划分在了设备中；设备主要包括车辆、通信、信号、供电、自动售检票、警用通信、安防、安检、民用通信、综合监控、环控、给水排水、消防、火灾自动报警、环境与设备监控、乘客信息、门禁、电梯、站台屏蔽门等，在某些城市中乘客信息、门禁被纳入通信专业中，安防、安检被纳入警用通信，在设有综合监控专业时，不再单独设置环境与设备监控；运输主要包括客流预测、运营组织、控制中心、车辆段/停车场、交通接驳、地铁保护等专业，而控制中心、车辆段/停车场又包含各自的土建工程和设备工程。此外，环境保护、运营服务、公共安全、节能、国产化等内容则伴随各个专业得以体现。需要补充说明的是，鉴于征地拆迁、工程筹划和经济等非工程技术类的性质，故没有做专业划分归属。表 1-0-1 给出了城市轨道交通的专业划分。

表 1-0-1　城市轨道交通专业划分表

		牵引与制动
	车辆	整车
	限界	
	线路	
城市轨道交通	轨道	
	路基	
	人防	
	建筑	
	装修	
	高架结构	

城市轨道交通	地下结构	
	疏散平台	
	声屏障	
	通风空调与供暖	通风
		空调
		供暖
	给水与排水	给水
		排水
		污水处理
	供电	系统设计
		主变电所
		变电所
		接触网（轨）
		环网电缆
		电力监控
		杂散电流防护
		供电车间
	通信	传输
		无线
		公务电话
		专用电话
		视频监控
		广播
		时钟
		办公自动化
		电源及接地
		集中告警
	警用通信	安防
		公安通信
		公安办公自动化
		安检
		周界警告
	民用通信	
	信号	正线信号
		场段信号

城市轨道交通	自动售检票	
	火灾自动报警	
	综合监控	
	环境与设备监控	
	乘客信息	
	门禁	
	控制中心	建筑与装修
		结构
		常规机电设备
		工艺
		楼宇自动化
	电梯	自动扶梯
		垂直电梯
		自动人行道
		残疾人升降平台
	站台屏蔽门	
	消防	水消防
		气体灭火
		高压细水雾
	车辆基地	站场
		建筑
		工艺维修
		常规机电
	交通衔接	
	地铁保护	

从表1-0-1中的专业划分可以看出，城市轨道交通的专业特点不仅是专业众多，而且专业之间还存在着相互交叉、相互融合的特征，且划分方式也因地域不同而呈现各自的不同。本书主要从设备类的各专业角度来编制其安装工艺，不包括人防、装修、轨道专业的设备内容，而且由于车辆的产业性质归属于产品制造业，因此本书也不包含。车辆段／停车场主要工艺维修设备的安装工艺因其生产制造商的不同而存在较大差异，制造商一般都能提供对应的安装指导，因此在本书中也不再描述。装修工程中的设备安装可以参考类似设备的安装工艺。

2 设备安装工艺基本条件

按照设计文件要求并满足设备的安装条件，使设备能够正常使用并处于最佳运行状态，是设备安装的基本要求。长期的工程实践证明，由于人类犯错天性的存在，工程实施中各种影响因素的共同作用，以及墨菲定律自然法则的揭示，设计图纸难以确保100%正确，但是即便如此，也要遵循"按照图纸进行施工"的基本原则进行设备安装，安装前在读懂并了解设计意图之后还要充分了解被安装设备的基本性能，当遇到图纸与现场情况不符时或者依据安装者多年累积的工程经验和基于城市轨道交通建设的常识，对设计文件存在疑问时应及时与设计方或设备厂商进行沟通，取得共识后在不违反国家相关标准所涉及的强制性条文情况下方可施工安装。

车站内设备房间无论是站台层还是在站厅层，其地面应当是水平的，有些地铁在站台层设计时，通常设置有排水坡，但到了设备安装区就不能再设排水坡了，如果发现有排水坡，应当及时提出，交由土建整改。

2.1 现场勘查工艺

在获得施工图纸后，施工安装前应当对安装的现场条件进行勘查，验证图纸与现场的对应性，并重点勘验预留预埋条件是否符合图纸要求，以期判断能否达到设备使用条件的需求，对于线缆管路的安装，要进行沿路径的梳理与标记，记录并解决沿路径的障碍物或断点，由于城市轨道交通往往处于抢工状态，当难以提供良好的设备安装条件时，应单独制定特殊的安装方案和安装后的成品保护方案。

2.2 施工图会审

施工图会审是施工前的重要步骤，施工安装企业在获得施工图后应即刻开展施工图会审，施工图会审一般由项目部的工程部组织，施工班组以及参与安装的全员应当参与，施工图会审应当包括理解施工图及相关文件、分解工程内容、熟悉安装要求、提出疑问、建立并完善施工组织设计。

2.3 设计交底

设计交底是在建设单位的组织下开展的一项工程技术活动，设计、施工、监理以及供货单位和有着工序接口关系的其他参建方均应当参与，设计单位在设计交底的过程中应当就设计意图、工程实施中的重点、安装注意事项作出说明，安装施工单位应当就图纸会审中产生的疑问与其他各方进行交流，制定达成一致意见的解决方案，并形成各自的交底记录。

2.4　施工准备

施工准备是施工安装开始前的后勤保障，包括施工组织设计、施工工法确定、施工方案的确定、工程筹划、接口配合、施工材料准备、乙供设备进场、安装设备到场、施工工具准备、搭建临时加工车间、工人培训考核等内容，随着 BIM 技术的逐步推广，设备专业的安装还增加了 BIM 环节的确认。

2.5　安装督导工艺要点

2.5.1　基本概念

按照设备采购合同或者设备安装合同，一些较为重要的或具有较为特殊的设备产品制造商，在大面积安装实施前，需要向设备安装人员提供对该设备的安装建议、安装示范、安装流程、安装工具操作、安装工艺等服务的过程，被称为"安装督导"。

2.5.2　安装督导基本工作流程

安装督导的基本工作流程见图 2-5-1。

图 2-5-1　安装督导基本工作流程

（1）知识培训：包括设备产品的基本概念、基本功能和用途、安装工艺的讲解、重点环节、错误安装示例。

（2）安全教育。

（3）工具检查与工具准备。

（4）安装工具的操作与示范。在安装前需要对安装人员如何操作工具进行培训，督导人员负责对安装工具如何操作进行示范，并指导安装人员熟练操作工具。对于一般工具，则忽略该步骤。

（5）安装示范，需要在现场对该设备进行示范安装。

（6）安装监督与错误纠正，必须让安装人员掌握安装过程，对于理解偏差予以纠正。

（7）出具督导意见，对被督导人员是否能够熟练掌握该设备的安装工艺予以评价，不能达到要求时，应重新监督，直至合格为止。

2.5.3 对督导人员的要求

（1）携带经公司授权签字的安装督导指导书或操作手册。

（2）经过安全培训，熟悉轨道交通行业的安全知识。

（3）携带专用工具。

（4）对本设备具有丰富的安装经验和熟练的操作使用经验。

2.5.4 对培训人员的要求

（1）安装工具的准备，较为特殊的安装工具除按合同规定由设备制造商提供以外，需要提前纳入设备安装单位的施工前采购计划，并确保在安装实施前到达现场。

（2）培训人员的准备，熟悉设备特点，最好具有该设备的安装经验，否则应提前了解该设备的主要特点、安装重点环节和重要工艺。

（3）需要进行安装该设备的安全培训。

2.6 工艺的样板与示范

对于城市轨道交通工程来说，虽然项目大多数具有相似性，但同时都是不可复制的，而且一般都存在新人第一次从事施工安装的情况，而且对于工程项目来说，不论作业人员是否具有丰富的工程经验，也有必要在现场实施过程中就整体工程项目开展样板安装的示范，通过样板安装既可以检验安装人员的安装能力和安装效率，纠正不正确的做法和错误的操作，还能通过样板工程使得管理人员了解工艺的实质内容，做好全线示范作用的同时，起到相互学习的作用。样板可以根据项目情况与专业特质，恰当选择线（段）、站（点）、（部）位。

2.7 安全防护通则

城市轨道交通安全风险主要体现在行为安全上，除此之外还有地质安全、天气安全等，但一般发生的概率较低，这里重点讨论行为安全。对于行为安全来说，往往伴随着高处坠落、高处坠物、中毒、窒息、机械机具伤害、触电、雷击、火灾、水淹和行车事故等风险因素，因此应从下面几个方面加以防范和预警。

（1）严格遵守安全纪律和安全操作规程。能机械化作业的，尽量避免人工作业；能在地面实施的，尽量避免高处作业；设备设施操作前，必须确保人员全部处于安全区域。

（2）所有作业人员均须经过岗前安全培训并颁发上岗证。进入施工现场要正确佩戴安全帽及防护用品。

（3）严禁酒后、毒后或其他精神、行为不正常的作业人员施工。

（4）施工现场孔洞较多，要注意"四口"与临边防护，搬运物品时要注意观察脚下情况。

（5）施工区没有栏杆的地方要补做防护栏，高空下方要拉防护网。施工时要时刻注意，走路时要远离边缘，搬运东西时要谨慎慢行，时刻注意脚下空洞，在此处施工时严禁互相打闹。

（6）搬运重物前，应规划好运输路线，并确认运输中的安全措施是否到位。

（7）高空作业时，必须穿防滑鞋，安全带系好并挂于高处；严禁在高空蹦跳、穿越；禁止抛接物品。作业时要悬挂安全带，移动式脚手架要安装防护栏。非移动时段，脚手架底部滚轮应将抱箍卡住，以防溜车。

1）高空作业时，施工人员严禁同时在同一侧面进行安装作业；监护人员撤至安全范围（约2m）以外。

2）高空作业所使用的安全带、脚扣、安全帽必须经鉴定合格后，才能进入现场使用。

3）个人安全防护用品的使用必须规范、正确。

4）高空作业的工具、材料必须采用绳索上下传递，严禁抛掷。

5）遇雷雨、大雾、大风等恶劣天气禁止登高作业。

（8）交叉作业时，除做好个人防护外，还要保证他人安全，同时派专门人员监管，以防人身伤害事故发生。

（9）施工时所用的机械设备必须完好，并设专人管理，定期对设备进行检查、维修、保养，使设备在正常状态下运行，减少噪声排放。施工现场使用的各种电气设备及电线电缆均要定期检查绝缘，避免触电事故。

（10）对于施工过程中产生的粉尘，应采取洒水降尘、挡风等措施避免粉尘飞扬，影响视线。

（11）动火作业时，作业区内必须有相应的消防设施和消防责任人。

（12）雷电天气时远离高处与防雷接地装置。

（13）轨道交通送电后，进入带电区域必须严格遵守带电区相关管理规程。

（14）进入坑、井等长时间无人进入的狭小空间前，应先行通风，一般通风时长15min为宜，通风后用蜡烛或仪器检验，确认安全后方可进入。油漆、酸、碱液和其他有毒有害物质不能随意丢弃，并随撤场一并撤出，避免造成火灾或水体、土地污染。

（15）设备外包装拆下后，如有铁钉等尖锐物时，应及时用榔头将尖端敲向侧面后向下堆放，避免被尖锐物扎伤。

（16）施工现场用电要防止触电，使用临时电时要严格执行三相五线制，时刻注意检查电源线和设备是否漏电，发现立刻采取措施。安装或拆除临时用电工程，必须由持证电工操作。电气设备的金属外壳必须按临时用电接地制式与专用保护接地（或接零）线连接，钢管脚手架必须可靠接地；手持电动工具及电焊机、切割机等建筑机械应有专人负责定期检查和维修，有接地（或接零）和漏电开关保护，且符合一机一闸一插座的规定。

（17）轨行区作业时，必须严格按照作业票规定的内容、区域、时间进行。作业人员必须穿着具有荧光效果的防护服，佩戴安全帽以及其他劳保用品。作业班组需在沿轨道方向的前后各100m处布置安全员。隧道小曲线半径线路较长时，可在钢轨上设置响墩，但人员撤场时需一并撤走。

3 通用安装工艺

3.1 防火封堵工艺

本节工艺重在建立起基本的防火封堵工艺的基本概念和基本做法，只有建立起良好的基础，才能在后面的其他专业章节中了解到更进一步的工艺细节。

设备类的防火封堵主要体现在各类光缆、电缆埋管、线槽以及桥支架，风管、水管、气灭管等线管类别的防火封堵。目前国标《建筑防火封堵应用技术标准》GB/T 51410 已经出台，规范了各种类别的防火封堵要求，在遵循本书的同时，也可以参考《建筑防火封堵应用技术规程》CECS 154、图集《地铁工程机电设备系统重点施工工艺——管、线、槽防火封堵》14ST201-1 和《电力工程电缆防火封堵施工工艺导则》DL/T 5707。

由于设备安装局部空间狭小紧凑，有些部位在设备安装后难以实施防火封堵，对于这部分工程的安装应提前施划，需要提前做好楼板下防火隔板的预留，预留孔隙不超过20mm。

3.1.1 基本原则

（1）防火封堵的常用材料包括：防火隔板、阻火包、防火密封胶、无机堵料、柔性有机堵料、防火密封漆、阻火包带、阻火圈等，此外还有阻火模块、防火复合板等新型工艺材料。

（2）防火封堵前应当将施工残留物、垃圾、杂物等清理干净，并用皮老虎或电动气吹清理浮尘。

（3）防火隔板一般安装在防火楼板的下层，防火隔墙的两端，以及盘、柜、箱体的内部。其尺寸一般要大于孔洞边缘的 80～100mm，柜内则一般大于 50mm。

（4）当所需封堵填充的孔洞较大时应先行实施土建结构封堵，再实施防火封堵，以确保有足够的强度。

（5）由于活塞风的作用，轨行区防火隔板的固定应采取角钢＋膨胀螺栓的防水固定防火隔板，不能用膨胀螺栓直接固定，其他场合则可以采用膨胀螺栓进行固定。

（6）预留孔洞的封堵应在现场做好标记，对于长度超过 600mm 的孔洞，封堵时应埋有 4 号钢丝。

（7）各类阀门应避开防火封堵位置。

（8）各类线缆在封堵前应检验其许可弯曲半径在合理范围内。

3.1.2 穿越楼板的防火封堵

3.1.2.1 工艺流程

工艺流程见图 3-1-1。

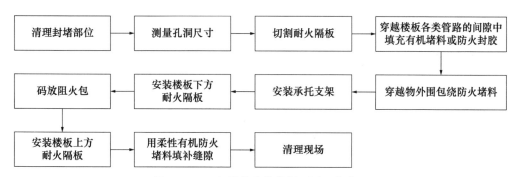

图 3-1-1 一般管线穿越楼板通用工艺流程

3.1.2.2 工序要求

（1）清理封堵部位时，应当将建筑垃圾、上道工序施工遗留物以及每边长度不少于 1500mm 范围内的穿越物清理干净，并用皮老虎或电动气吹将该处的封堵部位以及被封堵物清理一遍，不能残留混凝土浮浆、碎块等异物。

（2）对于采用 UPVC、PE、PPR 等非 A 级不燃材料的水管，除按照防火封堵标准的要求设置阻火圈等以外，还应当在楼板下侧 1500mm 范围内喷涂防火涂料，防火涂料可采用防火漆，干膜厚度不小于 2mm。

（3）码放阻火包时应交叉错缝堆砌。

3.1.2.3 图示

穿越楼板的防火封堵效果如图 3-1-2 所示。

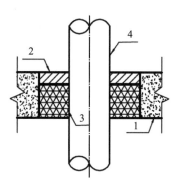

图 3-1-2 穿越楼板的防火封堵示意图
1—混凝土楼板；2—防火封堵材料；3—背衬材料；4—管道

3.1.3 侧穿隔墙的防火封堵

3.1.3.1 工艺流程

工艺流程见图 3-1-3。

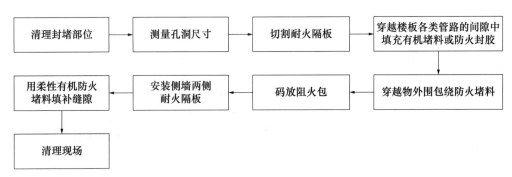

图 3-1-3　一般管线穿越侧墙通用工艺流程

3.1.3.2　工序要求

（1）清理封堵部位时，应当将建筑垃圾、上道工序施工遗留物以及每边长度不少于 1500mm 范围内的穿越物清理干净，并用皮老虎或电动气吹将该处的封堵部位以及被封堵物清理一遍，不能残留混凝土浮浆、碎块等异物。

（2）对于采用 UPVC、PE、PPR 水管等非 A 级不燃材料的水管，还应当在每侧各 1500mm 范围内喷涂防火涂料，防火涂料可采用防火漆，干膜厚度不小于 2mm。

（3）码放阻火包时应交叉错缝堆砌。

3.1.3.3　图示

穿越侧墙的防火封堵效果如图 3-1-4 所示。

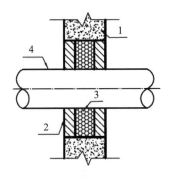

图 3-1-4　穿越侧墙的防火封堵示意图
1—混凝土墙；2—防火封堵材料；3—背衬材料；4—管道

3.1.4　电缆桥架的防火封堵

3.1.4.1　工艺流程

工艺流程见图 3-1-5。

3.1.4.2　工序要求：

（1）电缆桥架的穿墙方式参考 3.1.3。

（2）此电缆桥架的封堵方式既包括强电也包括弱电专业。

（3）清理封堵部位时，应当将桥架及电缆每侧长度不少于 1500mm 范围内清理干净，电缆中间接头也需避开封堵部位。

（4）先码放桥架单层处的阻火包，再码放层间阻火包。

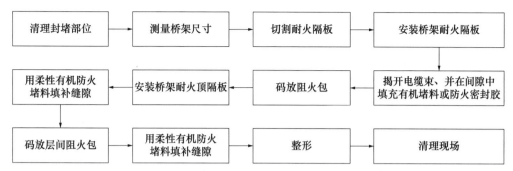

图 3-1-5　电缆桥架防火封堵工艺流程

3.1.4.3　图示

电缆桥架防火封堵效果如图 3-1-6 所示。

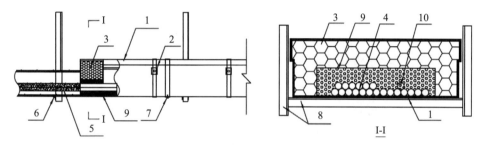

图 3-1-6　电缆桥架防火封堵示意图

1—阻燃槽盒；2—槽盒附件（扎带及卡扣）；3—阻火包；4—柔性有机堵料或防火密封胶；5—防火涂料；
6—连接螺栓；7—固定螺栓；8—吊架及托臂；9—柔性有机堵料；10—备用电缆通道

3.1.5　盘柜下进线防火封堵

3.1.5.1　工艺流程

工艺流程见图 3-1-7。

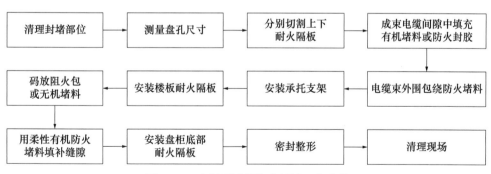

图 3-1-7　盘柜下进线防火封堵工艺流程

3.1.5.2　工序要求

（1）清理封堵部位时，应当将建筑垃圾、上道工序施工遗留物以及楼板下方长度不少于 1500mm 范围内的电缆清理干净，并用皮老虎或电动气吹将该处的封堵部位以及被封堵物清理一遍，不能残留混凝土浮浆、碎块等异物。

（2）楼板下方电缆1500mm范围内喷涂防火涂料，一般可喷涂防火漆，干膜厚度不小于2mm。

（3）码放阻火包时应交叉错缝堆砌。

（4）预留盘柜的孔洞参考此方式进行封堵，楼板下方的防火隔板需用角钢或槽钢固定，上方可用花纹钢板代替防火盖板。

（5）柜内柔性有机防火堵料应高于耐火隔板20mm。

3.1.5.3 图示

盘柜下进线防火封堵效果如图3-1-8、图3-1-9所示。

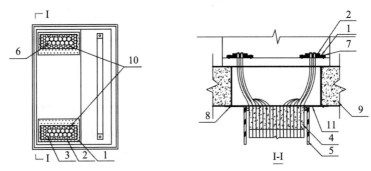

图3-1-8 盘、柜、箱采用防火复合板封堵示意图（下进线）

1—防火复合板；2—柔性有机堵料；3—柔性有机堵料或防火密封胶；4—防火涂料；5—电缆桥架；
6—电缆；7—螺栓；8—膨胀螺栓；9—楼板；10—备用电缆通道；11—耐火隔板

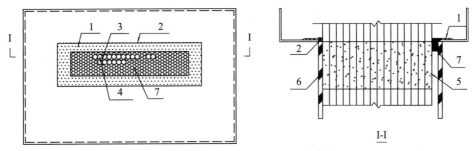

图3-1-9 盘、柜、箱采用耐火隔板、柔性有机堵料封堵示意图（下进线）

1—柔性有机堵料；2—耐火隔板；3—柔性有机堵料或防火密封胶；4—电缆；5—防火涂料；
6—电缆桥架；7—备用电缆通道

3.1.6 盘柜上进线防火封堵

3.1.6.1 工艺流程

工艺流程见图3-1-10。

3.1.6.2 工序要求

（1）电缆束外围绕包防火堵料的厚度应不小于20mm。

（2）耐火隔板的外围应大于电缆桥架法兰边缘50mm。

（3）当电缆开孔较大而电缆数量偏少时，可将电缆向一侧集中，另一侧码放阻火包。

（4）电缆桥架中有机堵料的绕包高度应不小于50mm。

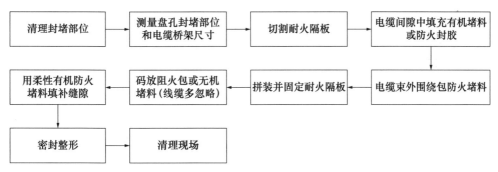

图 3-1-10　盘柜上进线防火封堵工艺流程

3.1.6.3　图示

盘柜上进线防火封堵效果如图 3-1-11 所示。

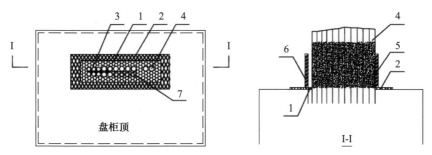

图 3-1-11　盘、柜、箱采用耐火隔板、柔性有机堵料封堵示意图（上进线）

1—柔性有机堵料；2—耐火隔板；3—柔性有机堵料或防火密封胶；4—电缆；5—防火涂料；
6—电缆桥架；7—备用电缆通道

3.1.7　盘柜侧进线防火封堵

3.1.7.1　工艺流程

工艺流程见图 3-1-12。

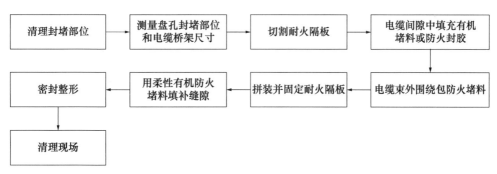

图 3-1-12　盘柜侧进线防火封堵工艺流程

3.1.7.2　工序要求

（1）电缆束外围绕包防火堵料的厚度应不小于 20mm。

（2）耐火隔板的外围应大于盘柜开孔和电缆桥架法兰边缘 50mm。

（3）当电缆开孔较大而电缆数量偏少时，可将电缆向一侧集中，另一侧码放阻火包。

（4）电缆桥架中有机堵料的绕包厚度应高于隔板 50mm。

3.1.7.3 图示

盘柜侧进线防火封堵效果如图 3-1-13 所示。

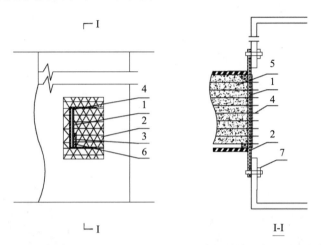

图 3-1-13 盘、柜、箱采用耐火隔板和柔性有机堵料封堵示意图（盘柜侧进线）

1—柔性有机堵料；2—耐火隔板；3—柔性有机堵料或防火密封胶；4—电缆；5—防火涂料；

6—备用电缆通道；7—螺栓

3.1.8 电缆竖井防火封堵

3.1.8.1 工艺流程

工艺流程如图 3-1-14 所示。

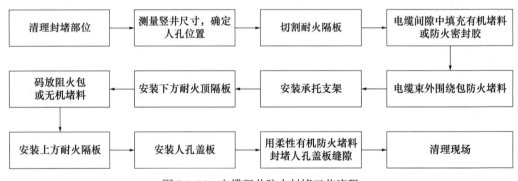

图 3-1-14 电缆竖井防火封堵工艺流程

3.1.8.2 工序要求

（1）清理封堵部位时，应当将建筑垃圾、上道工序施工遗留物以及每边长度不少于 1500mm 范围内的穿越物清理干净，并用皮老虎或电动气吹将该处的封堵部位以及被封堵物清理一遍，不能残留混凝土浮浆、碎块等异物。

（2）电缆竖井封堵处两侧电缆各 1500mm 范围内喷涂防火涂料，一般可喷涂防火漆，干膜厚度不小于 2mm。

（3）大型电缆竖井设有检修爬梯时，需在爬梯的上方留有 800mm×600mm 孔洞，并设盖板，盖板处仍需封堵。

（4）码放阻火包时应交叉错缝堆砌，高度不小于 240mm。

（5）承托支架的支撑力应不小于 100kg。

3.1.8.3　图示

电缆竖井防火封堵效果如图 3-1-15 所示。

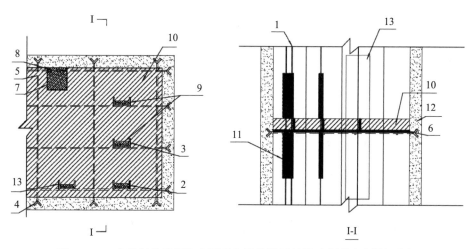

图 3-1-15　电缆竖井采用防火隔板和无机堵料封堵示意图（砖混竖井）

1—电缆；2—柔性有机材料或防火密封胶；3—柔性有机堵料；4—预埋件；5—承托支架；6—耐火隔板；7—人孔；8—爬梯；9—备用电缆通道；10—无机堵料；11—防火涂料；12—电缆竖井壁；13—电缆桥架

3.2　布线基本工艺要求

（1）布线勘查，在布线前应按照设计图纸给定的路径进行实地勘查，勘查过程中需要特别注意路径上的障碍和可能存在的安全隐患，做好标记的同时核准线缆长度和盘留位置。如工程采用 BIM，应与 BIM 设计成果进行核对。

（2）布线中容易出现的问题：线缆拉伸张力超过允许值；线缆弯曲半径超过允许值；线缆压缩；线缆架空或垂直悬挂时，因自重产生的损伤；线缆打结缠绕。

（3）布线前做好功能设计，统计路径上的阻水环、阻火圈、防水圈的使用量，并做好标记。

（4）电缆连接接头或光纤熔接处应做好标记和技术文件的文字记录，文字记录可直接在施工图上标记，用以完成竣工图基本工作。

（5）合理设置线缆转弯半径，尤其对于箱、柜内的接线，既要做到长度截取合理，还要注重理线顺序先大后小、先粗后细。

（6）合理设置跨越建筑伸缩缝、变形缝的布线方案，桥架支架要有伸缩节，线缆要有余量，水管、电管设置软连接。

（7）穿管、穿线槽前需核对电缆容量，电缆容量是指电缆外截面与电缆根数的乘积总和，一般情况下，无论是强电还是弱电专业，无论是电缆排管还是线槽，线缆容量不超过桥架或线槽总容量的 40%；穿管时，单根电缆管的内径应不小于电缆外径的 1.5 倍，成束线缆穿管时，管内径应不小于线缆总径的 2.5 倍。

（8）线缆在交叉跨越时，应提前确定相互避让方案，明确最小间距和先后工序。

（9）垂直布线时，线缆的最大垂直高度需得到生产厂家的技术确认，超过允许值时应依厂家提供的技术方案施工。

（10）所有布线均应在转弯处、穿墙、穿越楼板、孔洞、线槽、柜内侧、柜外侧等处设有挂牌，注明专业、线别、编号等，挂牌需耐火、防水。

3.3 防水封堵工艺

主变电所进出电缆、车站出入口进出通信电（光）缆、车站风亭进出排水管、空调水管等处，以及车辆段电缆排管等处需设防水封堵。

3.3.1 穿墙套管的防水封堵

套管穿墙处的防水封堵应与土建工程同步浇筑完成，补充打孔如水钻孔时或风亭排水管空调水管等处的防水封堵如下：由外向内或由上向下分三步封堵，实施前注意先将孔洞处清理干净并除锈，待防锈漆干透后用净水冲洗，第一步向孔的中间处填入掺有低碱低渗膨胀剂的细石混凝土，并捣固填实；第二步在墙外侧或楼板上方完成重复第一步过程并填实抹平；第三步在墙内侧或楼板下方完成最后封堵。

3.3.2 套管内的防水封堵

套管内部电缆与套管间的防水封堵做法是先除去套管内部的杂物，除锈后涂防锈漆，防锈漆干透后完成电缆敷设，墙或楼板间先实施防火封堵，之后套管外至电缆 15cm 处，用树脂、防火剂做成斜坡形状的大小头，做好后再用绝缘油纸、防水胶布把套管、防火胶泥做成大小头将电缆包裹严密，排除孔隙。给水排水管、空调水管的做法与此相同。

3.4 防潮工艺措施

地铁环境潮湿严重，有时空气湿度能够达到 99.9%，而且安装阶段，受多种因素影响，地铁空调难以投入使用，而且伴随的粉尘量也大，在这种环境条件下，设备的损坏率、报废率是非常高的，因此在安装后投运前做好设备的防潮措施也是地铁工程的独有特点之一。防潮措施通常有以下几种：

（1）安装前应认真阅读设备安装手册，安装过程中不能为了施工方便而丢弃、损坏设备、管线上设置的阻水环、密封圈等，缺失时应及时补充更换。

（2）在安装环境条件改善前，应将容易受潮损坏的部件拆下来，放在干燥的库房内单独保管。部件的拆卸与保管应当得到设备厂商的确认和指导，也可以在工厂发货前提出分开包装、运输的要求。

（3）受工期因素影响时，应加大室内通风除湿条件，箱体、柜体内可放置干燥剂，并做到每天更换，确保干燥剂处在未饱和的工作状态中。

3.5 吊装运输工艺

3.5.1 施工准备

3.5.1.1 准备条件

（1）施工劳动组织配备、材料准备及机械工机具准备完成。

（2）现场临时电源满足作业需要。

3.5.1.2 劳动组织

施工负责人 1 人、技术员 1 人、安全员 2 人、安装工 10 人（依据吊装运输施工实际需要配备）。

3.5.1.3 主要机械设备及工器具配置

如表 3-5-1 所示。

表 3-5-1 机械设备及工器具配置表

序号	名称	规格	单位	数量	备注
1	吊车	30t	台	1	依据吊装设备重量及现场吊装场地情况配置
2	货车	9~12m	台	1	依据实际需要配置
3	轨道车		台	1	依据实际需要配置
4	捯链	10t，8m	个	1	依据实际需要配置
5	捯链	5t，8m	个	2	依据实际需要配置
6	捯链	3t，8m	个	4	依据实际需要配置
7	捯链	3t，9m	个	2	依据实际需要配置
8	U 形环	3t	个	6	依据实际需要配置
9	U 形环	5t	个	4	依据实际需要配置
10	撬杠 32×1.7	45 号六方工具钢	把	6	
11	千斤顶	10t 手摇齿条式	个	4	
12	钢丝绳	直径 15mm，6×37＋1	m	45	
13	钢丝绳卡头	直径 15mm	个	32	
14	白棕绳	直径 16mm	m	60	
15	克丝钳	8 寸	把	1	
16	滚杠	直径 108×6×2000（mm）	条	12	
17	大锤	18 磅	把	1	
18	设备液压运输车	2t/5t	台	2	
19	铝合金人字梯	8m	付	2	
20	电锤	220V	把	1	

3.5.1.4 物资材料配置

如表 3-5-2 所示。

表 3-5-2 物资材料表

序号	名称	规格	单位	数量	备注
1	钢板	2m×1.2m×0.005m	张	实需	
2	木方		根	实需	
3	木板		块	实需	
4	三防布		m²	实需	

3.5.1.5 作业条件

（1）设备水平拖运前首先复核吊装口、搬入口、设备运输通道能否满足设备几何尺寸，否则应在设备运输通道上，根据设备的尺寸事先采取留洞或墙身缓砌的措施。然后根据设备布置图，贯彻"先内后外"的原则编制设备到货计划后有序进行，以避免同一设备多次拖运造成重复劳动。设备运输就位后再通知砌筑单位补砌。

（2）设备运输路径需核对设备的转弯半径要求，转弯半径的计算要考虑机械、工具及施工人员的操作空间，避开困难路径和危险地段。

（3）每次设备运输前对场内设备运行通道进行清理，确保通畅。

3.5.2 工艺流程

工艺流程如图 3-5-1 所示。

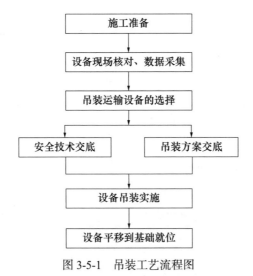

图 3-5-1 吊装工艺流程图

3.5.3 施工要点与要求

3.5.3.1 轨道运输方案

将各生产厂商生产的设备由生产工厂直接运输至中心料库（或指定地点），当轨道车运输计划批复后，将设备从中心料库（或指定地点）运抵轨道专业铺轨基地，在铺轨基地（吊装地点）将设备装到轨道平板车上，然后在运输当天由轨道车将设备运至目的地，具体的运输流程如图 3-5-2 所示。

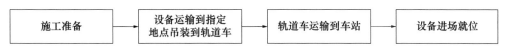

图 3-5-2 轨道车运输设备进场工艺流程图

（1）轨道车运输

在铺轨基地（吊装地点）将设备吊装到轨道平板车上捆扎牢固，以每小时 10～20km 的速度前进，一直到目的地的设备进出口处。

（2）设备进场就位

1）顶升设备

用千斤顶顶升设备后在设备下加垫木方，直到设备底座槽钢的底面高出站台顶面的垂直距离能穿入滑轨。如果轨道平板车的顶面高度高于站台，则顶升设备至设备底座槽钢与平板车的间距能穿入滑轨即可。

2）安装滑轨

在设备下穿入滑轨。在滑轨下加垫木板，保证滑轨水平。如果轨道车高度低于站台，在轨道车侧滑轨下加垫木板。如果轨道车高于站台，在站台侧滑轨下加垫木板。在滑轨两侧端头位置安装定位杆，拧紧定位螺母，保证滑轨的轨距和设备室两根导轨的间距相等，防止设备在牵引过程中滑轨出现横向移动。落下设备前在滑轨顶面上涂抹黄油。

3）安装捯链

在滑轨牵引侧端头套挂 500mm 长的钢丝绳套，在设备牵引耳或底座槽钢上套挂 U 形环。将捯链的链条放至适当长度，链条的挂钩挂牢 U 形环，手摇葫芦的吊钩挂牢 500mm 长的钢丝绳套，并稍稍张紧链条，见图 3-5-3。

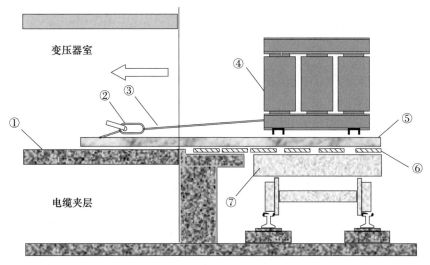

图 3-5-3 设备轨道车进场就位示意图

①—变压器室地坪；②—捯链；③—链条；④—变压器；⑤—滑轨；⑥—木板；⑦—运输平板车

4）牵引滑行

检查牵引系统的钢丝绳套、挂钩等是否固定牢靠。检查滑轨是否稳固。

每4个人一组摇动捯链，使设备在滑轨上缓慢滑行。滑行中要注意设备的行进方向，随时纠正偏移，设备滑到基础中心位置时，停止牵引。

5）位置调整就位

检查设备长、短轴中心是否与基础中心线重合，设备的主体应呈水平状态，偏差不得超过 ±20mm。

用捯链牵拉设备调整方向侧的牵引耳，使设备在基础上进行少量位移，达到修正偏差的目的。调整完毕后用千斤顶顶起设备，撤除滑轨，落座就位。

6）重量小于2t的小型设备就位，针对不同设备重量结合场地情况，可用手动液压叉车或地滑车运输。

在轨道车与站台间搭放一块厚度大于5mm的钢板，站台地面装修完工后，需要在站台的一侧钢板与站台顶面间垫软布，以保护站台地面。

小型设备进场就位如图3-5-4所示。

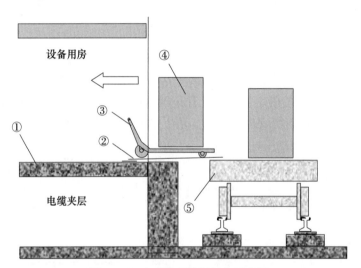

图 3-5-4　小型设备进场就位示意图

①—设备室内地坪；②—钢板；③—手动叉车；④—设备；⑤—轨道车

（3）质量安全控制点

1）设备的起重、装卸和进场运输，必须听从负责人指挥，施工人员各负其责。起重工作开始前，先检查起吊、搬运工机具及绳索的质量是否良好，接头处是否牢固，不符合要求的严禁使用。

2）根据施工图纸确定设备的安装方向，设备吊装落地时确定前后运输方向应与就位位置一致。

3）滑轨下方地面应坚实平整，滑轨顶面上涂抹黄油，用两台顶升设备时速度应均匀一致，一次顶升高度不能大于120mm，设备升起过程中两侧应及时衬垫木方或木板。

4）在滑轨两侧端头安装定位杆，拧紧定位螺母，保证滑轨的轨距和设备室两根导轨的间距相等，防止设备在牵引过程中滑轨出现横向移动。

5）设备在装卸和运输过程中，防止严重的冲击和振动。运输前、后设备外观应无损伤、连接应无松动，绝缘良好。

6）设备在运输及进场过程中，准备好防雨及防潮材料及措施。

7）设备安装作业场所要有足够的照明设施，并保持施工场地的清洁卫生。

3.5.3.2　吊装运输方案

当轨道运输方案无法实施时，可利用土建施工单位在各车站设置的供运输材料的垂直通道（如风井、盾构井等）开展运输，但这些通道为临时通道，一旦车站结构完成后便可能会因封顶的需要而封闭，因此运输方案需提前筹划。

根据设备的到货计划，结合车站土建的施工进度，利用车站的临时运输通道作为吊装孔，提前进行设备的进场运输，设备进场后暂时在设备用房或设备用房附近的其他位置作临时存放，待设备用房施工装修完毕并交付后，再进行设备的就位安装。

此方案对于设备的供货时间有严格的要求，应及时通过各种渠道了解专项供应材料设备的供货期，及时与供货商联络，积极协助本工程的建设单位、设备集成服务部门及时做好设备出厂验收、现场验收工作，确保设备能在各车站土建单位运输通道封闭前运至现场。对于乙供的材料设备，选定产品后即刻展开材料设备的订货工作，确保能按时到场。

（1）工艺流程

工艺流程如图 3-5-5 所示。

图 3-5-5　吊装运输工艺流程图

（2）道路勘查

运输前应提前勘查由中心料库至设备安装地点的道路情况，包括行车路径上路面、桥涵的高度、承载能力，沿途的交通信号设施状况，并提前与相应交管部门联系，确保设备能按时运抵。

（3）施工现场清理平整

在车站设备临时运输通道（吊装孔）附近，考虑到车站土建单位经常通过该通道运输材料设备，通道口附近一般有相应的车辆停放场地，但如果实际条件不具备时，应提前安排人员进行场地的整理、平整，吊车、汽车的进场运输路径应夯实。

如土建相关设施妨碍车辆进场，联系相关单位在准备运输的前一天完成相应设施的拆除、移动工作。

（4）设备运输

设备装车前应再次检查运输车辆和吊装的车辆的车况、油料等是否满足要求，确认天气情况，在天气恶劣的情况下禁止装车。

设备运输按照事先调查好的行车路线行进，运输速度不得超过每小时 40km，在设备运输过程中，在设备运输车辆前后应各有一辆车进行护送。

（5）开箱检查

运输车辆、吊车停放到位后即可组织设备的开箱检查，并做好记录。应将设备吊到地面上进行开箱，开箱人员应听从统一指挥，等吊车将设备放稳、吊臂移开设备后，才能进行开箱检查。开箱时严禁用撬棍、起钉器等铁器碰撞设备外壳。拆卸下的包装板应及时搬到安全的地方，除防钉子扎脚伤人外，还需注意防火，木板上的钉尖用铁锤敲偏并朝下放置。

开箱检查应核实设备的型号、规格、数量是否与设计图纸相符，紧固螺栓是否紧固，防护油漆是否完整。

检查设备的装箱单、合格证、使用说明书、备品备件等资料是否齐全，并由专人做好收集工作，妥善保管。

（6）设备吊放

开箱完毕后即可组织设备的起吊工作，设备吊装时，钢丝绳应拴在设备的专用吊装耳环上。起吊时应听从专人指挥，起吊速度应均匀。设备起吊离开地面100mm时应停止起吊，检查设备是否平稳，钢丝绳是否牢固等，检查无误后再重新起吊。

将设备吊起后按照设计图纸的要求调整好高低压侧方向，顺吊装孔平稳落下，放在地下已摆放好的滑轨上。设备吊装如图3-5-6所示。

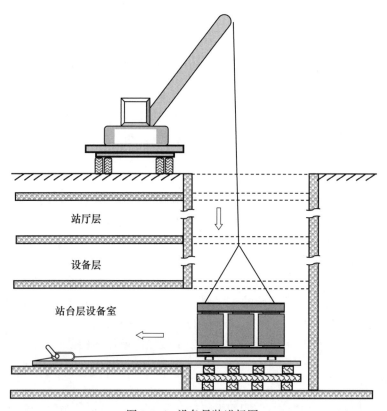

图 3-5-6　设备吊装进场图

（7）牵引滑行

在滑轨牵引侧端头套挂500mm长的钢丝绳套，在设备牵引耳或底座槽钢上套U形环。

将捯链的链条放至适当长度，链条挂钩挂牢 U 形环，捯链的吊钩挂牢 500mm 长的钢丝绳套，并稍稍张紧链条。

检查牵引系统的钢丝绳套、挂钩等是否固定牢靠、滑轨是否稳固，与其相关的平台是否牢固。

每 2 个人一组摇动捯链，使设备在滑轨上缓慢滑行。滑行中要注意设备的行进方向，随时纠正偏移。设备滑到基础中心时，停止牵引。

（8）设备就位

如果此时设备室的设备基础型钢以及土建单位的地面已施工完毕，直接用千斤顶顶起设备，撤除滑轨，落座就位。

若设备装有滚轮，设备就位后，将滚轮用能拆卸的制动装置加以固定。

检查设备长、短轴中心是否与基础中心线重合，设备的主体应呈水平状态，偏差不得超过 ±20mm。

用捯链牵拉设备调整方向侧的牵引耳，使设备在基础上进行少量位移，达到修正偏差的目的。

如果此刻设备室的设备基础型钢尚未安装，则设备只能临时就位。用千斤顶顶起设备，在设备的本体底座槽钢的四个角用木方垫平，撤除滑轨，然后将设备落放在木方上。

3.6　焊接工艺

有关焊接方面的工艺有很多专业的教材、书籍和标准，用于培训时，最好选择那些更为专业的学习材料，本章所述内容仅仅是为了方便管理人员、监理人员以及新员工入职所需了解的基本内容。

3.6.1　手工电弧焊焊接施工

3.6.1.1　施工准备

（1）准备条件

1）施工劳动组织配备、材料准备及机械工机具准备完成。

2）现场临时电源满足作业需要。

（2）劳动组织

施工负责人 1 人、技术员 1 人、安全员 1 人、安装工 2 人、焊工 1 人。

（3）主要机械设备及工器具配置

如表 3-6-1 所示。

表 3-6-1　主要机械设备及工器具配置表

序号	名称	规格	单位	数量	备注
1	电焊机	BX-300	台	1	
2	电焊面罩		个	1	
3	焊工手套		副	1	

续表

序号	名称	规格	单位	数量	备注
4	绝缘鞋		双	1	
5	配电箱		个	1	如总包单位提供，则应使用具有漏电保护功能的单独回路
6	灭火器		只	2	

（4）物资材料配置

如表 3-6-2 所示。

表 3-6-2　物资材料配置表

序号	名称	规格	单位	数量	备注
1	电焊条		kg	实需	根据实际需要
2	防锈漆		kg	实需	根据施工图纸
3	富锌漆		kg	实需	根据施工图纸

3.6.1.2　工艺流程

工艺流程如图 3-6-1 所示。

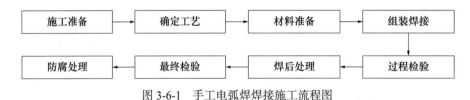

图 3-6-1　手工电弧焊焊接施工流程图

3.6.1.3　施工操作工艺

（1）一般要求

1）焊接应在构件组装质量经检查合格后进行。

2）焊条使用前，应按质量证明书的规定进行烘焙；低氢型焊条经过焙烘后，应放在保温箱内随用随取。

3）新的钢种和焊接材料，应先进行焊接工艺性能和物理性能试验，符合要求后方可施焊。

4）普通碳素钢厚度大于 50mm 和低合金钢大于 36mm，施焊前应进行预热。预热温度控制在 100～150℃；预热区在焊道两侧，每侧宽度均应大于焊件厚度的 2 倍，且不小于 100mm。

5）多层焊接宜连接施焊，每一层焊道焊完后应及时清理检查，清除缺陷后再焊。

6）要求焊成凹面的贴角焊缝，必须采取措施（如船位焊接）使焊缝金属与母材间呈凹形平缓过渡，不应有咬肉和弧坑。

7）焊缝出现裂纹时，焊工不得擅自处理，应查清原因，制定出修补工艺后方可处理。焊缝同一部位的返修次数，不宜超过两次。当超过两次时，应返工。

8）严禁在焊缝区以外的母材上打火引弧。在坡口内起弧的局部面积应熔焊一次，不得留下弧坑。

9）角焊缝转角处宜连续绕角施焊，起落点距端部宜大于10mm；角焊缝端部不设置引弧和引出板的连续焊缝，起落弧点距焊缝端部宜大于10mm，弧坑应填满。

10）对接接头、T形接头、角接接头。十字接头等对接焊缝及对接和角接组合焊缝，应在焊缝的两端设置引弧和引出板，其材质和坡口形式应与焊件相同。引弧和引出的焊缝长度应大于20mm。焊接完毕应采用气割切除引弧和引出板，并修磨平整，不得用锤击落。

11）要求等强的对接和丁字接头焊缝，除按设计要求开坡口外，为了确保焊缝质量，焊接前宜采用碳弧气刨刨焊根，并清理根部氧化物后再进行焊接。

12）焊接完毕，焊工应清理焊缝表面的熔渣及两侧的飞溅物，检查焊缝外观质量。检查合格后，应在工艺规定的焊缝及部位打上焊工钢印备查。

（2）焊接方法

1）平焊焊接

平焊应先选择适合的焊接工艺、规范、焊接电流、焊接速度、焊条直径、焊接电弧长度等，通过焊接试验，验证后再正式施焊。

焊接电流：根据焊件厚度、焊接层次、焊条型号、直径、焊工熟练程度等，选择合适的焊接电流，一般焊条直径3.2mm，焊接电流为（30～40）d（单位为A，d 为焊条直径）；焊条直径4～6mm，焊接电流为（40～55）d（单位为A）。

焊接速度宜保持等速，保证焊缝厚度、宽度均匀一致，从面罩内看烙池中铁水与熔渣，以保持相等距离（2～4mm）为宜。

焊条直径应根据被焊件厚度确定，一般焊件厚度3～5mm用直径3.2～40mm的焊条；焊件厚度4～12mm用直径4～5mm焊条；厚度大于等于13mm用直径4～6mm焊条。

焊接电弧长度根据所用焊条的型号而定，一般要求电弧长度稳定不变，酸性焊条以4mm长为宜，碱性焊条以2～3mm为宜。

焊条角度根据网焊件的厚度而定。焊条角度有两个方向，一是焊条与焊接前进方向的夹角，一般为60°～75°；二是焊条与焊件左右的夹角，有两种情况：当两焊件厚度相等时，焊条与焊件的夹角均为45°；当两焊件厚度不等时，焊条与较厚焊件一侧的夹角应大于焊条与较薄焊件一侧的夹角。

平焊起焊应在焊缝起焊点前方15～20mm处的焊道内引燃电弧，将电弧拉长4～5mm，对母材进行预热后带回到起焊点，把熔池填满到要求的厚度后，方可开始向前施焊。焊接过程中因换焊条等原因停弧而再行施焊时，应将熔池上的熔渣清除干净，再按以上相同方法引弧焊接。

每条焊缝焊到末尾时，避免在末端火弧，应将弧坑填满后，往焊接方向的相反方向带弧，使弧坑留在焊道里边，以防出现咬肉。

整条焊缝焊完后清除熔渣，经焊工自检无问题，方可转移部位继续施焊。

2）立焊焊接

立焊操作工艺过程与平焊基本相同。在相同条件下焊接电流宜比平焊电流小10%～15%。

采用短弧焊接，焊弧长一般为 2～4mm。

焊条角度水平面角度与平焊相同；焊条与坐直面应形成 60°～80°，使电弧略向上，吹向熔池中心。

每条焊缝当焊到末尾，应采用挑弧法把弧坑填满，将电弧移至熔池中央停弧。严禁将弧坑留在端部。同时，应压低电弧、变换焊条角度，使焊条与焊件垂直或电弧稍向下吹，以防止咬肉。

3）横焊焊接

横焊基本操作工艺过程与平焊相同。焊接电流比同条件的平焊的电流小 10%～15%。

采用短弧焊接，电流长度宜为 2～4mm。

横焊焊条角度应向下倾斜，其角度为 70°～80°，以防止铁水下坠。根据两焊件的厚度不同可适当调整焊条角度。焊条与焊接前进方向的夹角为 70°～90°。

4）仰焊焊接

仰焊基本操作工艺过程亦与立焊、横焊相同，焊接宜用小电流短弧焊接。

焊条与焊件的夹角与焊件的厚度有关，焊条与焊接前进方向呈 70°～80°。

（3）减少焊接变形措施

1）放足电焊后的收缩余量；避免强制装配。

2）大型构件，尽可能先用小件组焊之后，再进行总装配焊接。

3）选择合理的焊接次序，以减小变形，如桁架先焊下弦，后焊上弦；先由跨中向两侧对称施焊，后焊两端。

4）尽量使焊缝能自由变形，大型构件焊接应由中间向四周对称进行。

5）几种焊缝施焊时，先焊收缩变形较大的横缝，后焊纵向焊缝；或先焊对接焊缝，而后焊角焊缝。

6）对称布置的焊缝应由成偶数的焊料同时对称施焊。

7）焊接长焊缝时，宜采用分段（或分中）退步焊接法，或分层分段退步焊接法；减少分层次数，采用断续（间隔）施焊。

8）对主要受力节点，采取分层分段轮流施焊，焊第一遍宜适当加大电流，减缓焊速；焊第二遍避免过热，以减小变形。

9）防止随意加大焊肉，引起过量变形和应力集中；构件应经常翻动，使焊接弯曲变形相互抵消。

10）对角变形采用反变形法，在焊接前将焊件在变形相反的方向加以弯曲或倾斜，以抵消焊后产生的变形；H 型钢翼缘板在焊接角缝前，预压反变形，以减少焊接后的变形值。

11）钢板 V 形坡口对接，焊前将对接口适量垫高，使焊后基本变平。

12）焊接时在台座上或在重叠构件上设置简单的夹具、固定卡具或辅助定位板，强制焊件不产生翘曲或减少残余变形。

（4）焊接变形的矫正

1）火焰矫正：是利用氧乙炔焰对构件的变形部位进行局部加热，利用金属热胀冷缩的物理性能，用钢材冷却时产生的冷缩应力来矫正变形。加热方式有点状加热、线状加热和三角形加热等，火焰加热温度一般为 700°，不应超过 900°，加热应均匀，不得有过热、过烧现象。

2）机械矫正：系用机械力的作用矫正变形。板料变形用多辊平板机矫正；对型钢变形多用型钢调直机矫正；现场多用撑直机、千斤顶、弯轨器等矫正变形。

3）人工矫正：系用人工锤击焊缝方法，锤子用木质，如用铁锤时应设平垫，亦可配合火焰加热，然后放在平垫上，在凸面部位垫上平锤，再用大锤趁热敲打矫正。

3.6.1.4　质量标准

（1）保证项目

1）焊条的型号、接头所使用的钢板、型钢质量均应符合设计要求，并有出厂质量证明书。

2）焊工必须经过考试合格，并有相应施焊条件的合格证，考核日期必须有效。

3）钢结构承受拉力（Ⅰ级）或压力（Ⅱ级）焊接接点，要求与母材等强的焊缝必须经超声波、X射线探伤检验，其检验结果必须符合设计要求、施工规范的规定和钢结构焊接的专门规定。

4）钢材焊接接头的机械性能试验结果必须符合专门规定。

（2）基本项目

1）焊缝应全部进行外观检查。普通碳素结构钢应在焊缝冷却到工作地点温度以后进行；低合金结构钢应在完成焊接24h以后进行。

2）焊缝表面爆波应均匀，不得有裂纹夹渣、焊瘤、烧穿、弧坑、针状气孔和熔合性飞溅等缺陷，气孔、咬边必须符合施工规范的规定。

（3）焊接常见质量问题及对策

1）焊缝尺寸偏差大（焊缝长度、宽度、厚度不够，中心线偏移、弯折等）；焊接时应认真按焊接规范操作，严格控制焊接部位的相对位置，合格后方准焊接，焊接时要精心操作。

2）焊缝出现裂纹：焊接时应选择合理的焊接工艺参数和焊接次序，一端焊完再焊另一端，必要时焊前预热，焊后回火处理，如发现裂纹应铲除重新焊接。

3）焊缝出现气孔：焊接时焊条按规定温度和时间进行烘焙，焊接接头表面的油污、铁锈等应清理干净；焊接过程中，可适当加大焊接电流，降低焊接速度，采用短弧，使溶池中的气体完全逸出。

4）焊缝咬边：应选用合适的电流，避免电流太大，电弧过长，控制好焊条的角度和运弧方法。

5）焊缝夹渣：多层施焊时，每层应将熄渣清除干净，操作中应注意熔渣的流动方向，使熔渣留在熔池后面。

6）焊缝未熄透：操作时应保持一定的间隙、坡口角度，不能太小，同时应使边缘整齐，且焊接电流不应太小，电弧不能太长，电压应保持稳定。

3.6.1.5　成品保护

（1）钢结构在低温下焊接应采取预热缓冷措施。

（2）不得随意在焊缝外母材上引弧和灭弧。

（3）低温焊接后应待焊缝冷却后方可清渣。

（4）各种钢结构构件应在校正好之后方可施焊；隐蔽部位的焊接头应在办理完缺陷检

查手续后，方可进行下道工序。

3.6.1.6　安全措施

（1）焊接设备外壳必须接地或接零；焊接电缆、焊钳及连接部分，应有良好的接触和可靠的绝缘。

（2）焊机电源接线箱应设漏电保护开关。装拆焊接设备与电力网连接部分时，必须切断电源。

（3）焊工操作时必须穿戴防护用品，如工作服、手套、胶鞋，并应保证干燥和完整。焊接时必须戴内镶有滤光玻璃的防护面罩。

（4）焊接工作场所应有良好的通风、排气装置，并有良好的照明。

（5）高空焊接时，焊工应系安全带，随身工具及焊条均应放在专门背袋中。

（6）焊接操作场所周围5m以内不得存放易燃、易爆物品。

3.6.1.7　施工注意事项

（1）手工焊接，当风速大于10m/s，或相对湿度大于90%，或雨雪天气，或焊接环境温度低于-10℃时，必须采取挡风、遮雨雪、保温等有效措施，确保焊接质量，否则不得施焊。

（2）施工现场的焊接应尽量避免在通风环境较差的地点施焊，当无法避免时，应当控制连续焊接的烟气量，烟气量较大时（目前暂无法量化，暂时以影响作业人员最低健康空气标准来确定）应当设置烟气通风装置。

（3）焊接作业前应检查焊接作业环境是否符合用电安全、动火作业安全的要求，安全防护人员应配置到位。

（4）因为地铁现场环境大多处于极度潮湿条件，因此，焊接之后应当在表面质量检验后立即进行第一遍的防腐处理，防腐处理可以采用富锌环氧底漆或红丹防锈底漆，焊接与防腐处理的时间间隔不宜超过20min。

3.6.2　手工气焊焊接施工

3.6.2.1　施工准备

（1）准备条件

1）施工劳动组织配备、材料准备及机械工机具准备完成。

2）现场临时电源满足作业需要。

（2）劳动组织

施工负责人1人、技术员1人、安全员1人、安装工2人、焊工1人。

（3）主要机械设备及工器具配置

如表3-6-3所示。

表3-6-3　主要机械设备及工器具配置表

序号	名称	规格	单位	数量	备注
1	气焊枪		把	1	
2	气焊面罩		个	1	
3	焊工手套		副	1	

续表

序号	名称	规格	单位	数量	备注
4	胶鞋		双	1	按需配置
5	灭火器		只	2	合格有效期内

（4）物资材料配置

如表 3-6-4 所示。

表 3-6-4　物资材料配置表

序号	名称	规格	单位	数量	备注
1	气焊条		kg	实需	
2	防锈漆		kg	实需	根据施工图纸
3	富锌漆		kg	实需	根据施工图纸
4	乙炔		瓶	实需	根据施工图纸
5	氧气		瓶	实需	根据施工图纸

3.6.2.2　工艺流程

工艺流程如图 3-6-2 所示。

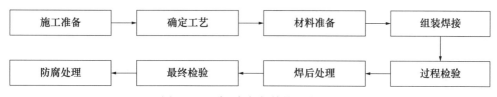

图 3-6-2　手工气焊焊接施工流程图

3.6.2.3　实操工艺

（1）气焊的基本知识

1）焊缝的起焊

气焊在焊接初始期，由于焊件温度相对较低，焊嘴倾斜角应略大，同时火焰在起焊部位应往复移动，以便在起焊处均匀加热。

2）左焊法：是指焊接行程从右向左端移动，并指向待焊部位的操作方法。

优点是能看清楚熔池边缘，焊缝均匀。对工件金属有预热效果，生产效率高。缺点是焊缝易氧化，冷却速度快，适用于 5mm 以下的薄板或低熔点金属。

3）右焊法：是指焊接行程从左向右端移动，并指向已焊部位的操作方法。

优点是火焰指向已接焊缝，进而罩住整个熔池，保护金属溶液，减慢焊缝的冷却速度，防止焊缝出现氧化和气孔。缺点是不容易看清焊缝，操作难度需基于经验与熟练程度。

（2）焊丝的融填

为确保焊缝质量，焊接过程中要随时观察熔池的形状和大小，并尽量保持一致。焊丝末端置于外焰层进行预热，预热至白亮且出现清晰的熔池后，将焊丝抬起，火焰随之前移，使焊丝熔滴不断送入熔池的同时，形成新的熔池，即形成焊缝。如果火焰能率较大，焊件温度偏高，焊丝则应经常靠近焰芯，避免熔化速度过快。如果火焰能率较小，则焊丝始终处在外焰层，并降低焊丝的融填速度。

1）焊嘴、焊炬和焊丝的摆动

为了获得优质的焊缝，焊嘴、焊炬和焊丝摆动应均匀、协调。

2）焊炬摆动的方法

沿焊接方向前进，不断地加温焊件，熔化焊丝，形成焊缝。

焊炬在行进过程中，垂直于焊缝的方向作上下跳动。

焊炬沿焊缝方向作横向摆动，能使焊件受热均匀，焊缝致密度高。

在焊接过程中焊炬的运动速度、垂直摆动、横向摆动的行程方式，要结合焊件的材质、厚度、坡口尺寸以及焊炬的行程方向来确定，一般有跳跃式和螺旋式，焊丝的运动方向也应与焊炬的运动方向相匹配。更为细致的行程方式可参考焊接相关工艺书籍，本书不再赘述。

3）焊缝接头

更换焊丝停顿或某种原因中途停顿后，再继续焊接时，先用火焰将焊缝充分加热，将焊缝金属熔化，重新形成新的熔池后，方可加入焊丝，新加入的焊丝熔滴与被熔化的原焊池金属之间必须充分熔合，接头处焊缝大小与高度应过渡平顺。

4）焊缝收尾

焊缝至终点时，最容易烧穿焊件。此时，需要减小焊嘴倾斜角，提高焊接速度，防止熔池面积扩大。为避免空气中的氧气和氮气侵入熔池，可用温度较低的焰尾保护熔池，直至终点熔池填满，火焰才可缓慢离开。

气焊的质量标准、成品保护、安全措施和施工注意事项见前文手工焊接相关内容，这里不再赘述。

3.7 最小操作空间

操作空间有时候也称之为"作业空间"，都是指人、工具、机器、设备等开展操作、运转等运动所需的物理实体空间。无论是对人还是对设备、机具来说，操作空间越大越有利，但是在城市轨道交通工程项目中，由于受地形狭小的空间限制，操作空间往往得不到有效保证，各设备专业的操作指导手册等虽然在个别地方有所描述，但缺乏系统性的相关描述，本章节的内容是基于多年的工程实践总结出来的，仅供参考。

3.7.1 人体操作空间

人体的操作空间在设计时可以按照巴恩斯法来进行，但斯夸尔斯则提出了更为细致的计算方法，这种计算方法不是本书所要讨论的主要内容，所以从结论化方面提出下面的几个建议。

（1）躯干

人体躯干在侧向通过时一般按照600mm进行控制，极端困难条件应不小于400mm；

在正向通过时，则按照 800mm 进行控制，极端困难条件应不小于 600mm。注意这一尺寸仅是通过尺寸而非操作空间尺寸。

（2）头部

头部的通过尺寸可按人体厚度来考虑，但在综合支吊架等管线密接区域，可以按照不小于 350mm 来提供目视观测的尺寸。

（3）上肢

上肢的操作空间可以按照巴恩斯法来进行，但斯夸尔斯则提出了更为细致的计算方法，这里不再赘述，一般上肢的操作空间以最远不大于 550mm 为宜。

（4）手

有些工作只需要手操即可，如闸阀、启停按钮等，因此这类操作空间可以一拳来控制，最小不宜小于 110mm。

3.7.2 工具操作空间

工具的操作空间可以按照纯工具操作和人工操作来区别对待，纯工具操作的最小空间可按照工具操作行程的最大晃动量来掌握，而当需要人工操作时，则应当在工具行程的基础上再增加人工所需操作空间，一般扳手操作需要增加 100~200mm，而其他工具则需要根据人员的具体操作方式来确定。

变配电系统施工安装工艺

4.1 施工总流程

施工总流程见图 4-1-1。

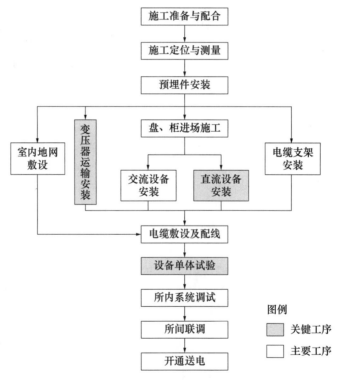

图 4-1-1 变电所工程施工总流程图

4.2 预埋基础槽钢安装

4.2.1 施工准备

4.2.1.1 准备条件

（1）施工劳动组织配备、材料准备及机械工机具准备完成。

（2）现场临时电源满足作业需要。

4.2.1.2　劳动组织

施工负责人 1 人、技术员 1 人、安全员 1 人、安装工 7 人、焊工 1 人。

4.2.1.3　主要机械设备及工器具配置

如表 4-2-1 所示。

表 4-2-1　主要机械设备及工器具配置表

序号	名称	规格	单位	数量	备注
1	水准仪	DSZ3-A32X	台	1	测量标高
2	塔尺	3m	把	1	
3	水平尺	1m	把	2	测量不平度
4	电焊机		台	1	预埋件焊接
5	冲击电钻	TE-25	台	1	定位打孔
6	手锤	4 镑	把	2	角铁安装
7	钢卷尺	5m	把	3	位置测量

4.2.1.4　物资材料配置

如表 4-2-2 所示。

表 4-2-2　物资材料表

序号	名称	规格	单位	数量	备注
1	预埋件组件材料		所	1	根据施工图纸
2	防锈漆		kg	实需	根据施工图纸
3	富锌漆		kg	实需	根据施工图纸
4	角钢		m	实需	基础预埋件固定

4.2.1.5　作业条件

设备房间土建二次结构完成，结构预留孔洞符合设计要求；各房间均有装修标高线并移交；设备房间墙体砌筑完成，地面垃圾清理干净。

4.2.2　工艺流程

设备预埋基础槽钢安装的工艺流程如图 4-2-1 所示。

图 4-2-1　设备预埋基础槽钢安装工艺流程图

4.2.3　施工要点与要求

4.2.3.1　施工测量、定位

（1）变电所设备室基准标高测量、复核，包括场坪标高、装修层标高。

（2）以装修单位给出设备房内标高1米线作为基础预埋的基准标高，测量设备房地面高差，并进行室内地面找平处理。

（3）若土建单位的整个设备室场坪地面有坡度，则设备基础预埋件在同一个设备间内不作坡度考虑，可以考虑不同设备室间存在高差（施工时需与土建及装修单位密切配合）。

（4）测量结果技术交底完成后，测量出基础槽钢的安装位置，基础槽钢应与墙面保持平行，最小距离必须满足设备门自有开关、维护人员操作方便，并符合安全距离要求及设计要求（一般至少800mm以上）。

（5）对基础框架进行放线，正确摆放好槽钢，用钢卷尺测量，见图4-2-2。基础槽钢必须符合图纸中的距离要求。

图 4-2-2　现场测量图

4.2.3.2　基础加工制作

（1）根据设计提供的施工图纸和生产基础图纸中组成部件下料，尺寸必须符合基础图尺寸要求。

（2）一般基础槽钢在驻地加工车间单件制作或在施工现场制作，根据图纸要求进行基础件加工制作，必须保证基础框架的几何尺寸，如图4-2-3所示。

图 4-2-3　槽钢安装完成测量图

4.2.3.3　固定角钢安装

（1）固定角钢的固定间距约为 1m（施工图纸有间距要求的按施工图纸要求施工），在槽钢两侧固定，一般内外侧错开固定，保证其基础稳定性。

（2）根据设计要求及设备安装方案，确定槽钢的安装方式，槽钢具有两种安装方式，分别是立式安装方式和卧式安装方式，一般变电所采用立式安装方式。

（3）槽钢安装位置确定后，将固定角钢用 12mm×80mm 膨胀螺栓固定在结构层上，其固定角钢的长度约为 80mm，一般以适应固定槽钢的尺寸为宜，如图 4-2-4 所示。

基础固定角钢，长度约80mm，间距 500～1000mm一处

图 4-2-4　槽钢安装完成图

4.2.3.4　基础件固定（槽钢）安装

（1）确定安装标高，采用水准仪测量基础槽钢的安装标高，应符合最终装修层的地面标高，一般要求基础面高于地坪 1～3mm，手车式成套柜按照厂家技术要求执行，如图 4-2-5 所示。

基础面高于地坪 1～3mm，或满足设计要求

图 4-2-5　槽钢完成后地坪图

（2）固定角钢与基础件固定采用焊接的方式，焊接质量必须符合规范要求。

（3）基础平面调平后，应复核两根槽钢之间的平行距离、对角线、水平度符合设计要求，确定无误后按要求用电焊机将槽钢点焊在固定角钢上。

（4）其水平度采用水准仪进行观察，看数据是否偏差，若存在误差应立即停止焊接，校正、调平基础槽钢后方可继续焊接，点焊完成平直度均符合标准要求时，对照位置进行焊接，焊缝饱满无漏焊、气孔、虚焊、假焊等现象，见图4-2-6。

图4-2-6　现场安装现场图

（5）在焊接过程中，需对尺寸进行校核，保证其几何尺寸符合设备安装精度要求，精度应符合表4-2-3的规定。

表4-2-3　基础槽钢安装的允许偏差

序号	项目	单位长度	允许偏差值（mm）
1	直线度	每米	＜1
		全长	＜5
2	水平度	每米	＜1
		全长	＜5
3	位置误差及平整度	全长	＜5

（6）在基础两端各引一处接地，采用接地扁钢与基础搭接焊引下至夹层约500mm，便于设备夹层固定电缆支架及设备外壳保护接地。

4.2.3.5　防腐处理

（1）基础槽钢及接地焊接完成后应清除焊渣及其他锈蚀部位。

（2）清除焊渣及锈蚀部位后应立即涂刷防锈漆，至少一道防锈底漆，一道防锈面漆。

（3）喷刷防锈漆作业时，应保证防腐表面干燥，无潮湿、无凝露等情况。

4.2.3.6　成品保护

（1）基础槽钢预埋完成后，如土建单位进行装修层施工，需派驻施工配合人员对工程进行照管，防止土建施工对成品的破坏。

（2）一般现场变电所设备房装修层与地板浇筑时间不同步，在变电所地板浇筑前，为避免变电所基础槽钢受到外力作用影响而变形，要求对设备基础范围浇筑混凝土进行防护和加固，不仅使基础更加稳固可靠，也满足了设备进场的安装精度。

4.2.3.7　技术资料归档

现场施工员（班组长）填写施工记录，记录好原始数据，由施工负责人复检，专职质检员检查合格后报监理确认，组织检验批验收。

4.2.4　质量控制与检验

（1）设备基础预埋件用绝缘膨胀螺栓固定后，用水平尺和水准仪进行水平测量和校调。

（2）填写好隐蔽安装记录。

（3）与装修承包商配合预留好变压器的设备底座螺栓安装操作坑，并控制预埋件与地面的高差。

（4）槽钢与固定角钢间应焊接牢固，基础槽钢安装的允许偏差见表4-2-4。

表4-2-4　基础槽钢安装的允许偏差

序号	项目		允许偏差（mm）
1	直线度	每米	＜1
		全长	＜5
2	水平度	每米	＜1
		全长	＜5
3	位置误差及平整度	全长	＜5

注：施工图有特殊要求的，应同时满足施工图纸要求。

4.2.5　注意事项

（1）基础预埋件安装应符合设计图纸要求。

（2）预埋件的安装位置在保证设备距墙尺寸满足设计要求的同时，还必须保证电缆能按要求进出开关柜。

（3）每组预埋件应至少焊接两处接地支线与变电所接地干线连接，预埋件与接地支线焊接长度为扁钢宽度的2倍。

（4）预埋件焊接时应三面满焊，不得有虚焊、假焊现象。

（5）基础预埋件安装后，其顶部宜高出最终地面1～3mm；手车式成套柜应按产品技术要求执行。因为土建施工人员习惯性地把重物、杂物堆放在基础槽钢上，易造成基础偏移，在土建浇筑混凝土和制作环氧树脂地面时，进行第二次复测。

4.2.6　现场实物图

设备预埋件安装角钢焊接现场实物图、设备预埋件安接地扁钢焊接实物图，见图4-2-7、图4-2-8。

图 4-2-7 设备预埋件安装角钢焊接现场实物图

图 4-2-8 设备预埋件安接地扁钢焊接实物图

4.3 电缆桥支架

4.3.1 施工准备

4.3.1.1 准备条件

（1）施工劳动组织配备、材料准备及机械工机具准备完成。

（2）电缆支架、桥架以及支架桥架附件已到货，检验合格。

（3）现场临时照明满足作业需要。

4.3.1.2 劳动组织

施工负责人 1 人、技术员 1 人、安全员 1 人、安装工 7 人、焊工 1 人。

4.3.1.3 主要机械设备及工器具配置

如表 4-3-1 所示。

表 4-3-1 机械设备及工器具配置表

序号	名称	规格型号	单位	数量
1	冲击电钻		台	2
2	锤子		把	2
3	水平尺		把	2
4	钢卷尺		把	2
5	配电箱		个	1
6	电工工具		套	8

4.3.1.4 物资材料配置

如表 4-3-2 所示。

表 4-3-2 物资材料表

序号	名称	规格型号	单位	数量
1	支架立柱、托臂		套	按实际需要

序号	名称	规格型号	单位	数量
2	桥架		套	按实际需要
3	压板		套	按实际需要
4	紧固件		套	按实际需要
5	膨胀螺栓		套	按实际需要
6	后扩底锚栓		套	按实际需要
7	裸铜绞线		把	按实际需要
8	线鼻子		个	按实际需要

4.3.1.5 作业条件

土建前期施工完成，水平线完成，夹层垃圾、污水清理完成。

4.3.2 工艺流程

工艺流程如图 4-3-1 所示。

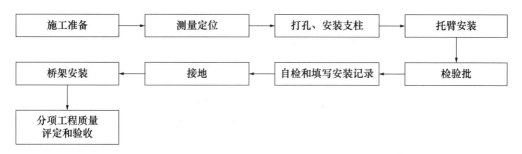

图 4-3-1 电缆桥支架施工工艺流程图

4.3.3 施工要点与要求

4.3.3.1 地面找平、画线

（1）检查电缆夹层内的地面水平度，原则上应符合高差不超过 5mm 的标准，一般要保证没有明显的高差，符合观感质量，横平竖直。

（2）测量电缆夹层内水平地面高度，保证每组支架的同一层横担处于同一水平线上，相邻托臂高低偏差不大于 5mm。

（3）核实现场支架安装位置，保证支架的安装位置符合要求。

（4）电缆支架安装间距应符合设计要求，无要求时，水平安装间距一般为 800mm；竖直安装间距一般为 1m。

（5）支架拐弯处，必须考虑符合电缆弯曲半径需要，弯曲应为自然弯，支架布置如图 4-3-2 所示。

（6）支架安装路径应合理规划，必须考虑便于运营维护的人行通道，应尽量避开人孔。

图 4-3-2　拐弯处支架安装图

4.3.3.2　地脚螺栓预埋

（1）核对地脚螺栓是否符合设计要求，一般采用 M12×80mm 膨胀螺栓，螺栓预埋位置在支架定位准确的前提下，根据支架固定孔距标识并钻孔预埋，钻孔的深度和孔径必须满足设计要求，如图 4-3-3 所示。

图 4-3-3　螺栓现场安装图

（2）电缆夹层地面高差应小于 5mm，同一条线上的地脚螺栓左右偏差不大于 5mm，保证支架安装后在一条线上。

4.3.3.3　支架安装

（1）支架在焊接及钻孔加工完毕后，应进行防腐处理，在清除焊渣及锈蚀之后至少喷涂一遍防锈底漆和一遍防锈面漆。

（2）组合支架在安装之前，应先组装完成便于成套安装，连接螺栓宜采用 M10×35mm 粉末渗锌螺栓，符合设计要求，如图 4-3-4 所示。

（3）安装时应先在两端各安装一组支架，在两组支架间拉一根线，然后再安装中间部分支架，确保支架安装在一条直线上，如图 4-3-5 所示。

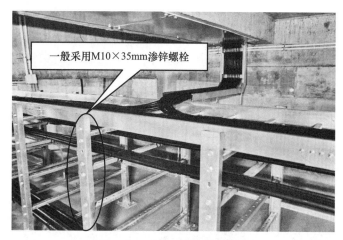

图 4-3-4　渗锌螺栓安装完成图

图 4-3-5　支架现场安装完成图

（4）膨胀螺栓打孔安装时，应根据设计要求采取措施防止膨胀螺栓与结构钢筋偶然连接或接触，避免给杂散电流制造通路，如遇结构钢筋应前后酌情调整。

（5）当立柱安装在不平整或倾斜的地面时，应在立柱下面加垫垫片进行调整。

（6）电缆支架安装间距应符合设计要求，无要求时，水平安装间距一般为 800mm；竖直安装间距一般为 1m，如图 4-3-6 所示。

图 4-3-6　支架现场安装图

4.3.3.4 地线制作安装

（1）支架接地根据设计要求进行，当采用接地扁钢接地时，建议设置在自下而上的第一层支架上，接地扁钢与每个支架间采用螺栓可靠连接，扁钢与扁钢搭接符合规范要求，见图4-3-7。

图4-3-7　接地扁钢现场安装图

（2）扁钢安装前要调直，每一根确定好孔距以后再打孔，保证接头位置均匀、整齐、平直，见图4-3-8。

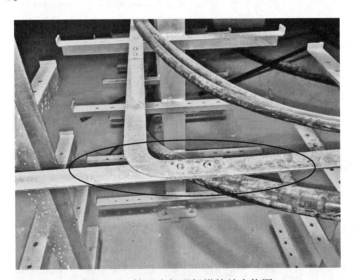

图4-3-8　接地扁钢现场搭接处实物图

（3）扁钢搭接位置涂复合电力脂。

（4）接地扁钢与接地铜排连接，通常接地线应分别从两端及两列支架引出与接地母排连接。

（5）接地扁钢全线电气连通，符合电气装置安装工程接地装置施工及验收规范的规定。接地扁钢电气连通实物图见图4-3-9。

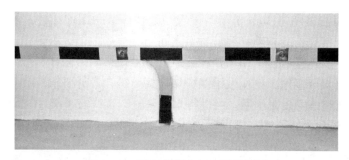

图 4-3-9　接地扁钢电气连通实物图

4.3.3.5　电缆桥架安装

（1）三通或四通，先安装三通、四通及拐弯处梯架，用沉头螺栓在下一层横担上固定，桥架布置在横担中部，桥架转弯处通过弯通连接，弯曲半径不应小于该处桥架上的电缆最小允许弯曲半径，如图 4-3-10 所示。

图 4-3-10　梯级式水平弯通弯曲半径

（2）采用弯头或现场切割制作桥架弯头时，应使桥架拼接符合安装要求，并在切割后的桥架侧壁根据需要配钻桥架连接孔增加连接板。桥架制作完成后应清除毛刺、卷边，并按要求进行防腐。

（3）两个桥架之间通过用连接板和配套螺栓把每一段托盘连接起来，如图 4-3-11 所示。

图 4-3-11　桥架连接图

（4）直线段每安装超过 30m 桥架后设置一处伸缩节，用伸缩连接板相连。每隔 20m 采用软铜接地线与接地干线相连，两节桥架之间用一根接地铜编织带相连。

（5）托盘与托盘连接部位采用软铜线接地，型号规格满足设计和规范要求。

（6）托盘应与支架接地扁钢用软铜线可靠连接，符合设计要求。

（7）一条直线整体安装完毕后，再进行水平调整，直线段桥架左右偏差不大于 10mm，高低偏差不大于 5mm，如图 4-3-12 所示。

图 4-3-12　桥架安装实物图

4.3.3.6　技术资料归档

施工员（班组长）填写、记录好原始数据，由施工负责人复检，专职质检员检查合格后报监理确认，验收合格方可进行下道工序，进行电缆敷设。

4.3.4　质量控制与检验

（1）马蹄形隧道及圆形隧道以轨平面垂直高度 2850mm 为定位点（具体以设计尺寸为标准），纵向间距为 800mm（地段特殊可适当调节间距，但不大于 850mm）。

（2）矩形隧道以轨平面垂直高度 3817mm 为定位点（具体以设计尺寸为标准），纵向间距为 800mm（地段特殊可适当调节间距，但不大于 850mm）。

（3）打孔过程中保持孔洞的垂直度。

（4）隧道壁上的孔洞深度为 54mm、孔径为 $\phi16mm$。

（5）在遇到特殊地段（比如：打到墙体钢筋时）可适当调整孔位距离，最大调整间距不超过 850mm。

（6）电缆支架托臂应上翘 3°～5°，必要时可用垫片调节，保证其与隧道壁紧密相贴。

（7）在轨行区中区与车站分界，断面变化段、电缆接头段、风口段、电缆在同侧墙爬坡段、电缆过轨段、电缆过平台步梯段等电缆支架采用特殊型支架替换。

（8）扁钢接头和支架必须保持 100mm 的距离，扁钢搭接面为扁钢宽度的 2 倍，不能对接焊，并用电缆与接地母排连接。

（9）扁钢接头处和冲孔处要用富锌防锈漆进行防锈处理。

（10）安装好的扁钢横平竖直，无扭曲（除竖井外）、无毛刺。

（11）电缆支架应安装牢固，横平竖直，固定方式应符合设计要求。

（12）支架接地正确、牢固，工艺美观，接地扁钢全线贯通。

4.3.5　注意事项

4.3.5.1　打孔

（1）打孔过程中保持孔洞的垂直，允许偏斜度≤1%。

（2）隧道壁上的孔洞深度为54mm、孔径为ϕ16mm（具体以设计尺寸为标准）。

4.3.5.2　支架安装

（1）电缆支架应安装牢固，横平竖直，固定方式应符合设计要求。

（2）安装时电缆支架托臂应上翘3°～5°，必要时可用垫片调节，保证其与隧道壁紧密相贴。

（3）在轨行区中区与车站分界，断面变化段、电缆接头段、风口段、电缆在同侧墙爬坡段、电缆过轨段等电缆支架采用特殊型支架替换。

（4）安装支架所用螺栓必须配有一平垫一弹垫。

4.3.5.3　接地扁钢安装

（1）扁钢接头和支架必须保持100mm的距离，扁钢搭接面为扁钢宽度的2倍，不能对接焊，并用电缆与接地母排连接。

（2）扁钢接头处和冲孔处要用银浆漆进行防锈处理。

（3）安装好的扁钢横平竖直，无扭曲（除竖井外）、无毛刺。

4.3.6　现场实物图

电缆支架安装完成实物图见图4-3-13。

图4-3-13　电缆支架安装完成实物图

4.4 接地支线、干线安装及测试

4.4.1 施工准备

4.4.1.1 准备条件

（1）施工劳动组织配备、材料准备及机械工机具准备完成。

（2）现场临时电源满足作业需要。

4.4.1.2 劳动组织

施工负责人 1 人、技术员 1 人、安全员 1 人、安装工 5 人、焊工 1 人。

4.4.1.3 主要机械设备及工器具配置

如表 4-4-1 所示。

表 4-4-1　机械设备及工器具配置表

序号	名称	规格	单位	数量	备注
1	钢卷尺	5m	把	1	测量画线
2	配电箱	60A	个	1	施工用电
3	台钻		台	1	扁钢打孔
4	角磨机	手提	个	1	扁钢打磨
5	电焊机		台	1	扁钢焊接
6	冲击钻	2.5kW	台	1	墙体上打孔
7	弯排机		台	1	扁钢制弯
8	接地电阻测试仪		台	1	测量接地阻值

4.4.1.4 物资材料配置

如表 4-4-2 所示。

表 4-4-2　物资材料表

序号	名称	规格	单位	数量	备注
1	镀锌扁钢		m		接地干线
2	S 形卡子		个		固定接地干线
3	金属膨胀螺栓		套		固定接地干线
4	连接螺栓		套		扁钢连接
5	防锈漆		桶		焊接处刷漆

4.4.1.5 作业条件

（1）设备房间墙面抹白完毕，装修标高线完成移交。

（2）变电所墙体距地面 500mm 范围内采用实心砖砌筑。

4.4.2 工艺流程

工艺流程如图 4-4-1 所示。

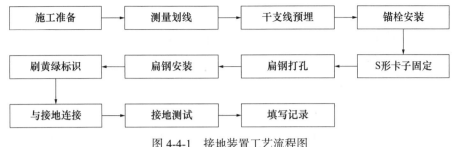

图 4-4-1　接地装置工艺流程图

4.4.3　施工要点与要求

4.4.3.1　施工准备

（1）按照图纸清点施工材料数量。

（2）检查变电所各房间墙体能否满足接地干线安装要求。

（3）清理场地，设置照明、通风及临边防护等设施。

4.4.3.2　测量画线

根据设计施工图纸上接地干线的位置和走向，用墨斗弹出干线的敷设路径，在此路径上用记号笔标出"＋"字标识的 S 形卡子的安装位置，当接地干线安装位置与其他专业插座安装位置有冲突时，可根据现场情况对安装高度进行适当调整。

4.4.3.3　钻孔、膨胀螺栓安装

在 S 形卡子安装位置标记处打孔，注意钻出的孔洞必须与墙壁垂直，孔的深度应略大于膨胀螺栓套管的长度，之后将膨胀螺栓固定在孔内。

4.4.3.4　S 形卡子固定

把已经固定在孔内的膨胀螺栓套上 S 形卡子，再用扳手将螺栓拧紧，S 形卡子必须与地面保持垂直。

4.4.3.5　扁钢定位打孔

根据 S 形卡子的安装位置在扁钢上用台钻打孔，孔径应匹配 S 形卡子。

4.4.3.6　扁钢安装、焊接

（1）两段接地干线之间采用搭接焊方式进行连接，搭接长度不小于扁钢宽度的 2 倍，且至少有 3 个边满焊。焊接必须牢固无虚焊，S 形卡子与扁钢连接采用镀锌螺栓连接。

（2）接地干线穿墙时，应加 PVC 阻燃套管保护，PVC 管需伸出墙体 10mm，其套管管口两端须用防火堵料封堵严密；从基础槽钢引出的接地支线、过门处的接地干线在与水平接地干线连接时与直线段焊接一样，焊接后揻弯埋入装修层。

（3）设备层及电缆夹层预留的自然接地体接地钢板上分别焊接两根支线与接地干线焊接。

（4）过门处进行揻弯过渡，扁钢搭接长度不小于宽度的 2 倍。

（5）所有连接螺栓、膨胀螺栓安装时需对螺栓进行紧固，不得有歪曲、松动等现象。

4.4.3.7　刷防锈漆、富锌漆

（1）接地线焊接工作全部完成后，敲掉焊缝焊渣，用钢丝刷刷掉锈蚀。

（2）所有焊接部分均进行防腐处理。

4.4.3.8　刷黄、绿油漆及接地标识

待变电所装修完成，清洁接地干线后，表面涂以100mm宽度相等的绿色和黄色相间的条纹标识。

4.4.4　质量控制与检验

（1）接地干线的规格、型号、安装高度、距墙距离应符合设计要求。

（2）扁钢之间的连接采用搭接焊，焊缝长度为宽度的2倍（图纸有要求除外），必须三个棱边满焊，焊缝不能有虚焊、假焊。所内和电缆夹层的接地干线间，不少于2处连接。

（3）铜排与干线扁钢、电缆的连接应涂导电脂。

（4）焊接后应用角磨机打磨光滑，并做好防锈处理。

（5）在接地线跨越建筑物伸缩缝、沉降缝处时，应设置补偿器。补偿器可用接地线本身弯成弧状代替。

（6）接地线表面沿长度方向，涂以100mm宽度相等、黄绿相间的条纹。

（7）支持件的距离，在水平直线部分宜为0.5～1.5m；垂直部分宜为1.5～3m；转弯部分宜为0.3～0.5m。

（8）接地干线穿墙处需加PVC管，PVC管需伸出墙体10mm，PVC管口两端需用防火堵料（封堵泥）封堵严实。

4.4.5　注意事项

（1）做好综合接地移交，综合接地体的电阻值应满足规范和设计要求。

（2）接地电缆、接地线、接地扁钢不应用作其他用途。

（3）接地线及其连接应保证牢固、可靠、安全、接触良好。

（4）设备连续布置时，基础预埋件应焊接成连续整体，然后与接地扁钢牢固焊接。

（5）变电所设备房设置离壁墙时，接地干线固定于地板上，禁止敷设于离壁墙上。

（6）接地干线的安装位置应合理，便于检查，无碍设备检修和运行巡视。

4.4.6　现场实物图

接地干线现场安装图见图4-4-2。

图4-4-2　接地干线现场安装图

4.5 变压器

4.5.1 施工准备

4.5.1.1 准备条件
（1）施工劳动组织配备、材料准备及机械工机具准备完成。
（2）开箱检验完成、图纸资料及附件齐全。
（3）现场临时电源满足作业需要。

4.5.1.2 劳动组织
施工负责人 1 人、技术员 1 人、安全员 1 人、安装工 10 人。

4.5.1.3 主要机械设备及工器具配置
如表 4-5-1 所示。

表 4-5-1 机械设备及工器具配置表

序号	名称	规格	单位	数量	备注
1	手摇起道器	5t	个	4	变压器就位
2	力矩扳手	组合式	套	1	变压器安装
3	套筒扳手	组合式	套	1	变压器安装
4	圆钢	$\phi 25mm$，$L=2m$	根	4	变压器运输
5	撬棍		个	4	变压器运输
6	吸尘器		台	1	灰尘清理
7	捯链		台	1	
8	地坦克	5t	辆	4	变压器托运

4.5.1.4 物资材料配置
如表 4-5-2 所示。

表 4-5-2 物资材料配置表

序号	名称	规格	单位	数量	备注
1	基础螺栓		套	根据实际需要	根据设计图纸
2	连接螺栓		套	根据实际需要	由供货商提供
3	变压器附件		件	根据实际需要	由供货商提供
4	枕木		根	根据实际需要	搭建操作台
5	木板		块	根据实际需要	铺设道路
6	大木方		根	根据实际需要	升落设备
7	小木方		块	根据实际需要	升落设备
8	钢板		块	根据实际需要	设备运输
9	垫铁		块	根据实际需要	基础预埋

4.5.1.5 作业条件

（1）变压器设备房间地面、墙体、吊顶施工及装修完成，房间门已安装，具备锁闭条件；房间清洁卫生，无垃圾杂物；房间具备照明条件；设备房间已经移交设备安装单位。

（2）变压器基础预埋件安装完成，变压器及外壳已运输到位。

4.5.2 工艺流程

工艺流程如图 4-5-1 所示。

图 4-5-1 变压器安装工艺流程图

4.5.3 施工要点与要求

4.5.3.1 变压器就位

（1）轨道车运行至变电所门口后，采取在轨轮两侧穿上铁鞋的制动措施，轨道车两侧100m处设防护人员防护。

（2）用两台液压千斤顶将变压器长轴的一端同时顶起，在变压器下方垫上木方，然后顶起另一端，在变压器的下方放上滑轨，滑轨的宽度应根据变压器底座宽度来定。

（3）变压器的四个轮子对应放在滑轨的正中间，注意每个轮子两边在滑轨上的距离，防止轮子掉下滑轨，慢慢推拉变压器至变电所室内对应预埋件上。如距离较长时应使用地坦克或电动拖车拖行至变电所内对应的预埋件处。

（4）变压器推拉至对应的预埋件时，应检查变压器的安装方向是否正确，然后用手摇起道器和木方调整变压器在预埋件上的位置，确保变压器长、短轴中心与基础中心线重合，变压器的主体应呈水平状态，偏差不得超过 ±2mm。

4.5.3.2 地脚螺栓固定

根据设计图纸要求，用连接螺栓将变压器固定于预埋件上，完成变压器安装。

4.5.3.3 外壳／网栅安装

（1）在变压器靠近门侧应装上防护网栅，将观察人员与变压器隔开。

（2）网栅门安装时要能灵活转动。开合角度应尽量大。但在立柱内侧应有止挡，防止门向变压器侧开合。具体的方法可在立柱上焊接两块小扁钢。网栅距离变压器距离应符合设计图纸及规范要求。网栅组装时应用地线将所有的网栅连成一个整体再在两侧集中接地。立柱的接地可通过扁钢与接地干线相连。扁钢可明敷在地面上，但应刷上漆，且涂刷上地线标志。

4.5.3.4 附件安装

（1）变压器一次电缆支架安装：根据设计图安装厂家提供的高、低压侧电缆支架。

（2）动力变压器需要在厂家的指导下，安装动力变压器外壳。变压器外壳与变压器本体通过裸铜绞线可靠连接，变压器本体固定螺栓通过接地扁钢与变电所接地母排相连接。

（3）变压器温控器安装：按设备说明书及设计文件安装在变压器外壳或者网栅等位置上。

4.5.4 安全防护

（1）运输变压器时铁板与地面之间应加垫软质物品，防止设备运输时损坏室内地坪。

（2）对预留孔洞进行防护，防止坠人、坠物。

（3）根据变压器的重量考虑运输路径的承重能力，对不满足承重要求的地方，预先加固。

4.5.5 质量控制与检验

（1）变压器的铭牌参数、外形尺寸、外形结构及引线方向等应符合合同要求，安装位置正确，附件齐全。

（2）变压器安装的水平度及垂直度符合规范要求。

（3）所有紧固件紧固、绝缘件完好。

（4）金属部件无锈蚀、无损伤，铁芯无多点接地。

（5）绕组完好，无位移，内部无杂物，表面光滑无裂纹。

（6）引线连接导体间对地的距离符合现行国家标准《3～110kV 高压配电装置设计规范》GB 50060 的规定，裸导体表面无损伤、毛刺、尖角。

（7）接地位置有明显标识，变压器的相色标志正确、清晰。

4.5.6 注意事项

（1）在牵引过程中，受力钢丝绳的周围、下方、内角侧的下面，严禁有人逗留或通过。

（2）用千斤顶顶起变压器时，必须随时在变压器下垫以坚实的木板，以防止千斤顶发生故障时，变压器倾斜翻倒。

（3）严禁在变压器长轴一侧的两端同时顶升变压器。

（4）所使用的工器具及仪表均在有效期内。

（5）变压器就位后，应将其滚轮卸下，将变压器底座用螺栓固定在基础预埋件上。

4.5.7 现场实物图

动力变压器安装完成实物图、整流变压器安装完成实物图，见图 4-5-2、图 4-5-3。

图 4-5-2　动力变压器安装完成实物图　　图 4-5-3　整流变压器安装完成实物图

4.6 直流设备绝缘安装

需要绝缘安装的直流设备主要包括：直流开关柜、负极柜、再生能量吸收装置等。

4.6.1 施工准备

4.6.1.1 准备条件

（1）施工劳动组织配备、材料准备及机械工机具准备完成。

（2）开箱检验完成，绝缘板厚度、宽度满足设计要求，图纸资料及附件齐全。

（3）现场临时电源满足作业需要。

4.6.1.2 劳动组织

施工负责人1人、技术员1人、安全员1人、安装工6人。

4.6.1.3 主要机械设备及工器具配置

如表4-6-1所示。

表 4-6-1 机械设备及工器具配置表

序号	名称	规格	单位	数量	备注
1	液压手动叉车	2t	台	2	设备搬运
2	力矩扳手	300N·m	套	1	柜体固定
3	门型吊装架	自制	套	1	设备搬运
4	手电钻	13mm	台	1	配扩孔器
5	角磨机	单相	台	1	绝缘板切割
6	丝锥	10mm	套	1	设备安装
7	兆欧表	1000V	台	1	绝缘测试
8	钢卷尺	5m	把	2	尺寸测量
9	水平尺	1m	把	1	尺寸测量
10	吸尘器	单相	台	1	清理灰尘

4.6.1.4 物资材料配置

如表4-6-2所示。

表 4-6-2 物资材料配置表

序号	名称	规格	单位	数量	备注
1	绝缘板		块	7	根据设计要求
2	绝缘垫片	M12	只	28	供应商提供
3	绝缘套		只	28	供应商提供
4	绝缘帽		只	28	供应商提供
5	绝缘胶	中性	kg	3	供应商提供
6	双面胶	宽30mm	m	30	

4.6.1.5 作业条件

（1）开关柜设备房间墙体、吊顶施工及装修完成，房间门已安装，具备锁闭条件；房间清洁卫生，无其他杂物；房间具备照明条件；设备房间已经移交设备安装单位。

（2）设备基础预埋件安装完成，装修地面完成，满足直流设备安装及手车推进拉出要求；开关柜已运输到位。

4.6.2 工艺流程

直流绝缘安装工艺流程如图 4-6-1 所示。

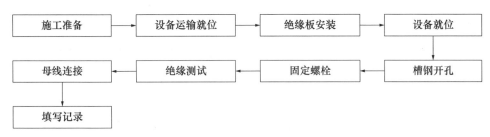

图 4-6-1 直流绝缘安装工艺流程图

4.6.3 施工要点

4.6.3.1 基础检查及清理

（1）基础槽钢应接地可靠，长度应满足设备安装要求。

（2）基础槽钢、电缆预留孔位置与施工图纸排布顺序保持一致。

（3）基础槽钢顶面应与配电室地面平行。

（4）用激光标线仪测量槽钢敷设后的水平度和直线度，水平度和直线度允许误差应遵守相关规定。

（5）清理直流开关柜和整流器柜基础槽钢上的各种杂物，保持槽钢表面清洁。见图 4-6-2。

图 4-6-2 基础检查与清理图

4.6.3.2　绝缘板安装

（1）绝缘板安装前用棉布蘸酒精对绝缘板和槽钢的表面进行清洁擦拭，然后用环氧树脂胶将绝缘板固定在基础槽钢上，用测量对角线长度的方法并配合角尺保证绝缘板的正确位置，经过24h后进行下一道工序，绝缘板固定示意见图4-6-3。

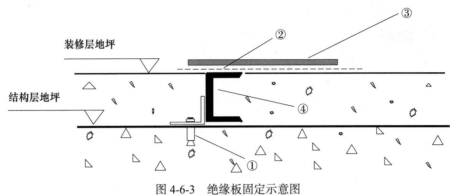

图 4-6-3　绝缘板固定示意图
①—膨胀螺栓；②—环氧树脂胶；③—绝缘板；④—槽钢

（2）环氧树脂胶凝固后，用吹风机驱除绝缘板四周和下方的潮气，以防止设备经过长时间运行后，灰尘和其他杂质进入间隙，造成对地绝缘的降低，保持其绝缘性良好。绝缘板尺寸应大于柜体，四周每侧超出距离应不小于10mm，覆盖在基础槽钢上保证框架的绝缘。绝缘板安装前应在电缆进出线的位置开孔。直流设备的框架与绝缘板的相对位置如图4-6-4所示。

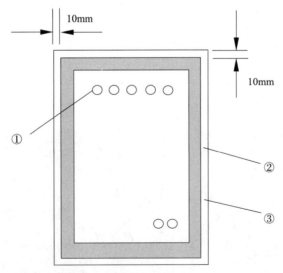

图 4-6-4　直流设备框架与绝缘板相对位置示意图
①—电缆进出孔；②—设备框架；③—绝缘板

4.6.3.3　设备就位及柜间连接

将直流设备放在绝缘板上；保证绝缘板露出设备框架外沿各10mm，检查设备应无明显接地点；调整柜体使其水平、垂直；安装柜间连接螺栓。直流开关柜安装见图4-6-5。

图 4-6-5　直流开关柜安装实物图

4.6.3.4　槽钢开孔及攻丝

（1）当整流器柜柜体框架上有安装孔且安装孔正对着下方基础槽钢时，根据柜体框架安装孔的位置，在下方的槽钢上开孔及攻丝。

（2）当柜体上无安装孔或安装孔不合适时，需要先在框架上用自攻螺钉安装柜体固定脚，固定脚正对着下方基础槽钢，然后根据固定脚上孔的位置，在下方的槽钢上开孔，如图 4-6-6 所示。

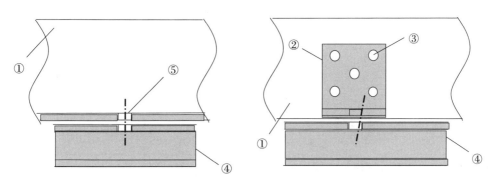

图 4-6-6　直流装置连接螺钉固定位置示意图
①—设备框架；②—柜体固定脚；③—自攻螺钉；④—基础槽钢；⑤—框架安装孔

（3）实际施工中，将提前与设备生产厂家联系，事先取得设备框架的安装孔位置图。

（4）在基础槽钢安装前先在工作台上开好孔，并做好防腐，运抵现场后直接安装，从而减少现场的工作量。

4.6.3.5　固定螺栓、绝缘套连接

（1）将连接螺栓套上绝缘套、绝缘垫片，由上向下穿入，连接固定牢固。最后在螺栓上套上绝缘帽，如图 4-6-7 所示。

（2）设备安装完成后用摇表测量设备对地绝缘电阻，确保安装质量符合相关规范要求。

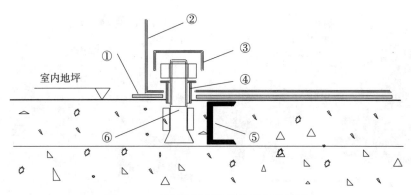

图 4-6-7 直流装置膨胀螺栓固定示意图

①—绝缘板；②—柜体框架；③—绝缘帽；④—绝缘套；⑤—基础槽钢；⑥—绝缘膨胀螺栓

4.6.4 质量控制与检验

（1）直流设备安装完成且一次、二次电缆接线完毕后，整体框架的对地绝缘不得小于 2MΩ（用 2500V 兆欧表测量）。

（2）直流开关柜的绝缘板露出直流设备框架外沿应不小于 10mm，绝缘板布置应平直。

（3）直流开关柜安装的允许偏差应符合规范。盘、柜独立或成列安装时，其水平度、垂直度以及盘、柜面不平度和盘、柜间接缝的标准应符合表 4-6-3 的要求。

表 4-6-3　盘、柜面不平度和盘、柜间接缝的标准

序号	项目		允许偏差（mm）
1	垂直度（每米）		< 1.5
2	水平偏差	相邻两盘顶部	< 2
3		成列盘顶部	< 5
4	盘面偏差	相邻两盘边	< 1
5		成列盘面	< 5
6	盘间接缝		< 2

注：各地铁线路标准以施工图要求为准，无明确标准时按此表要求进行。

4.6.5 注意事项

（1）绝缘板安装时必须保证槽钢和绝缘板接触面的清洁，绝缘板必须盖住基础槽钢，且绝缘板的位置必须在柜体的框架位置上。

（2）防止紧固连接螺栓时挤压绝缘套造成绝缘套损坏而降低柜体的绝缘。

（3）安装现场必须保证清洁；安装过程的间隙和安装完毕后，应用塑料布将开关柜严密封盖，防止灰尘进入。

4.6.6 现场安装实物图

整流器、直流开关柜安装完成实物图，见图 4-6-8、图 4-6-9。

图 4-6-8　整流器安装完成实物图

图 4-6-9　直流开关柜安装完成实物图

4.7　轨电位限制装置

4.7.1　施工准备

4.7.1.1　准备条件

（1）施工劳动组织配备、材料准备及机械工机具准备完成。

（2）开箱检验完成，图纸资料及附件齐全。

（3）现场临时电源满足作业需要。

4.7.1.2　劳动组织

施工负责人 1 人、技术员 1 人、安全员 1 人、安装工 4 人。

4.7.1.3　主要机械设备及工器具配置

如表 4-7-1 所示。

表 4-7-1　机械设备及工器具配置表

序号	名称	规格	单位	数量	备注
1	手动液压叉车	2.5t	台	2	设备运输
2	手电钻	13mm	台	1	槽钢打孔
3	水平尺	1m	把	1	设备调平、调直
4	扭矩扳手	300N·m	套	1	紧固螺栓
5	丝锥	10mm	套	1	设备安装
6	钢卷尺	5m	把	2	尺寸测量

4.7.1.4　物资材料配置

如表 4-7-2 所示。

表 4-7-2　物资材料配置表

序号	名称	规格	单位	数量	备注
1	基础螺栓		套	根据实际需要	固定基础

续表

序号	名称	规格	单位	数量	备注
2	大木方		根	根据实际需要	升落设备
3	小木方		块	根据实际需要	升落设备

4.7.1.5 作业条件

（1）设备基础预埋件安装完成，装修地面完成，满足设备安装要求；设备已运输到位。

（2）设备房间墙体、吊顶施工及装修完成，房间门已安装，具备锁闭条件；房间清洁卫生，无其他杂物；房间具备照明条件；设备房间已经移交设备安装单位。

4.7.1.6 技术资料归档

资料包括：施工图纸，厂家设备安装使用说明书、合格证、检验报告等。

4.7.2 工艺流程

工艺流程如图4-7-1所示。

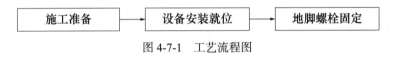

图 4-7-1　工艺流程图

4.7.3 施工要点与要求

4.7.3.1 设备安装就位

（1）根据设备的安装孔尺寸，在槽钢上用墨斗弹线，定出第一面设备安装孔位置，然后用钢卷尺定出所有安装孔位置，并复核安装孔对角线。

（2）安装孔位置复核无误后，在槽钢上打孔、攻丝。

（3）按设计图纸要求，利用设备起吊架将第一面设备安装到位，利用线坠或水平尺调整垂直，调整完毕后应及时固定。其余的盘、柜以第一面为基准逐个调整，水平、垂直满足要求；盘、柜间接缝密贴。

（4）将屏、柜脱落油漆的地方用设备厂家提供的原色漆补好。

4.7.3.2 地脚螺栓固定

根据施工图纸要求用地脚连接螺栓将柜体固定于基础预埋件上。

4.7.4 质量控制与检验

（1）设备必须可靠接地，可开启的门与柜体间用软铜编织带可靠接地。

（2）表计、记录仪、指示灯等应能准确反映装置状态，操作灵活。

4.7.5 注意事项

（1）屏、柜间的金属框架必须可靠接地，可开启的门与框架的接地端子间应用穿塑料透明管的裸编织铜线连接。

（2）屏、柜间的漆层完整无损伤。

（3）屏、柜与基础槽钢间应用镀锌螺栓连接，连接牢固。

4.7.6　现场实物图

轨电位限制装置安装完成实物见图 4-7-2。

图 4-7-2　轨电位限制装置安装完成实物图

4.8　中压交流开关柜

4.8.1　施工准备

4.8.1.1　准备条件

（1）施工劳动组织配备、材料准备及机械工机具准备完成。

（2）开箱检验完成、图纸资料及附件齐全。

（3）现场临时电源满足作业需要。

4.8.1.2　劳动组织

施工负责人 1 人、技术员 1 人、安全员 1 人、安装工 8 人。

4.8.1.3　主要机械设备及工器具配置

如表 4-8-1 所示。

表 4-8-1　机械设备及工器具配置表

序号	名称	规格	单位	数量	备注
1	手动液压叉车	2.5t	台	2	设备搬运
2	手摇起道器	1.5t	个	4	设备搬运
3	力矩扳手	组合式	套	1	地脚螺栓安装

续表

序号	名称	规格	单位	数量	备注
4	套筒扳手	组合式	套	1	地脚螺栓安装
5	切割机		个	1	切割
6	吸尘器		台	1	除尘
7	三级配电箱		个	3	临时用电

4.8.1.4 物资材料配置

如表 4-8-2 所示。

表 4-8-2 物资材料配置表

序号	名称	规格	单位	数量	备注
1	基础螺栓				根据设计图纸
2	连接螺栓		套		由供货商提供
3	开关柜附件		件		由供货商提供

4.8.1.5 作业条件

（1）设备基础预埋件安装完成，装修地面完成，满足设备安装要求；设备已运输到位。

（2）设备房间墙体、吊顶施工及装修完成，房间门已安装，具备锁闭条件；房间清洁卫生，无其他杂物；房间具备照明条件；设备房间已经移交设备安装单位。

4.8.1.6 技术资料归档

技术资料包括：施工图纸，厂家设备安装使用说明书等。

4.8.2 工艺流程

工艺流程如图 4-8-1 所示。

图 4-8-1 中压交流柜施工安装工艺流程图

4.8.3 施工要点与要求

4.8.3.1 柜体就位

（1）按照设计文件规定，将盘、柜按顺序搬放到安装位置。

（2）先把每面盘、柜大致调水平，然后从成列盘、柜一端的第一面开始调整。

（3）其余的盘、柜以第一面为标准逐个调整，使其水平、垂直；盘、柜间接缝密贴，模拟线对应，然后安装盘、柜间连接螺栓。

4.8.3.2 母线室对接及充气

（1）打开母线室对接面的临时密封件和顶部的操作手孔封盖，检查母线室内三工位隔离开关的触头动作是否准确到位，母线固定件有无松动等，如有异常应及时处理。

（2）将母线室对接法兰面和母线室内手接触过的部位擦拭干净，密封圈涂抹凡士林后放置妥当，移动调整另一组开关柜与已就位的一组对正后，安装并拧紧对接法兰的全部螺栓。

（3）通过母线室手孔将两组母线连接成整体，清洁连接部位后装好所有打开的手孔盖板。

4.8.3.3 柜体安装固定

（1）中压开关柜按照设备的要求与基础槽钢进行螺栓固定。

（2）成列柜固定完毕后，将盘、柜脱落油漆的部位用设备厂家提供的原色油漆补刷。

4.8.3.4 接地

（1）按照设备厂家要求将开关柜内接地铜排连接牢固。

（2）在成列设备的两端采用软铜编织线与变电所接地网可靠连接。

4.8.4 质量控制与检验

（1）开关柜的金属框架必须可靠接地，可开启的门与框架接地端子间应用穿透明塑料管的铜编织线连接。

（2）开关柜相互间及与基础槽钢间应用镀锌螺栓连接牢固。

（3）母线搭接螺栓紧固，搭接方式方法符合厂家技术要求。

（4）开关柜贯通接地母排两端分别与变电所接地母排或接地干线可靠连接。

（5）二次回路连线固定后不应妨碍手车开关或抽出式部件的推入拉出。

（6）中压开关柜独立或成列安装时，其水平度、垂直度以及盘、柜面不平度和盘、柜间接缝的标准应符合表 4-8-3 的要求。

表 4-8-3 中压开关柜不平度和中压开关柜间接缝的标准

序号	项目		允许偏差（mm）
1	垂直度（每米）		＜ 1.5
2	水平偏差	相邻两盘顶部	＜ 2
3		成列盘顶部	＜ 5
4	盘面偏差	相邻两盘边	＜ 1
5		成列盘面	＜ 5
6	盘间接缝		＜ 2

注：各地铁线路标准以施工图要求为准。

4.8.5 注意事项

（1）考虑到新建车站比较潮湿，在设备开箱前需准备大功率风扇、除湿机对设备房间进行充分除湿。

（2）盘、柜在安装时要避免强列震动。

（3）推动小车缓慢行进。要注意盘、柜体的行进方向，随时纠正，防止倾斜。

（4）盘、柜搬运安装时，要防止挤压手、脚和盘、柜上的设备。

（5）盘、柜在未固定牢固前应有防倒措施。

（6）盘、柜安装完毕后，需使用塑料布将盘柜包封，防止灰尘、潮气侵入。

（7）设备进场后，需派专人看守，防止设备被损坏。

4.8.6 现场实物图

中压交流开关柜安装实物图，见图4-8-2。

图 4-8-2 中压交流开关柜安装实物图

4.9 400V 交流开关柜

4.9.1 施工准备

4.9.1.1 准备条件

（1）施工劳动组织配备、材料准备及机械工机具准备完成。

（2）开箱检验完成，图纸资料及附件齐全。

（3）现场临时电源满足作业需要。

4.9.1.2 劳动组织

施工负责人1人、技术员1人、安全员1人、安装工6人。

4.9.1.3 主要机械设备及工器具配置

如表4-9-1所示。

表 4-9-1 机械设备及工器具配置表

序号	名称	规格	单位	数量	备注
1	手动液压叉车	2.5t	台	2	设备运输
2	门型吊装架	自制	套	1	设备安装

续表

序号	名称	规格	单位	数量	备注
3	手电钻	13mm	台	1	槽钢打孔
4	线坠	0.5kg	个	1	设备调整
5	手动套丝器	Y2-2	套	1	槽钢攻丝
6	扭矩扳手	300N·m	套	1	紧固螺栓
7	钢卷尺	5m	把	2	尺寸测量

4.9.1.4 物资材料配置

如表4-9-2所示。

表4-9-2 物资材料配置表

序号	名称	规格	单位	数量	备注
1	基础螺栓				根据设计图纸
2	连接螺栓		套		由供货商提供
3	开关柜附件		件		由供货商提供

4.9.1.5 作业条件

（1）开关柜设备房间墙体、吊顶施工及装修完成，房间门已安装，具备锁闭条件；房间清洁卫生，无其他杂物；房间具备照明条件；设备房间已经移交设备安装单位。

（2）设备基础预埋件安装完成，装修地面完成，满足设备安装要求；开关柜已运输到位。

4.9.2 工艺流程

工艺流程如图4-9-1所示。

图4-9-1 工艺流程图

4.9.3 施工要点与要求

4.9.3.1 盘、柜运输

（1）在地下车站的盘柜，计划采用汽车公路运输的方式，利用汽车将盘柜直接吊到地下车站承台处准备好的手动液压叉车上，利用手动液压叉车将盘柜推入设备间指定位置，卸下。

（2）对于特殊情况不能使用汽车及汽车式起重机进行运输及装卸的，采用车轨道运输的方式，利用液压千斤顶、手动液压叉车配合将盘柜运至指定位置。

4.9.3.2 盘、柜组立

（1）按照设计文件规定，将盘、柜按顺序摆放到安装位置。

（2）首先把每面盘、柜大致调水平；然后从成列盘、柜一端的第一面开始调整。

（3）其余的盘、柜以第一面为标准逐个调整，使其水平、垂直；盘、柜间接缝密贴，模拟线对应，然后安装盘、柜间连接螺栓。

4.9.3.3 安装固定

（1）每面盘按照设备的要求与基础槽钢进行螺栓固定。

（2）成列柜固定完毕后，将盘、柜脱落油漆的部位用设备厂家提供的原色油漆补刷。

4.9.3.4 接地

（1）按照设备厂家要求将盘、柜内接地铜排连接牢固。

（2）在成列设备的两端采用软铜编织线与变电所接地网可靠连接。

4.9.4 质量控制与检验

（1）盘、柜独立或成列安装时，其水平度、垂直度以及盘、柜面不平度和盘、柜间接缝的标准应符合表4-9-3的要求。

表4-9-3 盘、柜面不平度和盘、柜间接缝的标准

序号	项目		允许偏差（mm）
1	垂直度（每米）		＜1.5
2	水平偏差	相邻两盘顶部	＜2
3		成列盘顶部	＜5
4	盘面偏差	相邻两盘边	＜1
5		成列盘面	＜5
6	盘间接缝		＜2

注：各地铁线路标准以施工图要求为准。

（2）盘、柜的接地要牢固，接触良好。

（3）盘、柜的漆层完整无损伤，修补后的颜色尽量和原色一致。

（4）盘、柜间模拟线应整齐对应；其误差不应超过视差范围，并应完整，安装牢固。

4.9.5 注意事项

（1）盘、柜在安装时要避免强烈震动。

（2）推动小车缓慢行进，要注意盘、柜体的行进方向，随时纠正，防止倾斜。

（3）盘、柜搬运安装时，要防止挤压手、脚和盘、柜上的设备。

（4）盘、柜在未固定牢固前应有防倒措施。

（5）盘、柜安装完毕后，需使用塑料布将盘柜包封，防止灰尘、潮气侵入。

4.9.6 现场实物图

400V开关柜现场安装实物见图4-9-2。

图 4-9-2 400V 开关柜现场安装实物图

4.10 交直流配电屏

4.10.1 施工准备

4.10.1.1 准备条件

同 4.9 节。

4.10.1.2 劳动组织

施工负责人 1 人、技术员 1 人、安全员 1 人、安装工 5 人。

4.10.1.3 主要机械设备及工器具配置

如表 4-10-1 所示。

表 4-10-1 机械设备及工器具配置表

序号	名称	规格	单位	数量	备注
1	手动液压叉车	2.5t	台	2	设备运输
2	门型吊装架	自制	套	1	设备安装
3	手电钻	13mm	台	1	槽钢打孔
4	水平尺	1m	把	1	设备调平、调直
5	线坠	0.5kg	个	1	设备调整
6	手动套丝器	Y2-2	套	1	槽钢攻丝
7	扭矩扳手	300N·m	套	1	紧固螺栓
8	丝锥	10mm	套	1	柜门拆卸
9	钢卷尺	5m	把	2	尺寸测量

4.10.1.4 物资材料配置

如表 4-10-2 所示。

表 4-10-2 物资材料配置表

序号	名称	规格	单位	数量	备注
1	基础螺栓		套		根据设计图纸
2	连接螺栓		套		由供货商提供
3	开关柜附件		件		由供货商提供
4	大木方		根	根据实际需要	升落设备
5	小木方		块	根据实际需要	升落设备

4.10.1.5 作业条件

同 4.9 节。

4.10.2 工艺流程

工艺流程如图 4-10-1 所示。

图 4-10-1 交直流屏工艺流程图

4.10.3 施工要点与要求

同 4.9 节。

4.10.4 安全防护

（1）在拆卸屏柜包装底座和移动过程中，工作人员要注意力集中，听从统一指挥。

（2）屏、柜在安装时要避免强烈振动，移动盘柜时，应用液压叉车或门型吊装架移动，严禁用撬棍直接撬动盘柜。

（3）推动液压小车时应缓慢行进。要注意屏、柜体的行进方向，防止倾斜。

（4）应对预留孔洞进行防护，防止坠人、坠物。

（5）屏、柜搬运安装时，要防止挤压手、脚和屏、柜上的设备。

（6）运输设备时铁板与地面之间应加垫软质物品，防止设备运输时损坏室内地坪。

4.10.5 质量控制与检验

同 4.9 节。

4.10.6 注意事项

（1）考虑到新建车站比较潮湿，在设备开箱前需准备大功率风扇、除湿机对设备房间进行充分除湿。

（2）屏、柜在安装时要避免强烈振动。

（3）推动小车缓慢行进，要注意屏、柜体的行进方向，随时纠正，防止倾斜。

（4）屏、柜搬运安装时，要防止挤压手、脚和盘、柜上的设备。

（5）屏、柜在未固定牢固前应有防倒措施。

（6）屏、柜安装完毕后，需使用塑料布将盘柜包封，防止灰尘、潮气侵入。

（7）设备进场后，需派专人看守，防止设备被损坏。

4.10.7 现场实物图

交直流配电屏实物图见图 4-10-2。

图 4-10-2　交直流配电屏实物图

4.11　电力及控制电缆敷设

4.11.1　施工准备

4.11.1.1　准备条件

（1）施工劳动组织配备、材料准备及机械工机具准备完成。

（2）电缆、电缆附件已到货，检验合格。

（3）现场临时照明满足作业需要。

4.11.1.2　劳动组织

施工负责人 1 人、技术员 1 人、安全员 1 人、安装工 10 人。

4.11.1.3　主要机械设备及工器具配置

如表 4-11-1 所示。

表 4-11-1　机械设备及工器具配置表

序号	名称	规格	单位	数量	备注
1	钢卷尺	30m	把	2	
2	液压式电缆剪切刀	120～400mm²	把	1	
3	斜口钳	6″	把	5	
4	美工刀	18mm	把	5	
5	电缆铭牌打印机	SP600	台	1	
6	兆欧表	1000V	台	1	
7	兆欧表	2500V	台	1	
8	高压电缆头专用工具		套	1	电缆头制作
9	液压压接钳	25～400mm²	套	1	电缆头制作
10	电吹风	300W	把	1	电缆头制作

4.11.1.4　物资材料配置

如表 4-11-2 所示。

表 4-11-2　物资材料表

序号	名称	规格	单位	数量	备注
1	电缆标识牌		张	实需	
2	电缆卡子		个	实需	
3	非磁性电缆卡子		个	实需	
4	绝缘胶带		卷	实需	
5	35kV 电缆终端头		套	实需	依据厂家图纸
6	直流 1500V 电缆终端头		套	实需	依据厂家图纸
7	焊锡		kg	实需	实需
8	焊锡膏	500g	盒	实需	实需
9	清洁纸		张	实需	实需

4.11.1.5　作业条件

电缆夹层已移交，电缆桥支架安装完毕，设备已安装完成。

4.11.1.6　技术资料归档

技术资料包括：施工图纸，厂家设备安装使用说明书、电缆复试报告等。

4.11.2　工艺流程

工艺流程如图 4-11-1 所示。

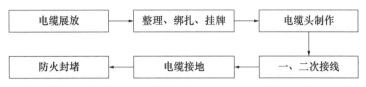

图 4-11-1　电力及控制电缆敷设工艺流程图

4.11.3　施工要点与要求

4.11.3.1　电缆展放

（1）在室外将电缆盘吊起后放到托架上，用人工展放。电缆展放时避免与地面或其他硬物摩擦。按照交直流、高低压、控制电缆与电力电缆的不同，依据施工设计图纸，分别布放在不同层的托架或托臂上。电缆分层敷设实物图见图 4-11-2。

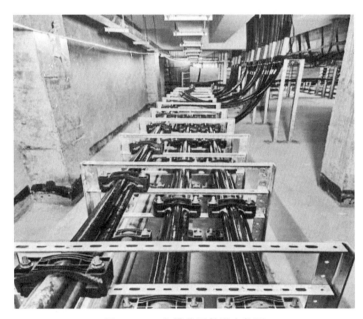

图 4-11-2　电缆分层敷设实物图

（2）若设备间电缆较短，可先测量出所需长度，将该段电缆从电缆盘上拉出截断后，人工敷设电缆到所内指定位置。如果电缆盘支放位置距变电所较远，在敷设时应将电缆放在滑轮上，严禁在地面上拖动。

（3）电缆在转弯处，终端头与接头附近或伸缩缝处应留有适当的备用长度，以便补偿电缆本身和其所依附的结构处因温度变化而产生的形变。电缆转弯处留有备用长度的做法实物图见图 4-11-3。

（4）按照施工图纸要求施工，高压电缆、直流电缆、控制电缆、通信电缆进行分层敷设，按照施工图纸及相关规范要求敷设。

4.11.3.2　整理、绑扎固定

（1）每敷设完一根电缆，马上从电缆端头将电缆按顺序依次放到电缆桥架上，并保证电缆的整齐美观。

图 4-11-3 电缆转弯处留有备用长度的做法实物图

（2）在电缆敷设完成后，再进行一次统一整理。电缆之间避免交叉，同时注意电缆弯曲半径应符合规定。电缆弯曲处实物图见图 4-11-4。

图 4-11-4 电缆弯曲处实物图

（3）在电缆整理完毕后，对电缆进行绑扎固定。电缆绑扎实物图见图 4-11-5。

图 4-11-5 电缆绑扎实物图

（4）电缆水平敷设的电缆首尾两端、转弯两侧均需设固定点。直线段一次电缆一般约 5m 采用刚性固定一次。环网电缆刚性固定实物效果图如图 4-11-6、图 4-11-7 所示。二次电缆一般 1.5～2m 进行绑扎固定一次。二次电缆绑扎固定实物图见图 4-11-8。

图 4-11-6　环网电缆刚性固定实物图（一）　　　图 4-11-7　环网电缆刚性固定实物图（二）

图 4-11-8　二次电缆绑扎固定实物图

4.11.3.3　电缆头制作

各类电缆均应严格按照产品制作说明书制作电缆头。

（1）直流 1500V 电缆头制作

1）按照接线端子压接管的长度，确定剥切尺寸，直至线芯上的绝缘层已去除彻底，保证接线端子与电缆芯紧密可靠相连。

2）直流电缆终端采用热缩电缆终端头制作工艺，直流电缆的接线端子与电缆导线之间的压接采用环压方式压接三道，压接后的压痕应均匀、无尖角等异状。

3）接线端子和电缆绝缘的接缝处必须缠绕 20mm 宽的热熔密封胶作为电缆运行后的防潮措施。热缩管穿在电缆上，热缩管覆盖接线端子尾部长度 50mm。

4）用液化气喷枪对热缩管由上至下加热，至热缩管紧贴电缆即可。

（2）35kV 高压电缆头的制作

1）现场作业人员在制作电缆头之前，必须经过专业技术人员的专题培训，掌握熟练的操作技能。

2）电缆头制作前应检查电缆是否有损伤、进水等情况。空气湿度不满足要求时，不得进行高压电缆头制作。

3）剥切电缆护套、铠装带和屏蔽层时，容易损伤线芯绝缘而影响安装质量，屏蔽层的端部要平整无毛刺。

4）电缆头制作完成后必须保证电气性能、机械强度，并通过电缆泄漏试验，试验结果须达到相应的试验标准。

5）电缆终端头接地应按照设计要求制作，一般采用双接地方式，屏蔽和铠装分开引出接地，必须达到施工相关规范标准。

6）固定电缆终端头时，尽量不要使电缆发生扭曲，避免电缆受力较大，应保证其自然状态。

4.11.3.4 一、二次接线

（1）电缆头制作完成并经试验合格后，接到相应设备或母线上。

（2）根据不同设备要求，用扭矩扳手对接线端子的固定螺栓进行紧固并符合要求。

（3）将每根控制电缆从电缆夹层至进入盘柜处排好理顺，统一剥去每根电缆皮。理顺每根二次线芯，套上标志线号的异形管，将多余线芯和未到接线端子位置的线芯一起理顺、捆扎好，整齐放入柜屏内的线槽中，待接的线芯按图对号接到相应端子上。二次接线端子对应实物图见图 4-11-9。

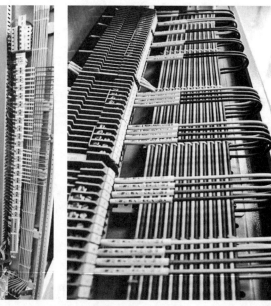

图 4-11-9 二次接线端子对应实物图

（4）在一个柜内的控制电缆全部接线完毕后，将电缆牌排列整齐，拉紧固定每根电缆的尼龙绑扎带。柜内控制电缆接线成品实物图见图4-11-10。

图4-11-10　柜内控制电缆接线成品实物图

4.11.3.5　电缆封堵

（1）电缆在穿越侧墙、楼板、盘柜、箱等处时，均需要进行封堵（详见3.1 防火封堵章节）。

（2）电缆的封堵一般均采用防火封堵。

（3）在防火封堵的基础上，如穿越室内外、穿越区间车站等处时，还需增加防水封堵措施。

（4）电缆封堵应平整、美观、规范，不留残渣。电缆封堵实物图见图4-11-11、图4-11-12。

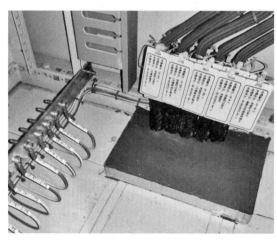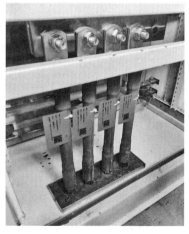

图4-11-11　电缆封堵实物图（一）　　　　图4-11-12　电缆封堵实物图（二）

4.11.3.6 电缆挂牌

（1）电缆挂牌应排列整齐，内容正确，包括电缆名称、规格型号、起始点、数量等相关内容。一、二次电缆挂牌实物图见图4-11-13。

图 4-11-13 一、二次电缆挂牌实物图

（2）在电缆的起点、转弯、接头、终端处均应设置电缆标示牌，标示牌上的文字应清晰，内容应符合规范要求。电缆终端挂牌实物图见图4-11-14。

图 4-11-14 电缆终端挂牌实物图

（3）电缆中间接头处也应设有明显的标识。

4.11.4 安全防护

（1）电缆穿过保护管时，送电缆严禁手距管口太近，防止挤手。
（2）电缆头制作人员须由电缆附件厂家培训合格，持证上岗。

4.11.5 质量控制与检验

（1）电缆排列整齐美观，电缆绑扎整齐、方向一致，电缆牌排列整齐，内容正确。

（2）电缆弯曲半径符合表中电缆最小弯曲半径要求，电缆之间不得有交叉。

电缆最小弯曲半径如表 4-11-3 所示。

表 4-11-3　电缆最小弯曲半径

电缆形式		多芯	单芯
电力电缆	无铅包、钢铠护套	10D	
	裸铅包护套	15D	
	钢铠护套	20D	
塑料绝缘电缆	无铠装	15D	20D
	有铠装	12D	15D
控制电缆	非铠装型、屏蔽型软电缆	6D	
	铠装型、铜屏蔽型	12D	
	其他	10D	

说明：D 为电缆外径。

（3）电缆不应有铠装压扁、电缆绞拧和折层裂痕，表面不得有严重划伤。

（4）电缆的各项测试应有记录并符合有关技术指标的要求。

（5）用兆欧表检测终端头的绝缘电阻应符合设计要求。

（6）电缆头制作合格，满足电气性能和机械强度要求。

（7）铠装屏蔽电缆的铠装层和屏蔽层接地应良好，接地线截面满足有关规范要求。

（8）接线正确、牢固，配线整齐美观，在电缆槽内排列整齐，线把符合工艺要求。

（9）带钢铠屏蔽层的电缆屏蔽层应良好接地。

（10）为满足在直流柜受电电压相等，两台整流变压器－整流器的电缆必须长度相等，两台整流器－直流进线柜的电缆长度必须相等。

（11）电缆进出支架端部，进出设备处、电缆转弯处、电缆头端部需要有刚性电缆卡子固定，其余直线处每隔 4 个支架用刚性电缆卡子固定。

4.11.6 注意事项

（1）对现场认真勘查，对设备开孔、接线位置认真了解，确定设备摆放位置，接线位置，量出每条电缆实际长度，按照电缆配盘表，将电缆按照柜子顺序一一排布，由远至近依次敷设电缆。

（2）电缆的排列规整，严禁交叉，对于控制信号屏电缆集中处将控制电缆捆绑后上柜接线，捆绑前挂好电缆标识牌。

（3）电缆进柜后，多余的线芯把绝缘外皮先撸下来，剪断露出的铜芯部分，再让绝缘外皮回弹。

（4）电缆进槽前将前端包裹，防止损伤电缆。

（5）电缆头制作时，适当采取防潮措施。

4.11.7 现场实物图

电缆夹层及设备内部电缆敷设完成实物图见图 4-11-15。

图 4-11-15 电缆夹层及设备内部电缆敷设完成实物图

4.12 封闭母线、裸母线、插接式母线安装

4.12.1 施工准备

4.12.1.1 准备条件
（1）施工劳动组织配备、材料准备及机械工机具准备完成。
（2）封闭母线、裸母线、插接式母线及附件已到货，检验合格。
（3）现场临时照明满足作业需要。

4.12.1.2 劳动组织
施工负责人 1 人、技术员 1 人、安全员 1 人、安装工 10 人。

4.12.1.3 主要机械设备及工器具配置
如表 4-12-1 所示。

表 4-12-1 机械设备及工器具配置表

序号	名称	规格	单位	数量	备注
1	钢卷尺	5m	把	2	
2	电工工具		套	2	
3	钢板尺	1m	把	1	
4	水平尺	0.5m	只	2	

序号	名称	规格	单位	数量	备注
5	铝合金梯	7m	架	2	
6	兆欧表	500V	台	1	
7	电锤	单相	台	1	
8	角磨机	单相	台	1	
9	手电钻	单相	台	1	

4.12.1.4 物资材料配置

如表 4-12-2 所示。

表 4-12-2 物资材料表

序号	名称	规格	单位	数量	备注
1	封闭母线、裸母线、插接式母线	按施工图纸	m	实需	
2	支吊架	按施工图纸	套	实需	
3	母线箱、母线槽	按施工图纸	套	实需	

4.12.1.5 作业条件

房屋装饰装修完成，设备安装完成。

4.12.2 工艺流程

工艺流程如图 4-12-1 所示。

图 4-12-1 工艺流程图

4.12.3 施工要点与要求

4.12.3.1 现场测量、加工

严格执行先测量后加工工序，根据现场安装完成的屏柜，实际测量后，再加工生产母线槽。

4.12.3.2 安装母线箱

根据产品安装说明书进行安装，箱体的安装必须牢固可靠，横平竖直。

4.12.3.3 安装支吊架

（1）支吊架制作

1）根据施工现场结构类型，支架应采用角钢或槽钢制作。

2）支架的加工制作按选好的型号，测量好的尺寸断料制作，断料严禁气焊切割，加工尺寸最大误差 5mm。

3）支架上钻孔应用台钻或手电钻钻孔，不得用气焊割孔，孔径不得大于固定螺栓直径 2mm。

4）螺杆套扣，应用套丝机或套丝板加工，不得断丝。

（2）支吊架的安装

1）封闭插接母线的拐弯处以及与箱（盘）连接处必须加支架，直段插接母线支架的距离不应大于 2m。

2）膨胀螺栓固定支架不少于两条。一个吊架应用两根吊杆，固定牢固，螺扣外露 2～4 扣，膨胀螺栓应加平垫和弹簧垫，吊架应用双螺母夹紧。

4.12.3.4 母线安装

（1）封闭插接母线应按设计和产品技术文件规定进行组装，组装前应对每段进行绝缘电阻的测定，测量结果应符合设计要求，并做好记录。

（2）母线槽，固定距离不得大于 2.5m。水平敷设距地高度不应小于 2.2m。

（3）母线槽的端头应装封闭罩，各段母线槽外壳的连接应是可拆的，外壳间有跨接地线，两端应可靠接地。

（4）母线与设备连接宜采用软连接。母线紧固螺栓应由厂家配套供应，应用力矩扳手紧固。

（5）母线槽房顶水平安装。安装高度应符合设计要求，无要求时距地不应小于 2.2m，母线应可靠固定在支架上。

（6）母线槽悬挂吊装。吊杆直径应与母线槽重量相适应，螺母应能调节。

（7）封闭式母线敷设长度超过 40m 时，应设置伸缩节，跨越建筑物的伸缩缝或沉降缝处，宜采取适应的措施，设备订货时，应提出此项要求。

（8）封闭式母线穿越防火墙、防火楼板时，应采取防火隔离措施。

4.12.4 质量控制与检验

（1）封闭插接母线外壳地线连接紧密，无遗漏，母线绝缘电阻值符合设计要求。

（2）封闭插接母线的连接必须符合规范要求和产品技术文件规定。

（3）支架安装位置应正确，横平竖直，固定牢固，成排安装，应排列整齐，间距均匀。

（4）软连接时，应注意相序的正确性，保证母线与设备外壳的安全距离。

4.12.5 注意事项

（1）插接母线槽施工时，注意高空坠物。

（2）插接母线槽安装前，对其产品质量合格证件、外观进行检验。

（3）插接母线槽安装时，应轻拿轻放，不应有强力振动。

（4）软母线连接完成后，应有相序标识。

4.12.6 现场实物图

封闭母线安装完成实物见图 4-12-2。

图 4-12-2　封闭母线安装完成实物图

4.13　网栅安装

4.13.1　施工准备

4.13.1.1　准备条件

（1）施工劳动组织配备、材料准备及机械工机具准备完成。

（2）开箱检验完成、图纸资料及附件齐全。

（3）现场临时电源满足作业需要。

4.13.1.2　劳动组织

施工负责人 1 人、技术员 1 人、安全员 1 人、安装工 4 人。

4.13.1.3　主要机械设备及工器具配置

如表 4-13-1 所示。

表 4-13-1　机械设备及工器具配置表

序号	名称	规格	单位	数量	备注
1	钢卷尺	5m	把	2	
2	电工工具		套	2	
3	水平尺	0.5m	只	2	
4	电锤	单相	台	1	
5	角磨机	单相	台	1	
6	手电钻	单相	台	1	

4.13.1.4　物资材料配置

如表 4-13-2 所示。

表 4-13-2　物资材料表

序号	名称	规格	单位	数量	备注
1	网栅	按施工图纸	m	实需	
2	附件	按施工图纸	套	实需	
3	膨胀螺栓	按施工图纸	套	实需	

4.13.1.5　作业条件

设备房建装修完成，装修层浇筑完成，变压器已经安装完成。

4.13.2　工艺流程

工艺流程如图 4-13-1 所示。

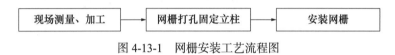

图 4-13-1　网栅安装工艺流程图

4.13.3　施工要点与要求

4.13.3.1　定位测量、加工

现场测量整流变压器房间两侧墙的距离，并记录。根据现场测量的数据及施工图纸要求适当调整网栅的宽度，最后根据调整后的网栅宽度加工网栅。

4.13.3.2　打孔固定立柱

严格按照现场测量后网栅立柱排布图进行立柱的固定，根据膨胀螺栓规格型号进行打孔。

4.13.3.3　安装网栅

（1）网栅便门的安装采用合页与立柱连接，合页安装应能使网栅便门旋转180°，内侧加焊止挡，不允许朝内开启，每扇网栅便门在适当位置安装2个合页。

（2）网栅与立柱间采用铜绞线连接，靠近两侧墙的立柱通过铜绞线与干线接地扁钢连接，网栅便门与Ⅰ形立柱的连接采用铜编织带连接，铜绞线采用连接螺栓与立柱连接（网栅门扁钢双接地）。

（3）Ⅱ型立柱应对称。

（4）网栅所有的焊接要采用封闭满焊。

（5）网栅安装的垂直偏差不大于2mm。

（6）网栅门的安装应保证进出方便。

4.13.4　质量控制与检验

（1）网栅所有的焊接要采用封闭满焊，焊接口先除渣，并用防锈漆及富锌漆进行处理。

（2）网栅边栅贴边靠墙安装。

（3）网栅安装的垂直偏差不大于 2mm。

（4）网栅两端必须双接地。

4.13.5 注意事项

（1）安装工作以网栅和支柱配合按顺序安装为宜，以便掌握各间隔的尺寸。

（2）网栅门与支柱用合页并用拉铆钉连接或焊接，三者之间须平行，预留缝隙的宽度上下应一致，否则将难以开闭。

（3）网栅安装时，尽量远离已完成安装的变压器，以免损坏成品。

4.13.6 现场实物图

整流变压器网栅安装完成实物见图 4-13-2。

图 4-13-2 整流变压器网栅安装完成实物图

5 柔性接触网系统施工安装工艺

5.1 基础制作工艺

5.1.1 施工准备

5.1.1.1 准备条件

（1）已完成基础开挖及浇筑工作的技术交底。

（2）涉及深基坑施工的需提前做好专项施工方案并完成审批手续。

（3）商品混凝土生产厂家已选定并报监理备案。

（4）基础螺栓、钢筋等材料已完成进场报验及第三方检测，计划使用自拌混凝土的已完成原材料进场检验和配合比试验。

（5）已与混凝土厂家联合确认运输路径及混凝土泵车设置地点。

（6）临时电源、水源已落实。

（7）基坑开挖时的弃土排放地点及路径已确定。

（8）检查确认工、机具及模板等料具满足作业需要。

5.1.1.2 劳动组织

施工负责人1人、技术员1人、安全员1人、防护员2人、安装工8人。

5.1.1.3 主要机械设备及工器具配置

如表5-1-1所示。

表5-1-1 机械设备及工器具配置表

序号	名称	规格	单位	数量	备注
1	抽水机		台	1	抽水用
2	模板		套	1	
3	钢卷尺		套	1	
4	铁锹		把	2	
5	铁镐		把	2	
6	振捣器		台	1	
7	手摇式卷扬架		副	1	提土
8	配电箱		个	1	含电缆
9	手推车		台	4	清理弃土

续表

序号	名称	规格	单位	数量	备注
10	架箱用模具		套	1	
11	混凝土滑槽		套	1	
12	塑料薄膜		卷	若干	养护用
13	照明灯		套	2	辅助照明

5.1.1.4 物资材料配置

如表 5-1-2 所示。

表 5-1-2 物资材料表

序号	名称	规格	单位	数量	备注
1	混凝土		方		根据实际需要
2	地脚螺栓		根		根据实际需要
3	下锚锚环		个		根据实际需要
4	钢筋网		个		根据实际需要

5.1.1.5 作业条件

（1）基础定位工作已完成。

（2）已取得轨行区施工作业令。

5.1.1.6 技术资料

施工图纸、交底记录和变更文件。

5.1.2 工艺流程

工艺流程如图 5-1-1 所示。

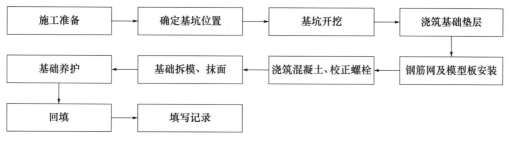

图 5-1-1 基础工艺流程图

5.1.3 施工要点与要求

5.1.3.1 施工准备

（1）采用可重复利用的木板、角钢或槽钢按基础型号制作基础模板，有条件时应优先采用稳定性较强的钢模板。

（2）按设计施工图要求进行钢筋网预制加工。

5.1.3.2 确定基坑位置

根据设计的限界对应里程、基础型号测出基础的开挖位置，用石灰在基础四边标记开挖边线，正常情况下拉线基础应设置在下锚支的延长线上。

5.1.3.3 基坑开挖

（1）根据地质、交通情况采用相应的工具进行开挖，土质坑可采用人工或机械开挖；石质坑采用空压机或水钻进行开挖。基坑开挖后，地质情况与设计不符时，应及时与设计、监理联系。

（2）基坑开挖至 1m 深左右，安装基坑防护板，以防坍塌。

（3）开挖过程中，每挖 0.5m，需对基坑的中心复核一次，以防中心偏差超标。

（4）坑外人员及时清理坑口四周的弃土，监护坑下施工人员的安全。

（5）遇有塌方危险的基坑时，在开挖过程中必须进行支护。支护可采用在基坑内分层搭设脚手架，再在基坑四周安放挡渣板。

（6）基坑开挖过程中遇到水沟应及时与监理工程师、设计师沟通，确定改移方案，改移后的水沟不得小于原有水沟的流量。

5.1.3.4 浇筑基础垫层

按图纸要求浇筑混凝土垫层，垫层的强度等级及厚度应符合设计要求。坑内如有积水时应先将坑内的积水抽排干净。

5.1.3.5 钢筋网及模板安装

根据图纸及支柱基础类型，选用与基础类型一致的钢筋网和模板。钢筋网的保护层厚度及模板安装的限界、方向、地面以上高度和预留坡度应符合设计要求。

（1）模板的限界：即基础限界，是指线路侧模板内缘至线路中心的距离。

（2）方向：模板的方向决定了基础方向。施工技术要求每组硬横梁支柱中心连线应垂直于正线（或图纸确定的轨道），偏差不应大于 2°。

（3）高差：支柱基础标高应符合设计要求，同一组硬横梁支柱的基础顶面标高应相同，拉线基础标高应符合设计要求，拉线基础顶面应设置排水坡。

（4）调整钢筋网的位置，保证钢筋网距基础边缘的最小距离不小于设计要求。

（5）在模板上安装基础地脚螺栓，地脚螺栓的弯钩应朝向基础中心，垂直度和外露长度应符合设计要求。

5.1.3.6 浇筑混凝土、校正螺栓

（1）基础浇筑前 48h 书面报告驻地监理工程师。

（2）每浇筑 1m，需复核各地脚螺栓之间的尺寸和限界，防止基础变形、移位。

（3）每浇筑 300mm 用振捣器进行捣固。捣固时振捣器应插入振捣层 300~500mm，不得触及模板及螺栓且应与模板应保持 100mm 以上距离。当混凝土不再明显沉落，气泡不再显著产生，表面外观均匀时可以结束振捣。

（4）同一组硬横梁的支柱基础，基坑应同时开挖。浇筑时，先浇筑一个，再以该基础为基准，检查、校核相对应的另一基坑位置，确认无误后再浇筑。

（5）地脚螺栓的型号、数量、位置安装正确，地脚螺栓外露长度应符合设计要求，应涂黄油并用布条绑扎保护。基础浇筑时，挖掘时的任何支撑物必须在浇筑的混凝土开始凝

固之前全部撤出。

（6）基础浇筑完毕，及时填写隐蔽工程记录并经监理签字确认。

5.1.3.7 基础拆模、抹面

（1）在基础初凝后（根据天气情况 5～6h 后）将模板拆除。

（2）用抹泥刀将基础面抹光滑。

5.1.3.8 基础养护

基础养护在自然条件下进行，一般在基础浇筑 10～12h 后，用草袋、薄膜或湿砂遮盖并浇水。养护时间一般不少于 14d。当气温低于 +5℃时，不得浇水，应采用塑料薄膜覆盖，必要时采取防冻措施。

5.1.3.9 回填

（1）回填土一般采用原土，当原土为软土或弃渣时，应换土回填。每回填 0.3m 应均匀地夯实一次，回填土密度必须达到原土的 80% 以上。

（2）支柱边坡侧土层厚度小于规定值时，应培土或砌石加固边坡。培土应分层夯实，砌石应挤压紧密，堆砌整齐，砂浆饱满，其坡度与路基相同。

（3）回填土的高度以基础面高出地面 200mm 为准。

5.1.3.10 技术资料归档

对施工的基础进行检查，符合要求后填写基础浇筑记录。

5.1.4 安全防护

（1）基坑开挖时基坑四周必须进行围挡并悬挂明显的昼、夜间警示标志。

（2）施工人员要时刻注意基坑的变化，发现问题应及时加固处理。对于设在松软土壤及填方地带的基础，开挖时应适当加大坑口的开挖尺寸，应随时检查坑壁有无裂纹和坍塌的危险，必要时应增设防护板等安全防护措施，并应设专人进行监护。

（3）距坑口边沿 1m 范围内不得堆放料具及弃土。

（4）基坑深度超过 2m 时，应设专人用提篮提土。坑内作业人员上下应使用爬梯。基础浇筑时坑内不得有人。

5.1.5 质量控制与检验

（1）基础浇筑宜采用预拌混凝土，混凝土强度等级应符合设计文件要求。

（2）基础应连续浇筑，一次成型。在同条件养护下，混凝土试块的极限抗压强度不应小于设计文件要求。

（3）腕臂柱基础的中心线应与线路中心线垂直，当线路为曲线时基础中心线应与线路的法线重合，允许偏差不大于 3°。同一组软、硬横跨两基础中心连线垂直于正线，软横跨允许偏差不应大于 3°，硬横跨允许偏差不应大于 2°。

（4）线路两侧和线路中间的基础顶面高程允许偏差应为 ±20mm。

（5）同一组硬横跨的基础面高程应相等，相对误差不应超过 50mm，当位于不同地形、地貌时，应符合设计文件要求。同组硬横跨两基础间距应符合硬横梁跨度的要求，允许偏差应为 ±20mm，且每个基础的位置应符合侧面限界要求。

（6）基础的位置及高度应符合设计要求。单支柱基础应垂直于线路。同一组硬横梁两

基础中心连线应垂直于正线（或图纸确定的轨道）。

（7）混凝土养护时间不得少于 7d，养护用水与拌合用水相同；使混凝土随时保持湿润状态为宜。

5.1.6 注意事项

（1）混凝土运输时注意不得污染道路。浇筑时注意防护，不得将混凝土散落在基坑四周。剩余的混凝土妥善处理，不得随意倾倒。

（2）基坑开挖应避开阴雨天气，开挖过程中必须保持路基稳定。

（3）基坑开挖时不得损坏既有地下管线。若遇到电缆、管道、文物时，施工人员要及时告知技术人员。确定施工方案后，方可进行施工。施工人员不得擅自移动各种地下管线。

5.1.7 现场实物图

接触网基础现场实物图见图 5-1-2。

图 5-1-2　接触网基础现场实物图

5.2　支柱

5.2.1 施工准备

5.2.1.1 准备条件

（1）施工前对施工人员进行技术交底、安全技术交底。

（2）施工劳动组织配备、材料准备及机械工机具准备完成。

（3）材料已到货，检验合格。

5.2.1.2 劳动组织

施工负责人 1 人、技术员 1 人、安全员 1 人、防护员 2 人、安装工 6 人、司机 1 人、司索工 1 人。

5.2.1.3 主要机械设备及工器具配置

如表 5-2-1 所示。

表 5-2-1　机械设备及工器具配置表

序号	名称	规格	单位	数量	备注
1	吊车	T25	台	1	立杆用
2	经纬仪		套	1	
3	力矩扳手		套	1	

5.2.1.4　物资材料配置

如表 5-2-2 所示。

表 5-2-2　物资材料表

序号	名称	规格	单位	数量	备注
1	支柱		根		根据实际需要
2	螺母		个		根据实际需要
3	垫片		个		根据实际需要

5.2.1.5　作业条件

基础施工已完成，并且强度已经达到要求。

5.2.1.6　技术资料归档

施工图纸、设计交底资料及变更文件。

5.2.2　工艺流程

工艺流程如图 5-2-1 所示。

图 5-2-1　支柱安装工艺流程图

5.2.3　施工要点与要求

5.2.3.1　施工准备

（1）现场调查架空电力线等干扰处理情况。发现干扰立杆的情况应处理后再进行支柱安装。

（2）复核基础地脚螺栓的型号、位置及外露长度是否符合设计要求。

（3）制作支柱安装施工表。

（4）如需占用公路吊装时应与公安交警部门提前联系，确定施工时间、防护方式及交通导改方案。

（5）将所立支柱吊装在平板车上并进行加固。

5.2.3.2　支柱安装

（1）支柱安装应采用安装列车进行。如现场不具备安装列车运行条件，也可采用汽车式起重机完成。

（2）立杆车进入安装地点，对位、停稳并打开支腿。占用公路吊装时设置防护措施，夜间施工时设置红闪灯防护。

（3）将吊带固定于支柱距支柱端部（2/5）H 处起吊支柱，非格构式钢柱应设置防溜措施。

（4）支柱起吊至基础上方后，立杆人员配合将支柱底部与基础螺栓对齐。当支柱底部高于基础螺栓 200～300mm 时，调节吊臂角度，使支柱底部法兰盘在基础螺栓正上方，缓缓放下支柱，将支柱安装至基础上。

（5）将每根螺栓上各安装 1 个垫片、螺母后临时紧固。

（6）取下吊带，收回吊臂，立杆车移至下一位置继续安装。

5.2.3.3　支柱整正

（1）支柱整正应使用经纬仪，分别测出支柱在平行、垂直线路方向上的柱顶中心偏移值，检验是否满足施工标准。

（2）根据测量值，调整支柱下的调整螺母（或垫铁），使支柱倾斜度达到要求，然后对角循环紧固螺母。

（3）调整完毕后，用经纬仪进行重新测量确认支柱是否符合相关规定的要求。

（4）支柱安装完成后，用记号笔将支柱号标注在支柱线路侧距地面约 2m 处。

5.2.3.4　填写记录

对整正后的支柱进行检查，符合要求后填写支柱安装记录。

5.2.4　安全防护

（1）支柱安装前对吊车、吊带等工机具进行检查。

（2）支柱安装时应分工明确，统一指挥。

（3）在平板车上堆放支柱及运输过程中应采取加固措施，确保支柱稳固安全。

（4）支柱吊装过程中，起重臂下严禁站人，吊装时应设置晃绳。

（5）在有跨越或平行的电力线附近立杆时，必须保持吊臂、支柱与带电体的安全距离。吊装前应采取必要的安全措施，并设专人防护后方准作业。

（6）钢柱整正中螺母只能松动，不能卸下。

（7）高架区段作业遇到五级及以上大风或雷电、大雨、大雾等恶劣天气时，应立即停止作业。

（8）非格构式支柱吊装时，应在支柱上安装临时固定件固定吊装带，防止吊装带滑脱。

5.2.5　质量控制与检验

（1）支柱侧面限界符合设计要求，且不得侵入设备限界，支柱承载后应直立或向受力反侧略有倾斜，施工允许偏差符合表 5-5 的规定。

（2）支柱轴线应垂直于线路中心线，允许偏差不得大于 3°。

（3）钢柱安装应符合设计要求。当钢柱采用三螺母双垫片安装方式时，支柱法兰盘板下安装一螺母用于调整支柱倾斜度，法兰盘板上的螺母用于固定和防松。支柱整正完毕后，采用 C40 级细石混凝土进行二次浇灌，将支柱底板与基础顶面间空隙填塞密实。

（4）锚柱拉线宜设在锚支的延长线上，拉线与地面的夹角宜为45°，当受地形限制时，应符合设计文件要求。

（5）支柱的外观、型号、位置、整正完成后的倾斜度应符合设计要求，具体见表5-2-3。

表 5-2-3　支柱倾斜允许偏差表

项目	允许偏差
支柱顺线路方向应直立	0.5%
锚柱端部应向拉线侧倾斜	0～1.0%
支柱横线路方向应直立或向受力反侧倾斜	0～0.5%
桥钢柱横线路方向应向受力反侧倾斜	0～0.5%
硬横梁钢柱顺、横线路方向均应直立	0.3%

注：钢柱从基础面算起，混凝土支柱从地面算起。

5.2.6　注意事项

5.2.7　现场实物图

支柱安装现场实物图见图5-2-2。

图 5-2-2　支柱安装现场实物图

5.3　拉线

5.3.1　施工准备

5.3.1.1　准备条件

（1）施工前对施工人员进行技术交底、安全技术交底。

（2）施工劳动组织配备、材料准备及机械工机具准备完成。

（3）材料已到货，检验合格。

5.3.1.2 劳动组织

施工负责人 1 人、技术员 1 人、安全员 1 人、防护员 2 人、安装工 4 人。

5.3.1.3 主要机械设备及工器具配置

如表 5-3-1 所示。

表 5-3-1 机械设备及工器具配置表

序号	名称	规格	单位	数量	备注
1	钢卷尺		把	1	
2	捯链	0.75t	套	1	
3	楔形紧线器		套	1	

5.3.1.4 物资材料配置

如表 5-3-2 所示。

表 5-3-2 物资材料表

序号	名称	规格	单位	数量	备注
1	钢绞线		根		根据实际需要
2	楔形线夹		套		根据实际需要
3	耐张线夹		套		根据实际需要

5.3.1.5 作业条件

支柱安装已完成。

5.3.1.6 技术资料

施工图纸。

5.3.2 工艺流程

工艺流程如图 5-3-1 所示。

图 5-3-1 拉线预制及安装流程

5.3.3 施工要点与要求

5.3.3.1 施工准备

测量前，复核下锚底座安装的高度是否与设计一致，用 15m 钢卷尺测量已安装的下锚拉线底座与锚板拉环（或预埋件）中心之间的距离。

5.3.3.2 拉线预制

（1）根据现场测量长度及下锚拉线的类型，扣除挂环、拉线双环杆、耐张线夹、耳环杆材料的连接长度，得出拉线的实际长度，然后再加上回头长度进行下料。

（2）下料完成后，在加工平台上进行拉线预弯、安装拉线线夹、回头绑扎。

（3）预制完成，复核尺寸精度，根据安装位置、类型编号。

5.3.3.3 拉线安装

（1）将拉线运至下锚支柱位置，先用耳环杆或楔形拉线线夹与下锚底座连接，再进行下锚基础拉环端连接。

（2）下锚基础拉环端连接时，采用捯链和楔形紧线器分别连接拉线下端及拉线双环杆，然后开始紧线，使耐张线夹螺栓能与楔形拉线线夹连接上，再进行耐张线夹螺栓紧固，使耐张线夹螺栓外露长度不小于20mm，并不大于螺纹全长的1/2。双拉线时调整耐张线夹螺栓使两根拉线受力一致。

（3）钢质螺栓的螺纹部分应涂油防腐。

5.3.3.4 填写记录

根据当天的作业内容和施工情况填写施工安装记录。

5.3.4 质量控制与检验

（1）拉线型号应符合设计要求，不得有断股、松股和接头，双拉线的两条拉线受力应一致。

（2）锚柱拉线宜设在锚支的延长线上，拉线与地面的夹角宜为45°，当地形受限时，按设计要求施工。

（3）拉线角钢水平，且应与支柱密贴，连接件镀锌层无脱落和漏镀现象，钢绞线拉线无锈蚀现象并涂防腐油防腐，回头绑扎牢固并涂防腐油。

（4）下锚拉线环应采用锌防腐处理，其相对支柱的朝向符合设计要求。

5.3.5 注意事项

（1）使用断线钳时，用力要均匀，刀口应与线垂直，避免切口倾斜，出现散股。

（2）切断钢绞线时应用脚踩住再断线，防止钢绞线弹出伤人。

（3）承锚角钢应与支柱密贴，横平竖直，安装牢固。

5.3.6 现场实物图

拉线预制及安装现场实物图，见图5-3-2。

图 5-3-2　拉线预制及安装现场实物图

5.4 硬横跨

5.4.1 施工准备

5.4.1.1 准备条件

（1）施工前对施工人员进行技术交底、安全技术交底。

（2）施工劳动组织配备、材料准备及机械工机具准备完成。

（3）材料已到货，检验合格。

（4）现场临时电源满足作业需要。

5.4.1.2 劳动组织

施工负责人 1 人、技术员 1 人、安全员 1 人、防护员 2 人、安装工 6 人、司机及助理 3 人、司索工 1 人。

5.4.1.3 主要机械设备及工器具配置

如表 5-4-1 所示。

表 5-4-1　机械设备及工器具配置表

序号	名称	规格	单位	数量	备注
1	吊车	T25	台	1	
2	钢尺	50m	把	1	
3	力矩扳手		把	1	
4	电焊机		台	1	
5	配电箱		台	1	含电源线

5.4.1.4 物资材料配置

如表 5-4-2 所示。

表 5-4-2　物资材料表

序号	名称	规格	单位	数量	备注
1	硬横梁		组		根据实际需要
2	连接螺栓		套		根据实际需要

5.4.1.5 作业条件

支柱安装已完成。

5.4.1.6 技术资料

施工图纸。

5.4.2 工艺流程

工艺流程如图 5-4-1 所示。

图 5-4-1　硬横梁安装工艺流程图

5.4.3　施工要点与要求

5.4.3.1　施工准备

（1）测出两基础中心的距离，并做好记录。

（2）根据测量的数值调整硬横梁长度，并用钢尺检测，符合要求后将连接套管的紧固螺栓按设计力矩紧固。

（3）在梁柱接头处均匀涂一层黄油。

5.4.3.2　硬横梁安装

（1）吊车就位，检查完毕后准备起吊。

（2）在横梁中部对称套上两条尼龙吊带；在尼龙吊带上各绑一小绳，在横梁两端各绑两条晃绳，将尼龙吊带和起重机吊钩连接牢固。

（3）按命令开始起吊，当横梁上升至高于柱顶 200～300mm 时停止起吊。

（4）两支柱各上一人至柱顶，扶住梁柱接头上方，使一端支柱侧的梁柱接头落入过渡套管 50～100mm。

（5）施工人员调整另一侧支柱斜率，使柱顶对准门型支架的过渡套管，起重机吊钩缓慢下落。

（6）两梁柱接头完全进入过渡套管内后，复核支柱倾斜度后将支柱地脚螺栓螺母按设计力矩值紧固。

5.4.3.3　调整固定

（1）将吊车停于硬横梁下方，调整硬横梁的水平度满足设计要求，预留设计要求的负弛度。

（2）按设计力矩值紧固连接螺栓。

（3）焊接时先在接头两端四面点焊固定，然后连续焊缝焊接。

（4）焊接完毕后除去氧化层并打光，在焊接处先均匀刷一层富锌底漆，待干后再刷一层富铝面层。

5.4.3.4　填写记录

对硬横梁安装高度、拱度及连接质量进行检查，填写硬横梁安装记录。

5.4.4　安全防护

（1）高空作业时，杆上施工人员严禁 2 人同时在同一侧面进行安装作业；监护人员撤至安全范围（约 2m）以外。防护人员应坚守岗位，切实做好防护工作。

（2）其余见支柱安全防护。

5.4.5　质量控制与检验

（1）硬横跨钢梁与支柱、各梁段间连接应牢固可靠，并应垂直于线路中心线，安装高度应符合设计文件要求，连接螺栓紧固力矩应符合设计文件要求。

（2）硬横梁应水平，安装高度应符合设计要求，横梁两端允许偏差应为30mm，硬横梁的挠度不应大于梁跨的5‰。

（3）硬横跨钢梁与支柱、各梁段间结合密贴，连接牢固可靠，并应垂直于线路中心线，安装高度符合设计文件要求，连接螺栓紧固力矩应符合设计要求。

（4）硬横梁连接应预留拱度，拱度应满足现行行业标准《电气化铁路接触网硬横跨》TB/T 2920的要求。

5.4.6　注意事项

5.4.7　现场实物图

硬横跨安装现场实物图见图5-4-2。

图 5-4-2　硬横跨安装现场实物图

5.5　腕臂

5.5.1　施工准备

5.5.1.1　准备条件

（1）施工前对施工人员进行技术交底、安全技术交底。

（2）施工劳动组织配备、材料准备及机械工机具准备完成。

（3）材料已到货，检验合格。

5.5.1.2　劳动组织

施工负责人1人、技术员1人、安全员1人、防护员2人、安装工6人。

5.5.1.3　主要机械设备及工器具配置

如表5-5-1所示。

表 5-5-1　机械设备及工器具配置表

序号	名称	规格	单位	数量	备注
1	切割机	T25	台	1	根据实际需要而定
2	钢尺	5m	把	1	根据实际需要而定

序号	名称	规格	单位	数量	备注
3	力矩扳手		把	1	根据实际需要而定
4	滑轮		个	1	根据实际需要而定
5	记号笔		根	1	根据实际需要而定
6	大绳		条	1	根据实际需要而定
7	铁线		m	5	根据实际需要而定
8	镀锌漆		桶	1	根据实际需要而定

5.5.1.4 物资材料配置

如表 5-5-2 所示。

表 5-5-2 物资材料表

序号	名称	规格	单位	数量	备注
1	平腕臂		根	1	根据实际需要
2	斜腕臂		套	1	根据实际需要
3	腕臂底座		套	2	根据实际需要
4	腕臂绝缘子		件	2	根据实际需要
5	支撑卡子		套	2	根据实际需要
6	定位环		套	1	根据实际需要
7	套管双耳		套	1	根据实际需要
8	定位管		套	1	根据实际需要
9	定位器		套	2	根据实际需要
10	定位支座		套	1	根据实际需要
11	承力索座		套	1	根据实际需要

5.5.1.5 作业条件

钢柱安装及调整已完成。

5.5.1.6 技术资料

施工图纸。

5.5.2 工艺流程

工艺流程如图 5-5-1 所示。

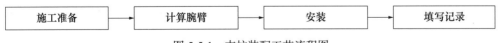

图 5-5-1 支柱装配工艺流程图

5.5.3 施工要点与要求

5.5.3.1 施工准备

（1）底座安装高度应严格按照设计要求，以轨面连线中心高度为基准点向上测量。

（2）根据腕臂计算所需参数测量支柱参数，如支柱限界、外轨超高、支柱倾斜度。

5.5.3.2 计算预配：

（1）计算

根据现场测量的限界、超高、支柱倾斜度等数据，结合设计图纸相关数据，计算出下列数据：

1）平、斜腕臂长度。

2）定位管长度。

3）定位环距斜腕臂末端的距离。

4）定位双环距定位管固定端的距离。

5）腕臂支撑管及定位支撑管的长度、安装位置。

将上述各尺寸对应支柱号编制《腕臂预配数据表》。

（2）预配

1）根据《腕臂预配数据表》中所提供的参考数据，在待切割的腕臂上做好标记。

2）将腕臂垂直放置于切割机内进行切割。

3）在切割面涂上防锈漆，再涂上镀锌漆。

4）按施工设计图纸，在木质平台上进行绝缘子、定位环及管帽等装配。

5）按设计力矩用力矩扳手进行紧固。

6）用排刷在定位环上均匀涂上润滑黄油。

7）用红色记号笔在管壁上标注区间、锚段号和支柱号。

8）用铁线将定位器临时绑扎在腕臂上，用草垫或麻袋将绝缘子捆扎好，以免在搬运、安装过程中损伤绝缘子。

5.5.3.3 安装

（1）底座安装

根据测量位置及安装图选用腕臂底座并安装在支柱上。

（2）腕臂安装

1）腕臂安装一般采用人工安装方式，两人分别通过支柱两侧攀登至上下腕臂底座安装高度处，将滑轮固定在支柱上方。

2）地面作业人员通过小绳将预配好的腕臂起吊至下腕臂底座高度。

3）杆上人员将斜腕臂棒式绝缘子与腕臂下底座相连，螺栓穿向方向统一，并将开口销掰开至不小于60°。

4）地面作业人员继续拉绳，杆上人员将平腕臂棒式绝缘子与腕臂上底座相连后拆除小绳及滑轮，两人配合将腕臂支撑安装到位。

5）起吊过程中应注意通过晃绳防止腕臂与支柱碰撞。腕臂安装完成后用铁线将腕臂临时固定在腕臂底座上。

5.5.3.4 填写记录

根据当天的作业内容和施工情况填写施工安装记录。

5.5.4 安全防护

（1）在进行腕臂安装时，作业人员应由支柱两侧分别上杆，上杆后系好安全带，不得在同一侧作业，传递工具应用安全绳，严禁抛掷。

（2）在吊起腕臂时，安全绳应绑扎在中间偏上的位置，腕臂下方严禁站人。

（3）在运输和安装中，应对绝缘子采取保护措施。腕臂安装后应进行临时固定。

5.5.5 质量控制与检验

（1）链形悬挂的腕臂在平均温度时应垂直于线路中心线，温度变化时腕臂顺线路方向偏移量应符合设计文件要求。

（2）简单悬挂的腕臂宜水平安装，在平均温度时应垂直于线路中心，温度变化时腕臂顺线路方向偏移量应符合设计要求。

（3）支柱腕臂上各部件应处在同一垂直平面内（不包括定位装置），铰接处转动灵活。

（4）腕臂安装位置应满足安装曲线要求。在平均温度时，应垂直于线路中心；腕臂宜水平安装，链形悬挂的承力索悬挂点距轨顶平面的高度应符合设计要求，允许误差±30mm。

（5）平腕臂受力后应符合设计要求，允许偏差为0～30mm。

5.5.6 注意事项

（1）底座与支柱密贴，底座槽钢（或角钢）呈水平状态并不得扭转。

（2）腕臂安装位置及连接螺栓紧固力矩符合规范要求。

（3）腕臂安装完毕后，平腕臂应呈水平状态，腕臂支撑与平腕臂成60°。平腕臂头外露长度在200～300mm。

（4）连接螺栓穿向统一原则：零件由本体穿向附件，垂直安装的螺栓由上向下穿；水平安装并垂直支线路的螺栓由田野穿向线路；水平安装并平行线路的螺栓穿向来车方向。

（5）所有螺母、垫片齐全，开口销掰开角度不小于60°，开口处不得有裂纹、折断现象，有防松垫片的按要求安装。

5.5.7 现场实物图

腕臂装配现场实物图见图5-5-2。

图 5-5-2　腕臂装配现场实物图

5.6 承力索架设

5.6.1 施工准备

5.6.1.1 准备条件

（1）施工前对施工人员进行技术交底、安全技术交底。

（2）施工劳动组织配备、材料准备及机械工机具准备完成。

（3）材料已到货，检验合格。

5.6.1.2 劳动组织

施工负责人1人、技术员1人、安全员1人、防护员3人、司机及助理3人、安装工25人。

5.6.1.3 主要机械设备及工器具配置

如表5-6-1所示。

表5-6-1 机械设备及工器具配置表

序号	名称	规格	单位	数量	备注
1	放线车		台	1	
2	放线架子		套	1	
3	梯车		台	1	按需配备
4	滑轮		个	30	按需配备
5	捯链	3t	个	1	按需配备
6	滑轮组		套	1	按需配备
7	铁线		m	若干	

5.6.1.4 物资材料配置

如表5-6-2所示。

表5-6-2 物资材料表

序号	名称	规格	单位	数量	备注
1	承力索		盘	1	根据实际需要
2	护线条		套	若干	根据实际需要
3	承力索中锚		套	1	根据实际需要
4	起落锚连接件		套	2	根据实际需要

5.6.1.5 作业条件

腕臂及下锚装置已完成。

5.6.1.6 技术资料

施工图纸。

5.6.2 工艺流程

工艺流程如图 5-6-1 所示。

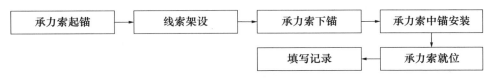

图 5-6-1 承力索安装工艺流程图

5.6.3 施工要点与要求

5.6.3.1 承力索起锚

（1）架线车运行至起锚点停车，使作业平台置于承力索起锚处。从线盘上依次拉出承力索的线头，分别安装终端锚固线夹和调整螺栓、连板等其他连接件。

（2）将以上连接件与棘轮补偿装置（无补偿下锚时为承锚底座）连接牢固。

（3）用捯链将起锚端补偿装置坠砣挂起（捯链刚受力即可），防止承力索受力后的冲击力使补偿绳受损。

5.6.3.2 线索架设

（1）控制好放线架张力：随时调整液压压力，该压力值是一个变量，随线盘出口处直径的变化而变化，一般为 1.5kN 左右，行车速度保持在 5km/h。

（2）架设中的承力索要放置在放线架平台的滚轮上，张力控制人员随时观察线盘及承力索的活动范围。先用做好的铁线套一端挂上双槽开口铝滑轮，一端挂在腕臂装置的承力索支撑线夹的内侧，再将承力索分别放入开口滑轮槽内，注意两支承力索不能交叉。

5.6.3.3 承力索下锚

（1）架线车停在下锚装置处停车，将平台旋转至下锚装置附近。

（2）将楔形紧线器与线索、6t 捯链、临时钢丝套、平行滑轮依次连接好后开始紧线，至棘轮离开固定卡板后停止。

（3）测量好断线点后用断线钳依次剪断承力索，在线索端头分别安装终端锚固线夹后与调整螺栓、连板等连接件相连。

（4）将以上连接件与棘轮补偿装置（无补偿下锚时为承锚底座）连接牢固。

（5）微调两端的调整螺栓使双承力索受力一致。

5.6.3.4 承力索中锚安装

（1）按施工设计图纸安装承力索中心锚结，根据承力索中锚绳安装曲线图及现场温度情况调节中锚绳安装张力。

（2）将中心锚结的腕臂垂直于线路中心固定。

（3）将中心锚结辅助绳与承力索固定并预留适当的弧度。

（4）先安装靠近腕臂中心的两承力索中心锚结线夹，且安装在靠线路中心的承力索上；再将远离腕臂中心两侧的中心锚结线夹安装在支柱侧。

5.6.3.5 承力索就位

（1）参照施工设计图纸，根据现场温度和距中心锚结的距离计算腕臂顺线路方向的偏移量。

（2）调整腕臂偏移，将放置在放线滑轮内的承力索安装在承力索线夹内，按设计力矩紧固固定螺栓。

5.6.3.6 填写记录

根据当天的作业内容和施工情况填写施工安装记录。

5.6.4 安全防护

（1）当支柱位于曲线内侧时，必须将腕臂加固，防止腕臂受曲线力破坏绝缘子。

（2）在曲线区段进行承力索架设、安装时，施工人员应站在曲线外侧作业。

（3）放线时应对线盘进行详细检查加固，导线末端应固定在线盘上，以防止放线时线条脱出伤人，线盘应有制动设施。

（4）架线施工中必须有专人沿架线区段巡回检查，平交道口或行人较多的地方应派专人防护，确认架线区段承力索无侵入线路基本建筑限界情况及其他状况。

（5）架线车启动、运行、停车要平稳。司机注意指挥信号，并根据作业台的工作情况，主动减速或停车，兼顾架线车作业人员安全。副司机应注意瞭望架线车运行前方信号及行人或其他影响行车的障碍物，确保架线车的行车安全。

5.6.5 质量控制与检验

（1）正线承力索宜按锚段长度配盘，应对号架设安装。

（2）站场正线及重要线路接触线的工作支应位于下方，侧线及次要线的接触线工作支应在上方，承力索交叉位置应与接触线相同。

（3）承力索的架设张力应符合设计文件要求，同一锚段的双支承力索或接触线张力应相同。

（4）承力索与接触导线的"之"字值应调整在同一垂直平面内，地面允许偏差应为±75mm，隧道内允许偏差应为±10mm。

（5）安装到位后的承力索拉出值应符合设计要求。

（6）承力索的线材规格、型号应符合设计要求。承力索如有损伤、锈蚀严重等现象严禁使用，锚段内不得有接头。

（7）张力补偿的调整应符合设计安装曲线，坠砣距离地面允许偏差为±200mm，在最高计算温度时坠砣距地面不小于300mm。

5.6.6 注意事项

（1）架线过程中承力索不得与任何物体发生刮蹭。

（2）施工过程中承力索不得形成硬弯。

（3）各种绞线截断前务必对两端进行绑扎。

（4）双承力索时两线的受力务必均衡，三角连板不得出现扭斜。

5.6.7 现场实物图

承力索架设完成现场实物图，见图5-6-2。

图 5-6-2　承力索架设完成现场实物图

5.7　接触线架设

5.7.1　施工准备

5.7.1.1　准备条件

（1）施工前对施工人员进行技术交底、安全技术交底。

（2）施工劳动组织配备、材料准备及机械工机具准备完成。

（3）材料已到货，检验合格。

5.7.1.2　劳动组织

施工负责人1人、技术员1人、安全员1人、防护员3人、司机及助理3人、安装工25人。

5.7.1.3　主要机械设备及工器具配置

如表5-7-1所示。

表 5-7-1　机械设备及工器具配置表

序号	名称	规格	单位	数量	备注
1	放线车		台	1	
2	放线架子		套	1	
3	梯车		台	1	根据实际需要
4	滑轮		个	30	根据实际需要
5	捯链	3t	个	1	根据实际需要
6	滑轮组		套	1	根据实际需要
7	铁线		m	若干	

5.7.1.4 物资材料配置

如表 5-7-2 所示。

表 5-7-2 物资材料表

序号	名称	规格	单位	数量	备注
1	接触线		盘	1	根据实际需要
2	接触线中锚		套	1	根据实际需要
3	起落锚连接件		套	2	根据实际需要

5.7.1.5 作业条件

承力索已完成。

5.7.1.6 技术资料

施工图纸。

5.7.2 工艺流程

工艺流程如图 5-7-1 所示。

图 5-7-1 接触线架设工艺流程图

5.7.3 施工要点与要求

5.7.3.1 接触线起锚

（1）架线车组行至起锚点停车，使作业平台置于接触线起锚处。从线盘上依次拉出接触线的线头，分别安装终端锚固线夹和调整螺栓、连板等其他连接件。

（2）将以上连接件与棘轮补偿装置（无补偿下锚时为承锚底座）连接牢固。

（3）用捯链将起锚端补偿装置坠砣挂起（捯链受力即可），防止接触线受力后的冲击力使补偿绳受损。

5.7.3.2 带张力架设

（1）控制好放线架张力：随时调整液压压力，该压力值是一个变量，随线盘出口处直径的变化而变化，一般压力表在 1.5～2kN，行车速度保持在 5km/h。

（2）双接触线在架线平台上应平行放在滚轮上，在定位点处先将 S 钩一端挂上双槽滑轮，另一端挂在承力索上，再将接触线捯入滑轮，注意双支接触线不得交叉。跨中宜用 S 钩和滑轮将接触线悬吊两三次。

5.7.3.3 接触线下锚

（1）将架线车平台转至下锚装置附近。参照《接触网下锚安装施工图》连接下锚部件。

（2）用捯链将下锚端补偿装置坠砣挂起（捯链刚受力即可）。

（3）确认各部件连接牢固、无误后开始紧线，直到棘轮装置缓慢抬起离开止动卡板时停止紧线。

（4）松开液压张力控制系统，剪断多余接触线。

（5）用三个钢线卡子把导线卡紧在平衡滑轮前面的辅助钢丝绳上（注：此时双接触线并未正式做好下锚固定工作，而是临时用钢线卡子固定，但是其结构是安全可靠的，其目的为了让导线在全负荷张力下经受 2～3d 自然蠕变）。

（6）安装接触线中心锚结。

（7）松开起锚处临时悬挂坠砣的捯链。

（8）从中心锚结（或无补偿下锚端）向补偿下锚端安装定位器。将接触线安装在定位线夹内，注意定位管、定位器的偏移量应与腕臂的偏移量保持一致。

5.7.3.4 检查

（1）检查导线有无损伤现象。

（2）检查定位器的偏移是否和腕臂保持一致，腕臂是否在两定位器的中间位置。

5.7.3.5 填写记录

根据当天的作业内容和施工情况填写施工安装记录。

5.7.4 安全防护

同 5.6.4 承力索架设对应章节。

5.7.5 质量控制与检验

（1）正线接触线宜按锚段长度配盘，应对号架设安装。

（2）站场正线及重要线路接触线的工作支应位于下方，侧线及次要线的接触线工作支应在上方，承力索交叉位置应与接触线相同。

（3）接触线的架设张力应符合设计文件要求，同一锚段的双支承力索或接触线张力应相同。

（4）接触线拉出值的允许偏差应为 ±30mm，在任何情况下其导线偏移值（相对于受电弓中心）不应大于设计文件要求的最大值。

（5）接触线工作面及各种线夹应端正。

（6）定位器、定位管偏移量应符合设计要求且与腕臂在同一断面内。

5.7.6 注意事项

（1）在进行接触线起锚作业时，钢线卡子应正反颠倒牢固安装，以防滑脱。

（2）下锚使用的钢丝套子应状态良好。

（3）在进行张力架设作业时，控制放线架的液压张力切勿过大，以防损伤腕臂绝缘子。

5.7.7 现场实物图

接触线现场实物图，见图 5-7-2。

图 5-7-2　接触线现场实物图

5.8　架空地线架设

5.8.1　施工准备

5.8.1.1　准备条件

（1）施工前对施工人员进行技术交底、安全技术交底。

（2）施工劳动组织配备、材料准备及机械工机具准备完成。

（3）材料已到货，检验合格。

5.8.1.2　劳动组织

施工负责人 1 人、技术员 1 人、安全员 1 人、防护员 3 人、司机及助理 3 人、安装工 25 人。

5.8.1.3　主要机械设备及工器具配置

如表 5-8-1 所示。

表 5-8-1　机械设备及工器具配置表

序号	名称	规格	单位	数量	备注
1	放线车		台	1	结合施工作业面配置
2	放线架子		套	1	结合施工作业面配置
3	梯车		台	1	按需配备
4	滑轮		个	30	按需配备
5	捯链	3t	个	1	按需配备
6	滑轮组		套	1	按需配备
7	铁线		m	若干	
8	张力计		台	1	按需配备
9	断线钳		把	1	
10	钢丝套		个	2	

5.8.1.4　物资材料配置

如表 5-8-2 所示。

表 5-8-2　物资材料表

序号	名称	规格	单位	数量	备注
1	架空地线	TJ120	盘	1	根据图纸要求
2	预绞丝	120 型	套	若干	根据图纸要求
3	起落锚连接件		套	2	根据实际需要
4	地线线夹	120 型	套	若干	根据实际需要

5.8.1.5　作业条件

架空地线定位点安装已完成。

5.8.1.6　技术资料

施工图纸。

5.8.2　工艺流程

工艺流程如图 5-8-1 所示。

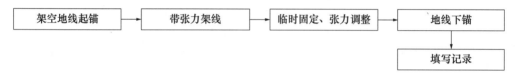

图 5-8-1　架空地线架设、调整工艺流程图

5.8.3　施工要点与要求

5.8.3.1　架空地线起锚

（1）作业车行至起锚点停车，使作业平台置于地线下锚底座处。

（2）将线头从线盘上拉出，按安装要求做好地线起锚端连接。

5.8.3.2　带张力架线

（1）起锚连接完毕，放线初张力调至 1.5kN 左右，放线车平缓启动，以 5km/h 速度匀速行驶。

（2）在各悬挂点挂设滑轮，将架空地线放于滑轮中，检查绞线能顺线路自由滑动。

5.8.3.3　临时固定、张力调整

（1）架线过程中，地线在支柱处采用临时钢丝套加滑轮的方式悬挂于支柱弯头或地线肩架上。

（2）架线过程中保持线盘出线张力，并根据现场实际情况调整放线车液压张力。

5.8.3.4　地线下锚

（1）架线列车组停在下锚位置处，将平台旋转至锚柱架空地线下锚底座附近。

（2）将楔形紧线器安装在架空地线上，在支柱上架空地线下锚底座下方安装一根 3t 尼龙吊带，将 3t 捯链、张力表、钢丝套依次连接好后开始紧线。

（3）根据现场温度、锚段长度查阅《架空地线张力曲线表》，用捯链调整张力表上读数，使其符合张力曲线表中数值。

（4）张力调整从起锚点开始，地面段从有下锚拉线的支柱按照设计张力紧线调整一次。

（5）用断线钳剪断架空地线，将地线终锚线夹、双孔板、单耳连接器、调整螺栓等与地线下锚底座依次正式连接，松开捯链，拆除临时钢丝套。

（6）依次将架空地线捯入固定线夹内，安装架空地线与支柱间的接地连接线。

5.8.3.5 填写记录

根据当天的作业内容和施工情况填写施工安装记录。

5.8.4 安全防护

见承力索架设安全防护。

5.8.5 质量控制与检验

（1）架空地线宜按锚段长度配盘，应对号架设安装。

（2）架空地线的弛度应符合安装曲线规定。

（3）架空地线与接触网带电体的距离符合设计要求。

（4）架空地线在一个锚段内接头不得超过1个，不同规格、不同绞制的附加导线不得有接头。

（5）架空地线弛度应符合安装曲线，接头之间距离不得小于150m，接头至悬挂点距离不小于2m。

（6）架空地线损伤截面积不得大于总截面积5%；绞线断股3根以下，允许采用同材质线绑扎。

5.8.6 注意事项

（1）架空地线不应与支柱或其他建筑物及设备碰触或发生摩擦。

（2）地线线夹安装端正，地线线夹中的铜衬套齐全，安放正确。

（3）架空地线安装应平缓顺畅，不能出现大的折角。

5.8.7 现场实物图

架空地线架设完成图，见图5-8-2。

图5-8-2 架空地线架设完成实物图

5.9 下锚装置

5.9.1 施工准备

5.9.1.1 准备条件

（1）施工前对施工人员进行技术交底、安全技术交底。

（2）施工劳动组织配备、材料准备及机械工机具准备完成。

（3）材料已到货，检验合格。

5.9.1.2 劳动组织

施工负责人1人、技术员1人、安全员1人、防护员2人、安装工8人。

5.9.1.3 主要机械设备及工器具配置

如表5-9-1所示。

表5-9-1　机械设备及工器具配置表

序号	名称	规格	单位	数量	备注
1	脚扣		双	2	按需配备
2	扳手		套	4	按需配备
3	大绳		条	1	按需配备
4	滑轮	1t	个	1	按需配备

5.9.1.4 物资材料配置

如表5-9-2所示。

表5-9-2　物资材料表

序号	名称	规格	单位	数量	备注
1	下锚装置		套	1	根据实际需要
2	坠砣		块	若干	根据实际需要
3	坠砣限制架		套	1	根据实际需要

5.9.1.5 作业条件

下锚处钢柱、定位点安装已完成。

5.9.1.6 技术资料

施工图纸、产品说明书。

5.9.2 工艺流程

工艺流程如图5-9-1所示。

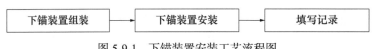

图 5-9-1 下锚装置安装工艺流程图

5.9.3 施工要点与要求

5.9.3.1 下锚装置组装

（1）预配棘轮上、下承锚底座。

（2）按顺序缠绕大、小轮的补偿绳，不得交叉重叠。

（3）按照产品说明书和安装温度调整补偿绳在棘轮大小轮上的圈数并绑扎固定。

（4）组装坠砣限制架，码放坠砣串，将坠砣卡子固定到最上面一块坠砣上。

5.9.3.2 下锚装置安装

（1）2人上杆后在支柱顶部悬挂滑轮，尼龙绳一端穿过滑轮并依次将上、下承锚底座绑扎好，下部配合人员拉绳将底座起吊至设计安装高度，支柱上作业人员进行底座安装、调整并按设计力矩紧固。

（2）通过悬挂滑轮将棘轮装置起吊至承锚底座处，支柱上作业人员配合进行棘轮装置安装、调整并按设计力矩紧固。

（3）安装坠砣限制架上、下底座，再将坠砣限制架的限制导管安装于上下底座之间，调整限制架上下底座的滑槽，使限制导管处于铅直状态。

（4）将组装好的坠砣串用3t捯链起吊，将坠砣杆与棘轮装置大轮补偿绳上的楔形线夹连接牢固，拆除捯链，安装坠砣抱箍。

（5）调整坠砣抱箍和限制导管，使坠砣串能自由运动无卡滞现象。

5.9.3.3 填写记录

根据当天的作业内容和施工情况填写施工安装记录。

5.9.4 质量控制与检验

（1）轮间补偿绳排列位置及长度应符合设计文件要求，滑轮转动应灵活。

（2）坠砣高度、棘轮与终端的距离应符合安装曲线的规定。

（3）补偿终端的断线自动制动装置应可靠，其制动块与棘轮齿间的距离应符合产品技术文件要求。

（4）补偿绳不应有接头、松股、断股等缺陷。

（5）坠砣表面完整，重量误差符合设计要求。

（6）坠砣抱箍与限制导管间自由滑动，无卡滞现象。

5.9.5 注意事项

（1）棘轮补偿绳在任何情况下应有足够的预留量。

（2）紧线时坠砣数量务必按照设计数量加够。

5.9.6 现场实物图

下锚装置安装完成图，见图5-9-2。

图 5-9-2　下锚装置安装完成实物图

5.10　吊弦

5.10.1　施工准备

5.10.1.1　准备条件

（1）施工前对施工人员进行技术交底、安全技术交底。

（2）施工劳动组织配备、材料准备及机械工机具准备完成。

（3）材料已到货，检验合格。

5.10.1.2　劳动组织

施工负责人 1 人、技术员 1 人、安全员 1 人、防护员 2 人、安装工 6 人。

5.10.1.3　主要机械设备及工器具配置

如表 5-10-1 所示。

表 5-10-1　机械设备及工器具配置表

序号	名称	规格	单位	数量	备注
1	切割机		台	1	
2	压线钳		把	1	
3	力矩扳手		把	1	
4	断线钳		把	1	
5	梯车		台	1	

5.10.1.4　物资材料配置

如表 5-10-2 所示。

表 5-10-2　物资材料表

序号	名称	规格	单位	数量	备注
1	承力索线夹		套	若干	根据实际需要
2	接触线线夹		套	若干	根据实际需要
3	吊弦线		m	若干	根据实际需要
4	心形环		个	若干	根据实际需要
5	钳压管		个	若干	根据实际需要

5.10.1.5　作业条件

接触线调整已完成。

5.10.1.6　技术资料

施工图纸。

5.10.2　工艺流程

吊弦安装工艺流程如图 5-10-1 所示。

图 5-10-1　吊弦安装工艺流程图

5.10.3　施工要点与要求

5.10.3.1　吊弦测量与计算

（1）吊弦计算前需测量实际跨距长度和承力索高度，且下锚补偿装置状态合格，腕臂偏移量符合设计要求。

（2）根据设计给定的图纸编制吊弦计算软件，计算出每处吊弦的吊弦长度，并在钢轨或其他地点上做好编号标记。

5.10.3.2　吊弦制作与标记

（1）按照吊弦计算软件的计算结果在加工车间制作整体吊弦，吊弦所选用的线夹应与悬挂类型相对应。

（2）裁剪吊弦线时宜将钢板尺固定在操作台上，方便裁料，遇有青铜绞线存有松股、散股、断股时，不得用于吊弦线的制作，应按废料处理。

（3）配齐相应的零件后将承力索端的线夹压接好，接触线端钳压管暂不压接，用钢线卡子临时固定。

（4）在每支吊弦上贴上标签，标签上应有跨距号（支柱编号－支柱编号）和吊弦编号。

（5）吊弦的制作尺寸不得突破最短吊弦长度要求。

5.10.3.3　吊弦安装

（1）吊弦作业宜从中心锚结处或硬锚处向两侧作业。

（2）梯车作业时，作业人员在梯车上用线坠与钢轨上的标记对齐后，在承力索和接触线上做好对应的标记；作业车作业时，用激光对位装置确定好相应的位置，同样在承力索和接触线上做好相应的标记。

（3）安装吊弦前确保接触线的线面垂直于钢轨，当不能垂直时，需用扭线器调整接触线的线面，达到垂直的要求。

（4）按吊弦上的标签一一对应安装整体吊弦。

（5）不安装整体吊弦时，应优先采用$\phi40mm$铁线制作简易临时吊弦，调整到位后再在临时吊弦旁安装并拆除临时吊弦。

5.10.3.4　填写记录

根据当天的作业内容和施工情况填写施工安装记录。

5.10.4　质量控制与检验

（1）吊弦线无散股、断股情况，绞线顺滑平整。

（2）双承力索和双吊弦线夹的不平整度应满足设计和验收要求。

（3）各种螺栓拧紧时应采用扭力扳手按设计要求值拧紧，达到规定的紧固力矩，严禁采用活扳手拧螺栓。

（4）防松垫片无遗漏，且符合安装要求。

（5）压接钳压紧力应达到设计规定，两线相对滑动荷载应不小于4.8kN，压线钳在满足规定的压紧力的同时，不应破坏青铜绞线固有线状。

5.10.5　注意事项

（1）吊弦安装应与预配编号逐一对应，无错号。

（2）吊弦计算前需现场实地测量跨距，不能按图计算。

（3）吊弦载流环方向应符合设计要求。

5.10.6　施工结束

（1）吊弦施工安装后应拆除并回收挂在接触网上的S钩。

（2）吊弦施工后所有的线面应正确。

（3）吊弦安装施工后对于小曲线半径线路、线岔等特殊地段，存在双接触线高度超过规定值的情况应及时报告工程部协调处理。

5.10.7　现场实物图

吊弦安装完成现场实物照片见图5-10-2。

图5-10-2　吊弦安装完成现场实物照片

5.11 电连接、线岔

5.11.1 施工准备

5.11.1.1 准备条件

（1）施工前对施工人员进行技术交底、安全技术交底。

（2）施工劳动组织配备、材料准备及机械工机具准备完成。

（3）材料已到货，检验合格。

5.11.1.2 劳动组织

施工负责人1人、技术员1人、安全员1人、防护员2人、安装工6人。

5.11.1.3 主要机械设备及工器具配置

如表5-11-1所示。

表 5-11-1 机械设备及工器具配置表

序号	名称	规格	单位	数量	备注
1	切割机		台	1	
2	压接钳		把	1	
3	力矩扳手		把	1	
4	断线钳		把	1	
5	梯车		台	1	

5.11.1.4 物资材料配置

如表5-11-2所示。

表 5-11-2 物资材料表

序号	名称	规格	单位	数量	备注
1	电连接线		m	若干	根据实际需要
2	电连接线夹		套	若干	根据实际需要
3	电力复合脂		m	若干	根据实际需要

5.11.1.5 作业条件

接触线调整已完成。

5.11.1.6 技术资料

施工图纸。

5.11.2 工艺流程

工艺流程如图5-11-1所示。

图 5-11-1　电连接、线岔安装工艺流程图

5.11.3　施工要点与要求

5.11.3.1　测量

根据施工图纸，先对各电连接的安装位置进行纵向定测，然后用一标上刻度的电连接线，沿电连接布置的走向测出电连接实际长度，并做好记录。

5.11.3.2　预配

（1）电连接的安装，根据现场测量出的长度进行预配。压接时注意将软铜绞线插入接线端子底部，保证压接紧固、可靠，接线端子内应预先涂抹电力复合脂。

（2）线岔的安装，按轨道道岔类型及设计的定位要求进行预配。有线岔固定装置要求的需要在线岔活动范围内连接固定装置。

5.11.3.3　安装与检查

梯车行进到安装位置停车。电连接安装时，将电连接线与接触线连接并安装牢固，再与承力索连接。电连接线夹内应预先涂抹电力复合脂。承力索和接触线材质相同时电连接线应垂直安装，两承力索间预留的驰度应大于两支接触悬挂因温度变化而产生的偏移值；线岔安装时，线岔上部的接触线应在电连接固定装置范围内有效滑动，无固定装置时，线岔处两条接触线应当密贴，对于不能密贴或不能良好窜动时，应调整线岔两侧的悬挂与定位位置，使其达到要求。

5.11.3.4　填写记录

根据当天的作业内容和施工情况填写施工安装记录。

5.11.4　质量控制与检验

（1）柔性架空接触网电连接线安装的位置及截面应符合设计文件要求，连接应牢固，并应预留温度变化的位移长度。

（2）在平均温度时，线岔的中点应位于接触线的交叉点，接触线在线岔里应随温度变化而自由纵向移动。

（3）静态时，交叉点处上、下方接触线的间隙宜为1～3mm。

（4）线岔始触区不应安装任何线夹。

（5）电连接线应无散股、断股、损伤现象。

（6）电连接线的安装位置符合设计要求，任何情况下均应满足带电距离要求。电连接线与线夹接触良好。

5.11.5　注意事项

（1）电连接布置符合设计要求，对不同材质的接触线和承力索，电连接安装预留的偏移量应满足温度变化引起的偏移。

（2）根据现场测量出的长度进行预配，增加预留弛度、扣减接触线电连接线夹长度计算下料长度。

（3）压接时注意将软铜绞线插入接线端子底部，保证压接紧固、可靠，接线端子内应预先涂抹电力复合脂。

5.11.6 现场实物图

电连接、线岔安装实物图，见图 5-11-2。

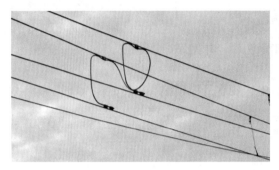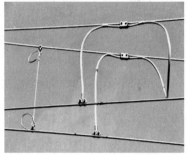

图 5-11-2 电连接、线岔安装实物图

5.12 均、回流箱

5.12.1 施工准备

5.12.1.1 准备条件

（1）施工前对施工人员进行技术交底、安全技术交底。

（2）施工劳动组织配备、材料准备及机械工机具准备完成。

（3）材料已到货，检验合格。

5.12.1.2 劳动组织

施工负责人 1 人、技术员 1 人、安全员 1 人、防护员 2 人、安装工 6 人。

5.12.1.3 主要机械设备及工器具配置

如表 5-12-1 所示。

表 5-12-1 机械设备及工器具配置表

序号	名称	规格	单位	数量	备注
1	钢卷尺	10m	把	1	长度测量
2	扳手		套	2	紧固螺母
3	力矩扳手		套	2	紧固螺母
4	断线钳		把	1	切割电缆
5	压接钳		根	2	压接接线端子
6	电缆刀		把	1	剥电缆皮
7	冲击电钻		把	1	打孔
8	钻头	$\phi14$	根	1	打孔

序号	名称	规格	单位	数量	备注
9	钻头	$\phi22$	根	1	打孔
10	热缩枪		把	1	热缩
11	发电机	220V	台	1	临时电源
12	台钻		台	1	打孔
13	3级配电箱		个	2	含电缆

5.12.1.4 物资材料配置

如表5-12-2所示。

表 5-12-2 物资材料表

序号	名称	规格	单位	数量	备注
1	均、回流箱底座		套	1	
2	均、回流箱		套	1	
3	150电缆		m	若干	实际情况确定
4	电缆固定卡		套	若干	实际情况确定
5	M10×50mm 锚栓		套	若干	配1平1弹1母
6	185型铜线端子		个	若干	$\phi17$孔
7	M16×50mm 螺栓		套	若干	配2平1弹1母
8	电力复合脂		瓶	1	
9	50×5（mm）接地扁钢		m	若干	实际情况确定
10	焊药		瓶	若干	实际情况确定
11	放热焊磨具		套	2	不同方向
12	电力复合脂		kg	1	

5.12.1.5 作业条件

（1）已取得轨行区施工作业令，施工区段已封闭，无行车干扰。

（2）安装区段轨道长轨已贯通且精调到位。

（3）安装区段土建专业已完成地面施工。

5.12.2 工艺流程

工艺流程如图5-12-1所示。

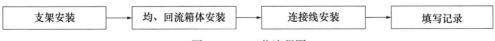

图 5-12-1 工艺流程图

5.12.3 施工要点与要求

5.12.3.1 支架安装

（1）根据设计图纸选取适当位置，安装位置不得侵入侧面限界，同时便于维修。

（2）根据均、回流箱位置选取支架类型，确定孔位并打孔、灌注锚栓。

（3）安装均、回流箱支架，调整支架，使其上表面在同一水平面。

5.12.3.2 均、回流箱体安装

（1）用螺栓将均、回流箱体固定至支架上，按照设计力矩紧固螺栓，紧固件零部件安装齐全。

（2）均、回流箱箱体接地部分通过 5mm×50mm 的接地扁钢可靠接至附近环网电缆支架的接地扁钢上。

5.12.3.3 连接线安装

（1）逐根量取均、回流箱至钢轨的电缆长度。

（2）电缆应穿管防护，布置、整理电缆，用电缆固定卡把电缆固定在地面上。

（3）电缆一端制作终端头，并连接至均、回流箱，按照设计力矩紧固螺栓。

（4）电缆另一头与钢轨连接，连接方式符合设计图纸要求。

5.12.3.4 填写记录

根据当天的作业内容和施工情况填写施工安装记录。

5.12.4 质量控制与检验

（1）均、回流箱的规格、型号、安装位置及接线方式应符合设计和产品技术要求。

（2）连接线与钢轨及均、回流箱的连接位置及连接方式应符合设计要求，连接应牢固可靠，紧固力矩符合设计要求。

5.12.5 注意事项

（1）箱体不得侵入设备限界。

（2）铜排和电缆的型号、载流截面应符合设计和产品技术要求。

（3）箱体安装稳固，电缆连接牢固、可靠。

5.12.6 实物图

现场实物图，见图 5-12-2。

图 5-12-2 现场实物图

5.13 悬挂调整

5.13.1 施工准备

5.13.1.1 准备条件
（1）施工前对施工人员进行技术交底、安全技术交底。
（2）施工劳动组织配备、材料准备及机械工机具准备完成。

5.13.1.2 劳动组织
施工负责人1人、技术员1人、安全员1人、防护员2人、安装工6人。

5.13.1.3 主要机械设备及工器具配置
如表5-13-1所示。

表 5-13-1 机械设备及工器具配置表

序号	名称	规格	单位	数量	备注
1	捯链		个	1	按需配备
2	力矩扳手		把	1	按需配备
3	卷尺		把	1	按需配备
4	激光测量仪		台	1	按需配备
5	梯车		台	1	按需配备

5.13.1.4 物资材料配置
如表5-13-2所示。

表 5-13-2 物资材料表

序号	名称	规格	单位	数量	备注
1	管帽		个	若干	根据实际需要
2	螺母		个	若干	根据实际需要
3	开口销		m	若干	根据实际需要

5.13.1.5 作业条件
接触线调整已完成。

5.13.1.6 技术资料
施工图纸。

5.13.2 工艺流程

工艺流程如图5-13-1所示。

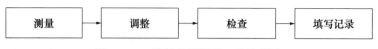

图 5-13-1　接触悬挂调整工艺流程图

5.13.3　施工要点与要求

5.13.3.1　测量

（1）测量施工区段各悬挂点的接触线高度及拉出值，将记录与设计值进行比较，将接触线高度及拉出值需要调整的数据制作成表格。

（2）在进行接触线高度的测量时，以接触线最低面为准；在进行双接触线拉出值测量时，以远离线路中心的接触线中心为准。

5.13.3.2　调整

（1）根据测量所得的数据，对拉出值和接触线高度进行调整。

（2）链形悬挂通过改变吊弦长度或者位置调整接触线高度；正定位装置通过移动定位环或定位双环调整拉出值，反定位装置通过移动定位支座调整拉出值。

5.13.3.3　检查

调整完毕后再次测量接触线的高度和拉出值，若不符合设计要求则重新调整。接触线高差应满足 3‰ 坡度的要求。

5.13.3.4　填写记录

根据当天的作业内容和施工情况填写施工安装记录。

5.13.4　质量控制与检验

（1）吊索安装应以吊索座为中心两侧平分，允许偏差应为 ±100mm，两端受力应均匀，吊索座受力方向应正确，直线区段吊索线夹应端正、牢固，曲线地段吊索线夹应垂直于接触线工作面。

（2）中心锚结安装应符合设计文件要求，中心锚结线夹两端辅助绳长度与张力应相等，接触线中心锚结线夹处接触线高度应比相邻吊弦高出 20～60mm。

（3）悬挂点处接触线距轨面高度的允许偏差地面应为 ±30mm，隧道内允许偏差应为 ±10mm。

5.13.5　注意事项

（1）在进行定位线夹调整时，严禁用钢、铁质器械等较硬的器具敲击接触线。

（2）悬挂调整应先从中心锚结处或无补偿下锚处往补偿下锚装置处调整，防止接触线面扭曲。

5.13.6　现场实物图

接触网悬挂调整完成实物图，见图 5-13-2。

图 5-13-2 接触网悬挂调整完成实物图

5.14 分段绝缘器

5.14.1 施工准备

5.14.1.1 准备条件

（1）施工前对施工人员进行技术交底、安全技术交底。

（2）施工劳动组织配备、材料准备及机械工机具准备完成。

（3）材料已到货，检验合格。

5.14.1.2 劳动组织

施工负责人 1 人、技术员 1 人、安全员 1 人、防护员 2 人、安装工 6 人。

5.14.1.3 主要机械设备及工器具配置

如表 5-14-1 所示。

表 5-14-1 机械设备及工器具配置表

序号	名称	规格	单位	数量	备注
1	捯链	个		1	
2	力矩扳手		把	1	
3	卷尺		把	1	
4	激光测量仪		台	1	
5	梯车		台	1	
6	分段专用工具		套	1	按需配置
7	紧线器		个	2	
8	断线钳		把	1	
9	钢锯		把	1	

5.14.1.4　物资材料配置

如表 5-14-2 所示。

表 5-14-2　物资材料表

序号	名称	规格	单位	数量	备注
1	分段绝缘器		台	1	根据图纸需要
2	承力索绝缘子		个	2	根据图纸需要
3	分段零配件		套	1	根据交底文件配备

5.14.1.5　作业条件

信号绝缘节位置已确定、悬挂调整已完成。

5.14.1.6　技术资料

施工图纸、厂家安装图纸。

5.14.2　工艺流程

工艺流程如图 5-14-1 所示。

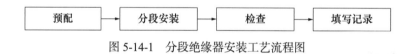

图 5-14-1　分段绝缘器安装工艺流程图

5.14.3　施工要点与要求

5.14.3.1　预配

（1）检查设备各种零部件是否完好，绝缘子应整洁，产品合格证、产品技术文件和安装手册齐全。

（2）按分段绝缘器安装说明书要求在预配车间进行组装，零件应配备齐全。

5.14.3.2　分段安装

（1）从悬挂定位点按施工设计图纸规定距离测量并在接触线上标记分段绝缘器安装位置。

（2）按将分段绝缘器对准标记，放置在导线上，并按设计扭矩或分段绝缘器安装说明书要求的扭矩，逐个紧固分段绝缘器的主线夹螺栓，紧固力矩一般为 50N·m。

（3）反复检查主线夹的紧固是否牢固，分段绝缘器位置是否正确，在接触线上安装紧线器，采用捯链使主线夹向内移动不超过 2mm，确认无误后断线。

（4）用铜锤敲击分段绝缘器主线夹末端的接触导线线头使之上弯，避免出现打弓或刮弓现象。

（5）逐渐松捯链并卸下紧线器。

（6）在分段绝缘器正上方对承力索进行绝缘子分段安装。

5.14.3.3　调整分段

（1）通过伸缩箍带将调整板固定在分段绝缘器本体下方，旋紧分段绝缘器底座上的调节螺杆，直至其与辅助接触线接触，继续旋紧调节螺杆，直至接触线与调整板边缘相切接触。

（2）调整螺旋调节螺杆和导流板，保证分段绝缘器达到下列要求。

1）按产品说明书和设计要求调整分段绝缘器高度，一般情况下，分段处的导线高度应比两端定位高度高 20～50mm。

2）保证整个分段绝缘器接触部分等高，中部不下垂，调整导流滑板与导线等高。

3）保证受电弓在分段绝缘器处过渡平滑，不打弓。

4）按设计要求调整灭弧棒间隙距离。

5.14.3.4 检查

（1）检查安装后的分段绝缘器外观有无损。

（2）检查分段绝缘器是否正确装配。

（3）确保所有螺杆、反制螺母、线夹和螺旋调节杆锁定到位，各部零部件按紧固力矩紧固。

（4）用水平尺检查分段绝缘器水平度。

5.14.3.5 填写记录

根据当天的作业内容和施工情况填写施工安装记录。

5.14.4 安全防护

在安装分段绝缘器时注意，在断导线之前，检查主线夹及紧线器等紧固夹持件是否紧固牢固。

5.14.5 质量控制与检验

（1）分段绝缘器型号、尺寸、绝缘性能、安装位置应符合设计要求，连接牢固可靠，与接触线接头处应平滑，分段绝缘器与受电弓接触部分与轨面连线平行，受电弓通过时应平滑无打弓现象。

（2）分段绝缘两端接触线高度应符合产品说明书和设计要求。平均温度时承力索的绝缘子应在绝缘器件的正上方。

（3）分段绝缘器安装后应保持原有锚段的张力及补偿器距地面的原有高度。

（4）分段绝缘器相邻定位点的距离符合设计要求，允许误差 ±200mm。绝缘件表面清洁，整体安装美观。

（5）分段绝缘器中点应设置在受电弓的中心位置上（即拉出值为 0mm），偏离受电弓中心线最大不应超过 50mm。

（6）分段绝缘器能满足双向行驶不打弓。

5.14.6 注意事项

（1）分段绝缘器安装后，根据分段绝缘器本身对跨距增加的额外重量，对部分吊弦的长度进行必要调整，以保持原有锚段的张力及补偿器距地面的原有高度。

（2）必须检查是否正确装配，零部件齐全，所有螺栓、反制螺母等紧固锁定到位，螺栓紧固力矩符合安装手册技术要求和设计要求，主受力部件螺栓一般为 50N·m。

5.14.7 现场实物图

分段绝缘器安装实物图，见图 5-14-2。

图 5-14-2　分段绝缘器安装实物图

5.15　隔离开关

5.15.1　施工准备

5.15.1.1　准备条件

（1）施工前对施工人员进行技术交底、安全技术交底。

（2）施工劳动组织配备、材料准备及机械工机具准备完成。

（3）材料已到货，检验合格。

5.15.1.2　劳动组织

施工负责人 1 人、技术员 1 人、安全员 1 人、防护员 2 人、安装工 6 人。

5.15.1.3　主要机械设备及工器具配置

如表 5-15-1 所示。

表 5-15-1　机械设备及工器具配置表

序号	名称	规格	单位	数量	备注
1	冲击钻	把	1		
2	注胶枪		把	1	
3	卷尺		把	1	
4	五线标线仪		台	1	

序号	名称	规格	单位	数量	备注
5	力矩扳手		把	4	
6	水平尺		把	1	
7	大绳		条	2	
8	滑轮		个	1	
9	脚扣		双	2	

5.15.1.4 物资材料配置

如表5-15-2所示。

表5-15-2 物资材料表

序号	名称	规格	单位	数量	备注
1	隔离开关		台	1	根据实际需要
2	安装底座		套	1	根据实际需要
3	操作机构		套	1	根据实际需要
4	传动杆		根	1	根据实际需要

5.15.1.5 作业条件

安装隔离开关的侧墙、结构柱、支柱已完成。

5.15.1.6 技术资料

施工图纸、厂家安装图纸。

5.15.2 工艺流程

工艺流程如图5-15-1所示。

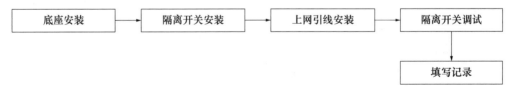

图5-15-1 隔离开关及上网引线安装工艺流程图

5.15.3 施工要点与要求

5.15.3.1 底座安装

（1）测量、打孔

1）根据施工图纸要求尺寸进行测量。

2）按测量位置进行打孔。

3）复测孔距是否满足施工图纸要求，清洗已打好的孔洞，灌注锚栓。

（2）底座安装

1）预装底座，检查各种零部件是否完好、齐全。

2）按施工图纸及隔离开关安装技术文件要求安装开关底座，注意确保底座安装高度不影响绝缘距离150mm的要求。

3）按施工图纸及隔离开关安装技术文件要求安装操作机构底座。

4）调整隔离开关机操作机构底座水平度，确保其上表面在同一水平面上；多组并列安装时，保证所有底座安装面都在同一水平面上。

5.15.3.2 隔离开关安装

（1）将开关通过滑轮提至底座位置，安装开关，并安装操作机构，保证隔离开关到墙壁或其他接地体绝缘距离符合设计要求。

（2）打开隔离开关，刀口距接地体、墙壁的绝缘距离符合设计要求；绝缘距离一般为150mm。

（3）调整开关机操作机构，确保开关与操作机构处于同一垂直面上。

（4）调整多组并列隔离开关至同一水平直线上，安装隔离开关间连接铜板。

（5）调整开关刀闸处于闭合位，操作机构行程处于闭合位，量取所需长度操作传动杆并安装。

（6）手动调整隔离开关和操作机构，使开关动触头和静触头中心线重合，允许偏差不大于5mm。

（7）按施工图纸及设计要求将所有底座用接地跳线与架空地线相连接，进行可靠接地，布置规整、美观。

5.15.3.3 上网引线安装

（1）按施工图纸及设计要求现场确定上网电缆路径，测量所需长度。

（2）沿确定电缆路径按施工图纸及设计要求布置安装电缆固定支架。

（3）沿电缆路径布置电缆引线并固定，安装美观、规整、弯曲自然，并预留接触网位移长度。

（4）制作电缆终端头及电连接线，按施工图纸要求连接隔离开关及接触网线，电缆应固定牢靠。

（5）有接地刀闸的隔离开关，按施工图纸要求用电缆连接接地刀闸与钢轨。

5.15.3.4 隔离开关调试

（1）采用手动方式调整隔离开关和操作机构，刀闸分合正确、到位，与操作机构分合位一致，操作灵活。

（2）带接地刀闸的手动隔离开关，接地刀闸的分合与开关主触头间的机械闭锁关系应准确可靠。

（3）电动隔离开关的电源和控制回路正确、规整、美观，远方及就地控制时，刀闸分合位置正确、到位，与操作机构分合位一致，操作灵活。

（4）配合变电所进行双边联跳调试时，隔离开关分合闸正确、可靠。

5.15.3.5 填写记录

根据当天的作业内容和施工情况填写施工安装记录。

5.15.4　安全防护

（1）安装调试完毕后，所有隔离开关均应处于分闸位置，所有操动机构加锁，严禁随意操动隔离开关。

（2）变电所送电后，接触网送电前，在隔离开关电源侧进行可靠接地，并悬挂明显接地标志。

5.15.5　质量控制与检验

（1）隔离开关的型号应符合设计要求，应具有产品合格证书。

（2）隔离开关的安装位置应符合设计要求，不得侵入设备限界，任何情况下隔离开关触头带电部分至接地体的距离应不小于150mm。

（3）隔离开关应分合灵活、准确可靠，角度符合设计和产品技术要求；触头接触良好，无回弹现象。

（4）电动隔离开关的电源和控制回路接线正确，在允许电压波动范围内能正确、可靠动作；有连锁要求的开关，连锁关系准确可靠；现场手动操作应和遥控电动操作动作一致；机构的分合闸指示与开关的实际分合位置一致。带接地刀闸的手动隔离开关，接地刀闸的分合与开关主触头间的机械闭锁关系应准确可靠。

（5）隔离开关的馈线电缆连接正确、规整，电缆上网点应尽量靠近悬挂点。

（6）接线端子与隔离开关连接接触面应涂导电复合脂。

（7）隔离开关底座应安装水平，三台并联安装的隔离开关底座应处于同一水平面；隔离开关本体及操作机构应安装稳固，操作连杆应动作灵活，角度应符合产品技术要求，操作机构安装位置应便于操作。

5.15.6　注意事项

（1）隔离开关本体及操作机构应安装稳固，操作连杆应动作灵活，角度应符合产品技术要求，操作机构安装位置应便于操作，各底座间距符合设计要求。

（2）隔离开关中心线应铅垂，操纵杆垂直于操动机构轴线一致，连接应牢固无松动现象，铰接处活动灵活。

（3）接线端子与开关连接接触面、隔离开关刀口部分涂导电脂，机构的连接轴、转动部分、传动杆涂润滑油，引弧棒上禁止涂抹。

（4）电缆支架及电缆卡箍等应安装牢固，布置均匀合理。

（5）有接地要求的部件需可靠接地。

（6）安装完成后，隔离开关绝缘子应采用麻布软袋包扎保护，挂上"注意成品保护"的警示性字牌。

5.15.7　现场实物图

隔离开关安装完成现场实物图，见图5-15-2。

图 5-15-2　隔离开关安装完成现场实物图

5.16　避雷装置

5.16.1　施工准备

5.16.1.1　准备条件

（1）施工前对施工人员进行技术交底、安全技术交底。

（2）施工劳动组织配备、材料准备及机械工机具准备完成。

（3）材料已到货，检验合格。

5.16.1.2　劳动组织

施工负责人 1 人、技术员 1 人、安全员 1 人、防护员 2 人、安装工 6 人。

5.16.1.3　主要机械设备及工器具配置

如表 5-16-1 所示。

表 5-16-1　机械设备及工器具配置表

序号	名称	规格	单位	数量	备注
1	脚扣		双	2	按需配备
2	扳手		套	4	按需配备
3	大绳		条	1	按需配备
4	滑轮	1t	个	1	按需配备
5	压接钳		把	1	按需配备

5.16.1.4　物资材料配置

如表 5-16-2 所示。

表 5-16-2　物资材料表

序号	名称	规格	单位	数量	备注
1	避雷器		套	1	根据实际需要
2	托架		套	1	根据实际需要
3	软电缆		m	若干	根据实际需要
4	接线端子		个	2	根据实际需要

5.16.1.5　作业条件

钢柱已安装且整正已完成。

5.16.1.6　技术资料

施工图纸、厂家安装图纸。

5.16.2　工艺流程

工艺流程如图 5-16-1 所示。

图 5-16-1　避雷器安装工艺流程图

5.16.3　施工要点与要求

5.16.3.1　支架安装

按照施工设计图纸要求将安装避雷器支架，高度一般为距轨面 3500mm。

5.16.3.2　避雷器安装

按照施工设计图纸及避雷器安装技术文件要求安装避雷器本体。

5.16.3.3　电缆引线连接

（1）根据施工设计图纸及避雷器安装技术文件要求布置避雷器上网电缆引线和接地线。

（2）制作电缆终端头及电连接线，按施工图纸要求连接避雷器与接触网线、避雷器与接地极，电缆应固定牢靠。所有连接部件接触面均匀涂抹导电脂。

5.16.3.4　填写记录

根据当天的作业内容和施工情况填写施工安装记录。

5.16.4　质量控制与检验

（1）避雷器支撑安装应牢固，水平端正，避雷器顶部承受导线的水平拉力不应大于 98N。

（2）避雷器的安装位置、规格、型号及引线方式符合设计要求，引线连接正确牢固，并预留因温度变化引起的位移长度。

（3）金属氧化物避雷器的接地电阻符合设计要求。

（4）肩架呈水平状态，金属氧化物避雷器竖直，连接牢固可靠。引线连接外加应力不超过端子本身所承受的应力，连接处涂电力复合脂。

（5）瓷套管光洁，金属件镀锌良好。

5.16.5 注意事项

（1）避雷器安装位置、规格型号、引线连接方式应符合设计要求，引线正确牢固，并预留因温度变化而引起的位移长度。

（2）避雷器的接地电阻值应符合设计要求。

（3）用 U 形卡箍把电缆与腕臂或吊索固定，每隔 0.5m 固定一次，当不足 0.5m 的尾数时，根据现场需要确定。

（4）选取与钢柱匹配的避雷器底座和抱箍型号，ϕ350mm 钢柱用 350 型避雷器底座、350 型电缆抱箍，ϕ300mm 钢柱用 300 型避雷器底座、300 型电缆抱箍。

（5）避雷器接地电缆用电缆抱箍与支柱固定，固定间距符合设计要求。一般由距地面 500mm 开始固定第一个，间隔 1000mm 固定 1 次电缆抱箍。

5.16.6 现场实物图

避雷器安装完成实物见图 5-16-2。

图 5-16-2 避雷器安装完成实物图

刚性接触网系统施工安装工艺

6.1 埋入杆件

6.1.1 施工准备

6.1.1.1 准备条件

（1）已进行钻孔及锚栓安装施工技术交底。

（2）所使用的物资已完成进场报验，化学锚栓已经第三方检测合格。

（3）施工仪器仪表已经检测，并在有效期内。

（4）技术人员根据测量数据，编制锚栓钻孔安装选型表和钻孔施工表。

（5）施工所需仪器仪表、工具材料已准备齐全。

6.1.1.2 劳动组织

施工负责人 1 人、技术员 1 人、安全员 1 人、防护员 2 人、安装工 6 人。

6.1.1.3 主要机械设备及工器具配置

如表 6-1-1 所示。

表 6-1-1 机械设备及工器具配置表

序号	名称	规格	单位	数量	备注
1	钢卷尺	10m，5m	单位	各 1 把	现场测量
2	冲击电钻	TE-55	台	1	钻孔
3	吹尘器		套	1	
4	照明设备		套	1	
5	配电箱		套	1	接电源用
6	激光测距仪	DJJ-8	套	1	
7	钻孔模板		个	若干	与孔型一致
8	灌注安装工具		套	1	化学锚栓安装
9	清孔毛刷		套	1	
10	清孔气囊		套	1	
11	锚栓拉力测试仪		套	1	锚栓拉力测试
12	发电机		台	1	

续表

序号	名称	规格	单位	数量	备注
13	红闪灯		套	2	
14	防护用品		套	若干	

6.1.1.4　物资材料配置

如表 6-1-2 所示。

表 6-1-2　物资材料表

序号	材料名称	规格	单位	数量	备注
1	螺杆锚栓	ϕ16mm	套	若干	依据现场确定
2	螺杆锚栓	ϕ20mm	套	若干	依据现场确定
3	螺杆锚栓	ϕ24mm	套	若干	依据现场确定
4	钻头		套	若干	与打孔型号匹配
5	化学药剂		支	若干	依据现场确定

6.1.1.5　作业条件

（1）已取得轨行区施工作业令。

（2）施工区段已防护安全，无行车干扰。

（3）施工现场照明和临时电源满足施工需要。

6.1.1.6　技术资料

施工图纸。

6.1.2　工艺流程

工艺流程如图 6-1-1 所示。

图 6-1-1　工艺流程图

6.1.3　施工要点与要求

6.1.3.1　隧道内钻孔

（1）施工人员检查核对现场隧道壁上标明的悬挂类型数据无误后，按锚栓钻孔安装选型表选用钻头和模板，设置好深度尺。

（2）以在隧道顶壁的孔位标记，套用钻孔模板，在孔位上钻出 3～5mm 的凹槽；取下模板，保持钻头垂直于水平面或隧道壁钻孔，钻孔中用吹尘器将尘屑吹向无人侧。

（3）深度尺抵住隧道壁后停止钻孔，复测孔深无误后，接着钻下一个孔。

（4）后扩底锚栓需钻孔达到深度后，对孔位底部进行环形扩削。

（5）成组钻孔完成后，测量检查孔深、孔距、孔径，填写钻孔记录。

6.1.3.2 锚栓安装

（1）先用毛刷、气囊彻底清除孔内灰尘。

（2）隧道内锚栓严格按照锚栓钻孔安装选型表对号安装。

（3）化学药剂锚栓安装时，先将化学药剂管放入专用工具上，在孔内注入适量药剂后，将化学锚栓顺时针旋转就位，就位后严禁触动锚栓。

（4）后扩底锚栓安装时，使用专用安装工具将螺栓敲击安装到位，通过锚栓上安装标记检查是否安装到位。

6.1.3.3 锚栓拉拔测试

（1）在待测锚栓上安装好测试仪。

（2）逐渐加大拉力至规定测试值，并保持 5min，其间如无异常即通过测试，按实际情况填写测试记录。

（3）如锚栓被拉出，应分析找出原因，并对同一作业批次的锚栓全部测试。

6.1.3.4 填写记录

根据当天的作业内容和施工情况填写施工安装记录。

6.1.4 安全防护

（1）拉拔试验时做好安全防护，试验仪器下严禁站人，防止锚栓被拉出后仪器坠下砸伤人。

（2）发电机放置应稳固，排气口附近不能放置任何东西，特别是易燃物品，空间狭小处使用发电机时应保证通风良好。

（3）使用电器设备、电动工具应有可靠的保护接地措施，施工用的临时电源应带漏电保护装置。严格按照用电协议和安全规程要求安全用电，严禁使用无漏电保护的电器设备。

6.1.5 质量控制与检验

（1）埋入杆件的埋设位置、埋设深度、规格型号应符合设计要求。

（2）锚栓锚固后应进行拉拔试验，抗拉拔力不应小于设计文件要求值。

（3）化学固定锚栓所使用的化学填充剂必须按照产品说明书在有效期内使用。

（4）埋入杆件的施工允许偏差应符合表 6-1-3 的要求。

表 6-1-3　埋入杆件位置施工允许偏差（mm）

项目	允许	备注
后切底锚栓深度	−2/ +2	隧道拱部允许 −3/ +2
化学锚固锚栓深度	−3/ +5	
后切底锚栓钢套管相对深度	0/ +1	
成组杆件中心垂直线路方向	±20	
成组杆件个体相对间距	±2	或不超出安装孔范围
成组杆件横向布置其轴线应与线路中心线垂直，纵向布置其轴线应与线路中心线平行，其偏斜度	≯ 3°	

续表

项目	允许	备注
杆件对隧道拱壁切线的垂直度或铅垂度	≯ 1°	刚性悬挂支持装置的埋入杆件顺线路方向铅垂度应以汇流排在线夹内，有空隙为原则

6.1.6 注意事项

（1）钻孔位置、孔径、深度和垂直度应符合设计要求，应彻底清除孔内灰尘和积水。

（2）钻头应根据锚栓的规格型号选用标准钻头。

（3）化学药剂在完全固化之前严禁触动锚栓。

（4）悬挂点成组锚栓横向布置轴线应与线路中心线垂直，纵向布置轴线应与线路中心线平行。

（5）锚栓螺纹完好，镀锌层完好，化学药剂锚栓孔填充密实；螺纹外露部分应涂油防腐。

6.1.7 现场实物图

埋入杆件及底座实物图，见图 6-1-2。

图 6-1-2　埋入杆件及底座实物图

6.2　支持悬挂安装

6.2.1　施工准备

6.2.1.1　准备条件

（1）已进行悬挂支持装置安装施工技术交底。

（2）所使用的物资已完成进场报验。

（3）技术人员根据测量数据，编制悬挂支持装置安装施工表。

（4）施工所需仪器仪表、工具材料已准备齐全。

6.2.1.2 劳动组织

施工负责人 1 人、技术员 1 人、安全员 1 人、防护员 2 人、安装工 6 人。

6.2.1.3 主要机械设备及工器具配置

如表 6-2-1 所示。

表 6-2-1 机械设备及工器具配置表

序号	名称	规格	单位	数量	备注
1	梯车		台	1	运输材料和高净空吊柱安装
2	钢卷尺	10m，5m	单位	各 1 把	现场测量
3	水平尺	600mm	把	1	水平测量
4	激光测距仪	DJJ-8	套	1	高度、水平测量
5	扳手	10~32mm	套	2	安装底座
6	照明设备		套	1	辅助照明
7	扭矩扳手		套	1	安装底座
8	红闪灯		套	2	安全防护
9	防护用品		套	若干	安全防护

6.2.1.4 物资材料配置

如表 6-2-2 所示。

表 6-2-2 物资材料表

序号	材料名称	规格	单位	数量	备注
1	刚性悬挂绝缘子	GQZN-1.5-50D/9Q	个	现场确定	按图纸要求
2	垂直悬吊槽钢	GXJL12-99	套	现场确定	按图纸要求
3	吊柱	GXDZ	套	现场确定	按图纸要求
4	垂直悬吊安装底座	GXJL11-99	套	现场确定	按图纸要求
5	汇流排线夹	GXJL02-99	套	现场确定	按图纸要求
6	弹性绝缘组件		套	现场确定	按图纸要求

6.2.1.5 作业条件

（1）已取得轨行区施工作业令。

（2）施工区段已封闭，无行车干扰。

（3）施工区段轨道已达到设计要求。

（4）悬挂支柱装置安装上道工序已完成并通过监理检查验收，具备悬挂支柱装置安装条件。

（5）确认施工现场照明是否满足施工需要，如不满足应备齐照明设备。

6.2.2 工艺流程

工艺流程如图 6-2-1 所示。

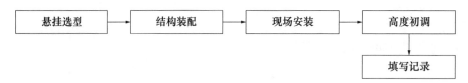

图 6-2-1　工艺流程图

6.2.3 施工要点与要求

（1）悬挂选型：根据悬挂支持装置安装选型表，选择相应的悬挂装置，计算吊柱、悬吊螺栓长度，编制装配表。

（2）结构装配：按装配表、图纸和安装要求进行装配。装配完成后，绝缘子用草袋包扎保护好，标明安装位置，按顺序妥善放置。

（3）现场安装：施工人员将装配好的悬挂装置运至施工现场，逐点对号安装。垂直悬吊安装底座安装后应水平、牢固，部件安装正确、齐全。

（4）高度初调：采用激光测距仪调整悬吊槽钢或绝缘横撑至轨面距离为 D（按技术标准中的公式计算），使用激光测距仪和水平尺相结合调整悬吊槽钢或绝缘横撑与轨面平行。

（5）填写记录：根据当天的作业内容和施工情况填写施工安装记录。

6.2.4 质量控制与检验

悬挂的规格、型号应符合设计要求，其质量应符合设计和产品技术要求。

6.2.5 注意事项

支持悬挂安装完成后，应对高度进行复测，确保施工中车辆安全运行。

6.2.6 现场实物图

支持悬挂安装实物见图 6-2-2。

图 6-2-2　现场实物图

6.3　架空地线架设

6.3.1　施工准备

6.3.1.1　准备条件

（1）进行架空地线架设施工技术交底。

（2）所使用的物资已完成进场报验。

（3）按施工方案编组放线车，将计划架设的线盘吊装到放线车上，注意确认线材型号、区间、锚段号、长度是否符合设计要求，线盘方向应符合施工方案。

（4）准备各种工具、辅助材料。

6.3.1.2　劳动组织

施工负责人1人、技术员1人、安全员1人、防护员3人、司机及助理3人、安装工25人。

6.3.1.3　主要机械设备及工器具配置

如表6-3-1所示。

表 6-3-1　机械设备及工器具配置表

序号	名称	规格	单位	数量	备注
1	张力放线车		台	1	
2	悬挂滑轮	0.5t	个	若干	据悬挂点数量定
3	张力表	3.0t	个	2	
4	捯链		台	2	
5	断线钳		把	1	
6	楔形紧线器	50～150mm²	套	3	
7	温度计		支	1	
8	尼龙套	30kN	套	2	
9	平衡滑轮组	30kN	套	1	按需配备
10	钢卷尺	5m	把	1	
11	对讲机		台	3	
12	梯车		台	1	
13	红闪灯		套	2	
14	防护用品		套	若干	按需配备

6.3.1.4　物资材料配置

如表6-3-2所示。

表 6-3-2　物资材料表

序号	材料名称	规格	单位	数量	备注
1	架空地线	JT120	m	现场确定	
2	下锚底座	GXJL16-99	套	现场确定	
3	T形终锚线夹	CLJ27（T120）-98	套	现场确定	
4	调整螺栓	CJL89-98	套	现场确定	按需配备
5	D2型电连接线夹	CJL05（D2）-98	套	现场确定	
6	120型地线线夹	GXJL19（120）-99	套	现场确定	

6.3.1.5　作业条件

（1）已取得轨行区施工作业令。

（2）施工区段已封闭，无行车干扰。

（3）施工区段轨道具备放线车组通行条件。

（4）架空地线架设上道工序已完成并通过监理检查验收，具备架空地线架设条件。

（5）确认施工现场照明是否满足施工需要，如不满足应备齐照明设备。

6.3.2　工艺流程

工艺流程如图 6-3-1 所示。

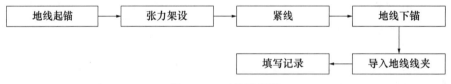

图 6-3-1　工艺流程图

6.3.3　施工要点与要求

6.3.3.1　地线起锚

（1）作业车行至起锚点停车，使作业平台升至地线锚固底座处。

（2）从线盘引出地线，在地线起锚端，按设计图纸和安装要求做好地线起锚端连接。

6.3.3.2　张力架设

（1）起锚连接完毕，放线初张力调至 1.5kN 左右，车组平缓启动，拉起地线后以 5km/h 速度匀速行驶。

（2）在各悬挂点挂设放线滑轮，使悬挂地线点距离悬挂安装点应保持在 400mm 内。将地线放于放线滑轮上，保证绞线能顺线路无障碍自由滑动。

6.3.3.3　紧线

（1）作业车组行至地线落锚点前平稳停车，并通知沿线巡视人员汇报全线检查情况。

（2）确认所架设的地线不受障碍物影响后，根据现场温度确定紧线张力值，开始紧线。

（3）从起锚点开始，地面段在有下锚的地方按照设计张力紧线调整一次，隧道段每隔100m按设计张力紧线调整一次，直至落锚点。

6.3.3.4 地线下锚

紧线完毕，按设计图纸和安装要求做好地线锚段连接。

6.3.3.5 导入地线线夹

（1）先将设计长度的预绞丝缠绕于地线上，安装位置位于悬挂点中间，预绞丝安装牢固，美观。

（2）沿线逐点将架空地线导入地线线夹，安装紧固。

（3）每一区段线索架设到位固定好之后，检查所架设的线材是否有破损、扭曲或断股。

6.3.3.6 填写记录

根据当天的作业内容和施工情况填写施工安装记录。

6.3.4 安全防护

（1）地线架设时需听从指挥人员统一指挥，作业车前行时须目视前方注意悬挂装置，以免碰伤自己，并随时提醒他人。

（2）在曲线区段进行地线架设、调整过程中，所有人员应站在曲线外侧（站在地线的受力反方向）。行进过程中速度保持5km/h，前方应设专人引导。

（3）放线车上人员时刻注意调整张力大小，在定位点悬挂滑轮时，滑轮要悬挂稳定。

（4）起落锚前检查楔形线夹安装是否稳固，严格按温度曲线调整张力值。

6.3.5 质量控制与检验

（1）架空地线的规格、型号应符合设计要求。

（2）架空地线的弛度应符合安装曲线，其允许偏差为5%～2.5%，张力偏差不大于5%，最大弛度时，必须保证架空地线及其金具距接触网带电体的距离不小于150mm；对运行车辆受电弓的距离不小于100mm。

（3）架空地线、地线线夹和安装在架空地线上的电连接线夹的螺栓紧固力矩应符合规范要求。架空地线安装完成后下锚出调整螺栓长度应有不少于30mm的调节余量。

（4）地线线夹安装端正，地线线夹中的铜片齐全，安放正确。

6.3.6 注意事项

（1）地线架设时应平缓，不能出现大的折角。

（2）架空地线应避开受电弓动态包络线区域范围，这一点在曲线地段尤其需要注意。

（3）检查并防止架空地线与其他建筑物发生摩擦。

6.3.7 现场实物图

架空地线敷设现场实物图，见图6-3-2。

图 6-3-2 架空地线敷设现场实物图

6.4 汇流排、膨胀元件及附件

6.4.1 施工准备

6.4.1.1 准备条件

（1）已进行汇流排安装施工技术交底。

（2）所使用的物资已完成进场报验。

（3）技术人员根据测量数据，编制汇流排安装施工表。

（4）汇流排安装作业车已完成编组，施工机械状态良好，操作人员按照岗位要求配备齐全。

（5）施工所需仪器仪表、工具材料已准备齐全。

6.4.1.2 劳动组织

施工负责人1人、技术员1人、安全员1人、防护员3人、司机及助理3人、安装工12人。

6.4.1.3 主要机械设备及工器具配置

如表 6-4-1 所示。

表 6-4-1 机械设备及工器具配置表

序号	名称	规格	单位	数量	备注
1	作业车		台	1	
2	汇流排作业平台		台	1	
3	平板车		台	1	
4	汇流排切割机		台	1	汇流排预制

序号	名称	规格	单位	数量	备注
5	汇流排钻孔工具		套	1	汇流排预制
6	水平尺		把	1	安装调整
7	内六角扳手		把	4	紧固螺母
8	力矩扳手	10~60N·m	套	2	紧固螺母
9	扳手		套	2	紧固螺母
10	钢卷尺	5m	把	1	长度测量
11	对讲机		台	2	通信联络
12	橡皮锤		把	2	安装调整
13	红闪灯		套	2	安全防护
14	防护用品		套	若干	安全防护

6.4.1.4　物资材料配置

如表 6-4-2 所示。

表 6-4-2　物资材料表

序号	材料名称	规格	单位	数量	备注
1	汇流排	按图纸要求	m	现场确定	
2	汇流排电连接线夹	按图纸要求	套	现场确定	
3	汇流排接地线夹	按图纸要求	套	现场确定	
4	汇流排中间接头	按图纸要求	套	现场确定	
5	电力复合脂		kg	现场确定	按需配备

6.4.1.5　作业条件

（1）已取得轨行区施工作业令。

（2）施工区段已封闭，无行车干扰。

（3）施工区段轨道具备施工车组通行条件。

（4）汇流排安装上道工序已完成并通过监理检查验收，具备汇流排安装条件。

（5）确认施工现场照明是否满足施工需要，如不满足应备齐照明设备。

6.4.2　工艺流程

工艺流程如图 6-4-1 所示。

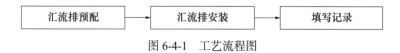

图 6-4-1　工艺流程图

6.4.3 施工要点与要求

6.4.3.1 汇流排预配

（1）锚段长度复核：一个锚段悬挂支持装置安装完成后，对此锚段各跨距和锚段长度进行测量复核。

（2）伸缩量计算：根据实测锚段长度和现场安装温度计算汇流排终端温度伸缩预留量。

（3）汇流排安装长度计算：根据汇流排终端伸缩预留量，计算锚段汇流排安装长度。

（4）汇流排数量计算：计算标准汇流排根数和需预制汇流排的长度。

（5）汇流排合理布置：绘制汇流排布置图，将汇流排沿线路布置，确定汇流排布置方案。

（6）预制汇流排：由12m汇流排加工制作实际需要长度的汇流排。首先将汇流排放置在专用制作平台上，测量标记切割位置，使用专用切割机具切割汇流排。切割完毕进行切割截面检查合格后，使用专用钻孔夹具，进行钻孔。将切割、钻孔后的余渣清除干净。预制完成后进行试对接，对接后接缝应密贴，无错位偏斜现象。

（7）汇流排编号：按汇流排布置图对配置好的汇流排按顺序依次编号。

6.4.3.2 汇流排安装

（1）汇流排搬运和检查：汇流排按安装顺序编号整齐放入作业平台和平板上。

（2）汇流排终端安装：将汇流排终端安装于锚段关节悬挂点汇流排定位线夹内，调整汇流排终端端头距悬挂定位点的距离。使用汇流排电连接线夹或汇流排接地线夹在悬挂点两端卡住汇流排终端，防止在汇流排安装过程中发生偏移。

（3）中间接头装配：用洁净毛巾将中间接头擦拭干净，接触面涂抹电力复合脂。中间接头装于前端汇流排，安装上紧固螺栓。中间接头装配时注意方向性，两块接头斜面大头端靠汇流排开口侧，小头端靠汇流排平头侧，接头有凸起线形的斜面侧应紧贴汇流排两侧，两接头平面侧应处于汇流排中间，两接头平面相对。暂时不拧紧螺栓，保持连接接头处于松动状态。

（4）汇流排对接：施工人员调整汇流排两端与前端汇流排至同一直线面，将中间接头插入对接汇流排内，推动汇流排至对接面密贴，调整对接处汇流排开口处接缝过渡平顺，依次安装紧固螺栓，用力矩扳手按产品说明书紧固力矩要求紧固。

（5）重复按上述步骤连续安装汇流排至整个锚段汇流排安装完毕。

6.4.3.3 填写记录

根据当天的作业内容和施工情况填写施工安装记录。

6.4.4 质量控制与检验

（1）汇流排安装的整个过程应遵循技术标准的规定，并进行质量过程控制。

（2）汇流排及附件的规格、型号应符合设计要求，安装前应进行外观检查，表面光洁、无变形、无腐蚀、无污迹，螺栓、垫圈等配件齐全，规格相符，螺栓螺纹完好。

（3）汇流排接头和汇流排上安装的零部件距邻近悬挂点汇流排线夹边缘的距离不应小于300mm，并保证汇流排能自由伸缩，不卡滞。

（4）汇流排间连接的接触面清洁，汇流排连接缝两端夹持接触线的齿槽连接处平顺光滑，不平顺度不应大于 0.3mm；汇流排连接端缝平均宽度不应大于 1mm，紧固件齐全，螺栓紧固力矩应符合产品技术要求。

（5）锚段长度符合设计要求。

（6）汇流排中轴线应垂直于所在处的轨道平面。汇流排呈圆滑曲线布置，不应出现明显折角。

（7）汇流排中轴线应垂直于悬挂点轨顶面连线，偏斜角度不应大于 1°。

（8）锚段长度符合设计要求，汇流排终端到相邻悬挂点的距离为 1800_{-50}^{+20} mm

（9）膨胀元件与两端汇流排纵向轴线重合，保证膨胀元件不受外力弯曲。

（10）膨胀元件安装于设计位置两悬挂点中间，施工误差应符合设计及产品要求。

（11）汇流排安装连接螺栓应使用扭矩扳手紧固，所有螺栓穿向应保持一致，汇流排对接后接头缝隙不得大于 1mm。

6.4.5 注意事项

（1）工地装卸汇流排时，不得把汇流排成捆绑扎吊装，如包装符合吊装要求，可整箱吊装；单根汇流排搬运时应 4 人一组均力抬运，汇流排应轻拿轻放，不得扭曲碰撞。汇流排槽口有变形、损伤的不得使用；汇流排切割面有损伤或不平整有偏斜、钻孔孔位不正确的不得使用。

（2）汇流排切割时，切割机垂直于汇流排长度中心线，割切后汇流排切割面与汇流排中心线成 90°，且整个截面切割平整，符合汇流排截面尺寸偏差要求。

（3）汇流排定位线夹安装时，使用内六角专用扳手紧固两螺栓，所有螺栓应保持统一朝向，保持美观且方便维护检查。汇流排定位线夹能够水平灵活转动，线夹包夹固定汇流排，两片线夹安装平整，不得相互错位，允许汇流排在温度变化时顺线路自由滑动。

（4）特殊部位需安装汇流排防护罩的，防护罩需安装稳固，无老化现象。

6.4.6 现场实物图

汇流排、膨胀元件及附件现场实物图，见图 6-4-2。

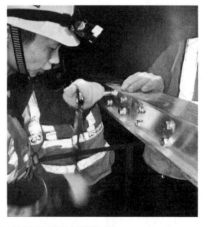

图 6-4-2　汇流排、膨胀元件及附件现场实物图

6.5 接触线架设

6.5.1 施工准备

6.5.1.1 准备条件

（1）进行接触线架设施工技术交底。

（2）所使用的物资已完成进场报验。

（3）按施工方案编组放线车，将计划架设的线盘吊装到放线车上，注意确认线材型号、区间、锚段号、长度是否符合设计要求，线盘方向应符合施工方案。

（4）准备各种工具、辅助材料。

6.5.1.2 劳动组织

施工负责人1人、技术员1人、安全员1人、防护员3人、司机及助理3人、安装工12人。

6.5.1.3 主要机械设备及工器具配置

如表6-5-1所示。

表6-5-1 机械设备及工器具配置表

序号	名称	规格	单位	数量	备注
1	架线小车		件	2	
2	注油器		台	1	按需配备
3	排刷		只	4	按需配备
4	橡皮锤		件	1	按需配备
5	断线钳		把	1	按需配备
6	扳手		套	2	按需配备
7	锉刀		把	2	按需配备
8	作业车	216kW	台	1	
9	张力放线车		台	1	
10	红闪灯		套	2	
11	防护用品		套	若干	

6.5.1.4 物资材料配置

如表6-5-2所示。

表6-5-2 物资材料表

序号	材料名称	规格	单位	数量	备注
1	接触线	按图纸要求	m	现场确定	按需配备
2	汇流排电连接线夹	按图纸要求	套	现场确定	按需配备
3	汇流排接地线夹	按图纸要求	套	现场确定	按需配备
4	导电脂	按图纸要求	盒	现场确定	按需配备

6.5.1.5 作业条件

（1）已取得轨行区施工作业令。

（2）施工区段已封闭，无行车干扰。

（3）施工区段轨道具备放线车组通行条件。

（4）接触线架设上道工序已完成并通过监理检查验收，具备接触线架设条件。

（5）确认施工现场照明是否满足施工需要，如不满足应备齐照明设备。

6.5.2 工艺流程

工艺流程如图 6-5-1 所示。

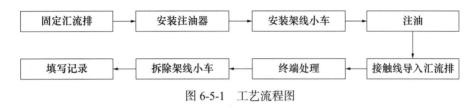

图 6-5-1　工艺流程图

6.5.3 施工要点与要求

（1）固定汇流排：在第一、二个悬挂点两端，用汇流排电连接线夹或汇流排接地线夹卡住汇流排，使汇流排在放线时不能滑动。

（2）安装注油器：将接触导线穿入注油器内，注意导线工作面向下，不得翻转。

（3）安装架线小车：在汇流排上安装架线小车，将接触线从汇流排终端端头嵌入汇流排，紧固汇流排终端上的紧固螺栓，按设计和产品安装技术要求做好接触线端头处理。

（4）注油：启动电动注油装置，把导电脂注入接触线凹槽内。注油器始终处于放线小车前方，在接触导线上顺畅滑行。

（5）接触线导入汇流排：架线小车用拉线固定于前端牵引支架上，由车辆带动前进，架线作业车以 5km/h 匀速前进，接触导线展放应顺滑自然。左右各设一人仔细检查接触线嵌入状况，如发现接触线嵌入不到位时应及时停车，重新用架线小车将接触线嵌入汇流排。

（6）终端处理：接触线架设至汇流排末端时，在架线小车到达汇流排弯曲端前，放线车辆停车。人工匀力拉动架线小车，把接触线导入汇流排终端，锁紧终端螺栓，做好接触线终端处理。

（7）拆除架线小车：从汇流排卸下架线小车。拆除第一、二定位点处汇流排电连接线夹或汇流排接地线夹。

（8）填写记录：根据当天的作业内容和施工情况填写施工安装记录。

6.5.4 安全防护

（1）拆封接触线时应握住导线两端，防止接触线弹出伤人。往平板上引出接触线时，手要握紧。行进过程中，注意脚下。转动线盘时，人员要站在稳定的地方。

（2）接触线架设时，放线小车安装应牢固可靠。行进过程中速度保持在 5km/h。前方设专人引导。

（3）到锚段终点时应提前做好准备放开控制小车的缆绳，防止小车从终端上滑落砸伤人。

6.5.5 质量控制与检验

（1）接触线安装的整个过程应遵循技术标准的规定，并进行质量过程控制。

（2）接触线规格型号应符合设计要求，接触线应按配盘对号架设。

（3）接触线应可靠嵌入汇流排内，与汇流排贴合密切，接触线与汇流排的接触面应均匀涂有薄层导电脂。

（4）接触线不得有损伤、扭曲，在锚段内无接头、无硬弯。

6.5.6 注意事项

（1）接触线在锚段末端汇流排外余长为 100～150mm，沿汇流排终端方向顺延。汇流排终端紧固螺栓应按产品力矩要求紧固。

（2）接触线安装高度施工允许偏差应为 ±5mm，接触线安装高度的高差不应大于所在跨距值的 5‰，边坡段不应超过 1‰。

6.5.7 实物图

接触线架设现场实物图，见图 6-5-2。

图 6-5-2　接触线架设现场实物图

6.6 刚性悬挂的调整

6.6.1 施工准备

6.6.1.1 准备条件

（1）进行接触悬挂调整施工技术交底。

（2）准备各种工具、辅助材料。

（3）所使用的物资已完成进场报验。

6.6.1.2　劳动组织

施工负责人1人、技术员1人、安全员1人、防护员2人、安装工6人。

6.6.1.3　主要机械设备及工器具配置

如表6-6-1所示。

表6-6-1　机械设备及工器具配置表

序号	名称	规格	单位	数量	备注
1	激光测距仪		台	1	
2	梯车		台	1	
3	扳手		套	2	根据实际需要
4	内六角扳手		把	2	根据实际需要
5	力矩扳手		套	2	根据实际需要
6	橡皮锤	4磅	把	1	
7	红闪灯		套	2	安全防护
8	防护用品		套	若干	安全防护

6.6.1.4　物资材料配置

如表6-6-2所示。

表6-6-2　物资材料表

序号	名称	规格	单位	数量	备注
1	螺栓	按图纸	套	若干	根据实际需要
2	开口销	按图纸	套	若干	根据实际需要
3	平垫片	按图纸	套	若干	根据实际需要
4	斜垫片	按图纸	套	若干	根据实际需要

6.6.1.5　作业条件

（1）已取得轨行区施工作业令。

（2）施工区段已封闭，无行车干扰。

（3）施工区段轨道已调整完毕。

（4）接触悬挂调整上道工序已完成并通过监理检查验收，具备接触悬挂调整条件。

（5）确认施工现场照明是否满足施工需要，如不满足应备齐照明设备。

6.6.2　工艺流程

工艺流程如图6-6-1所示。

图 6-6-1　工艺流程图

6.6.3　施工要点与要求

6.6.3.1　导高调整

逐点调整各悬挂点导线高度至设计值。

6.6.3.2　拉出值调整

逐点调整各悬挂点拉出值至设计值。

6.6.3.3　导线工作面调整

调整悬吊槽钢或绝缘横撑平行于轨面，检查汇流排上平面应与轨面平行，避免接触导线发生偏磨现象。

6.6.3.4　锚段关节调整

调整锚段关节处导高和拉出值至设计值，使受电弓平滑过渡。

6.6.3.5　道岔和交叉渡线处过渡调整

调整始触点处两接触导线等高，使受电弓平滑过渡，不应出现打弓、刮弓、脱弓现象。

6.6.3.6　综合检测调整

（1）导高拉出值综合检测：用激光测距仪逐点检查导高及拉出值，对超过允许偏差范围的进行调整，填写导高及拉出值检查记录。

（2）关节、分段绝缘器处检测：在作业车上安装受电弓，对锚段关节、道岔及交叉渡线、分段绝缘器处过渡状态进行往返检查，对出现打弓、碰弓的地方进行调整。

（3）绝缘距离检查：刚性悬挂所有带电体距接地体的绝缘距离应满足150mm，对于特殊地点至汇流排绝缘距离不能满足150mm时，应使用汇流排绝缘保护罩使之满足绝缘要求。有渗水、漏水至汇流排的地方应安装汇流排防护罩。

（4）限界检测：检查所有接触网安装设备有无侵限，检查有无其他设备侵入接触网限界。一旦发现问题，属接触网安装部分的及时处理；属其他设备侵入接触网限界的，应及时反馈给业主代表和监理工程师。

（5）涂油防腐：刚性悬挂调整到位后，所有悬挂定位的活动关节、铰接部位、调节螺栓等部位均匀涂抹黄油防腐。

6.6.3.7　技术资料归档

根据当天的作业内容和施工情况填写施工安装记录。

6.6.4　质量控制与检验

（1）悬挂点处接触线高度应符合设计要求，施工允许偏差为±5mm，相邻悬挂点的相对高度一般不大于所在跨距值的0.5‰。

（2）悬挂点的拉出值应符合设计要求，施工允许偏差为±10mm，汇流排整体布置顺滑。

（3）锚段关节处两支接触线在关节中间悬挂点处应等高，道岔在受电弓同时接触两支接触线范围内两支接触线应等高，锚段关节、道岔处两支悬挂的拉出值应符合设计要求。

（4）接触线拉出值的布置应符合下列规定：

1）关键悬挂点的拉出值应符合设计要求，施工允许偏差为 ±10mm。

2）一般悬挂点的拉出值以设计拉出值为参考，汇流排整体布置顺滑。

（5）锚段关节处，两支接触线在关节中间悬挂点处应等高，转换悬挂点处非工作支不得低于工作支，非工作支宜高出 1～3mm；锚段关节两支悬挂的拉出值应符合设计要求，施工允许偏差为 ±10mm。

（6）道岔处，在受电弓同时接触两支接触线范围内两支接触线应等高，非工作支宜高出 1～3mm；悬挂点的拉出值应符合设计要求，施工允许偏差为 ±10mm。

6.6.5 注意事项

（1）导线高度和拉出值符合设计要求，相邻的悬挂点相对高差一般不得超过所在跨距值的 0.5‰。设计变坡段，接触线距轨面高度的坡度变化不应大于 1‰，且不应出现负弛度。

（2）汇流排呈圆滑曲线布置，不应出现明显折角。汇流排中轴线应垂直于所处的轨道平面，偏斜度应不大于 1°。

（3）锚段关节处，两支接触线在关节中间悬挂点处应等高，转换悬挂点处非工作支不得低于工作支，非工作支宜高出 1～3mm；锚段关节两支悬挂的拉出值应符合设计要求。

（4）道岔处受电弓同时接触两支接触线范围内两支接触线应等高，非工作支宜高出 1～3mm；悬挂点的拉出值应符合设计要求。

（5）受电弓双向通过锚段关节、道岔、分段绝缘器时应平滑过渡无撞击。

（6）接触网带电体对接地体的距离：静态不应小于 150mm，动态不应小于 100mm。

6.6.6 现场实物图

刚性悬挂调整现场实物图，见图 6-6-2。

图 6-6-2　刚性悬挂调整现场实物图

6.7 分段绝缘器

6.7.1 施工准备

6.7.1.1 准备条件

（1）已进行分段绝缘器安装作业安全技术交底。

（2）所使用的物资已完成进场报验，分段绝缘器已通过电气性能测试。

（3）施工所需工具、材料已准备齐全。

6.7.1.2 劳动组织

施工负责人 1 人、技术员 1 人、安全员 1 人、防护员 2 人、安装工 6 人。

6.7.1.3 主要机械设备及工器具配置

如表 6-7-1 所示。

表 6-7-1 机械设备及工器具配置表

序号	名称	规格	单位	数量	备注
1	梯车		辆	1	按需配备
2	安全带		条	2	按需配备
3	钢卷尺	5m	把	1	按需配备
4	滑轮		个	1	按需配备
5	激光测量仪		台	1	
6	力矩扳手		把	2	按需配备
7	断线钳		把	1	按需配备
8	钢锯		把	1	按需配备
9	平挫		把	1	按需配备
10	铜锤		把	1	按需配备

6.7.1.4 物资材料配置

如表 6-7-2 示。

表 6-7-2 物资材料表

序号	名称	规格	单位	数量	备注
1	分段绝缘器	按图纸要求	套	1	按需配备
2	汇流排中间接头	按图纸要求	套	2	按需配备

6.7.1.5 作业条件

（1）已取得轨行区施工作业令，施工区段已封闭，无行车干扰。

（2）接触网承力索和接触线架设完成并已调整到位。

（3）施工现场照明和临时电源应满足施工需要，如不满足应备齐发电机和照明设备。

6.7.2 工艺流程

工艺流程如图 6-7-1 所示。

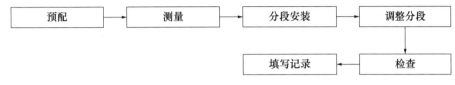

图 6-7-1 工艺流程图

6.7.3 施工要点与要求

6.7.3.1 预配

（1）检查分段绝缘器各种零部件是否齐全、完好，绝缘子应整洁无破损，产品合格证、产品技术文件和安装手册齐全。

（2）按分段绝缘器安装技术文件要求预制配件，并在预配车间进行组装，零件应配备齐全。

6.7.3.2 测量

从悬挂定位点按施工图纸所确定的位置测量并在接触线上标记分段绝缘器安装位置。

6.7.3.3 分段安装

（1）汇流排架设时按设计要求位置预留分段绝缘器安装说明书所要求有间距，以便安装刚性分段绝缘器。

（2）分段预留位置两端接触线向上弯曲约 45°，确保受电弓平滑通过，沿着汇流排边缘锯断接触线，线头露出汇流排外沿最多不超过 10mm。

（3）将分段绝缘器本体安装在汇流排上（如分段绝缘器两端自带汇流排，则通过汇流排中间接头连接）。

（4）按分段绝缘器安装说明书要求连接导电辫并用手初步紧固。

6.7.3.4 调整分段

（1）通过弹力箍带将调整板固定在分段绝缘器下方，用手抬起调整板，使接触线与调整板水平面接触并相切。

（2）用力矩扳手按分段绝缘器安装说明书要求紧固汇流排接头的固定螺母，紧固力矩一般为 50N·m。

（3）调整导流板，保证分段绝缘器达到下列要求。

（4）调整分段绝缘器两端接触线高度，导流板与分段两端接触线等高。

（5）保证整个分段绝缘器接触部分等高，中部不下垂。

（6）分段绝缘器与受电弓接触部分与轨面连线平行。

（7）保证受电弓在分段绝缘器处过渡平滑，不打弓。

（8）按设计要求调整消弧棒间隙距离。

6.7.3.5 检查

（1）检查安装后的分段绝缘器外观应无损伤。

（2）分段绝缘器应正确装配。

（3）确保所有螺杆、反制螺母、线夹和螺旋调节杆锁定到位，各零部件按设计力矩紧固。

（4）用水平尺、坡度尺检查分段绝缘器与轨面的平行度。

6.7.3.6 填写记录

根据当天的作业内容和施工情况填写施工安装记录。

6.7.4 质量控制与检验

（1）分段绝缘器本体应无损坏，绝缘棒应整洁、无破损，绝缘性能良好，零件应配备齐全，产品合格证、产品技术文件和安装手册齐全。

（2）分段绝缘器两端汇流排应调整在同一条直线上，分段绝缘器中心应与受电弓的中心重合，并符合安装手册技术要求。

（3）调整分段绝缘器两端接触线高度，导流板与分段两端接触线等高，两侧接触线应无硬点。

（4）分段绝缘器与受电弓接触部分应调至一个平面，且该平面应与轨面连线平行。

（5）必须检查是否正确装配，零部件齐全，所有螺栓、反制螺母等紧固锁定到位，螺栓紧固力矩符合安装手册技术要求和设计要求。

6.7.5 注意事项

（1）分段绝缘器中点应与受电弓的中心位置重合（即拉出值为 0mm），偏离受电弓中心线最大不应超过 50mm。

（2）分段绝缘器与受电弓接触部分与轨面连线平行，受电弓双向通过分段绝缘器均应过渡平稳，不打弓。

（3）分段绝缘器距相邻悬挂定位点的距离符合设计要求，允许误差 ±200mm。

（4）分段绝缘器带电部分与接地部分绝缘距离静态不小于 150mm，动态不小于 100mm。

6.7.6 分段绝缘器现场实物图

分段绝缘器现场实物图，见图 6-7-2。

图 6-7-2 分段绝缘器现场实物图

6.8 回流箱、均流箱

相关内容见 5.12 均回流箱。

回流箱现场实物图，见图 6-8-1。

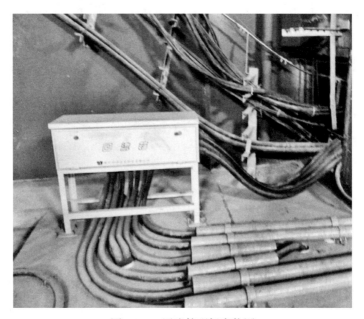

图 6-8-1 回流箱现场实物图

6.9 刚柔过渡

6.9.1 施工准备

6.9.1.1 准备条件

（1）进行刚柔过渡安装施工技术交底。

（2）所使用的物资已完成进场报验。

（3）准备各种工具、辅助材料。

6.9.1.2 劳动组织

施工负责人 1 人、技术员 1 人、安全员 1 人、防护员 2 人、安装工 6 人。

6.9.1.3 主要机械设备及工器具配置

如表 6-9-1 所示。

表 6-9-1 机械设备及工器具配置表

序号	名称	规格	单位	数量	备注
1	梯车		台	1	
2	钢卷尺	5m，10m	把	各 1	根据实际需要

续表

序号	名称	规格	单位	数量	备注
3	水平尺	600mm	把	1	根据实际需要
4	激光测距仪		台	1	
5	扳手		套	4	根据实际需要
6	照明设备		套	2	根据实际需要
7	力矩扳手		套	1	根据实际需要
8	红闪灯		套	2	
9	防护用品		套	若干	

6.9.1.4　物资材料配置

如表 6-9-2 所示。

表 6-9-2　物资材料表

序号	名称	规格	单位	数量	备注
1	红油漆	1kg	桶	1	根据实际需要
2	刚柔过渡元件		套	1	

6.9.1.5　作业条件

（1）已取得轨行区施工作业令。

（2）施工区段已封闭，无行车干扰。

（3）施工区段轨道具备作业车组通行条件。

（4）刚柔过渡安装上道工序已完成并通过监理检查验收，具备刚柔过渡安装条件。

（5）确认施工现场照明是否满足施工需要，如不满足应备齐照明设备。

6.9.2　工艺流程

工艺流程如图 6-9-1 所示。

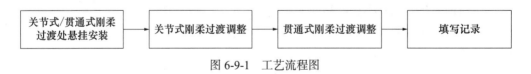

图 6-9-1　工艺流程图

6.9.3　施工要点与要求

6.9.3.1　关节式 / 贯通式刚柔过渡处悬挂安装

分别按照刚性和柔性接触网作业指导书技术要求安装刚柔过渡处的柔性悬挂和刚性悬挂。

6.9.3.2　关节式刚柔过渡调整：

刚柔过渡段接触线导线高度及拉出值调整至设计值。关节过渡始端，刚性架空接触网的接触线宜比相邻柔性架空接触网的接触线抬高 30～50mm，用受电弓检查并进行刚柔过渡段的微调，受电弓双向通过时应平稳顺滑。

6.9.3.3 贯通式刚柔过渡调整

（1）按产品技术要求安装切槽式刚柔过渡元件，用力矩扳手紧固切槽汇流排上的紧固螺栓。

（2）调整刚柔过渡元件安装处，两端的刚性和柔性悬挂点的接触线应等高，拉出值布置应呈一条直线，保证刚柔过渡元件处接触线平滑过渡。

6.9.3.4 填写记录

根据当天的作业内容和施工情况填写施工安装记录。

6.9.4 安全防护

（1）进入轨行区施工时，所有施工人员应佩戴好防护用品，现场应有足够的照明设备。

（2）在轨行区作业时，作业点两端必须设专人防护并放置红闪灯，防护点距作业点的距离不得小于 50m。

（3）在轨行区施工时，轨道上严禁放置任何材料、工具。

（4）使用作业车施工时，车上材料、机具、人员不得超出作业车之外。

（5）作业车操作平台上应显著地标明容许荷载值，平台上人员和物料的总重量严禁超过容许荷载。作业平台上应保持整齐、清洁，照明应良好。上下平台时，注意抓紧扶梯。作业车行进中及有人上下平台时严禁升降、旋转操作平台。

（6）使用梯车施工时，上部施工人员应系好安全带。推扶梯车人员必须听从作业人员指挥，无命令时严禁动车。梯车应以 5km/h 速度匀速前进，严禁突然启动或停车。梯车停稳后应做好防溜、防倾倒措施。

（7）作业时工具、小型材料应放置在工具包内。梯车上工机具、材料放置稳妥，传递时必须用小绳，严禁抛掷。

6.9.5 质量控制与检验

（1）安装的整个过程应遵循技术标准的规定，并进行质量过程控制。

（2）刚柔过渡元件在存储、运输及安装过程中严格保护好。

（3）防护罩对刚柔过渡元件覆盖应完全，防护罩安装稳固，性能满足设计要求。

6.9.6 注意事项

（1）刚柔过渡元件的规格、型号符合设计及产品技术要求。

（2）刚柔过渡处的电连接线、接地线应完整无遗漏，安装牢固可靠。

（3）刚柔过渡锚段内的汇流排应保证切槽式刚柔过渡元件不承受水平力，且拉出值应在受电弓的工作范围内。

（4）刚柔过渡元件所有螺栓应按产品紧固力矩要求紧固。

（5）关节式刚柔过渡处，刚性架空接触网的接触线宜比相邻柔性架空接触网的接触线抬高 30～50mm，保证受电弓双向平滑过渡，不出现固定拉弧点。

（6）贯通式刚柔过渡元件安装处，两端的刚性和柔性悬挂点的接触线应等高，拉出值布置应呈一条直线，保证刚柔过渡元件处接触线平滑过渡。

6.9.7 现场实物图

刚柔过渡现场实物图，见图6-9-2。

图 6-9-2　刚柔过渡现场实物图

7 接触轨系统施工安装工艺

7.1 接触轨钢底座及绝缘支撑

7.1.1 施工准备

7.1.1.1 准备条件

（1）施工前对施工人员进行技术交底、安全技术交底。

（2）施工劳动组织配备、材料准备及机械工机具准备完成。

（3）材料已到货，检验合格。

7.1.1.2 劳动组织

施工负责人1人、技术员1人、安全员1人、防护员2人、安装工6人。

7.1.1.3 主要机械设备及工器具配置

如表7-1-1所示。

表 7-1-1 机械设备及工器具配置表

序号	名称	规格	单位	数量	备注
1	卷尺		把	2	根据实际需要
2	记号笔		根	2	根据实际需要
3	冲击钻		台	1	根据实际需要
4	打孔模具		个	1	根据实际需要
5	水平尺		把	1	根据实际需要
6	手锤		把	1	根据实际需要
7	扳手		把	2	根据实际需要

7.1.1.4 物资材料配置

如表7-1-2所示。

表 7-1-2 物资材料表

序号	名称	规格	单位	数量	备注
1	钢底座	按图纸要求	套	若干	根据实际需要
2	绝缘支架	按图纸要求	套	若干	根据实际需要

续表

序号	名称	规格	单位	数量	备注
3	连接螺栓	按图纸要求	套	若干	根据实际需要
4	固定锚栓	按图纸要求	套	若干	根据实际需要

7.1.1.5　作业条件

铺轨专业施工完成，结构专业施工完成。

7.1.1.6　技术资料

施工图纸。

7.1.2　工艺流程

工艺流程如图 7-1-1 所示。

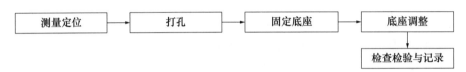

图 7-1-1　接触轨底座安装工艺流程图

7.1.3　施工要点与要求

7.1.3.1　底座安装

（1）绝缘支架在底座安装前进行，检查道床面是否平行于走行轨面，尼龙套管位置是否符合要求。如不符合要求，应及时向现场技术员说明情况，待土建单位整改完符合要求时再安装绝缘支架。

（2）如不平行于轨面，采用强度等级不低于 C20 的混凝土抹成安装平台，保证平台面平行于走行轨顶面连线。待混凝土凝固及强度等级达到要求后进行支架底座安装。

7.1.3.2　绝缘支架安装

（1）隧道内整体道床接触轨支架安装在土建施工完成的混凝土基础上，停车场碎石道床接触轨支架安装在经过钢底座加长的木轨枕上，停车场运用库接触轨支架安装在由铺轨专业制作的混凝土基础上，安装尺寸按照接触轨安装图进行安装，采用道尺检查，调整使竖向安装垂直于轨面，整绝缘支架安装牢固，部件安装正确，齐全紧固，各螺栓使用扭矩扳手按规定力矩紧固。

（2）高度、平行度、侧面限界初调：采用道尺初步调整整体绝缘支架的竖向铅锤中心线与轨面垂直，绝缘支架外缘至轨道中心线的水平距离，支架托块调至孔位中间。

7.1.4　质量控制与检验

（1）底座、绝缘支架或绝缘子及连接零配件进场时，应对其规格、型号、外观进行检查，其质量应符合设计要求和产品技术条件规定。钢制底座的镀锌层应均匀，扣板外观良好。

（2）绝缘支架的电气性能、机械性能应符合设计要求。接触轨整体绝缘支架或绝缘子的泄漏距离，DC750V 系统应不小于 180mm，DC1500V 系统应不小于 250mm。

（3）接触轨钢底座安装平台面应与走行轨轨顶连线面平行，且之间的垂直距离应符合设计要求；固定底座的胀锚螺栓之间以及到相邻走行轨的线路中心距离应符合设计要求；固定底座的胀锚螺栓固定后应有防松动的锁母，紧固后的机械强度应符合设计要求；接触轨钢底座的间隔距离应符合设计要求。

（4）接触轨钢底座检验标准应符合表 7-1-3 的规定。

表 7-1-3 钢底座检验标准

序号	项目	允许偏差（mm）	检验频率		检验方法
			范围	点数	
1	表面平整度	1	每 10 个	3	1m 靠尺检查
2	螺栓与底面平面垂直度	2			用钢尺量
3	螺栓高出平面	+2～0			
4	螺栓位置	±1			
5	中心线间距	±2			
6	外形长、宽、高	+3～0			

7.1.5 注意事项

（1）绝缘支架在底座安装前进行，检查道床面是否平行于走行轨面。如不平行于轨面，应采用强度等级不低于 C20 的混凝土抹成安装平台，平台宽度≥230mm（平行于轨道方向），保证平台面平行于走行轨顶面连线。待混凝土凝固及强度等级达到要求后进行支架底座安装，注意底座尺寸的选用型号。

（2）绝缘支架安装：采用道尺检查，调整使竖向安装垂直于轨面，整绝缘支架安装牢固，部件安装正确齐全紧固，各螺栓使用扭矩扳手按规定力矩紧固。高度、平行度、侧面限界初调：采用道尺初步调整整体绝缘支架的竖向铅锤中心线与轨面垂直，绝缘支架外缘至轨道中心线的水平距离，支架托块调至孔位中间。

7.1.6 现场实物图

绝缘支架现场实物见图 7-1-2。

图 7-1-2 绝缘支架现场实物图

7.2 接触轨安装

7.2.1 施工准备

7.2.1.1 准备条件

（1）施工前对施工人员进行技术交底、安全技术交底。

（2）施工劳动组织配备、材料准备及机械工机具准备完成。

（3）材料已到货，检验合格。

7.2.1.2 劳动组织

施工负责人1人、技术员1人、安全员1人、防护员2人、安装工6人。

7.2.1.3 主要机械设备及工器具配置

如表7-2-1所示。

表7-2-1 机械设备及工器具配置表

序号	名称	规格	单位	数量	备注
1	卷尺		把	2	根据实际需要
2	记号笔		根	2	根据实际需要
3	切割机		台	1	根据实际需要
4	接触轨打孔机		台	1	根据实际需要
5	模具		套	1	根据实际需要
6	扳手		把	4	根据实际需要
7	力矩扳手		把	2	根据实际需要

7.2.1.4 物资材料配置

如表7-2-2所示。

表7-2-2 物资材料表

序号	名称	规格	单位	数量	备注
1	接触轨	按图纸要求	m	若干	根据实际需要
2	鱼尾板	按图纸要求	套	若干	根据实际需要
3	膨胀接头	按图纸要求	套	若干	根据实际需要
4	端部弯头	按图纸要求	套	若干	根据实际需要

7.2.1.5 作业条件

支架安装完成，接触轨搬运到位。

7.2.1.6 技术资料

施工图纸。

7.2.2 工艺流程

工艺流程如图 7-2-1 所示。

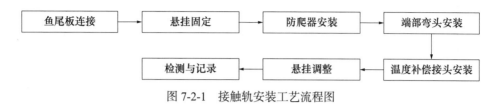

图 7-2-1 接触轨安装工艺流程图

7.2.3 施工要点与要求

7.2.3.1 接触轨预配

（1）一个接触轨锚段绝缘支架安装完成后，即对此锚段实际跨距和总长度进行测量复核。根据复核测量结果计算标准接触轨根数和预制接触轨长度，要求合理安排轨道对接位置，保证接触轨接头距绝缘支架中心的距离不得小于设计要求，预制接触轨长度不能小于设计规定值。

（2）根据实际所需接触轨长度，使用锯轨机切割接触轨。锯轨机垂直于接触轨纵向中心线，轨锯与接触轨纵向中心线成 90°，切割面应平整、垂直，切面的垂直度误差不得超过 ±0.3°。切割完成后，用锉刀清除切面上的残屑，使用接触轨钻孔夹具，进行钻孔。切割、钻孔后的余渣应清除干净，并用锉刀将切割平面及孔洞周边的毛刺清除。预制达标后，进行试对接，对接后接缝应密贴，无错位偏斜现象。

7.2.3.2 接触轨安装

将接触轨的所有连接接触面，用清洁布、铜丝刷擦拭干净，并均匀涂导电脂。将布放好的接触轨抬起，用接触轨安装装置的快速夹头夹紧送到预定安装位置后，使绝缘支架对正锁紧，使用接触轨安装对接工具，调节使接触轨处于同一直线面。在接触轨对接端正紧贴后，将鱼尾板装上，哈克螺栓由外朝向轨道内侧穿入，使用哈克螺栓专用工具预拉，检查对接端正贴合、受流面过渡平顺后，将哈克螺栓拉断锁死，再次检查接触面是否平整（图 7.2-2）。

图 7-2-2 哈克螺栓安装示意图

7.2.3.3 膨胀接头、端部弯头的安装

（1）接触轨端部弯头安装。确定端部弯头的安装位置，将端部弯头安装于绝缘支架上，安装紧固接触轨扣件，用临时锚固夹具在绝缘支架处两端将接触轨端部弯头卡住，防止在接触轨安装过程中顺线路移动。

（2）膨胀接头安装。用温度计读出安装处接触轨的本体温度，根据膨胀接头安装曲线查出膨胀接头预留间隙值，调整膨胀接头间隙使其满足温度曲线。调整好膨胀接头，使用木块和临时夹具固定，不使间隙值在安装外力的情况下发生变化。彻底清洁接触面，涂导电脂，使用千斤顶将膨胀接头调至与相邻接触轨平齐，调整膨胀接头与相邻接触轨平齐，对接面密贴、平顺后，按接触轨对接安装程序，安装中间接头。

（3）膨胀接头安装在绝缘支架上后用临时固定夹具对膨胀接头进行固定，防止膨胀接头在安装接触轨过程中顺线路移动和补偿间隙值发生变化。一个锚段安装完后立即将中锚安装固定，保证膨胀接头的正常伸缩。

7.2.3.4 接触轨调整

（1）接触轨调整：

1）标高及侧面限界精调：在接触轨初调后，调整各定位点接触轨受流面至轨平面的高度为160±5mm。

2）接触轨工作面调整：调整整体绝缘支架，利用接触轨检测装置检测接触轨接触面与轨面是否平行，避免接触轨面发生偏磨现象。

3）膨胀接头、端部弯头调整：精细调整膨胀接头、端部弯头处高度和侧面限界值，细调接触面平行度，保证使集电靴能够平滑、顺畅滑动。

（2）综合检测调整。利用接触轨检测装置逐点检查接触轨标高及侧面限界值，对超过允许偏差范围的进行调整。

7.2.4 质量控制与检验

（1）接触轨断电区的布置应符合设计要求。

（2）轨条：轨条外观检查应平整光滑、无变形和锈蚀，铭牌标识清楚明了；轨条装卸、运输及敷设时，不得损伤或变形。

（3）膨胀接头：隧道外部大于80m时应设置膨胀接头，并应满足以下要求：① 膨胀接头安装后两端接触轨电阻应不大于等长母材电阻的1.2倍，如设计有特别要求时，按设计要求标准执行；② 结构上有利于受流器平滑过渡，以减小运行中产生的电弧；③ 抗振、防松性能好、易拆卸便于维修；④ 膨胀接头的伸缩量应以现场接触轨的温度查表后进行调整，并应符合接触轨膨胀接头安装曲线要求；⑤ 不妨碍防护罩安装，保证对地的绝缘距离。⑥ 膨胀接头装设位置应符合设计要求，补偿间隙值施工允许偏差为 ±5mm。

（4）端部弯头：端部弯头应按设计要求安装于接触轨锚段的两端，安装好的端部弯头应满足以下要求：① 端部弯头应满足受流器平滑过渡；② 弯头端部应保证与钢铝复合接触轨之间密贴，轨顶面保持平顺，并符合设计要求；③ 接触轨及端部弯头周边不得留有易燃物。④ 端部弯头在绝缘支撑处应伸缩自由。

（5）接触轨接头对接安装应符合下列规定：① 中间接头与接触轨相连接的接触面应清洁，并应涂抹导电脂；中间接头与接触轨轨腹连接应密贴，紧固件安装应齐全，并应按

设计力矩值紧固；② 接触轨接头处授流面连接应平顺；③ 中间接头端面距相邻的绝缘支撑的距离不应小于膨胀接头的最大补偿值。

7.2.5　注意事项

（1）接触轨接头接触面清洁，使用扭矩扳手安装，紧固力矩以设计要求为准，紧固件安装齐全。

（2）接触轨对接口应密贴、钢带过渡应平滑顺直，各连接接触面要涂电力导电脂。

（3）接触轨接头要连接可靠，所有螺栓应保持统一朝向，保持美观且方便维护检查。

（4）膨胀接头、接触轨端部弯头安装预留量符合设计要求，螺栓安装紧固力矩符合和产品安装技术要求。

（5）接触轨的受流面与轨道平面的夹角不大于 1°。

（6）接触轨中心距轨道中心线的水平距离为 1510mm，误差 ±3mm。

（7）鱼尾板接头距整体绝缘支架的距离不得小于 600mm。

（8）接触轨接头处接触面的高度差对应 80km/h 设计速度时应小于 1mm，设计速度超过 120km/h，建议小于 0.15mm；误差超过建议值时需进行打磨。

7.2.6　现场实物图

接触轨安装现场实物见图 7-2-3。

图 7-2-3　接触轨安装现场实物图

7.3　防护罩

7.3.1　施工准备

7.3.1.1　准备条件

（1）施工前对施工人员进行技术交底、安全技术交底。

（2）施工劳动组织配备、材料准备及机械工机具准备完成。

（3）材料已到货，检验合格。

7.3.1.2　劳动组织

施工负责人1人、技术员1人、安全员1人、防护员2人、安装工6人。

7.3.1.3　主要机械设备及工器具配置

如表7-3-1所示。

表 7-3-1　机械设备及工器具配置表

序号	名称	规格	单位	数量	备注
1	卷尺		把	2	根据实际需要
2	角磨机		个	1	根据实际需要
3	扳手		把	4	根据实际需要
4	力矩扳手		把	2	根据实际需要

7.3.1.4　物资材料配置

如表7-3-2所示。

表 7-3-2　物资材料表

序号	名称	规格	单位	数量	备注
1	接触轨防护罩		件	若干	根据实际需要
2	电连接防护罩		件	若干	根据实际需要
3	端部弯头防护罩		件	若干	根据实际需要
4	绝缘支架防护罩		件	若干	根据实际需要

7.3.1.5　作业条件

接触轨安装到位、接触轨调整到位。

7.3.1.6　技术资料

施工图纸。

7.3.2　工艺流程

工艺流程如图7-3-1所示。

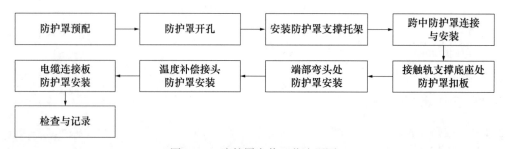

图 7-3-1　防护罩安装工艺流程图

7.3.3 施工要点与要求

7.3.3.1 施工准备

防护罩支撑卡直接卡在接触轨上，每隔约 500mm 放置一个（在支撑点处对称放置），将防护罩支撑卡均匀安装于接触轨上，将其摆正、装好。

7.3.3.2 防护罩加工

按接触轨实际跨距测量并计算所需接触轨防护罩长度，按该长度用切割工具截取防护罩，各切口要磨平且保证防护罩在加工过程中无损坏。

7.3.3.3 防护罩安装

防护罩通过防护罩支撑卡覆盖在接触轨上，在绝缘支架、电连接等处防护罩的安装选用特殊的防护罩形式。先安装接触轨防护罩，然后安装电连接板防护罩、绝缘支架防护罩，并保证其紧扣于防护罩支撑卡上。防护罩搭接应紧密，安装稳固，搭接长度 20mm，不小于 100mm，搭接点要有支撑卡支撑。

7.3.3.4 防护罩检查

检查已安装的防护罩，看是否有防护罩没完全卡入防护罩支撑块的，防护罩接头是否完好，各种类型的防护罩是否安装匹配，防护罩有无损坏等。

7.3.4 质量控制与检验

（1）防护罩支架及防护罩类型、规格型号、数量和材料强度应符合设计要求，防护罩外观检查应无裂纹、无污损、无变形。

（2）防护罩切割制作时长度应与跨距相适应，切割面应平整、无毛刺，并应将切口清理干净。

（3）防护罩托架与底座连接应牢固，防护罩及托架不得侵入接触轨限界，不得侵入轨道车辆走行限界。

（4）接触轨防护罩安装应平顺，防护罩支架的间隔及防护罩的搭接长度应符合设计要求，安装后的防护罩应能承载设计规定的垂直荷载和冲击荷载。

（5）防护罩投影位置应将接触轨端部弯头罩住，接触轨防护罩至转辙机最小距离不得小于 1.2m。

7.3.5 注意事项

（1）防护罩要严格按设计要求尺寸进行加工，加工后的切口要打磨光滑。

（2）为保证接触轨的设备安全和人身安全，接触轨在全线设有防护罩，防护罩安装在接触轨防护罩支撑上，每隔 0.5m 设一支撑。

（3）要确保防护罩已完全卡住防护罩支撑块。

（4）各种类型的防护罩一定要对号入座、匹配安装。

（5）对已安装的钢铝复合轨及时安装防护罩，防止其受损。

7.4　隔离开关柜

7.4.1　施工准备

7.4.1.1　准备条件

（1）施工前对施工人员进行技术交底、安全技术交底。

（2）施工劳动组织配备、材料准备及机械工机具准备完成。

（3）材料已到货，检验合格。

7.4.1.2　劳动组织

施工负责人1人、技术员1人、安全员1人、防护员2人、安装工6人。

7.4.1.3　主要机械设备及工器具配置

如表7-4-1所示。

表 7-4-1　机械设备及工器具配置表

序号	名称	规格	单位	数量	备注
1	电焊机		台	1	根据实际需要
2	切割机		台	1	根据实际需要
3	扳手		把	4	根据实际需要
4	力矩扳手		把	2	根据实际需要
5	木方		根	若干	根据实际需要
6	钢钎		根	5	根据实际需要
7	断线钳		把	1	根据实际需要
8	压接钳		把	1	根据实际需要
9	剥线钳		把	1	根据实际需要

7.4.1.4　物资材料配置

如表7-4-2所示。

表 7-4-2　物资材料表

序号	名称	规格	单位	数量	备注
1	槽钢底座	按图纸要求	件	1	根据实际需要
2	隔离开关柜	按图纸要求	台	1	根据实际需要
3	电缆	按图纸要求	m	若干	根据实际需要
4	接线端子	按图纸要求	件	若干	根据实际需要
5	热缩管		m	若干	根据实际需要
6	绝缘胶带		卷	5	根据实际需要

7.4.1.5　作业条件

结构专业施工完成。

7.4.1.6 技术资料

施工图纸。

7.4.2 工艺流程

工艺流程如图 7-4-1 所示。

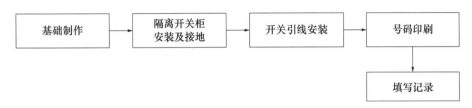

图 7-4-1 隔离开关柜安装工艺流程图

7.4.3 施工要点与要求

7.4.3.1 基础制作

（1）区间内安装的隔离开关柜，根据设计图纸给出的隔离开关柜位置进行现场测量，检查隔离开关柜安装位置和安装空间是否符合设计要求，线路旁安装的开关柜安装后必须满足限界要求，不得侵入设备限界。按照设计要求制作钢支架或混凝土基础。

（2）安装在设备房间内的隔离开柜。根据设计图纸提供的隔离开关位置，并且安装基础槽钢。检查测量隔离开关安装房间的空间是否满足隔离开关柜的运输安装条件。

7.4.3.2 隔离开关柜的安装

柜体采用电缆与接地系统连接。开关柜箱接地视开关柜安装位置情况，用 $1 \times 150 mm^2$ 软电缆可靠接至电缆支架的接地扁钢上或牵引网系统的接地扁铝上。

7.4.3.3 开关引线安装

根据隔离开关柜的引线进出孔洞到变电所直流开关柜和到接触轨的上网位置测量开关引线电缆长度，并进行加工预制。安装隔离开关至接触轨引线电缆，安装美观弯曲自然。实测接线端子长度，按电缆绝缘层厚度调节剥切刀深度，剥除绝缘防护层，露出裸铜线芯，根据接线端子的压接工艺进行制作压接两端接线端子。将引线电缆按设计要求连接到隔离开关和接触轨电连接接线板上，保证螺栓紧固力矩满足设计要求、所有接触面均匀涂抹导电脂。

7.4.3.4 号码挂牌

按设计要求悬挂隔离开关号码牌，号码除满足设计要求外，还应与电调调度号相匹配。

7.4.3.5 填写记录

根据当天的作业内容和施工情况填写施工安装记录。

7.4.4 质量控制与检验

（1）直流隔离开关柜基础槽钢与建筑结构钢筋应进行电气隔离。

（2）直流隔离开关柜相互间连接或与基础槽钢连接应用镀锌螺栓，且连接螺栓防松螺母齐全。

（3）当直流隔离开关柜设于隧道内时，应进行界限检查。采用绝缘方式安装时，绝缘板露出柜体四周的长度不小于10mm。柜体对地绝缘标准为2MΩ。柜体外壳采用框架保护接地。

7.4.5　注意事项

（1）隔离开关柜的安装严格按照变电所设备的安装标准进行。

（2）安装调试完毕后，所有隔离开关均应处于分闸位置，所有操动机构加锁，严禁随意操动隔离开关。

（3）变电所送电前，在隔离开关电源侧进行可靠接地，并悬挂明显接地标志。

7.4.6　现场实物图

隔离开关柜现场实物见图7-4-2。

图7-4-2　隔离开关柜现场实物图

7.5　均、回流箱

内容参见6.8 回流箱、均流箱。

7.6　接触轨电连接

7.6.1　施工准备

7.6.1.1　准备条件

（1）施工前对施工人员进行技术交底、安全技术交底。

（2）施工劳动组织配备、材料准备及机械工机具准备完成。

（3）材料已到货，检验合格。

7.6.1.2 劳动组织

施工负责人1人、技术员1人、安全员1人、防护员2人、安装工6人。

7.6.1.3 主要机械设备及工器具配置

如表7-6-1所示。

表7-6-1 机械设备及工器具配置表

序号	名称	规格	单位	数量	备注
1	压接钳	匹配电缆	把	1	根据实际需要
2	断线钳	匹配电缆	把	1	根据实际需要
3	剥线钳	匹配电缆	把	1	根据实际需要
4	热缩枪		把	2	根据实际需要
5	扳手		把	若干	根据实际需要

7.6.1.4 物资材料配置

如表7-6-2所示。

表7-6-2 物资材料表

序号	名称	规格	单位	数量	备注
1	电缆	按图纸要求	m	若干	根据实际需要
2	电连接板	按图纸要求	套	若干	根据实际需要
3	电力复合脂		m	若干	根据实际需要
4	接线端子		件	若干	根据实际需要
5	热缩管		m	若干	根据实际需要
6	绝缘胶带		卷	若干	根据实际需要

7.6.1.5 作业条件

接触轨施工完成、接触轨精调完成。

7.6.1.6 技术资料

施工图纸。

7.6.2 工艺流程

工艺流程如图7-6-1所示。

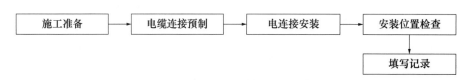

图 7-6-1　接触轨电连接工艺流程图

7.6.3　施工要点与要求

7.6.3.1　施工准备

根据设计图纸平面上电连接的布置情况，统计电连接的数量及安装位置。

7.6.3.2　电连接电缆预制

根据设计图纸上电连接的安装位置，测量出现场两个电连接接头的距离、接触轨与道床的高度等数据，计算出连接电缆的实际长度。根据实际长度裁剪软电缆，注意保持界面整齐。将软电缆两端各剥开规定长度，露出电缆导体，然后将电缆导体穿入铜铝过渡电连接接线夹的压线孔内，必须将电缆导体传到孔的根部，使用电动液压机进行压接，压模符合设计要求

7.6.3.3　电连接安装

按照电连接装配图纸要求，在需要安装电连接的两个接触轨锚段间安装电连接电缆，并将电缆用电缆固定卡固定。在已安装电连接接线板的两个接触轨锚段，分别将电连接电缆固定在电连接接线板上；对于部分需要在接触轨上重新打孔安装电连接接线板的位置，就重新将打孔模具固定在接触轨上打孔，完成后将电连接接线板固定在接触轨上，电连接电缆再固定在电连接接线板上即可，注意相接触的基础面均匀涂抹导体油脂。

7.6.3.4　电连接安装位置检查

对于已安装完成的电连接及电缆接线板，使用钢圈尺，接触轨检查工具进行检查，确保每一处安装完成的电连接及其附件都没有侵界。

7.6.4　质量控制与检验

（1）电缆的规格、型号及敷设路径、终端位置应符合设计要求，并预留足够的因温度变化使接触轨产生伸缩所需要的长度，弯曲方向与接触轨移动方向一致。

（2）电连接电缆与铜接线端子压接接触面良好，压接符合规范和设计要求。

（3）电连接的各接触面都应均匀涂抹导电膏。

（4）电连接铜接线端子安装端正，螺栓紧固力矩应符合设计要求。

7.6.5　注意事项

（1）电连接电缆不得有损伤现象。

（2）电连接安装前应清洁电缆终端及铜接线端子的接触面，保证接触良好。

（3）必须对每一处电连接电缆进行检查，不能有侵限情况。

7.6.6　现场实物图

电连接现场实物见图 7-6-2。

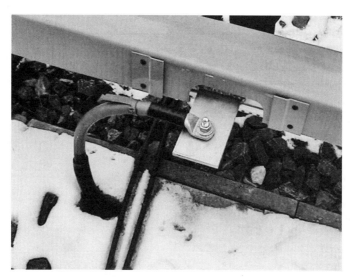

图 7-6-2　电连接现场实物图

环网电缆施工安装工艺

8.1 施工总流程

施工总流程如图 8-1-1 所示。

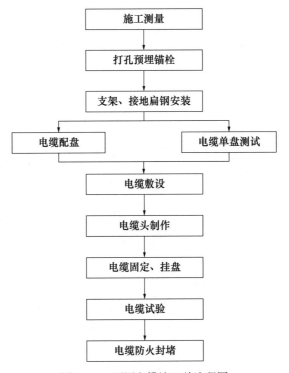

图 8-1-1 环网电缆施工总流程图

8.2 电缆支架、桥架

8.2.1 施工准备

8.2.1.1 准备条件

（1）施工劳动组织配备、材料准备及机械工机具准备完成。

（2）电缆支架、桥架，以及支架、桥架附件已到货，检验合格。

（3）现场临时照明满足作业需要。

8.2.1.2 劳动组织

施工负责人 1 人、技术员 1 人、安全员 1 人、安装工 7 人、焊工 1 人。

8.2.1.3 主要机械设备及工器具配置

如表 8-2-1 所示。

表 8-2-1 机械设备及工器具配置表

序号	名称	规格型号	单位	数量
1	冲击电钻	根据实际需要	台	2
2	锤子	根据实际需要	把	2
3	水平尺	根据实际需要	把	2
4	钢卷尺	根据实际需要	把	2
5	配电箱	根据实际需要	个	1
6	电工工具	根据实际需要	套	8

8.2.1.4 物资材料配置

如表 8-2-2 所示。

表 8-2-2 物资材料表

序号	名称	规格型号	单位	数量
1	支架立柱、托臂	按图纸要求	套	按实际需要
2	桥架	按图纸要求	套	按实际需要
3	压板	按图纸要求	套	按实际需要
4	紧固件		套	按实际需要
5	后扩底锚栓	按图纸要求	套	按实际需要
6	裸铜绞线		把	按实际需要
7	线鼻子	按图纸要求	个	按实际需要

8.2.1.5 作业条件

（1）土建前期施工完成，水平标高线完成，夹层垃圾、污水清理完成。

（2）需轨道专业短轨通，土建专业车站站台层完成。

（3）如果施工区间为预埋槽道，需要土建施工单位提供合格 T 形头螺栓。

8.2.2 工艺流程

工艺流程如图 8-2-1 所示。

图 8-2-1 电缆支（桥）架安装工艺流程图

8.2.3 施工要点与要求

8.2.3.1 施工准备

根据设计图纸上环网电缆支架平面布置图，确定电缆支架的安装位置以及电缆支架的加工形式。在制作过程中，严格按照设计图纸中的尺寸、材质、种类，要求厂家进行批量生产，考虑接地扁钢与支吊架的连接位置，预留与接地扁钢连接的安装孔。

8.2.3.2 施工测量

轨道铺设满足测量要求后，按照设计图纸上电缆支架的安装标准，使用激光测距仪等测量工具对电缆支架进行定位，按照图纸要求间距定位。电缆支架位置确定后，根据电缆支架的安装位置，标识螺栓孔的位置，结合盾构管片的配筋图，对螺栓孔进行调整，使螺栓孔尽量避开钢筋。

8.2.3.3 电缆支架、桥架安装

（1）电缆沟内电缆支架安装

1）将电缆沟内侧壁上的预埋铁凿出，用钢丝刷清除锈迹及杂物。对凹凸不平的预埋铁用楔形垫铁进行焊接找平。

2）将电缆支架与预埋铁按图纸尺寸进行焊接，焊缝应饱满无虚焊。

3）预埋铁及焊缝处采取刷银浆漆等防腐措施，支架安装间距符合设计要求，安装牢固，横平竖直，与电缆沟保持相同坡度。

4）电缆支架距沟顶、沟底的距离应满足设计要求。

（2）区间电缆支架

依据施工图纸以及线路中心标高确定电缆支架位置，并进一步确定固定支架的膨胀螺栓的位置，做好标记。区间内电缆支架间距符合设计要求，敷设控制保护类电缆的电缆支架上设置电缆桥架。

（3）电缆夹层内电缆支架、桥架的安装

参照 4.3 电缆桥支架。

（4）电缆竖井内支架的安装

1）电缆竖井是电缆的垂直通道，电缆竖井内支架安装一般采用竖井横担的形式，膨胀螺栓固定，每 1m 固定一组。

2）对于不能承重的墙体（如陶粒砖墙体），安装电缆梯架，使承重点转移到电缆竖井的上下口位置。

8.2.3.4 电缆支架、桥架接地扁钢安装

（1）电缆支架接地扁钢设置在自上而下第一层托臂上，镀锌扁钢与每个支架间采用螺栓可靠连接。接地扁钢之间采用焊接连接，搭接长度为扁钢宽度的 2 倍，至少进行三面焊接，焊接部位采取刷防腐漆等防腐措施。

（2）每个区间连通起来的扁钢本身考虑热胀冷缩的影响，设置伸缩弯（用扁钢弯成 Ω 状）。按图纸要求，扁钢与支架、吊架、桥架采用螺栓连接、固定。

8.2.4 安全防护

见 2.7 节安全防护通则。

8.2.5 质量控制与检验

（1）桥架整体布置符合设计要求和使用要求。

（2）同一层托臂处于同一水平面。

（3）立柱布置合理，排列整齐。

（4）接地线齐全、美观、安装牢固。

（5）梯级桥架的节间连接螺栓、接地螺栓等，均由内向外穿，以防刮伤电缆。

（6）桥架安装位置正确，连接可靠，同一层托臂要安装在同一平面。

8.2.6 注意事项

电缆支架与吊架的连接由于安装高度不同，应采取过渡措施，使电缆支架逐步抬高，以符合电缆弯曲半径的需求，保证电缆平滑过渡。

8.2.7 现场实物图

支架安装现场实物图，见图 8-2-2。

图 8-2-2 支架安装现场实物图

8.3 电缆敷设及电缆头的制作

8.3.1 施工准备

8.3.1.1 准备条件

（1）施工劳动组织配备、材料准备及机械工机具准备完成。

（2）电缆已到货，检验合格，资料齐全并已完成报监手续。

（3）现场临时电源、临时照明满足作业需要。

8.3.1.2 电缆敷设劳动组织

施工负责人1人、技术员1人、安全员1人、技术工4人、安装工18人、轨道车司机1人。

8.3.1.3 主要机械设备及工器具配置

如表 8-3-1 所示。

表 8-3-1 机械设备及工器具配置表

序号	名称	规格	单位	数量	备注
1	作业平台	自制	台	2	电缆盘
2	对讲机		台	4	通信
3	轨道牵引车		辆	1	电缆运输
4	吊车	12	t	1	电缆吊装
5	防护小车	自制	辆	2	电缆运输
6	液压电缆剪切刀		把	1	电缆裁剪
7	高压电缆头专用工具			1	电缆头制作
8	液压压接钳	$25\sim400mm^2$	套	1	电缆头制作
9	干湿温度计		个	1	
10	摇表	2500V	台	1	绝缘电阻测试

8.3.1.4 物资材料配置

如表 8-3-2 所示。

表 8-3-2 物资材料表

序号	名称	规格	单位	数量	备注
1	电缆	按图纸要求	m	实需	根据实测数据
2	电缆绑扎带		件	实需	根据图纸计算
3	非磁性电缆卡子		个	实需	根据图纸计算
4	螺栓		个	实需	
5	电缆标识牌		个	实需	根据实测数据
6	35kV 电缆中间头	按图纸要求	套		依据厂家图纸

8.3.1.5 电缆敷设作业条件

（1）区间电缆支架已贯通，变电所内电缆桥支架安装完毕。

（2）吊装口至敷设区段的轨道已铺设完毕，满足轨道车行车要求。

8.3.1.6 电缆头制作作业条件

环网电缆已敷设并整理完成。

8.3.2 工艺流程

工艺流程如图 8-3-1 所示。

图 8-3-1　电缆敷设及电缆头制作工艺流程图

8.3.3　施工要点与要求

8.3.3.1　施工准备

（1）施工之前，进行施工测量与施工调查，合理配盘，尽量减少中间接头。

（2）电缆应分类集中存放，并采取防止机械损伤的措施。储存场地应平整、无积水，电缆盘应标明型号、规格、长度。

8.3.3.2　环网电缆展放

（1）电缆运输，采用轨道车牵引电缆平板车的运输方式，或其他机械动力运输方式将电缆盘送到施工指定位置，电缆盘的滚动距离不超过 50m。

（2）敷设电缆优先采用轨道车敷设方式，受工期紧迫和进场条件所限，也可以采取人机结合甚至人工敷设电缆方式。

（3）利用轨道车敷设电缆

1）采用轨道车牵引电缆平板车，在平板车上制作电缆放线架，并安装导向装置，以轨道车为牵引力进行电缆敷设。

2）施工过程中根据电缆规格型号的不同分别校核电缆牵引力及侧压力，牵引车速度均匀且不大于 20m/min，现场检查区间线路上有无轨道车运行的障碍，并绘制出电缆在支架上的位置。确定电缆敷设的起点与终点。

3）核实电缆的规格型号是否与图纸相符，合理配盘。并将所放电缆用 2500V 兆欧表测试绝缘电阻，使用吊车将电缆盘搬运至轨道车上。

4）将放线轴穿于要敷设的电缆盘的盘孔中，钢轴的强度和长度与电缆盘重量和宽度相结合，使线盘能活动自如。按敷设的先后顺序将电缆盘吊装到轨道车平板上，电缆线盘的架设高度与车厢底面距离为 100mm，并在钢轴上加上钢卡，防止线盘在转动时向一端移动。

5）在施工作业前，施工作业人员应提前到达作业现场集合待命，按作业分工做好施工准备。按照安全防护要求，在作业地点的两端设置防护人员，并配备信号旗、对讲机。

6）电缆敷设作业由施工负责人统一指挥，并与轨道车司助人员约定指挥信号，根据电缆敷设情况指挥车辆的启动、停止和速度控制。

7）在平板车上设置 4~6 人控制线盘转动，电缆应从线盘的上方引出。在车辆启动前，先将电缆放出 30m，把电缆头用牵引网套套牢，固定在敷设起点处。

8）放线车启动后，车上作业人员要控制线盘，使其在敷设时保持动态平衡。行车速度要与电缆展放速度密切配合，地面人员将展放出的电缆放置于路肩上。后续作业人员将路肩的电缆抬至电缆支架上。

（4）人机结合敷设电缆

1）在站台夹层敷设电缆时，宜采用该种敷设方法。电缆夹层地形狭窄，能见度低，转弯较多，障碍物多，机械化作业难以展开。因此为保证电缆在敷设过程中不受损伤，应采用以人力牵引为主，机械绞磨牵引为辅的敷设方式。

2）先将电缆盘架在放线架上，架盘时放线架要摆放牢固，底座应平整、坚实，放线杆保持水平，电缆盘距地面不宜超过100mm。

3）直线区段每隔3～5m摆放一个托滚，在转弯处设置转角滑轮，将电缆置于托滚之上。牵引电缆时不使其与地面发生摩擦，以机械（卷扬机、绞磨）和人工两者兼用的方法牵引电缆。

8.3.3.3 电缆预留

（1）根据国家标准规定：电力电缆在终端头与接头附近宜留有备用长度，由于35kV环网电缆截面大，地铁区间地势狭窄，不具备在电缆中间头处预留电缆的条件，因此选择在车站夹层宽敞处或变电所夹层处预留电缆，以备日后电缆故障检修使用。

（2）在电缆预留处安装电缆支架，电缆支架呈圆形排列，该圆形的半径应大于环网电缆本身允许的最小弯曲半径。

（3）电缆盘圈时，层与层之间应分开，每圈不能形成闭合回路，以减少电磁感应的影响，预留长度控制在10m左右。

（4）为了补偿电缆因热胀冷缩引起的长度变化，因地制宜，在区间每隔一定的距离设置电缆伸缩弯，以保证电缆在运行中不受外力影响，保证电缆的安全稳定运行。

8.3.3.4 电缆头制作

（1）严格按照电缆接头施工工艺及产品说明书操作。电缆头的绝缘材料应符合要求，其规格型号与电缆规格型号应匹配。高压电缆芯绝缘表面保证光滑、无凹痕，并彻底清除半导电屏蔽层。接线管、线鼻子截面与线芯截面相符。

（2）三芯电力电缆接头两侧电缆的金属屏蔽层、铠装层应分别连接良好，不得中断，跨接线的截面不应小于规范中的要求。焊接地线应用烙铁，不得直接使用喷灯，避免损伤电缆。接地线应内外绑扎牢固，防止脱落。

（3）在制作高压电缆头前，使用2500V兆欧表测量电缆绝缘电阻，测量合格后方可操作。

8.3.3.5 电缆固定及挂牌

（1）35kV环网电缆按图纸要求在电缆接头及水平敷设每隔4处电缆支架、转弯处采用电缆卡子与支架进行刚性固定。

（2）在电缆卡子与电缆之间用废电缆皮隔开，以防损坏电缆，电缆用电缆扎带在每个支架处进行绑扎固定。

（3）联跳电缆及光缆按图纸要求进行绑扎固定。在电缆终端头、电缆接头、拐弯处、夹层内、电缆竖井的上下两端，及时挂设电缆牌。

（4）电力电缆在终端头、中间头、拐弯处、夹层内等地方应挂设电缆标牌，并且在变电所内每隔10m左右挂牌一处，区间每隔100m左右挂牌一处，电缆牌内容包括电缆编号、电缆型号、电缆长度、安装（更换）日期、电缆起始段等。

（5）电缆整理时，应排列整齐避免交叉。

8.3.3.6 电缆防火封堵

（1）电缆井及过墙洞防火封堵见3.1 防火封堵工艺。

（2）站台夹层入口处防火封堵：区间电缆进入站台夹层处，电缆分别穿入 PVC 管，PVC 管与电缆缝隙之间采用防火堵料封堵。

8.3.4 安全防护

（1）电缆无绞拧、铠装压扁、护层断裂、表面严重划伤等缺陷。

（2）人工牵拉过程中，注意电缆与桥架的摩擦。

（3）电缆敷设时，防止手被电缆砸伤或挤伤。

（4）严禁电缆砸伤设备。

8.3.5 质量控制与检验

（1）现场定测，合理配盘，除非厂家提供的整根电缆不够长外，否则不设中间接头。

（2）35kV 高压电缆敷设前使用 2500V 兆欧表测量电缆绝缘电阻，测量合格后方可施放电缆。

（3）35kV 高压电缆测试完毕后，电缆两端采用专用密封帽对电缆进行密封，防止潮气进入电缆内。

（4）区间环网电缆，不同电压等级的，按电压等级大小由上到下排列。

（5）车站夹层环网电缆在桥架上的布置，应遵循弱电上、强电下的原则。处在同一层的电缆不宜交叉。全线光缆按光缆端别顺序敷设，敷设前检查电缆端别。

8.3.6 注意事项

（1）施工之前，进行施工测量与施工调查，合理配盘，尽量减少中间接头。

（2）在通过夹层的不同区段，合理控制敷设速度，最大牵引力应符合规范要求。敷设线路中间安排人员帮助牵引，设专人防护，保证电缆平滑过渡，电缆弯曲半径符合规定要求。严禁电缆过度弯曲而损伤电缆绝缘。同时配备牵引网套、万向轴、牵引绳等工具。

（3）在同一路径敷设多条电缆时，在敷设前应充分熟悉图纸，弄清每根电缆的规格型号、编号、走向以及放在支架上的位置、长度等。

（4）敷设电缆时，先放长的、截面大的电缆干线，再放短而截面小的电缆。电缆摆放尽量避免交叉、混乱，应做到布置合理，排列整齐。

（5）人机结合的敷设电缆方法，操作人员必须步调一致，统一指挥前后呼应。配置必要的通信工具，加强联系。

（6）为防止操作人员受到伤害，所有人员应站在电缆的同一侧，在拐弯处应站在电缆外侧。

（7）电缆敷设是环网电缆工程的关键工序，因此施工前由项目部技术负责人按照施工组织设计进行技术交底，并编制施工方案，其内容包括：确定电缆的敷设方式、使用工机具的种类、采用的施工标准及规范，并逐级进行交底，明确关键工序实施的质量控制点。

（8）无论采用何种方法运输，不应使电缆及电缆盘受到损伤，并在运输和滚动前检查电缆盘的牢固性。在电缆运输过程中，电缆盘捆绑牢固，以防电缆盘滑动、摆动。

8.3.7 现场实物图

电缆敷设现场实物图，见图 8-3-2。

图 8-3-2 电缆敷设现场实物图

杂散电流系统防护施工工艺

9.1 施工总流程

施工总流程如图 9-1-1 所示。

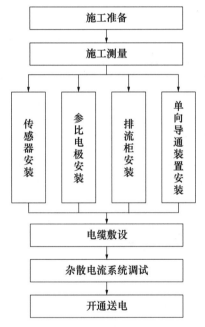

图 9-1-1 杂散电流防护施工总流程图

9.2 测防端子

9.2.1 施工准备

9.2.1.1 准备条件

（1）施工前对施工人员进行技术交底、安全技术交底。

（2）施工劳动组织配备、材料准备及机械工机具准备完成。

（3）材料已到货，检验合格。

（4）现场临时照明满足作业需要。

9.2.1.2 劳动组织

施工负责人1人、技术员1人、安全员1人、安装工5人。

9.2.1.3 主要机械设备及工器具配置

如表9-2-1所示。

表9-2-1 机械设备及工器具配置表

序号	名称	规格	单位	数量	备注
1	钢卷尺	30m	把	2	
2	液压式电缆剪切刀	$120\sim400mm^2$	把	1	
3	斜口钳	6″	把	5	
4	高压电缆头专用工具		套	1	电缆头制作
5	液压压接钳	$16\sim150mm^2$	套	1	电缆头制作
6	液压压接钳	$150\sim400mm^2$	套	1	电缆头制作
7	电吹风	300W	把	1	电缆头制作

9.2.1.4 物资材料配置

如表9-2-2所示。

表9-2-2 物资材料表

序号	名称	规格	单位	数量	备注
1	直流电缆	按施工图纸	套	实需	根据实测数据
2	热缩管	按施工图纸	套	实需	根据现场勘测
3	接线端子	$150mm^2$	套	实需	根据图纸需要
4	固定螺钉	M16×30mm	套	实需	根据图纸计算
5	导电膏		盒	若干	

9.2.1.5 作业条件

铺轨专业施工需完成。

9.2.2 工艺流程

工艺流程如图9-2-1所示。

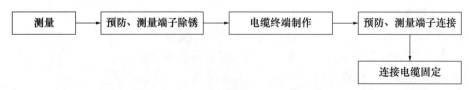

图9-2-1 测防端子工艺流程图

9.2.3 施工要点与要求

9.2.3.1 测量

（1）测量所连接的测防端子间距，在测量位置处用油漆或防水笔做好标记（编号），并记录下测量区段名称、标记编号及测量间距长度。

（2）根据测防端子连接后的电缆弯曲度，接线端子长度等数据及结构伸缩情况计算出所需连接电缆长度，然后将测量区段名称、标记编号及实际电缆长度数据列表整理交给测防端子连接电缆终端制作人员。

9.2.3.2 测防端子连接电缆终端制作

根据测量列表数据，按照直流电缆终端头制作工艺制作测防端子连接电缆终端，并在终端头制作好的连接电缆上做好标记与现场情况相匹配，电缆型号与施工图纸一致。

9.2.3.3 测防端子除锈

测防端子连接前应用钢丝刷、砂纸及磨光机将表面污垢及氧化层打磨干净。

9.2.3.4 测防端子连接

（1）连接电缆接线端子与测防端子采用螺栓连接，连接处表面涂导电脂，中间加弹簧垫圈。

（2）连接完成后，对所有外露金属部分涂刷沥青漆进行防腐处理。

（3）测防端子连接见图9-2-2。

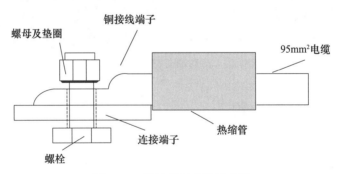

图 9-2-2 测防端子连接示意图

9.2.3.5 连接电缆固定

如所连接的连接端子间距较大、连接电缆较长以致有可能影响行车安全，在连接端子连接工作完成后，需对连接电缆整理和固定。电缆整理后应有一定弛度，电缆固定点不小于两个，转弯处也应进行固定。

9.2.4 质量控制与检验

（1）检查测防端子预留情况，设置位置及端子引出方式是否满足设计要求。

（2）连接电缆型号、规格应符合设计要求。

（3）电缆芯线与接线端子压接牢固，接线端子与测防端子的连接可靠。

（4）所连接的测防端子间距较大（＞800mm），连接电缆整理和固定。

（5）整体道床伸缩缝两侧的测防端子连接电缆长度应为两侧测防端子间距加120mm。

（6）盾构区间两端的测防端子应采用电缆进行跨接。测防端子连接后涂沥青防腐。

9.2.5 注意事项

（1）测防端子与接线端子的连接螺栓应采用力矩扳手紧固。

（2）如所连接的测防端子间距较大、连接电缆较长以致有可能影响行车安全，在测防端子连接工作完成后，需对连接电缆整理和固定。电缆整理后应有一定弛度，电缆固定点不少于两个，转弯处也应进行固定。

9.2.6 现场实物图

测防端子安装现场实物图，见图 9-2-3。

图 9-2-3　测防端子安装现场实物图

9.3　参比电极及监测装置

9.3.1　施工准备

9.3.1.1　准备条件

（1）施工劳动组织配备、材料准备及机械工机具准备完成。

（2）现场临时电源满足作业需要。

9.3.1.2　劳动组织

施工负责人 1 人、技术员 1 人、安全员 1 人、安装工 5 人。

9.3.1.3　主要机械设备及工器具配置

如表 9-3-1 所示。

表 9-3-1　机械设备及工器具配置表

序号	名称	规格	单位	数量	备注
1	水钻		台	1	开孔
2	金刚钻头	DN75，长度 300mm	套	1	具体视参比电极具体尺寸而定

序号	名称	规格	单位	数量	备注
3	钢卷尺	3m	个	1	测量
4	电源盘		个	1	电缆不小于30m
5	冲击电钻		台	1	配备合适钻头、打孔

9.3.1.4 物资材料配置

如表9-3-2所示。

表9-3-2 物资材料表

序号	名称	规格	单位	数量	备注
1	参比电极		个	实需	具体视图纸数量而定
2	刨花碱		kg	实需	根据实际用量配备
3	回填料		kg	实需	根据实际用量配备
4	镀锌钢管	DN16	m	实需	根据实际用量配备
5	水泥		kg	实需	根据实际用量配备

9.3.1.5 作业条件

轨道的整体道床施工完毕，车站、隧道结构主体施工完毕。

9.3.2 工艺流程

工艺流程如图9-3-1所示。

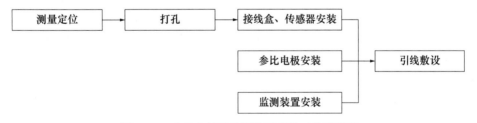

图9-3-1 参比电极及监测装置安装工艺流程图

9.3.3 施工要点与要求

监测系统由参比电极、测防端子（整体道床、结构）、接线盒、测量电缆、变电所测试装置、便携式计算机及管理系统组成。

9.3.3.1 测量定位

根据施工图纸测点位置布置，将参比电极埋设在测防端子附近，距测防端子距离不超过1m。

9.3.3.2 打孔

（1）根据现场情况电极水平或垂直放置，在条件允许的情况下，将电极全部埋置在混凝土介质中。

（2）在选定位置钻取直径大于 60mm、深度大于 160mm 的孔洞（或宽度大于 60mm、深度 70mm、长度大于 160mm 的方槽），如图 9-3-2 所示。

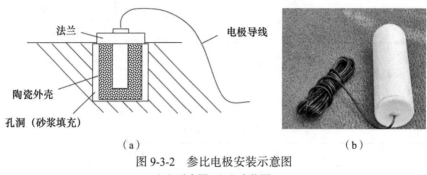

（a）　　　　　　　　　　　　　　　（b）

图 9-3-2　参比电极安装示意图

（a）示意图；（b）实物图

（3）除掉孔洞或方槽中的混凝土粉块或浮尘，用自来水淋湿内表面。

（4）将事先配好的砂浆填料用蒸馏水（或干净的水）调匀，稠度适宜，然后将少许砂浆放入孔洞或方槽底部，将砂浆均匀涂抹在四壁上。

9.3.3.3　参比电极安装

（1）将参比电极陶瓷外壳涂抹薄薄一层砂浆，轻轻放入孔洞或方槽中。

（2）将电极导线穿过套管取出，将孔洞或槽的空隙封堵，并用砂浆抹平。

（3）对有防水要求的地方按规定进行防水处理。

（4）将导线接入到接线盒回路中。

9.3.3.4　接线盒 / 传感器安装

（1）接线盒 / 传感器安装于参比电极附近的结构侧墙、车站站台板下侧墙电缆支（托）架上。

（2）接线盒 / 传感器内设接线端子，用以连接测防端子引线、参比电极导线及连接变电所监测装置的通信电缆（区间传感器电源电缆由本专业就近接入区间动照配电箱）。

9.3.3.5　监测装置安装

监测装置按照图纸要求安装在车站变电所内排流柜内或控制室侧墙上。在侧墙上安装时建议箱体中心距离地面 1.3～1.5m。

9.3.4　安全防护

（1）该项工作集中在线路上进行，应设专职防护员进行安全防护。

（2）作业人员穿着反光衣。

（3）防护人员在轨道两侧穿着反光衣，手持红闪灯。

9.3.5　质量控制与检验

（1）电缆的规格、型号、长度及敷设路径、终端位置应符合设计要求。

（2）电缆与设备（监测装置、接线盒 / 传感器）的连接正确，固定牢靠，接触良好。

（3）电缆端头的标志应符合国家施工规范的要求，各带电部位应满足相应电压等级的电气距离规定。

（4）二次接线正确，连接可靠。

（5）测量电缆在桥架上的敷设不宜超过2层，应排列整齐，绑扎牢固，标志清晰。

（6）二次回路接线标记端子规格统一，字迹清晰，方便查验、校对。

（7）在电缆易破损部位应对电缆进行防护。

9.3.6 注意事项

（1）检查参比电极安装前应检查其外观有无破损、裂纹，导线与电极体连接处有无松动迹象。

（2）参比电极安装时不应与结构钢筋接触。

（3）传感器装置的安装不应侵入限界。

9.3.7 现场实物图

传感器箱及接线现场实物见图9-3-3。

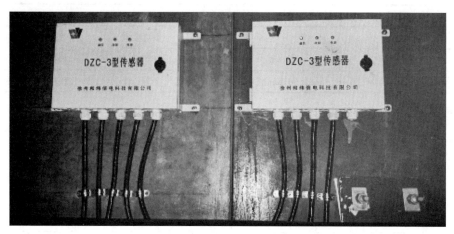

图9-3-3 传感器箱及接线现场实物图

9.4 电缆敷设及电缆头制作

9.4.1 施工准备

9.4.1.1 准备条件

（1）施工劳动组织配备、材料准备及机械工机具准备完成。

（2）现场临时照明满足作业需要。

9.4.1.2 劳动组织

施工负责人1人、技术员1人、安全员1人、安装工8人。

9.4.1.3 主要机械设备及工器具配置

如表9-4-1所示。

表 9-4-1　机械设备及工器具配置表

序号	名称	规格	单位	数量	备注
1	钢卷尺	30m	把	2	测量
2	液压式电缆剪切刀	4~50mm²	把	1	裁剪电缆
3	斜口钳	6″	把	5	电缆接续
4	电缆铭牌打印机	SP600	台	1	电缆挂牌制作
5	兆欧表	250V	台	1	电阻测量
6	撼管器		个	1	
7	冲击电钻		台	1	

9.4.1.4　物资材料配置

如表 9-4-2 所示。

表 9-4-2　物资材料表

序号	名称	规格	单位	数量	备注
1	电缆		m	图纸要求	
2	镀锌钢管	$\phi20mm$	m	若干	根据实际需要
3	电缆铭牌	60×30（mm）	张	若干	根据实际需要

9.4.1.5　作业条件

电缆敷设路径施工完毕。

9.4.2　工艺流程

工艺流程如图 9-4-1 所示。

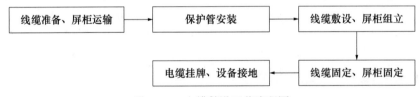

图 9-4-1　电缆敷设工艺流程图

9.4.3　施工要点与要求

9.4.3.1　线缆裁剪

（1）按施工图纸所示将电缆分类，并核对施工图中各个回路电缆是否正确。

确认施工图无遗漏电缆后，对施工图中每回路电缆长度进行现场测量，并列出电缆清单。

（2）按电缆清单裁剪电缆，并在电缆两端标上回路编号标签。

（3）对电缆两端头应用绝缘胶带密封，以防电缆受潮。

9.4.3.2　保护管制作安装

（1）现场核对线缆路径，对于需固定于道床或需过轨的线缆（如传感器至测量端子或钢轨的测量电缆），需采用ϕ20mm镀锌钢管对线缆进行保护。

（2）对于需沿隧道壁敷设，且无邻近电缆支架可做路径的电缆（如传感器电源电缆），需采用ϕ20mm镀锌钢管对线缆进行保护。

（3）测量所需保护管长度，并据此进行截断加工。

（4）对于需固定于道床上的保护管，需考虑与邻近隧道壁间距离，据此长度对保护管进行预弯及截断加工，使转弯处刚好位于结构壁边缘。

（5）用管卡固定保护管，管卡间距均匀，水平距离≤800mm，垂直距离≤1000mm。

9.4.3.3　电缆敷设

（1）在地面上将裁剪的电缆理直，以防敷设后电缆扭曲不平直。

（2）设备电缆入孔至保护管或支架处，电缆弯曲半径尽量放大，接触墙柱或桥架的地方应尽量不受力。

（3）当电缆沿支架敷设时，依次按电缆在桥架上的路径排列，不形成交叉。

（4）电缆引入箱体内，根据顺序表逐根穿入，并确保电缆就位弧度一致，层次分明，电缆穿入箱体后不能损坏电缆护套。

（5）电缆端头应预留出相应的长度，以满足接线要求。

（6）如敷设到位不具备接续条件时，应用防水胶带对电缆头进行密封处理。

9.4.3.4　电缆固定

（1）当电缆沿支架敷设时，每个支架处用绑扎带进行绑扎，电缆弧度编排应整齐、美观。

（2）在支架、保护管至设备电缆连接处距离过大的地方，要加电缆卡固定电缆。

9.4.3.5　电缆挂牌

电缆敷设到位后应对每根电缆进行挂牌，电缆牌内容应包含电缆起点、终点、电缆型号、电缆长度。

9.4.4　质量控制与检验

（1）电缆的品种型号规格、质量符合设计要求。

（2）电缆敷设前后应无绞拧、铠装压扁、护层断裂、表面严重划伤等缺陷。

（3）电缆敷设位置正确，排列整齐，固定牢固，标记位置准确，标记清楚。电缆的防火隔离措施完整、正确。

（4）电缆的转弯处走向整齐清楚，电缆的标记清晰齐全，挂装整齐无遗漏。

9.4.5　注意事项

电缆（及其保护管）各支撑点的距离应符合设计要求。当设计无规定时，水平距离≤800mm，垂直距离≤1000mm。

9.4.6　现场实物图

隧道内杂散电流走线及挂牌现场实物图见图9-4-2。

图 9-4-2　隧道内杂散电流走线及挂牌现场实物图

9.5　排流柜

9.5.1　施工准备

9.5.1.1　准备条件

（1）施工劳动组织配备、材料准备及机械工机具准备完成。

（2）现场临时电源、临时照明满足作业需要。

9.5.1.2　劳动组织

施工负责人 1 人、技术员 1 人、安全员 1 人、安装工 5 人。

9.5.1.3　主要机械设备及工器具配置

如表 9-5-1 所示。

表 9-5-1　机械设备及工器具配置表

序号	名称	规格	单位	数量	备注
1	手动液压叉车	2.5t	台	2	设备运输
2	门型吊装架	自制	套	1	设备安装
3	手电钻	根据实际需要	台	1	槽钢打孔
4	水平尺	1m	把	1	设备调平、调直
5	线坠	0.5kg	个	1	设备调整
6	扭矩扳手	300N	套	1	紧固螺栓
7	钢卷尺	5m	把	2	

9.5.1.4　物资材料配置

如表 9-5-2 所示。

表 9-5-2　物资材料表

序号	名称	规格	单位	数量	备注
1	基础螺栓	按图纸要求			
2	木板	根据实际需要	块	实需	铺设道路
3	木方	根据实际需要	根	实需	升落设备
4	钢板	根据实际需要	块	实需	设备运输
5	垫铁	根据实际需要	块	实需	基础预埋

9.5.1.5　作业条件

设备安装区域土建已完工，场地平整、无积水。

9.5.2　工艺流程

工艺流程如图 9-5-1 所示。

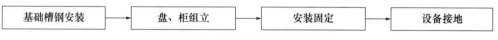

图 9-5-1　排流柜安装工艺流程图

9.5.3　施工要点与要求

9.5.3.1　盘、柜组立

按照设计文件规定，将盘、柜按顺序搬放到安装位置。按照设计要求调整柜体位置。

9.5.3.2　盘、柜的安装固定

（1）每面盘按照设备的要求与基础槽钢进行螺栓固定。

（2）柜固定完毕后，将盘、柜脱落油漆的部位用设备厂家提供的原色油漆补刷。

（3）按照设备厂家要求将盘、柜内接地铜排连接牢固。

9.5.3.3　设备接地

在设备的两端采用软铜编织线与变电所接地网或者附近支架扁钢可靠连接。

9.5.4　质量控制与检验

（1）盘、柜的接地要牢固，接触良好。盘、柜安装垂直度、水平度、盘符合规定。

（2）盘、柜的漆层完整无损伤，修补后的颜色尽量和原色一致。

（3）盘、柜间模拟线应整齐对应；其误差不应超过视差范围，并应完整，安装牢固。

9.5.5　注意事项

（1）考虑到新建车站比较潮湿，在设备开箱前需准备大功率风扇、除湿机对设备房间进行充分除湿。

（2）盘、柜在安装时要避免强烈震动。

（3）推动小车缓慢行进。要注意盘、柜体的行进方向，随时纠正，防止倾斜。

（4）盘、柜搬运安装时，要防止挤压手、脚和盘、柜上的设备。

（5）盘、柜在未固定牢固前应有防倒措施。

（6）盘、柜安装完毕后，需使用三防布将柜盘包封，防止灰尘、潮气侵入。

（7）设备进场后，需派专人看守，防止设备被损坏。

9.5.6 现场实物图

排流柜安装现场实物见图 9-5-2。

图 9-5-2 排流柜安装现场实物图

9.6 单向导通装置

9.6.1 施工准备

9.6.1.1 准备条件

（1）施工调查完成，确认现场具备作业条件。

（2）施工前对施工人员进行技术交底、安全技术交底。

（3）施工劳动组织配备、材料准备及机械工机具准备完成。

（4）现场临时电源、临时照明满足作业需要。

9.6.1.2 劳动组织

施工负责人 1 人、技术员 1 人、安全员 1 人、安装工 5 人。

9.6.1.3 主要机械设备及工器具配置

如表 9-6-1 所示。

表 9-6-1 机械设备及工器具配置表

序号	名称	规格	单位	数量	备注
1	手动液压叉车	2.5t	台	2	设备运输
2	门型吊装架	自制	套	1	设备安装
3	手电钻	13mm	台	1	槽钢打孔
4	水平尺	1m	把	1	设备调平、调直

序号	名称	规格	单位	数量	备注
5	线坠	0.5kg	个	1	设备调整
6	扭矩扳手	300N	套	1	紧固螺栓
7	手提砂轮机	单相	台	1	
8	钢卷尺	5m	把	2	

9.6.1.4 物资材料配置

如表 9-6-2 所示。

表 9-6-2 物资材料表

序号	名称	规格	单位	数量	备注
1	基础螺栓	按图纸要求			
2	木板	根据实际需要	块	实需	铺设道路
3	木方	根据实际需要	根	实需	升落设备
4	钢板	根据实际需要	块	实需	设备运输
5	垫铁	根据实际需要	块	实需	基础预埋

9.6.1.5 作业条件

设备安装区域场地平整、无积水。

9.6.2 工艺流程

工艺流程如图 9-6-1 所示。

图 9-6-1 单向导通装置安装工艺流程图

9.6.3 施工要点与要求

9.6.3.1 基础浇筑

根据施工图纸，在混凝土基础位置进行开挖，必要时采用木质模板作支护。混凝土浇筑时，每浇筑 250～300mm 厚时要进行一次振捣，振捣时各振点间距不应大于 400mm。

9.6.3.2 单向导通装置的安装

测量基础顶面水平度，满足设计要求，柜体在装置基础上固定，采用基础上打孔并用膨胀螺栓固定。为保证孔位正确，预先制作单向导通装置底座孔距模板。柜体就位后，调整单向导通装置垂直度符合规范要求后，用力矩扳手紧固螺栓。安装防雨罩，检查防雨罩，检查防雨罩密封情况，以免设备内部受潮。

9.6.3.3 单向导通装置与钢轨间的连接及设备接地

（1）单向导通装置安装后，其进出线电缆分别与绝缘接头两侧钢轨连接，单向导通装置与钢轨之间用直流软电缆连接。为了避免电缆受到机械损伤，在电缆引入设备或钢轨的

191

弯曲处用胶皮管防护。

（2）用接地电缆将设备与就近的接地体进行接地连接。一般情况下需要在设备附近就近打接地极，并用镀锌接地扁钢将接地点引入设备下方。接地电缆与接地扁钢采用螺栓压接的方式进行连接，连接处需要做防腐处理。为防止小动物顺着电缆进入设备内部，单向导通装置底部进出线电缆孔洞处还需用防火堵料做好封堵。

9.6.4 质量控制与检验

（1）盘、柜的接地要牢固，接触良好。盘、柜的接地要牢固，接触良好。盘、柜安装垂直度、水平度、盘符合规定。

（2）盘、柜间模拟线应整齐对应；其误差不应超过视差范围，并应完整，安装牢固。

（3）盘、柜的漆层完整无损伤，修补后的颜色尽量和原色一致。

（4）柜体门开合应顺畅，设备操作高度应满足距离地面 1200～1500mm 的要求，但不应面向轨道。

（5）防雨帽应密封完好，不得有渗水的情况。

9.6.5 注意事项

（1）考虑到新建车站比较潮湿，在设备开箱前需准备大功率风扇、除湿机对设备房间进行充分除湿。

（2）盘、柜在安装时要避免强烈震动。

（3）推动小车缓慢行进。要注意盘、柜体的行进方向，随时纠正，防止倾斜。

（4）盘、柜搬运安装时，要防止挤压手、脚和盘、柜上的设备。

（5）盘、柜在未固定牢固前应有防倒措施。

（6）盘、柜安装完毕后，需使用三防布将柜盘包封，防止灰尘、潮气侵入。

（7）设备进场后，需派专人看守，防止设备被损坏。

9.6.6 现场实物图

单向导通装置现场实物见图 9-6-2。

图 9-6-2 单向导通装置现场实物图

10 动力照明系统施工工艺

10.1 施工总程序

施工总程序见图 10-1-1。

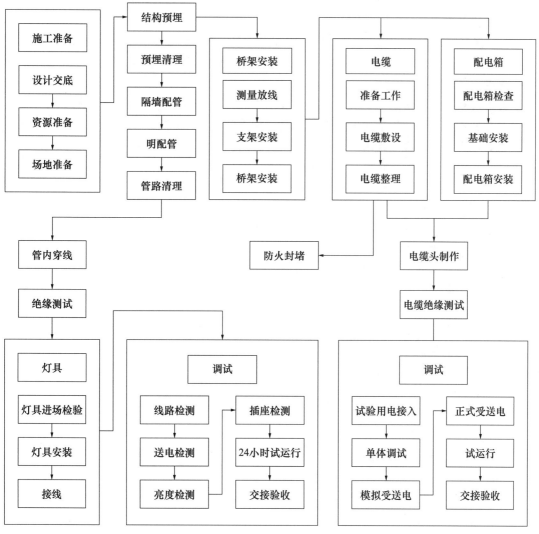

图 10-1-1 施工总程序图

10.2 母线槽安装

10.2.1 施工准备

10.2.1.1 施工机具、机械设备准备

主要机具：工作台、台虎钳、钢锯、榔头、油压搌弯器、电钻、电锤、电焊机、扳手等。

测试工具：钢角尺、钢卷尺、水平尺、塞尺、绝缘摇表、力矩扳手等。

10.2.1.2 材料要求

（1）国家强制性产品认证证书（CCC）中的技术参数应符合设计要求，导体规格及相应温升值应与国家强制性产品认证证书（CCC）中的导体规格一致。

（2）各种规格的型钢、卡件，各种螺栓、垫圈应符合设计要求，且应是镀锌制品。

（3）耐火母线槽除应通过CCC认证外，还应提供由国家认可的检测机构出具的型式试验报告，其耐火时间应符合设计要求。

（4）保护接地导体（PE）应与外壳有可靠的连接，其截面积应符合产品技术文件规定；当外壳兼作保护接地导体（PE）时，CCC型式试验报告和产品结构应符合国家现行有关产品标准的规定。

（5）外观检查：防潮密封应良好，各段编号应标志清晰，附件应齐全、无缺损，外壳应无明显变形，母线螺栓搭接面应平整、镀层覆盖应完整、无起皮和麻面；插接母线槽上的静触头应无缺损、表面光滑、镀层完整；对有防护等级要求的母线槽尚应检查产品及附件的防护等级与设计的符合性，其标识应完整。

（6）其他材料：防腐油漆、面漆、电焊条等应有出厂合格证。

10.2.1.3 作业条件

（1）母线安装对土建要求：屋顶不漏水，墙面喷浆完毕，场地清理干净，门窗齐全。电气设备安装完毕，检验合格。

（2）预留孔洞及预埋件尺寸、强度均符合设计要求。

（3）施工图纸、技术资料、安装资料齐全。

（4）技术、安全、消防等措施已落实。

（5）封闭、插接母线安装部位的建筑、装饰工程全部结束。

10.2.1.4 作业前影像记录

现场材料及施工机具就位后，开工前，对现场作业面及重点部位拍照做好影像记录，以作为过程资料。

10.2.2 工艺流程

工艺流程如图10-2-1所示。

图 10-2-1　母线槽安装工艺流程图

10.2.3 施工要点与要求

10.2.3.1 支吊架制作及安装

支架制作和安装应按设计和产品技术文件的规定制作和安装，如设计和产品技术文件无规定时，按下列要求制作和安装。

（1）支架制作

1）根据施工现场结构类型，支架应采用角钢或槽钢制作。应采用一字形、L形、T形及Ⅱ形四种形式。

2）支架的加工制作按选好的型号、测量好的尺寸断料制作，断料严禁气焊切割，加工尺寸最大误差为5mm。型钢架的揻弯宜使用台钳、榔头打制，也可使用油压揻弯器用模具定制。

3）支架上钻孔应用台钻或手电钻钻孔，不得用气焊割孔，孔径不得大于固定螺栓直径2mm。螺杆套扣应用套丝机或套丝板加工，不得断丝。

（2）支架安装

1）封闭插接母线的拐弯处、与箱（盘）连接处以及末端悬空时必须加支架。水平敷设插接母线支架的距离不应大于2m，垂直敷设时，角钢支架与母线连接固定后，采用工厂提供的专用附件固定在槽钢上，支撑点间距不大于2m。

2）埋注支架用水泥砂浆，灰砂比1:3。水泥采用42.5及以上强度等级，应注灰饱满、严密，不高出墙面，埋深不少于80mm。

3）膨胀螺栓固定支架不少于两条。一个吊架应用两根吊杆，固定牢固，螺扣外露2~4扣，膨胀螺栓应加平垫和弹簧垫，吊架应用双螺母夹紧。

4）支架与支架预埋件焊接处应均匀涂刷防锈漆及面漆，无漏刷，且不污染建筑物。

5）母线的支架与预埋铁件采用焊接固定时焊缝应饱满；采用膨胀螺栓固定时，选用的螺栓应适配，连接应牢固。

6）母线槽跨越建筑物变形缝处时，应设置补偿装置。

7）吊架安装时，在封闭插接母线与设备连接处应加固定支架。

10.2.3.2 母线槽安装

（1）封闭插接母线应按设计和产品技术文件的规定组装。

（2）封闭母线段与段连接时，两相邻段母线及外壳对准，连接后母线及外壳不受额外应力。封闭插接母线应直接用螺栓固定在支架上，螺栓加装平垫和弹簧垫圈固定牢固。

（3）分接单元插入时，接地触头应先于相线触头接触，且触头连接紧密，退出时，接地触头应后于相线触头脱开。

（4）母线槽与配电柜、电气设备的接线相序应一致。

（5）母线槽的插接分支点应设在安全可靠及安装维修方便的地方。

（6）母线槽的连接不应在穿过楼板或墙壁处进行。

（7）母线槽在穿过防火墙及防火楼板时，应采取防火隔离措施。

（8）对于母线与母线、母线与电器或设备接线端子搭接，搭接面的处理应符合下列规定：

1）铜与铜：当处于室外、高温且潮湿的室内时，搭接面应镀锡或镀银。

2）铝与铝：可直接搭接。

3）钢与钢：搭接面应镀锡或镀锌。

4）铜与铝：在干燥的室内，铜导体搭接面应镀锡；在潮湿场所，铜导体搭接面应镀锡或镀银，且应采用铜铝过渡连接。

5）钢与铜或铝：钢搭接面应镀锌或镀锡。

10.2.3.3 绝缘测试

（1）封闭插接母线组装前应逐段进行绝缘测试，每段安装完毕后再进行绝缘测试，绝缘电阻值不得小于 0.5MΩ。

（2）母线槽通电运行前应进行检验或试验，并应符合下列规定：

1）低压母线绝缘电阻值不应小于 0.5MΩ。

2）封闭插接母线安装完毕后，应整理、清扫干净，用摇表检测相间、相对地、相对零、零对地的绝缘电阻值并做好记录。

10.2.4 安全防护

（1）密集母线运输采用液压车或专用设备运输，应采用多点吊装。

（2）母线槽安装时施工下方不得有人员站立和停留。

10.2.5 质量控制与检验

（1）每段母线槽的金属外壳间应连接可靠，且母线槽全长与保护导体可靠连接不应少于 2 处。

（2）当母线与母线、母线与电器或设备接线端子采用螺栓搭接连接时，母线的各类搭接连接的钻孔直径和搭接长度、连接螺栓的力矩值应符合《建筑电气工程施工质量验收规范》GB 50303 规定；当一个连接处需要多个螺栓连接时，每个螺栓的拧紧力矩值应一致。母线接触面应保持清洁，宜涂抗氧化剂，螺栓孔周围应无毛刺。连接螺栓两侧应有平垫圈，相邻垫圈间应有大于 3mm 间隙，螺母侧应装有弹簧垫圈或锁紧螺母。

（3）母线槽支架安装应符合下列规定：

1）除设计要求外，承力建筑钢结构构件上不得熔焊连接母线槽支架，且不得热加工开孔。

2）与预埋件采用焊接固定时，焊缝应饱满；采用膨胀螺栓固定时，选用的螺栓应适配，连接应牢固。

3）支架应安装牢固、无明显扭曲，采用金属吊架固定时应有防晃支架，配电母线槽的圆钢吊架直径不得小于 8mm，照明母线槽的圆钢吊架直径不小于 6mm。

4）金属支架应进行防腐，位于室外及潮湿场所的应按设计要求做处理。

（4）当母线采用螺栓搭接时，连接处距绝缘子的支持夹板边缘不小于 50mm。

（5）母线槽安装要求：

1）水平或垂直敷设的母线槽每段设置一个固定点，每层不得少于一个支架，距拐弯 0.4～0.6m 处设置支架，固定点位置要避开母线槽的连接处或分接单元。

2）母线槽直线敷设长度超过 80m，每 50～60m 宜设置伸缩节。

3）母线槽水平度与垂直度偏差不宜大于 1.5‰，全长最大偏差不宜大于 20mm。照明用母线槽水平偏差全长不应大于 5mm，垂直偏差不应大于 10mm。

4）母线槽与各类管道平行或交叉的净距应符合现行《建筑电气工程施工质量验收规范》GB 50303 规定。

10.2.6 注意事项

（1）母线槽安装完毕，如暂不能送电运行，其现场设置明显标识牌，以防损坏。

（2）母线槽安装完毕，如有其他工种作业应对封闭插接母线加以保护，以免损伤。

（3）高空作业脚手架搭设完毕后，需经监理单位验收合格。

10.2.7 现场实物图

母线槽安装实物图，见图 10-2-2。

图 10-2-2　母线槽安装图

10.3 梯架、托盘和槽盒安装

10.3.1 施工准备

10.3.1.1 施工机具与设备

铅笔、钢卷尺、板子、手锤、角尺、高凳、电工工具、手电钻、手持砂轮、电锤、云石机、激光水平仪等。

10.3.1.2 材料要求

（1）材料合格证及出厂检验报告内容填写应齐全完整。

（2）外观检查：配件齐全，表面应光滑、不变形；钢制梯架、托盘和槽盒涂层应完整、无锈蚀；塑料槽盒应无破损、色泽均匀，对阻燃性能有异议时，应按批抽样送有资质的试验室检测；托盘和槽盒涂层应完整，不应有扭曲变形、压扁或表面划伤等现象。

10.3.1.3　作业条件

（1）配合土建的结构施工，预留孔洞、预埋铁和预埋吊杆、吊架等全部完成。

（2）竖井、顶棚内和墙面的湿作业喷浆等完成后，方可进行梯架、托盘和槽盒敷设。

（3）梯架、托盘和槽盒安装的标高、位置已确定，与其他专业的安装顺序已确定。

10.3.1.4　作业前影像记录

现场材料及施工机具就位后，开工前，对现场作业面及重点部位拍照做好影像记录，以作为过程资料。

10.3.2　工艺流程

工艺流程如图 10-3-1 所示。

图 10-3-1　梯架、托盘和槽盒安装工艺流程图

10.3.3　施工要点与要求

10.3.3.1　支吊架制作安装

支吊架的施工工艺除按照以下内容外，还可以参考后面 17.6 支吊架安装与 20 综合支吊架的相关内容。

（1）支吊架规格应按照设计图纸提供的安装位置、桥架的规格层数、跨距、承受荷载的要求，并结合支吊架现场实际安装位置、安装形式和安装尺寸等综合确定。

（2）根据电缆桥架和吊件组装图画线确定固定点，然后在固定点处进行打孔固定。其固定方法可使用金属膨胀螺栓固定法、预埋螺栓固定法、预埋铁焊接固定法，直接固定在建筑物的金属结构上，采用螺栓抱箍卡接或焊接固定方法，固定间距和固定螺栓的选用规格由工程设计确定。当设计无具体规定时，可根据桥架重量与承载情况选用固定螺栓。

（3）承力建筑钢结构构件上不得熔焊支架，且不得热加工开孔。采用金属吊架固定时，圆钢直径不得小于 8mm，并应有防晃支架，在分支处或端部 0.3~0.5m 处应有固定支架。

（4）支吊架设置应符合设计或产品技术文件要求，支吊架安装应牢固、无明显扭曲；与预埋件焊接固定时，焊缝应饱满；膨胀螺栓固定时，螺栓应选用适配、防松零件齐全、连接紧固。

（5）金属支吊架应进行全面防腐，位于室外及潮湿场所的应按设计要求做处理。

10.3.3.2　吊架生根做法

型钢吊架生根法为常规吊架生根做法，适用于桥架宽度 A ≥ 800mm 时使用，一般是通过后切底锚栓先将型钢固定，再将吊杆固定于型钢上。当桥架宽度 A < 800mm 时，一般采用内胀生根做法，即直接采用锚栓固定的方式。钢结构建筑或其他特殊结构的吊架生根做法，一般遵循设计文件依其结构形式和具体情况确定。

10.3.3.3 电缆梯架、托盘和槽盒支吊架位置设置要求

（1）电缆梯架、托盘和槽盒接头两端 0.5m 处应有支吊架；

（2）电缆梯架、托盘和槽盒安装时，首先应满足设计要求，当设计无要求时，支架间距宜按荷载曲线的最佳跨距选取，水平安装的支架间距应为 1.5~3m；垂直安装的支架间距不大于 2m。

（3）梯架、托盘和槽盒与接线的盒、箱，转弯和变形缝两端，以及丁字接头的三端 600mm 以内，应设支撑点；支吊架距离上层楼板和侧墙面不应小于 150~200mm；距离地面不应低于 50~200mm。

（4）电缆桥架支吊架位置一般距离终端、变径、弯通、铰链、伸缩等处控制在 400~600mm。

（5）弯通段的支吊架的设置应符合下列规定：当弯通的弯曲半径小于 300mm 时，应在距弯通与直通接合处≤600mm 的直通处设置一个支架。当弯通的弯曲半径大于 300mm 时，除在距弯通与直通接合处 300~600mm 的直通处设置一个支吊架外，还应在弯通中部增设一个支吊架。

（6）桥架宽度 A 为 50~120mm 时采用单吊架，桥架宽度 A = 50mm 吊架为 20mm×1.5mm 的镀锌扁钢制作，吊杆采用 ϕ10mm 通丝吊杆。桥架宽度 A = 120mm 吊架为 25mm×2mm 的镀锌扁钢制作，吊杆采用 ϕ10mm 通丝吊杆。

10.3.3.4 桥架定位

（1）桥架的安装位置应根据设计图并结合工程实际情况确定。

（2）桥架应远离高压或高温气体（液体）的管道和设备。远离腐蚀性气（液）体管道。桥架与各种管道和设备的净距应符合表 10-3-1 的要求。

表 10-3-1　桥架与各种管道和设备的最小净距

管道或设备名称	桥架与各种管道和设备的最小净距（m）	
	相对位置	与桥架的最小净距
通风、给水排水及压缩空气管	平行	0.1
	交叉	0.05
一般工艺管道	平行	0.4
	交叉	0.3
暖气管	管道上方	0.3

（3）桥架与墙、顶的净距，应根据桥架内电缆的大小、多少而定，应保证有操作空间。吊顶内宜不小于 150mm。水平相邻桥架净距宜不小于 50mm。几组电缆桥架（多层）在同一高度平行安装时，相互之间净距宜大于 600mm。多层桥架的上下顺序和层间距离应符合设计要求。若设计无要求，层间距离一般为控制电缆间不应小于 0.2m，电力电缆间不应小于 0.3m，弱电与电力电缆间不应小于 0.5m（如有屏蔽盖板可减至 0.3m）。吊顶内桥架定位，由于净高较小，必须与其他专业施工人员协调。避免与风管、大口径消防水管、喷淋主管、冷热水管、排水管和吊顶内的空调、排风设备发生矛盾，减少不必要的返

工。水平敷设的桥架（电缆隧道、技术层等除外）安装高度（下弦）不宜低于 2.5m。

（4）在有坡度的场所安装桥架，桥架坡度宜与建筑物一致。在有圆弧的建筑物墙面旁安装的桥架，其圆弧宜一致。

（5）确定桥架标高时，可利用土建单位定出的标高基准线。一般可用水平连通器把它移引到需要的墙、柱或建筑物其他部位的垂直面上。

10.3.3.5 桥架安装

（1）桥架直线段之间、直线段与弯通、变径直通之间的连接件，应采用桥架制造厂配套的连接件。连接件薄钢板厚度不应小于桥架薄钢板厚度。接口应平整，无扭曲、凸起和凹陷，连接用的半圆头镀锌螺栓，半圆头应在桥架内侧，螺栓长度适当，拧紧之后，露出长度以 2～5 螺纹为宜。

（2）水平安装的桥架，其直线段的连接头，应尽量设在两个支吊架之间 1/4 左右处。

（3）桥架改制非标准弯通和变径直通。改制和切断直线段桥架时，均不得用气、电焊切割，应用专用切割工具。改制的桥架必须平整。

（4）及时补漆，面漆颜色应与其他桥架相近。

（5）桥架跨越建筑物的伸缩缝处，按现行《电气装置安装工程电缆线路施工及验收规范》GB 50168 规定，应设置伸缩缝，保证桥架及敷设在桥架内的电缆在建筑物伸缩不危及其本身安全时能自由伸缩，不受损坏。

（6）要跨越伸缩缝的桥架至少一侧有较长的直线段，宜超过 30m，或伸缩缝两侧直线段桥架相加有 30m，中间无水平或垂直弯通，以便于在桥架中留电缆（或电线）的伸缩量。

（7）桥架直线段超过 30m 时，应设热胀冷缩的补偿装置。补偿装置处，桥架之间应留 40～50mm 间隙，可用桥架制造厂定型的伸缩连接头（或板）连接。

（8）桥架应平直整齐，直线段的水平或垂直允许偏差不应超过长度的 2‰，全长允许偏差不应超过 20mm。因为单件桥架几何尺寸较大，桥架水平和垂直偏差的测量，控制在底部。

（9）桥架应牢固固定在支吊架上。梯架用压板固定，托盘可用半圆头镀锌螺栓固定。

10.3.3.6 桥架接地

桥架的跨接材料应按设计要求施工。若设计没有具体要求，可按以下要求：

（1）镀锌桥架之间可利用镀锌连接板作为跨接线，把桥架连成一体，在连接板两端的两只连接螺栓上加镀锌弹簧垫圈。

（2）涂漆和喷塑及喷涂其他绝缘物的桥架，应采用镀锡软铜线跨接。

（3）桥架经过建筑物变形缝和直线段超过 30m，设补偿装置处，桥架间断两端应用软铜导线跨接，并留有伸缩余量。

（4）桥架从始端到终端，至少有 2 处与接地干线可靠连接。或始终端与 PE 干线相连接。

10.3.4 质量控制与检验

（1）梯架、托盘和槽盒全长不大于 30m 时，应不少于 2 处与保护导体可靠连接；全长大于 30m 时，每隔 20～30m 增加一个连接点，起始端和终点端均应可靠接地。

（2）非镀锌梯架、托盘和槽盒本体之间连接板的两端应跨接保护联结导体，其截面符合设计要求。镀锌梯架、托盘和槽盒本体之间不跨接保护联结导体时，连接板每端不应少于 2 个有防松螺母或防松垫圈的连接固定螺栓。

（3）电缆梯架、托盘和槽盒转弯、分支处宜采用专用连接配件，弯曲半径不应小于其中电缆的最小允许弯曲半径，电缆最小允许弯曲半径见表 10-3-2（D 为电缆外径）。

表 10-3-2　电缆最小允许弯曲半径

电缆形式		电缆外径（mm）	多芯电缆	单芯电缆
塑料绝缘电缆	无铠装		15D	20D
	有铠装		12D	15D
橡皮绝缘电缆			10D	
控制电缆	非铠装型、屏蔽型软电缆		6D	
	铠装型、铜屏蔽型		12D	
	其他		10D	
铝合金导体电力电缆			7D	
氧化镁绝缘刚性矿物绝缘电缆		＜ 7	2D	
		≥ 7，且＜ 12	3D	
		≥ 12，且＜ 15	4D	
		≥ 15	6D	
其他矿物绝缘电缆			15D	

（4）电缆桥架层次的排列，按自上而下的顺序是：计算机电缆托盘，屏蔽电缆托盘，一般控制电缆托盘，低压动力和照明电缆托盘，高压电缆托盘。

（5）同一托盘中，如果必须敷设两种不同用途的电缆，则应在托盘中间用隔板隔离并加盖板。

（6）为了便于维护和安装，同一层托盘总宽度不宜超过 2m，托盘的层间距离一般为 300mm。

（7）电缆桥架托盘侧面距墙面宜为 50～100mm，水平相邻托盘边距宜为 50mm。

（8）电缆梯架、托盘和槽盒直线段连接应采用连接板，用爪形垫圈、弹簧垫圈、螺母紧固，接槎处应缝隙严密平齐。

（9）电缆梯架、托盘和槽盒在交叉、转弯、丁字连接时，应采用单通、二通、三通、四通或平面二通、平面三通等方式进行变通连接，导线接头处应设置接线盒或将导线接头放在电气器具内。

（10）当无设计要求时，梯架、托盘和槽盒及支架安装应符合下列要求：

1）敷设在电气竖井内穿楼板处和穿越不同防火区的梯架、托盘和槽盒，应有防火隔堵措施。

2）敷设在电气竖井内的电缆梯架或托盘，其固定支架不应安装在固定电缆的横担上，且每隔 3～5 层应设置承重支架。

3）对于敷设在室外的梯架、托盘和槽盒，当进入室内或配电箱（柜）时应有防雨水措施，槽盒底部应有泄水孔。

4）水平安装的支架间距宜为1.5～3.0m，垂直安装的支架间距不应大于2m。

5）采用金属吊架固定时，圆钢直径不得小于8mm，并应有防晃支架，在分支处或端部0.3～0.5m处应有固定支架。

（11）电缆梯架、托盘和槽盒与盒、箱、柜等连接时，进线口和出线口等处应采用抱脚或翻边连接，并用螺栓紧固，末端应加装封堵。

10.3.5　注意事项

（1）不允许将穿过墙壁的梯架、托盘和槽盒与墙上的孔洞一起封严，四周应留有空隙。

（2）安装桥架及金属线槽时，应注意保持墙面的清洁。

（3）配线完成后，不得再进行喷浆和刷油，以防止导线和电气器具受到污染。

（4）支架与吊架应固定牢固，应及时将螺栓上的螺母拧紧，将开焊处重新焊牢。金属膨胀螺栓固定牢固，避免吃墙过深或出墙过多，钻孔偏差过大造成松动。

（5）支架式吊架的焊接处做防腐处理，应及时补刷遗漏处的防锈漆。

（6）跨接地线的线径和压接螺栓的直径应全部按设计要求执行。

（7）梯架、托盘和槽盒穿过建筑物的变形缝时做处理，过变形缝的线槽应断开底板，并在变形缝的两端加以固定，保护导体和导线留有补偿余量。

（8）梯架、托盘和槽盒连接处应平齐，槽盒盖板不应有残缺，槽盒与管连接处护口无破损遗漏，吊顶暗敷槽盒应有检修人孔。

（9）为便于电缆敷设，及考虑到电缆弯曲半径空间需求，环控柜上方选择漏斗形桥架，增加桥架弯曲部分空间。

10.3.6　现场实物图

桥架穿越楼板、侧墙安装实物图，见图10-3-2、图10-3-3。

图10-3-2　桥架穿越楼板安装实物图

图 10-3-3　桥架穿越侧墙安装实物图

10.4　导管敷设

10.4.1　施工准备

10.4.1.1　施工机具、机械设备准备

套丝机、套丝板、压力案子、液压揻管器、揻管器、钢锯、钢锉、手锤、电锤、水平尺、钢尺、线坠、激光水平仪、手电钻、台钻、开孔器、拉铆枪及电工常用工具等。

10.4.1.2　材料要求

（1）查验合格证：钢导管应有产品质量证明书，塑料导管应有合格证及相应检测报告。

（2）外观检查：钢导管应无压扁，内壁应光滑；非镀锌钢导管不应有锈蚀，油漆应完整；镀锌钢导管镀层覆盖应完整，表面无锈斑；塑料导管及配件不应碎裂，表面应有阻燃标记和制造厂标。

（3）应按批抽样检测导管的管径、壁厚及均匀度，并应符合国家现行有关产品标准的规定。

（4）对机械连接的钢导管及其配件的电气连续性有异议时，应按现行国家标准《电气安装用导管系统》GB 20041 的有关规定进行检验。

（5）对塑料导管及配件的阻燃性能有异议时，应按批抽样送有资质的试验室检测。

（6）辅材：灯头盒、接线盒、开关盒、插座盒、通丝管箍、根母、护口、管卡、圆钢、扁钢、角钢、防锈漆等具有合格证，螺栓、螺母、垫圈为镀锌件，镀锌层完整无缺。

10.4.1.3　作业条件

（1）暗管敷设

1）各层水平线和墙厚度线弹好，配合土建施工。

2）现浇楼板内配管，底层钢筋绑扎完毕，上层钢筋未绑扎。

3）现浇墙体内配管，土建钢筋已绑扎完毕，按墙体线施工。

4）砌体内配管随土建施工进行配管；预制空心板，配合土建就位同时配管。

（2）明管敷设

1）土建粗装修抹灰完毕。

2）土建内装修墙面油漆或涂料施工完毕；配合土建结构安装好预埋件。

10.4.1.4 作业前记录

现场材料及施工机具就位后，开工前，对现场作业面及重点部位拍照做好影像记录，以作为过程资料。

10.4.2 工艺流程

10.4.2.1 暗管敷设

暗管敷设工艺流程如图 10-4-1 所示。

图 10-4-1 暗管敷设工艺流程图

10.4.2.2 明管及吊顶内管路敷设

明管及吊顶内管路敷设工艺流程如图 10-4-2 所示。

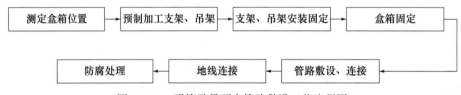

图 10-4-2 明管及吊顶内管路敷设工艺流程图

10.4.3 施工要点与要求

10.4.3.1 暗管敷设

（1）基本要求

1）暗配管路宜沿最近路线敷设，并尽量减少弯曲；埋入墙体或顶板内的钢管，离表面的净距不小于15mm，消防管路不小于30mm。

2）敷设于多尘、潮湿场所的管路，管口处均应做密封处理，穿人防管路应做密封处理。

3）埋入地下的管路不宜穿设备基础，在穿过建筑物基础时，应加保护管穿过预留洞口附近时，应尽量离预留洞口远点。

4）落地式配电箱（柜）内的管路（指下方），排列整齐，管口应高出基础面50～80mm。

5）钢管防腐良好，埋入混凝土内的钢管内壁防腐，其他方式钢管内、外壁均防腐，埋入素土内的钢管外壁还要用缠玻璃丝布后再刷防腐沥青。

6）管路的弯曲半径满足规范要求。

（2）预制加工

1）管路预制加工：ϕ25mm 及以下的管弯采用冷撬法，用手动撬弯器加工；ϕ32～

$\phi50$mm 的管弯采用冷揻法，用液压揻管器加工；$\phi65$mm 及以上管弯可购买成品或采用热揻法人工加工。

2）管子切断：$\phi25$mm 以下的钢管用钢锯切断；$\phi32$mm 及以上的钢管用砂轮锯切断；管口处平齐，无毛刺，管内无铁屑，长度适当。

3）管子套丝：$\phi25$mm 以下的钢管可手动套丝，$\phi32$mm 及以上的钢管用电动套丝机进行套丝，丝扣不乱，套丝长度为管箍长度的 1/2 加两扣。

4）盒、箱采用成品件。

（3）测定盒箱位置

根据施工图以土建弹出的水平线为基准，挂线找平，线坠找正，标出盒箱的位置。

（4）盒箱固定

1）墙体上盒箱：盒箱要平整牢固，坐标位置准确，盒箱口封堵完好。

2）顶板上灯头盒：灯头盒坐标位置准确，盒子要封堵完好。

（5）管路敷设及连接

1）非镀锌金属导管可采用套管连接方式，套管长度不小于连接管径的 1.5～3 倍，被连接管的对口处应在套管的中心，套管的两端与被连接管要可靠焊接，焊口严密、牢固。

2）管路超过一定长度需加装接线盒，其位置便于穿线。接线盒设置条件见表 10-4-1。

表 10-4-1 接线盒设置条件

序号	需加接线盒的情况
1	无弯曲，管路长度超过 30m
2	有一个弯曲，管路长度超过 20m
3	有两个弯曲，管路长度超过 15m
4	有三个弯曲，管路长度超过 8m

3）管路垂直敷设时，根据导线截面积设置接线盒距离：50mm 及以下为 30m；70～95mm 时，为 20m；120～240mm 时，为 18m。

4）管路在轻质隔墙内安装时应将管卡固定在轻质龙骨上，在普通隔墙内安装时可采用活开口管卡固定；金属管的外径不大于 50mm。

5）暗管进盒箱：盒箱开孔整齐、与管径相适配，要求一管一孔，不得开长孔；钢管进入盒箱必须套丝，根母、锁母连接固定，进入箱盒长度为 2 扣；两根以上管入盒箱时，进入盒箱长度要一致，间距均匀，排列整齐有序。

（6）地线连接

1）管路做整体接地连接，可采用焊接方式，焊接时要求跨接地线两端双面施焊，焊接长度不小于所用跨接地线截面的 6 倍，焊缝均匀牢固，焊接处清除药皮，刷防腐漆。焊接规格见表 10-4-2。

表 10-4-2 焊接规格

序号	管路的管径	圆钢的规格（mm）	扁钢的规格（mm）
1	SC15、SC20、SC25	$\phi6$	

序号	管路的管径	圆钢的规格（mm）	扁钢的规格（mm）
2	SC32、SC40	$\phi6$	
3	SC50、SC63	$\phi10$	25×3
4	SC70 及以上	$\phi10\times2$	（25×3）×2

2）导管连接可采用焊接与丝扣连接，丝扣连接时应在导管的两端焊接跨接地线。

10.4.3.2 明管敷设

（1）基本要求

1）根据设计图纸加工支架、吊架，固定卡采用成品件，接线盒使用成品明装盒。

2）敷设于多尘、潮湿场所的管路，管口处均应做密封处理，穿人防管路应做密封处理。

3）消防管路刷防火涂料。

4）在多粉尘、易爆等场所敷设，应按设计要求和有关防爆规程施工。

5）钢管防腐良好，钢管内、外壁均防腐，外壁刷面漆 2 道。

（2）预制加工

支架、吊架要按图纸设计进行加工。

（3）测定盒箱位置

1）根据施工图以土建弹出的水平线为基准，挂线找平，线坠找正，标出盒箱的位置。找水平时可用激光水平仪进行。

2）根据盒箱位置把管路的垂直、水平走向进行弹线，按照固定点间距的尺寸要求，计算出支架、吊架的具体位置。

3）固定点间距应均匀，管卡与终端、转变中心、电气器具、接线盒边缘的距离为150～300mm；中间的管卡最大距离应符合规定。

（4）支架、吊架安装固定

同"10.3.3 支吊架制作安装要求"。

（5）盒箱固定

墙体上盒箱固定：盒箱要坐标位置准确，平整牢固，开孔整齐并与管径相吻合，一管一孔，管进盒箱要套丝锁母。

（6）管路敷设与连接

1）管路敷设：水平和垂直敷设的明配管要整齐、美观，要横平竖直。先安装固定支架、吊架后再敷设管路，敷设时将钢管穿入管卡，然后将管卡逐个拧紧；严禁将钢管与支架、吊架焊接。

2）管路连接：采用丝扣连接方式。

（7）地线连接：接地线要求美观，并列管路的地线要整齐一致。

10.4.4 质量控制与检验

（1）钢导管不得采用对口熔焊连接；镀锌钢导管或壁厚小于等于2mm的钢导管，不得采用套管熔焊连接。

（2）当非镀锌钢导管采用螺纹连接时，连接处的两端应熔焊焊接保护联结导体焊接，套丝不乱扣，上好管箍后管口对严，外露丝扣不多于 2 扣。

（3）钢管进入配电箱、接线盒、开关盒、灯头盒时，要套丝锁母，连接紧密，露出 2～4 扣、管口平齐、光滑无毛刺，防腐完整。

（4）导管穿越密闭或防护密闭隔墙时，设置预埋套管，预埋套管的制作和安装符合设计要求，两端伸出墙面的长度宜为 30～50mm，导管穿越密闭穿墙套管两侧应设置过线盒，并做好封堵。

（5）明配导管弯曲半径不应小于电缆最小允许弯曲半径。

（6）导管采用金属吊架固定时，圆钢直径不得小于 8mm，应设置防晃支架，在距离盒（箱）、分支处或端部 0.3～0.5m 处设置固定支架。金属支架应进行防腐，位于室外及潮湿场所的导管应按设计要求。导管支架应安装牢固，无明显扭曲。

（7）除设计要求外，暗配导管表面齐平，覆盖厚度不应小于 15mm。

（8）进入配电箱内的导管管口，箱底无封板的，管口应高出基础面 50～80mm。

（9）明配的导管应排列整齐，固定点间距均匀。安装牢固；在终端、弯头中点或柜、台、箱、盘等边缘的距离 150～500mm 范围内设有管卡，中间直线段管卡间的最大距离应符合表 10-4-3 的规定。

表 10-4-3　导管敷设管卡间距表

敷设方式	导管种类	导管直径（mm）			
		15～20	25～32	40～50	65 以上
		管卡间最大距离（m）			
支架或沿墙明敷	壁厚＞2mm 刚性钢导管	1.5	2.0	2.5	3.5
	壁厚≤2mm 刚性钢导管	1.0	1.5	2.0	
	刚性塑料导管	1.0	1.5	2.0	2.0

（10）钢管穿越变形缝有补偿装置，能活动自如；穿过建筑物或设备基础处加管保护，加保护套管处在隐检记录中标示清楚。

（11）刚性导管经柔性导管与电气设备、器具连接时，柔性导管的长度在动力工程中不宜大于 0.8m，照明工程中不宜大于 1.2m。明配的金属、非金属柔性导管固定点间距应均匀，不应大于 1m，管卡与设备、器具、弯头中点、管端等边缘的距离不应小于 0.3m。

10.4.5　注意事项

（1）导管穿越外墙时应设置防水套管，且应做好防水处理。

（2）钢导管或刚性塑料导管跨越建筑物变形缝处应设置补偿装置。

（3）除埋设于混凝土内的钢导管内壁应做防腐处理，除外壁可不做防腐处理外，其余场所敷设的钢导管内、外壁均应做防腐处理。

（4）导管与热水管、蒸气管平行敷设时，宜敷设在热水管、蒸气管的下面，当有困难时，可敷设在其上面。

10.4.6 现场实物图

导管安装实物图见图 10-4-3、图 10-4-4。

图 10-4-3 刚性导管经柔性导管与电气设备连接安装实物图

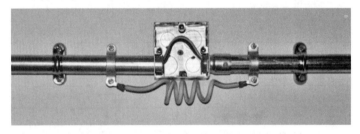

图 10-4-4 钢导管穿越变形缝做法实物图

10.5 电缆敷设

10.5.1 施工准备

10.5.1.1 施工机具、机械设备准备

（1）电动机具、敷设电缆用支架及轴、电缆滚轮、转向导轮、吊链、滑轮、钢丝绳、麻绳、千斤顶等。

（2）绝缘摇表、皮尺、钢锯、手锤、扳手、电气焊工具、电工工具。

（3）电缆敷设的指挥联络：远程采用对讲机、近程采用手持扩音喇叭进行指挥联络。

10.5.1.2 材料要求

（1）电缆进场应对电缆型号、规格、电压等级及合格证进行检查。在满足要求后，才可以投入施工中使用。

（2）与电缆线路安装有关的建筑工程质量应符合国家现行的建筑工程施工及验收规范中的有关规定。

（3）绝缘导线、电缆的进场验收应符合下列规定：

1）查验合格证：合格证内容填写应齐全、完整。

2）外观检查：包装完好，电缆端头应密封良好，标识应齐全。抽检的绝缘导线或电缆绝缘层应完整无损，厚度均匀。电缆无压扁、扭曲，铠装不应松卷。绝缘导线、电缆外护层应有明显标识和制造厂标。

3）检测绝缘性能：电线、电缆的绝缘性能应符合产品技术标准或产品技术文件规定。

4）检查标称截面积和电阻值：绝缘导线、电缆的标称截面积应符合设计要求，其导体电阻值应符合现行《电缆的导体》GB/T 3956 的有关规定。当对绝缘导线和电缆的导电性能、绝缘性能、绝缘厚度、机械性能和阻燃耐火性能有异议时，应按批抽样送有资质的试验室检测。检测项目和内容应符合国家现行有关产品标准的规定。

10.5.1.3　作业条件

（1）预留洞、预埋件应符合设计要求，预埋件安装牢固。电缆沟、竖井及人孔等处的地坪及抹面工作结束。

（2）电缆沟等处的施工临时设施、模板及建筑废料等要清理干净，施工用道路畅通，盖板齐全。电缆沟排水畅通、电缆室的门窗应安装完毕。

（3）冬季电缆敷设，温度达不到规范要求时，应将电缆提前加温。

10.5.1.4　作业前记录

现场材料及施工机具就位后，开工前，对现场作业面及重点部位拍照做好影像记录，以作为过程资料。

10.5.2　工艺流程

工艺流程如图 10-5-1 所示。

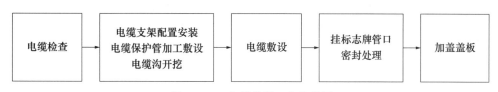

图 10-5-1　电缆敷设工艺流程图

10.5.3　施工要点与要求

10.5.3.1　电缆检查

（1）施工前应对电缆进行详细检查；规格、型号、截面、电压等级均符合设计要求，外观无扭曲、破损等现象。

（2）电缆敷设前进行绝缘摇测。

（3）1kV 以下电缆，用 1kV 摇表摇测线间及对地的绝缘电阻应不低于 10MΩ。

（4）放电缆机具的安装：采用机械放电缆时，应将机械选好适当位置安装，并将钢丝绳和滑轮安装好。人力放电缆时将滚轮提前安装好。

10.5.3.2 电缆的搬运及支架架设

（1）电缆短距离搬运，一般采用滚动电缆轴的方法。滚动时应按电缆轴上箭头指示方向滚动。如无箭头时，可按电缆缠绕方向滚动，切不可反缠绕方向滚运，以免电缆松弛。

（2）电缆支架的架设地点应选好，以敷设方便为准，一般应在电缆起止点附近为宜。架设时，应注意电缆轴的转动方向，电缆引出端应在电缆轴的上方。

10.5.3.3 电缆敷设

（1）电缆沿桥架或线槽水平敷设时，应单层敷设，排列整齐，电缆不得交叉。拐弯处以最大截面电缆允许弯曲半径为准。电缆严禁绞拧、护层断裂和表面严重划伤。

（2）不同等级电压的电缆分层敷设，截面积大的电缆放在下层，电缆跨越建筑物变形缝处，应留有伸缩余量。

（3）电缆施放中，在电缆盘两侧须有协助推盘及负责刹盘滚动的人员。为避免电缆受拖拉而损伤，可把电缆放在滚柱上。

（4）当敷设小截面、重量轻的电缆时，可采用人力牵引方法。人力电缆展放的施工人员布局要合理，听从统一指挥。指挥人（或负责技术人员）应熟悉电缆走向、顺序、排列、规格、型号、编号等。

（5）当敷设大截面、重型电缆时，宜采用机械拉引方法。机械牵引方法一般采用慢速卷扬机牵引，卷扬机牵引速度控制在 8m/min 左右，不可过快，防止电缆行进受阻时受到机械损伤。

（6）电缆沿桥架垂直敷设时，宜采用机械牵引的敷设方式，有条件时最好自上而下敷设施放。（电缆轴运至最高层）当必须自下而上敷设施放大截面电缆时，应采取防止电缆外护套受到损伤的措施。

（7）垂直敷设的电缆，在桥架内每层至少加装两道卡固电缆的支架。电缆敷设完一根，立即卡固一根。

（8）在同一条电缆沟或竖井内敷设多根电缆时，为了做到电缆按顺序配置，施放电缆前，应充分熟悉图纸。放电缆时，可先敷设长的、截面大的电源干线，再敷设截面小而又较短的电缆。每放完一根电缆，应随即把电缆的标志牌挂好。

（9）电缆转弯处的最小弯曲半径应符合规范规定。

10.5.3.4 电缆固定

（1）在电缆沟或电气竖井内垂直敷设或大于 45° 倾斜敷设的电缆应在每个支架上固定。

（2）在梯架、托盘或槽盒内大于 45° 倾斜敷设的电缆应每隔 2m 固定，水平敷设的电缆，首尾两端、转弯两侧及每隔 5～10m 处应设固定点。

（3）当设计无要求时，电缆与管道的最小净距应符合表 10-5-1 的规定。

表 10-5-1　母线槽及电缆梯架、托盘和槽盒与管道的最小净距（mm）

管道类别	平行净距	交叉净距
一般工艺管道	400	300

续表

管道类别		平行净距	交叉净距
易燃易爆气体管道		500	500
热力管道	有保温层	500	300
	无保温层	1000	500

（4）无挤塑外护层电缆金属护套与金属直接接触的部位应采取防电化腐蚀的措施。

（5）电缆出入电缆沟，电气竖井，建筑物，配电（控制）柜、台、箱处以及管子管口处等部位应采取防火或密封措施。

（6）电缆出入电缆梯架、托盘、槽盒及配电（控制）柜、台、箱、盘处应做固定。

（7）当电缆通过墙、楼板或室外敷设穿导管保护时，导管的内径不应小于电缆外径的1.5倍。

10.5.4 矿物绝缘电缆敷设

10.5.4.1 施工准备

（1）施工机具、机械设备准备

1）螺丝刀、尖嘴钳、斜口钳、扳手、钢锯、皮尺、橡胶锤、半圆锉、电钻、开孔器、兆欧表、万用表、核相器、验电笔、滑轮、麻绳及电缆配套提供的专用工具（汽油喷灯、铜皮剥切器、铜皮切割器、电缆弯曲扳手、封罐旋合器、罐盖压合器、电缆整直器）。

2）其他机具与普通电缆相同，见10.5.1.1。

（2）材料要求

1）矿物绝缘电缆进场应对电缆型号、规格、电压等级及合格证进行检查。在满足要求后，才可以投入施工中使用。

2）与矿物绝缘电缆线路安装有关的建筑工程质量应符合国家现行的建筑工程施工及验收规范中的有关规定。

3）矿物绝缘电缆的进场验收应符合下列规定：

① 查验合格证：合格证内容填写应齐全、完整。

② 外观检查：包装完好，电缆端头应密封良好，标识应齐全。电缆外护层应有明显标识和制造厂标。

③ 检测绝缘性能：应对电缆进行绝缘电阻测试，并做好测试记录。当电缆绝缘电阻值低于规定值或受到外力损伤时，应对电缆进行交流耐压测试，试验电压1250V，时间15min，不击穿为合格。

④ 检查标称截面积和电阻值：电缆的标称截面积应符合设计要求，其导体电阻值应符合现行《电缆的导体》GB/T 3956的有关规定。当对电缆的导电性能、绝缘性能、绝缘厚度、机械性能和阻燃耐火性能有异议时，应按批抽样送有资质的试验室检测。检测项目和内容应符合国家现行有关产品标准的规定。

（3）作业条件与作业前记录与普通电缆相同。

10.5.4.2 工艺流程

工艺流程如图10-5-2所示。

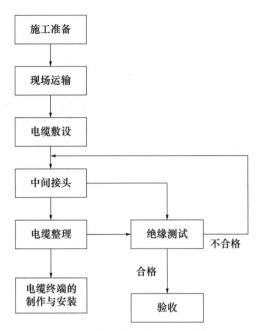

图 10-5-2　矿物绝缘电缆施工工艺流程图

10.5.4.3　施工要点与要求

（1）现场运输

1）矿物绝缘电缆运输宜采用人工或机械的方法。

2）当采用机械方法搬运时，应采取可行的防护措施。

（2）敷设方式

矿物绝缘电缆敷设有多种方式，应根据设计要求和实际的施工环境确定，一般敷设方式有：沿电缆桥架敷设，在电缆隧道和电缆沟内敷设，沿支架卡设，沿墙面及平顶敷设，沿钢索架空敷设，穿管敷设等。

（3）敷设方法

1）电缆的敷设有垂直敷设与水平敷设两种。在相同走向处敷设时，根据电缆的分岔口位置由近到远逐根敷设，应避免电缆交叉。

2）垂直敷设时，宜采用从上到下的敷设方法。当采用转盘式电缆放线架时，应缓慢转动矫直，在敷设过程中，每层应有人辅助电缆向下敷设。

3）水平敷设时，应在电缆下方设置滑轮，且隔 4～5m 处设敷设人员。电缆敷设完毕，应对电缆进行分组，按一定的相序排列，每组电缆应用铜带、铜线进行绑扎。

4）电缆敷设在转弯处时，应设置弧形转向器。

（4）敷设技术要求

1）电缆敷设的弯曲半径应满足表 10-5-2 的规定。

表 10-5-2　矿物绝缘电缆最小允许弯曲半径

电缆外径 D（mm）	$D < 7$	$7 \leqslant D < 12$	$12 \leqslant D < 15$	$D \geqslant 15$
电缆内侧最小弯曲半径 R（mm）	2D	3D	4D	6D

2）在建筑物的变形缝之间、有振动源设备的布线或在温度变化大的场合敷设时，应将电缆敷设成 S 形或 Ω 形，其半径应不小于电缆外径的 6 倍，但过变形缝时，补偿量应一致，不小于可能使其伸长的长度。电缆膨胀环示意图见图 10-5-3。

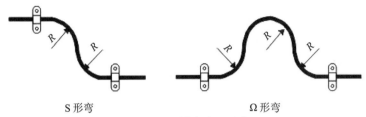

S 形弯　　　　　　　　　　　　　Ω 形弯

图 10-5-3　电缆膨胀环示意图

3）电缆敷设时，其固定点的间距，应按表 10-5-3 的要求，且支架处应固定。

表 10-5-3　电缆固定间距

电缆外径 D（mm）		$D < 9$	$9 \leqslant D < 15$	$D \geqslant 15$
固定点之间的最大间距（mm）	水平	600	800	1000
	垂直	800	1200	1500

说明：当电缆倾斜敷设，与垂直方向小于等于 30° 时，按垂直间距固定；当大于 30° 时，按水平间距固定。

4）单芯电缆敷设时，可按供电回路呈一字形或品字形排列，每组电缆之间留有不小于电缆外径 2 倍的间隙。

5）对电缆在运行中可能遭受到机械损伤的部位，应采取适当的保护措施。当电缆敷设在对铜护套有腐蚀作用的环境中（室外），或在部分埋地或穿管敷设时，应采用有聚乙烯外套的矿物绝缘电缆。防火电缆的铜护套应单端可靠接地。

6）大截面单芯电缆交流供电时应有涡流消除措施。电缆进入配电箱、柜时，开孔应与电缆走向排列方式相同，即一字形对应一字形，品字形对应品字形，并用专用固定封套固定，固定电缆的支架应采用非磁性材料。

7）当矿物绝缘电缆架空敷设，跨越的间距不大时，宜将电缆直接固定于两端的支持物上。当跨度较大时，应采用钢索敷设的方法，且钢索两端的固定处，悬挂的电缆应设减振膨胀环。

8）当桥架内矿物绝缘电缆与其他电缆共设时，应采取防火、阻火措施。当电缆隧道或电缆沟内矿物绝缘电缆与其他电缆共设时，矿物绝缘电缆应单独分层敷设。沿支架敷设时，支架处应有电缆卡子固定。沿墙面或平顶敷设前，应矫直矿物绝缘电缆，固定电缆的卡子安装应牢固，且间距符合表 10-5-3 的规定；转弯处，距弯头两侧 100mm 处应设电缆卡子；电缆弯曲半径应符合表 10-5-2 的规定。

9）架空敷设用的钢索及附件均应镀锌，电缆固定件应采用专用挂件，电缆的固定间距为 1000mm。

10）单芯电缆不得单独敷设在钢导管内，管内径应大于电缆外径的 1.5 倍，且不宜在较长或有弯头的导管内敷设矿物绝缘电缆。

（5）中间接头

在电缆运行温度不高的场所，宜采用热缩型中间接头，在温度较高的场所，应采用封罐型中间接头。

1）取两端电缆交叉的中心点为接头中心，对直电缆后，在接头中心用钢锯切除多余电缆。

2）在对接的两端电缆上应分别套进中间接头附件，其中的一根电缆端部套入中间接头的中接封套和一根长的热缩套管，另一根电缆端部依次套入中间接头的中接封套及连接套管。

3）根据连接套管的长度，确定两端电缆铜护套剥切长度。在电缆制作端部用铜皮切割器在电缆表面割一道痕线（铜护套不得割断，深度宜为电缆铜护套2/3厚度）用交叉棒或斜口钳将铜护套按顺时针方向，并以较小角度进行转动直至痕线处。

4）用500V兆欧表分别测量导体与导体、导体与铜护套之间的绝缘电阻值应在200MΩ以上。当电阻值小于200MΩ时，应在电缆开端100～600mm处用喷灯外焰加热，并将火焰不断移向电缆敞开端，只可向电缆终端方向移动火焰，不得反之。

5）热缩型中间接头制作时，两端电缆应分别进行，采用内壁涂热熔胶的热缩管制作。密封罐式中间接头制作时，应先将电缆端末铜护套及导线表面用干净的纱布抹干净，套入铜密封罐，检查封杯的垂直度，而后向封罐内注入密封填充胶，注入填充胶应从一侧缓慢加入，直至加入稍过量为宜；压上封杯盖，清除溢出的填充胶，此时用兆欧表测量电缆的绝缘电阻，当绝缘电阻值偏低时应重新做，直至达到要求为止。

6）在导线裸露部分，套进热缩套管后，应用喷灯文火自罐盖向上逐渐加热，使绝缘管逐渐收缩，紧裹于导线外。当采用瓷套管时，应将瓷套管逐节套入芯线至中接端子连接位置。

7）导线连接时。应量出中接端子的长度，按1/2中接端子的长度分别在对接的两端线芯上做好标记，然后将对接的两根电缆置入中接端子至标记处，采用压接方式压接。多芯电缆应采用错位连接法，压接时应控制好力的大小。

8）中接端子绝缘制作，应移动已套入的连接套管，且按步骤6）方式进行。

9）安装中间接头时应将连接套管移至接头中心，将一端的中间封套移到连接套管处旋紧固定，将另一端的中接封套连接固定，两端的中接封套与电缆及连接套管应连接紧密。

（6）电缆整理

电缆敷设完毕且中间接头制作后，应对线路进行整理及固定。线路整理包括整线、固定和电缆标识牌设置三项工作。

1）整直每根电缆应按规定的间距进行固定。单芯电缆在整直后应按回路绑扎。整理时应从上到下、从前到后、从始到末逐段进行。转弯处电缆间距应一致。

2）电缆固定应采用铜卡或用铜扎带绑扎固定，每个回路的电缆应单独绑扎，宜用桥架本身横担固定电缆。

3）整理结束后，应在每路电缆的两端、拐弯处、交叉处分别挂上电缆标牌，直线段应适当增设标志牌。铭牌上应标有电缆型号、规格、长度、电压等级以及起始端、终点端，单芯电缆宜每隔5m对电缆做相序标记。

（7）电缆终端的制作安装

1）电缆终端固定应依次套入终端封套的封套螺母、压缩环及封套本体，将电缆穿进已钻孔的安装支架或配电箱（柜），套进接地铜片和束紧螺母。用扳手旋紧束紧螺母和封套螺母，使电缆固定于与之连接的电气设备上。

2）确定电缆长度，切除多余电缆，在电缆制作终端部用铜皮切割器在电缆表面割一道痕线（铜护套不得割断，深度为电缆铜护套2/3厚度）用交叉棒或斜口钳将铜护套按顺时针方向，并以较小角度进行转动直至痕线处。

3）用兆欧表分别测量导体与导体、导体与铜护套之间的绝缘电阻，检查铜护套剥切口应无碰线现象。当电缆受潮时，应采用喷灯进行干燥。

4）单芯电缆终端的制作

制作芯线绝缘时，应采用无胶热缩套管制作。导线绝缘用热塑套管的长度应按离接线端子部位不大于20mm来确定，制作完毕后检测热缩管应收缩完整。

密封罐式终端接头制作时，应先将电缆端末铜护套及导线表面用干净的纱布抹干净，套入铜密封罐，检查封杯的垂直度，而后向封罐内注入密封填充胶，注入填充胶应从一侧缓慢加入，直至加入稍过量为宜；压上封杯盖，清除溢出的填充胶，此时用兆欧表测量电缆的绝缘电阻，当绝缘电阻值偏低时应重新做，直至达到要求为止。

热缩型终端制作时，采用内壁涂热熔胶的热缩管制作。

5）多芯电缆终端的制作

密封罐安装时，应用清洁的干布彻底清除外露导线上的氧化镁材料，将密封罐套在电缆上，再将黄铜罐垂直拧在电缆护皮上，用束头在封杯上滑动，检查封罐的垂直度，用尖嘴钳夹住封罐的滚花座，并继续进行安装，至铜护皮一端平行于封杯内局部螺纹处。

灌注密封绝缘填料时，应再次测试绝缘电阻。符合要求后将填料填入密封罐内，套进罐盖，用螺丝刀将罐盖敲入罐内，再用罐盖压合器压合罐盖。

6）制作芯线绝缘时，应将热缩套管套入每根裸露的导线至罐盖处，再用喷灯加热，使热缩套管均匀收缩于导线上。

7）重新固定电缆时，应松开终端封套的封套螺母，将电缆向后拉出，直至密封座于封套本体内，再拧紧封套螺母，将电缆和压盖固定。

8）安装接线端子时，应将电缆导线弯曲至设备接线处，量出铜接线端子与导线连接的位置，锯断多余导线，且应按与导线规格相匹配的接线端子和压接工具进行压接，压接方式应符合产品技术文件规定。

9）应根据电缆的相位、接线处的位置，逐根弯曲成形，用螺栓、螺母将电缆连接于设备上。

10.5.4.4　矿物绝缘电缆敷设工艺要点

（1）电缆的型号、规格、电压等级应符合设计规定。

（2）电缆铜护套的接地应可靠牢固。

（3）电缆敷设的外观质量取决于放缆过程中电缆整直器和转弯处的弧形转向器的正确使用，否则整理电缆的工作量将加剧。

（4）中间及终端接头制作应符合下列规定：

1）中间及终端接头制作前，应用500V兆欧表检测电缆的绝缘电阻达到200MΩ以上才能安装终端或中间接头。

2）在终端、中间接头的安装过程中要多次及时地测量电缆的绝缘电阻值。安装时电缆不应受潮或金属碎渣未清除干净。

3）电缆的终端应固定牢固。

10.5.4.5　现场实物图

矿物绝缘电缆敷设现场实物图见图 10-5-4。

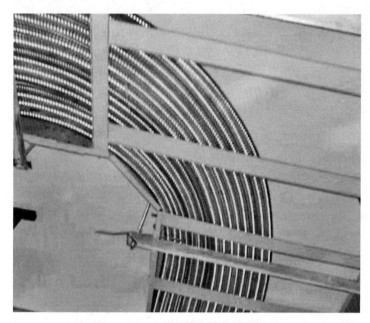

图 10-5-4　矿物绝缘电缆敷设现场图

10.5.5　质量控制与检验

（1）金属电缆支架必须与保护导体可靠连接。

（2）电缆敷设不得存在绞拧、铠装压扁、护层断裂和表面严重划伤等缺陷。

（3）当电缆敷设存在可能受到机械外力损伤、振动、浸水及腐蚀性或污染物质等损害时，应采取防护措施。

（4）除设计要求外，并联使用的电力电缆的型号、规格、长度应相同。

（5）当电缆穿过零序电流互感器时，电缆金属护层和接地线应对地绝缘。对穿过零序电流互感器后制作的电缆头，其电缆接地线应回穿互感器后接地；对尚未穿过零序电流互感器的电缆接地线应在零序电流互感器前直接接地。

（6）电缆的敷设和排列布置应符合设计要求，矿物绝缘电缆敷设在温度变化大的场所、振动场所或穿越建筑物变形缝时应采取"S"或"Ω"弯。

（7）电缆敷设应符合下列规定：

1）电缆的敷设排列应顺直、整齐，并宜少交叉。

2）电缆转弯处的最小弯曲半径符合 9.2.5 中的要求。

3）当设计无要求时，电缆支撑点间距不应大于表 10-5-4 的规定。

表 10-5-4 电缆支撑点间距（mm）

电缆种类		电缆外径	敷设方式	
			水平	垂直
电力电缆	全塑型		400	1000
	除全塑型外的中低压电缆		800	1500
	35kV 高压电缆		1500	2000
	铝合金带连锁铠装的铝合金电缆		1800	1800
控制电缆			800	1000
矿物绝缘电缆		＜9	600	800
		≥9，且＜15	900	1200
		≥15，且＜20	1500	2000
		≥20	2000	2500

10.5.6 注意事项

（1）电缆在运输过程中，不应使电缆及电缆盘受到损伤，禁止将电缆盘直接由车上扒下。电缆盘不应平放运输、平放储存。

（2）运输或滚动电缆盘前，必须检查电缆盘的牢固性。

（3）滚动电缆时，应以使电缆卷紧的方法进行。

（4）敷设电缆时，如需从中间捯电缆，必须按 ∞ 形或 S 形进行，不得捯成 O 形，以免电缆受损。

10.5.7 现场实物图

电缆敷设实物见图 10-5-5。

图 10-5-5 电缆敷设现场图

10.6　导管内穿线和槽盒内敷线

10.6.1　施工准备

10.6.1.1　施工机具、机械设备准备

克丝钳、尖嘴钳、剥线钳、放线架、万用表、兆欧表等电工工具。

10.6.1.2　材料要求

（1）电气安装工程中使用的导线应是厂家生产的线径、绝缘层符合国家要求的产品，并应有名副其实的产品合格证。

（2）穿线钢丝、棉布、滑石粉、高压绝缘胶布、塑料绝缘带及黑胶布等。

10.6.1.3　作业条件

（1）配管工程或线槽安装已配合土建完成，土建墙面、地面抹灰作业完成，初装修完毕。

（2）所用主材、辅材已运至施工现场，规格、型号符合图纸要求，数量满足现场需要。

10.6.1.4　作业前记录

现场材料及施工机具就位后，开工前，对现场作业面及重点部位拍照做好影像记录，以作为过程资料。

10.6.2　工艺流程

工艺流程如图 10-6-1 所示。

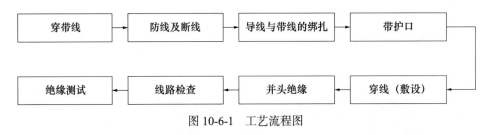

图 10-6-1　工艺流程图

10.6.3　施工要点与要求

10.6.3.1　穿带线

（1）清扫管路：用压缩空气，吹入已敷设的管路中，除去残留的灰土和水分。如无压缩空气，可在钢丝上绑上棉布，来回拉几次，将管内杂物和水分擦净。特别是对于弯头较多或管路较长的金属导管，为减少导线与管壁摩擦，应随后向管内吹入滑石粉，以便穿线。金属导管（或 PC 管）内有水泥浆等杂物堵塞，可利用手枪钻夹持废旧钢丝绳进行清理，钢丝绳前端应用绑线缠绕扎紧，防止松散。

（2）管内穿线前大多数情况下都需要用钢丝做引线，用 $\phi1.2\sim\phi2.0$mm 的钢丝，头部弯成封闭的圆圈状。由管一端逐渐地送入管中，直到另一端露出头时为止。明配管路如因管路较长或弯头较多，可在敷设管路时就将引线钢丝穿好。

10.6.3.2 放线

（1）放线前应根据施工图，对导线的规格、型号进行核对，发现线径小，绝缘层质量不好的导线应及时退换。

（2）放线时应将导线展开拉直，为使导线不扭结、不出背扣，最好使用放线架。无放线架时，应把线盘平放在地上，把内圈线头抽出，并把导线放得长一些。切不可从外圈抽线头放线，否则会弄乱整盘导线或使导线打成小圈扭结。

10.6.3.3 引线与导线结扎

（1）当导线数量为2～3根时，将导线端头插入引线钢丝端部圈内折回。

（2）如导线数量较多或截面较大，为了防止导线端头在管内被卡住，要把导线端部剥出线芯，并斜错排好，与引线钢丝一端缠绕接好，也可以把导线与钢线分段结扎，然后再拉入管内。

10.6.3.4 管内穿线

导线穿入金属导管前，管口处安装塑料内护口；穿入硬质塑料管前，应先检查管口处是否有连接器件或管口是否做成喇叭口状，在管口处不应留有毛刺和刃口，以防穿线时损坏导线绝缘层。

（1）同一交流回路的导线应穿于同一导管内。管内穿线时，电压为50V及以下的回路；同一台设备的电机回路和无抗干扰要求的控制回路；照明花灯的所有回路；同类照明的几个回路，可以穿入同一根管子内，但管内导线的总数不多于8根。

（2）穿入管内的导线中间不应有接头，绝缘层不应损坏，导线也不应扭结。

（3）两人穿线时，一人在一端拉钢丝引线，另一人在一端把所有的电线紧捏成一束送入管内，二人动作应协调，并注意不使导线与管口处摩擦损坏绝缘层。

（4）剪断电线。导线穿好后，应按要求适当留出余量以便以后接线。接线盒、灯位盒、开关盒内留线长度露出建筑物装饰表面150～200mm；由于配电箱内配线要求成束结扎，故配电箱内留线长度，应根据箱内器具位置及进箱导线位置确定，但最少不应小于箱体的半周长。但对一些公用导线和通过盒内的照明灯开关线在盒内以及在分支处可不剪断直接通过，只需在接线盒内留出一定余量以省去后来接线中的不必要的接头。串接的PE线禁止剪断，应将绝缘层剥开，导线直接与端子连接。

（5）导线在接线盒内固定。为防止垂直敷设于管路内的导线因自重而承受较大应力，以及防止导线损伤，敷设于垂直管路中的导线，每超过下列长度时，应在拉线盒中加以固定。

1）导线截面50mm^{2}及以下为30m。

2）导线截面70～95mm^{2}为20m。

3）导线截面120～240mm^{2}为18m。

10.6.4 质量控制与检验

（1）同一交流回路的绝缘导线不应敷设于不同的金属槽盒内或穿于不同金属导管内。

（2）除设计要求外，不同回路、不同电压等级和交流与直流线路的绝缘导线不应穿于同一导管内。

（3）绝缘导线接头应设置在专用接线盒（箱）或器具内，不得设置在导管和槽盒内，盒（箱）的设置位置应便于维修。

（4）绝缘导线穿管前，应清除管内杂物和积水，绝缘导线穿入导管的管口在穿线前应装设护线口。

（5）槽盒内敷线应符合下列规定：

1）同一槽盒内不宜同时敷设绝缘导线和电缆。

2）同一路径无防干扰要求的线路，可敷设于同一槽盒内；槽盒内的绝缘导线总截面积（包括外护套）不应超过槽盒内截面积的40%，且载流导体不宜超过30根。

3）控制和信号灯非电力线路敷设于同一槽盒内时，绝缘导线的总截面积不应超过槽盒内截面积的50%。

4）分支接头处绝缘导线的总截面积不应大于该点盒（箱）内截面积的75%。

5）绝缘导线在槽盒内应留有一定余量，并应按回路分段绑扎，绑扎点间距不应大于1.5m；当垂直或大于45°倾斜敷设时，应将绝缘导线分段固定在槽盒内的专用部件上，每段至少应有一个固定点；当直线段长度大于3.2m时，其固定点间距不应大于1.6m；槽盒内导线排列应整齐有序。

10.6.5　注意事项

（1）穿线时不得污染设备或其他成品。

（2）导线穿入导管后，要将导线盘入盒、箱内，并做封堵保护，以防导线损坏、污染。

10.6.6　现场实物图

导管敷设实物图，见图10-6-2。

图10-6-2　导管敷设现场实物图

10.7　电缆头制作与导线连接

10.7.1　施工准备

10.7.1.1　施工机具、机械设备准备

主要机具：一字螺丝刀、十字螺丝刀、电工刀、钢锯、钢锉、扳手、钢卷尺等；克丝

钳、尖嘴钳、剥线钳、压线钳、酒精喷灯、锡锅；兆欧表、万用表。

10.7.1.2 材料要求

（1）主材：绝缘导线、电缆、电缆终端头套的规格、型号必须符合设计要求，并有出厂合格证。接线端子（接线鼻子）：应根据导线的根数和总截面选择相应规格的接线端子。

（2）辅材：焊锡、焊剂、橡胶绝缘带、黑胶布、电缆卡子、电缆标牌等材料必须保证质量，并具备产品出厂合格证等。各种螺钉等镀锌件应镀锌层完好。

（3）所用材料已运至施工现场，电缆终端头套、接线端子等经核对规格、型号符合图纸要求，其他材料质量和数量均能满足现场使用要求。

10.7.1.3 作业条件

1）电气设备安装完毕，室内空气干燥。

2）管内穿绝缘导线、电缆敷设并整理完毕，核对无误。

3）电缆支架或线槽及电缆终端头固定支架安装完毕。

10.7.1.4 作业前记录

现场材料及施工机具就位后，开工前，对现场作业面及重点部位拍照做好影像记录，以作为过程资料。

10.7.2 工艺流程

10.7.2.1 铠装电缆

如图 10-7-1 所示。

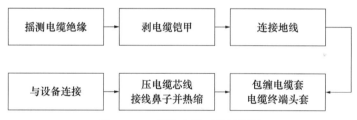

图 10-7-1 铠装电缆工艺流程图

10.7.2.2 非铠装电缆

如图 10-7-2 所示。

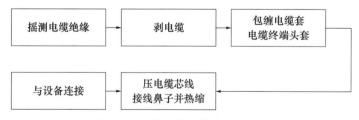

图 10-7-2 非铠装电缆工艺流程图

10.7.2.3 导线连接

如图 10-7-3 所示。

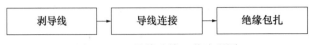

```
┌──────────┐      ┌──────────┐      ┌──────────┐
│  剥导线   │ ───> │  导线连接 │ ───> │  绝缘包扎 │
└──────────┘      └──────────┘      └──────────┘
```

图 10-7-3　导线连接工艺流程图

10.7.3　施工要点与要求

10.7.3.1　电缆头制作

（1）摇测电缆绝缘

1）选用 1000V 摇表，对电缆进行摇测，绝缘电阻应在 10MΩ 以上。

2）电缆摇测完毕后，应将芯线分别对地放电。

（2）剥电线铠甲，打卡子（铠装电缆）

1）根据电缆与设备连接的具体尺寸，量电缆并做好标记。锯掉多余电缆，根据电缆头套型号尺寸要求，剥除外护套。

2）将地线的焊接部位用钢锉处理，以备焊接。

3）在打钢带卡子的同时，多股铜线排列整齐后卡在卡子里。

4）利用电缆本身钢带宽的二分之一做卡子，采用咬口的方法将卡子打牢，必须打两道，防止钢带松开，两道卡子的间距为 15mm。

5）剥电缆铠甲，用钢锯在第一道卡子向上 3～5mm 处，锯一环形深痕，深度为钢带厚度的 2/3，不得锯透。

6）用螺丝刀在锯痕尖角处将钢带挑起，用钳子将钢带撕掉，随后将钢带锯口处用钢锉修理钢带毛刺，使其光滑。

（3）焊接地线（铠装电缆）

地线采用焊锡焊接于电缆钢带上，焊接应牢固，不应有虚焊现象，应注意不要将电缆烫伤。必须焊在两层钢带上。

（4）包缠电缆，套电缆终端头套

1）剥去电缆统包绝缘层，将电缆头套下部先套入电缆。

2）根据电缆头的型号尺寸，按照电缆头套长度和内径，用塑料带采用半叠法包缠电缆。

3）塑料带包缠应紧密，形状呈枣核状。

4）将电缆头套上部套上，与下部对接、套严。

（5）压电缆芯线接线鼻子

1）从芯线端头量出长度为线鼻子的深度，另加 5mm，剥去电缆芯线绝缘。

2）将芯线插入接线鼻子内，用压线钳子压紧接线鼻子，压接应在两道以上。

3）根据不同的相位，使用黄、绿、红、淡蓝、黄／绿五色热缩管分别热缩在电缆各芯线至接线鼻子的压接部位。

4）将做好终端头的电缆，固定在预先做好的电缆头支架上，并将芯线分开。

5）根据接线端子的型号，选用螺栓将电缆接线端子压接在设备上，注意应使螺栓由上向下或从内向外穿，平垫和弹簧垫应安装齐全。

6）热缩电缆头制作：如图 10-7-4 所示。

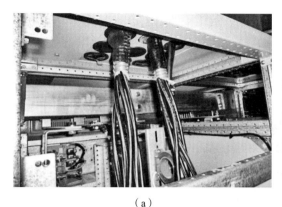

（a）　　　　　　　　　　　　　　（b）
图 10-7-4　热缩电缆头制作图
（a）剥电缆铠甲；（b）焊接地线包缠电缆

10.7.3.2　导线连接

（1）剥导线

1）剥导线绝缘层的长度和方法，根据导线线芯直径和绝缘层材料以及接线方法的不同而各不相同。

2）剥削方法要求将绝缘层有序剥离，端口要求整齐，不伤害线芯。剥出的线芯长度要满足接线需求，且接线后不露出裸导线。

3）剥削绝缘层时应使用专用剥线钳和锋利的电工刀进行施工。

（2）单芯铜导线的直接连接

单芯铜导线的直线连接，根据导线截面的不同有绞接法和缠卷法。

1）绞接法：适用于截面面积 4.0mm² 及以下的单芯线直接连接。将两线互相交叉，用双手同时把两芯线互绞 2 圈后，再扳直与连接线成 90°，将每个芯线在另一芯线上缠绕 5 回，剪断余头。双芯线连接时，两个连接处必须相互错开距离，避免重叠。

2）缠卷法：包括加辅助线和不加辅助线两种方法，适用于截面面积 6.0mm² 及以上单芯线的直接连接。将两连接线相互并合，加辅助线填一根同径芯线后，用绑线在并合部位中间向两端缠卷，长度为导线直径的 10 倍，然后将两线芯端头折回，在此向外再单卷 5 回，与辅助线捻绞 2 回，余线剪掉。

（3）单芯铜导线的分支连接

单芯铜导线的分支连接适用于分支线路与主线路的连接。连接方法有绞接法和缠卷法以及用压线帽连接。

1）绞接法：适用于截面面积 4.0mm² 以下的单芯线，用分支导线的芯线往干线上交叉，先粗卷 1～2 圈（或先打结以防松脱），然后再密绕 5 圈剪去余线。

2）缠卷法：适用于截面面积 6.0mm² 及以上的单芯线连接。将分支导线折成 90° 紧靠干线，其公卷长度为导线直径 10 倍，单卷 5 圈后剪断余线。

（4）多芯铜导线的直线连接

多芯铜导线的连接包括单卷法和缠卷法。

1）均须将接合线的中心线切去一段，将其余线作伞状张开，相互交错叉上，并将已张开的线端合拢。

223

2）取任意两相邻芯线，在接合处中央交叉，用一线端做绑扎线，在另一侧导线上缠卷 5～6 圈后，再用另一根芯线与绑扎线相绞后，把原有绑扎线压在下面继续按上述方法缠卷，缠绕长度为导线直径 10 倍，最后缠卷的线端与一余线捻纹 2 圈后剪断。另一侧导线依此进行，并把芯线相绞处排列在一条直线上。

（5）多芯铜导线分支连接

多芯铜导线分支连接，适用于配电箱内干线与分支线的连接。

多芯铜导线的连接采用缠卷法。将分支线端破开劈成两半后与干线连接处中央相交叉，在干线处加辅助线，用线在干线与分支线结合处向两边缠卷，缠卷长度为导线直径 10 倍以上。

（6）铜导线在器具盒内的连接

铜导线在器具盒内的连接方法很多，常用的方法是并接、用插接式连接器连接等。

单芯线并接接法：3 根及其以上导线连接时，将连接线端相并合，在距绝缘层 15mm 处用其中一根芯线，在其连接线端缠绕 5 回剪断。

3 根及以上的导线并接在现场应用是较多的（如双联及以上开关的电源相线的分支接头、连接 2、3 孔插座导线的并接头），在进行导线下料时就应计算好每根短线的长度，其中用来缠绕连接的线应长于其他线。

（7）铜导线与接线端子连接

铜导线与接线端子连接适用于 2.5mm² 以上的多股铜芯线的终端连接。常用的连接方法有锡焊连接和压接连接。铜导线和接线端子连接后，导线芯线外露部分应小于 1～2mm。

1）锡焊连接

铜导线与接线端子进行锡焊连接时，把铜导线端头和铜接线端子内表面涂上焊锡膏，放入熔化好的焊锡锅内挂满焊锡，将导线插入端子孔内，冷却即可。

使用开口接线端子时，应先把端子开口处弯制成形，然后把导线端头及开口端子挂好焊锡，在端子的开口处把导线端头卡牢，再一次挂好锡即可。开口端子一般用于小截面导线的连接。

2）压接连接

铜导线与接线端子压接可便于手动液压钳及配套的压模进行压接。剥去导线绝缘层时的长度要适当，不要碰伤线芯。清除接线端子孔内的氧化膜，将芯线插入，用压接钳压紧。

（8）铜导线连接的锡焊

1）铜导线连接好后，要用焊锡焊牢，应使熔解的焊剂，流入接头处的任何部位，以提高机械强度和导电性能，并避免锈蚀和松动，焊锡应均匀饱满，表面有光泽、无尖刺。先在连接部位涂上焊料（常用焊锡膏，不得使用酸性焊剂），根据导线截面不同，焊接方法也不相同，无论采用哪种焊法，为了保证接头质量，从导线线芯清洁光泽到接线焊接的时间要尽可能短，否则会增加导线氧化程度，影响焊接质量。

2）用焊锡锅锡焊。使用时在焊锡锅内放上约 2/3 的焊锡，可以用电炉、喷灯等热源，加热到约 200℃即可使用，当导线并接头涂上焊剂后蘸入焊锡锅内，接头处即可挂锡。加热时要掌握好温度，温度过高蘸锡不饱满，温度过低蘸不上锡，在接头处形成一个锡套。

因此要根据焊锡的成分、质量及环境温度等诸多因素，随时掌握好适宜的温度。

3）多数接头同时加焊（软线吊灯铜芯软线的挂锡）采用蘸焊法，把接头蘸上焊药后，插入熔好的焊锡锅内取出即可。

（9）导线与平压式接线桩连接

导线与器具（灯座、吊线盒等）平压式接线桩连接，根据芯线的规格采用不同的操作方法。无论哪种方法都要注意导线线芯根部无绝缘层的长度不能太长，根据导线粗细以1～2mm 为宜。

1）单芯线连接

将导线绝缘层剥去后，芯线顺着螺钉旋紧方向紧绕一周，再用螺丝刀旋紧螺钉，然后剪断外露线头。也可把芯线先弯成羊眼圈状，在器具上先拧下螺钉，穿入羊眼圈中再旋紧，羊眼圈要顺着螺钉旋转方向放置（如反方向放置，旋紧时导线会松脱）。

2）多芯线连接

多股铜芯软线与螺钉连接，先将软线芯线做成封闭的羊眼圈状，挂锡后与螺钉固定。还可将导线芯线挂锡后，将芯线顺着螺钉旋进方向紧绕一周，再围绕住芯线根部绕将近一周后，拧紧螺钉。

3）导线与针孔式接线桩连接

灯开关、插座及低压电器、端子板接线多为导线与针孔式接线桩连接。把要连接的芯线插入接线桩头针孔内，线头要露出针孔1～2mm。

如果针孔直径允许插入双根芯线时，把芯线折成双根后再插入针孔导线与针孔式接线桩头连接，并使螺钉顶压平稳牢固且不伤芯线。

（10）绝缘包扎

1）导线连接后，要包扎绝缘带，恢复线路绝缘。在包扎绝缘带前，应先检查导线连接处，是否损伤线芯，连接是否紧密，以及是否存有毛刺，有毛刺必须先修平。

2）缠包绝缘带必须掌握正确的方法，才能达到包扎严密、绝缘良好的效果，否则会因绝缘性能不佳而造成短路或漏电等事故。

3）绝缘带应从完好的绝缘层上包起，先裹入1～2 个绝缘带的带幅宽度，开始包扎，在包扎过程中应尽可能地收紧绝缘带，直线路接头时，最后在绝缘层上缠包1～2 圈，再进行回缠。

4）用高压绝缘胶布包缠时，应将其拉长2 倍，并注意其清洁，否则无黏性。

5）采用黏性塑料绝缘带时，应半叠半包缠不少于两层。当用黑胶布包扎时，要衔接好，应用黑胶布的黏性使之紧密地封住两端口，防止连接处芯线氧化。

6）并接头绝缘包扎时，包缠到端部时应再多缠1～2 圈，然后将此处折回，反缠压在里面，应紧密封住端部。

7）还要注意绝缘带的起始端不能露在外部，终端应再反向包扎2～3 回，防止松散。连接线中部应多包扎1～2 层，使包扎完的形状呈枣核形。

8）电线接头制作如图 10-7-5 所示。

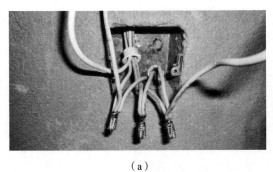
（a）

（b）

（c）

图 10-7-5　电缆头制作
（a）导线连接缠绕搪锡；（b）包高压绝缘橡皮胶布；（c）最后包绝缘包布

10.7.4　质量控制与检验

（1）低压或特低电压配电线路线间和线对地间的绝缘电阻测试电压及绝缘电阻值不应小于表 10-7-1 的规定，矿物绝缘电缆线间和线对地间的绝缘电阻应符合国家现行有关产品标准的规定。

表 10-7-1　低压或特低电压配电线路绝缘电阻测试电压及绝缘电阻最小值

标称回路电压（V）	直流测试电压（V）	绝缘电阻（MΩ）
SELV 和 PELV	250	0.5
500V 及以下，包括 FELV	500	0.5
500V 及以上	1000	1.0

（2）电缆终端保护联结导体的截面积应符合表 10-7-2 的规定。当铜屏蔽层和铠装护套及矿物绝缘电缆的金属护套和金属配件作保护导体时，其连接导体的截面积应符合设计要求。

表 10-7-2　电缆终端保护联结导体的截面积（mm²）

电缆相导体截面积	保护联结导体截面积
小于等于 16	与电缆导体截面相同
大于 16，且小于等于 120	16
大于等于 150	25

（3）导线与设备或器具连接应符合表 10-7-3 的规定。

表 10-7-3 导线与设备或器具连接的规定

导线种类	连接规定
截面积 ≤ 10mm² 单股铜芯线和单股铝／铝合金芯线	可直接与设备或器具端子连接
截面积 ≤ 2.5mm² 多芯铜芯线	接续端子或拧紧搪锡后与设备或器具端子连接
截面积 > 2.5mm² 多芯铜芯线	除设备自带插接式端子外，接续端子后与设备或器具端子连接；与插接式端子连接前，端部应拧紧搪锡
多芯铝芯线	接续端子后与设备或器具端子连接；接续端子前应去除氧化层并涂抗氧化剂
每个设备或器具端子接线不多于 2 根导线或 2 个导线端子	

10.7.5 注意事项

（1）将钢带一定要锉出新槎，焊接时使用电烙铁不得小于 500W，否则焊接不牢。

（2）线鼻子与芯线截面必须配套，压接时模具规格与芯线规格一致，压接数量不得小于两道。

（3）用电缆刀或电工刀剥皮时，不宜用力过大，最好电缆绝缘外皮不完全切透，里层电缆皮应撕下，防止损伤芯线。

（4）电缆芯线锯断前要量好尺寸，以芯线能调换相序为宜，不宜过长或过短；电缆头卡固时，应注意找直、找正，不得歪斜。

（5）制作电缆终端与接头，从剥切电缆开始应连续操作直至完成，缩短绝缘暴露时间。剥切电缆时不应损伤线芯和保留的绝缘层。附加绝缘的绕包、装配、热缩等应清洁。

（6）电缆终端和接头应采取加强绝缘、密封防潮、机械保护等措施。

10.7.6 电缆头现场成品实物图

现场实物见图 10-7-6。

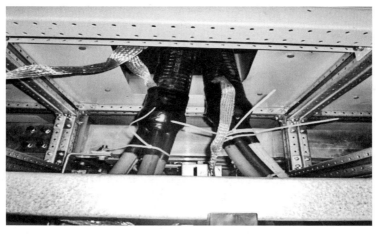

图 10-7-6 电缆头现场成品实物图

10.8 环控电控柜

10.8.1 施工准备

10.8.1.1 施工机具、机械设备准备

（1）吊装机具：捯链、钢丝绳或棕绳索具等。

（2）安装机具：台钻、手电钻、电锤、砂轮切割机、台虎钳、锉刀、钢锯、手锤、克丝钳、螺丝刀、电焊机、气焊工具、扳手、电工工具等。

（3）测量器具：水准仪、钢直尺、钢卷、水平尺、线坠、塞尺、兆欧表、万用表、试电笔。

10.8.1.2 材料要求

（1）环控电控柜基础型钢和支架应具有材料质量证明书，表面无明显锈蚀。

（2）胀锚螺栓、螺钉、螺母、弹簧垫、平垫均应使用合格的镀锌产品。

（3）其他材料：防锈漆、调合漆、塑料扎带、尼龙扎带、绝缘橡胶、标志牌等均应符合质量要求。

10.8.1.3 作业条件

（1）环控电控柜安装前，抹灰、喷浆等湿作业已完成，室内地面施工完毕，地面干净，达到安装条件。门窗已安装上锁。

（2）已配合土建预留好暗装配电箱的位置。

（3）设备、材料已到齐，已检验合格并通过报验。

（4）施工图纸、技术资料、安装资料齐全；技术、安全、消防等措施已落实。

10.8.1.4 作业前记录

现场材料及施工机具就位后，开工前，对现场作业面及重点部位做好影像记录。

10.8.2 工艺流程

工艺流程如图 10-8-1 所示。

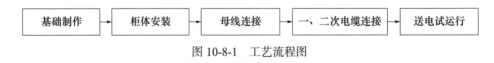

图 10-8-1 工艺流程图

10.8.3 施工要点与要求

10.8.3.1 槽钢基础安装

（1）调直型钢：将有弯的型钢调直，然后按图纸、配电柜技术资料提供的尺寸预制加工型钢架，并刷防锈漆做防腐处理。

（2）按施工图纸坐标位置用钢卷尺测量定位。宜用水准仪或水平尺找平，垫高用的垫片不应超过两片，基础型钢框架、预埋铁件和垫片应用电焊焊接固定，当未设预埋铁件时，宜用适用的金属膨胀螺栓固定。预埋基础型钢顶部宜高出抹平地面10mm。

（3）配电柜内设备与各构件间连接应牢固，配电柜就位、找平、找正后，柜体与基础

型钢固定，柜体与柜体、柜体与侧挡板均应用镀锌螺栓连接，且防松零件齐全。

（4）基础型钢安装应符合现行《建筑电气工程施工质量验收规范》GB 50303 规定。

（5）基础型钢与保护导体连接：基础型钢安装完毕后，将室外或结构引入的镀锌扁钢引入室内与型钢两端焊接，焊接长度为扁钢宽度的两倍，再将扁钢与型钢焊接处打磨平整并涂两道防锈漆。

10.8.3.2 柜体安装

（1）按设计图纸布置将配电柜、控制柜放于基础型钢上，单独柜只找柜面和侧面的垂直度。成排配电柜各台就位后，先找正两端的配电柜，以配电柜 2/3 高位置拉线，逐台用垫片找平找正，找正时以柜面为准。

（2）柜体相互间或与基础型钢的固定，应用镀锌螺栓连接，且紧密牢固，不得用电焊焊接固定。

（3）配电柜电缆进线采用电缆沟下进线时，需加电缆固定支架。

（4）柜体应安装在安全、易操作的场所。在同一室内，同类箱、盘的顶面或底面高度应一致，并满足设计要求。

（5）配电柜、控制柜金属盘面和装有电气元件的门及电器的金属外壳均应有明显可靠的 PE 保护地线（PE 线为黄绿相间的双色线，也可采用裸铜软线），PE 保护地线严禁利用箱体或盒体串接。

（6）柜内设备的导电接触面与外部母线连接处必须接触紧密，应用力矩扳手紧固。

10.8.3.3 柜、箱内接线

（1）有两个电源的柜、箱母线的相序排列一致；相对排列的柜、箱母线的相序排列对称，母线色标正确。

（2）二次回路接线应按图施工，接线正确。

（3）柜、箱内的导线不应有接头，芯线及绝缘层应无损伤。

（4）二次回路接地应设专用螺栓。

（5）每个接线端子的每侧接线宜为一根，不得超过两根。对于螺栓连接端子，当接两根导线时，中间应加平垫片。

（6）照明箱的接线应整齐、准确，符合设计要求。回路编号应齐全，标识正确。

（7）引入柜、箱内的电缆应排列整齐，编号清晰，避免交叉，固定牢固，不得受到机械应力。

（8）铠装电缆在进入柜、箱后，应将钢带切断，切断处的端部应扎紧，并应将钢带接地。

（9）柜、箱内的电缆芯线，应按垂直或水平有规律地配置，备用芯长度应留有适当余量。当进线电缆规格大、与开关接线端子不匹配时，为保证相间距离，应用短铜排过渡。

10.8.4 质量控制与检验

（1）对装有电器的可开启门，门和金属框架的接地端子间应选用截面积不小于 4mm^2 的黄绿色绝缘铜芯软导线连接。

（2）环控电控柜二次回路接线除应符合现行《电气装置安装工程盘、柜及二次回路接线施工及验收规范》GB 50171 的规定，还应符合设计文件要求。不同电压等级、交流、直流线路及计算机控制线路分别绑扎，并有标示。每个接线端子的每侧接线不超过两根。插接式端子排，不同截面的两根导线不应接在同一端子上；螺栓连接端子连接两根导线时，导线之间加平垫片。电缆芯线和所配导线端部标明其回路编号，编号正确，字迹清楚且不易脱色，导线与电气元件连接牢固。

（3）基础型钢安装时，允许偏差值如表 10-8-1 所示。

表 10-8-1　基础型钢安装的允许偏差值

项目	允许偏差	
	mm/m	mm/全长
直线度	1	5
水平度	1	5
平行度		5

（4）柜、屏、台、箱、盘应安装牢固，且不应设置在水管的正下方，安装的允许偏差如表 10-8-2 所示。

表 10-8-2　柜、屏、台、箱、盘安装的允许偏差值

项目	允许偏差
垂直度	1.5‰
成列盘面	5mm
盘间接缝	2mm

10.8.5　注意事项

环控电控柜内配置应完整齐全，排列合理，固定牢固，操作部分动作灵活准确；盘面标志牌、标志框应齐全、正确，且字迹清晰。柜、箱的漆层应完整，无损伤，盘面清洁。安装于同一室内的柜、箱，其盘面颜色宜和谐一致。

（1）环控电控柜的成品保护应从施工组织着手，设备订货时应给定准确到货时间，缩短设备进场库存时间；适当集中安装，减少安装延续时间。尽量在现场具备安装条件时进货，组织一次性进货到位，取消库存和二次搬运等中间环节。

（2）设备到场后不能及时就位的，要进现场库保管。露天存放应及时苦盖和垫高，防止风吹、日晒、雨淋、水浸。

（3）注意土建施工的影响，防止室内潮湿。

（4）安装、调试、试运行阶段应门窗封闭，专人巡视。

（5）送检、更换电器、仪表零件时应经许可，并记录备查。

（6）临时送、断电要按程序有专人执行，防止误操作。

10.8.6　现场实物图

环控电控柜现场实物，见图 10-8-2。

图 10-8-2　环控电控柜现场实物图

10.9　EPS 电源

10.9.1　施工准备

10.9.1.1　施工机具、机械设备准备

（1）吊装搬运机具：手推车、捯链、钢丝绳、麻绳索具等。

（2）安装工具：台钻、手电钻、电锤、砂轮、电焊机、气焊工具、虎钳、锉刀、剥线钳、电工刀等。

（3）测试检验工具：水准仪、兆欧表、万用表、水平尺、试电笔、钢直尺、钢卷尺、吸尘器、塞尺、线坠等。

10.9.1.2　材料要求

设备及材料均符合国家现行技术标准，附件、备件齐全。设备应按设计或产品技术文件的要求进行下列检查：

（1）核对初装容量，并应符合设计要求。

（2）核对输入回路断路器的过载和短路电流整定值，并应符合设计要求。

（3）核对各输出回路的负荷量，且不应超过 EPS 的额定最大输出功率。

（4）核对蓄电池备用时间及应急电源装置的允许过载能力，并应符合设计要求。

（5）当对电池性能、极性及电源转换时间有异议时，应由制造商负责现场测试，并应符合设计要求。

10.9.1.3　安装使用材料

（1）型钢应无明显锈蚀，并有材质证明，

（2）镀锌螺钉、螺母、垫圈、弹簧垫、地脚螺栓。

（3）其他材料：铁丝、酚醛板、相色漆、防锈漆、调合漆、塑料软管、异形塑料管、尼龙卡带、小白线、绝缘胶垫、标志牌、电焊条、锯条、氧气、乙炔气等均应符合质量要求。

10.9.1.4 作业条件

（1）土建已给出施工水平线。

（2）EPS 安装前，抹灰、喷浆等湿作业已完成，门窗已安装，门已上锁。

（3）室内地面施工完毕，地面干净，达到安装条件。

（4）设备、材料已到齐，已检验合格并通过报验。

（5）施工图纸、技术资料、安装资料齐全；技术、安全、消防等措施已落实。

10.9.1.5 作业前记录

现场材料及施工机具就位后，开工前，对现场作业面及重点部位拍照做好影像记录，以作为过程资料。

10.9.2 工艺流程

工艺流程如图 10-9-1 所示。

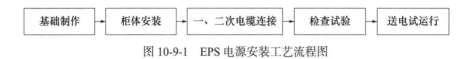

图 10-9-1 EPS 电源安装工艺流程图

10.9.3 施工要点与要求

同 10.8 环控电控柜安装要求。

10.9.4 质量控制与检验

（1）EPS 的整流、逆变、静态开关、储能电池或蓄电池组的规格、型号必须符合设计要求。内部接线正确，紧固件齐全，可靠不松动。

（2）EPS 的极性应正确，输入、输出各级保护系统和输出电压稳定性、波形畸变系数、频率、相位、静态开关的动作等各项技术性能指标试验调整必须符合产品技术文件要求，且符合设计文件要求。

（3）EPS 连线及出线的线间、线对地间绝缘电阻值应大于 $0.5M\Omega$。

（4）引入或引出 EPS 的主回路绝缘导线、电缆和控制绝缘电线、电缆应分别穿钢导管保护，当在电缆支架上或在梯架、托盘和线槽内平行敷设时，其分隔间距应符合设计要求；绝缘导线、电缆的屏蔽护套接地连接可靠，与接地干线就近连接，紧固件齐全。

（5）EPS 的外露可导电部分应与保护导体可靠连接，并应有标识。

（6）柜体的垂直度等要求同成套配电箱、柜，参照 4.11.3 的要求。

10.9.5 注意事项

（1）照明配电间的门应加锁，未经许可非安装人员不准入内。

（2）EPS 自充电至交付运营期内需设专人巡视。

（3）室内保持清洁干净、走道畅通，通风良好，室内严禁用火及吸烟。

（4）若需在照明配电间施工时，必须采取保护和防尘措施，以免碰撞损伤设备。

（5）电池柜与主机柜之间的连接线采用设备厂家自带线缆连接，柜体上应预留连接线缆穿过的孔洞，并孔洞周围做好保护。柜体之间如不能密贴，应采用线缆保护管连接主机柜与电池柜，用于连接线缆的敷设。

10.9.6　现场实物图

EPS 安装现场实物图，见图 10-9-2。

图 10-9-2　EPS 安装现场实物图

10.10　配电箱

10.10.1　施工准备

10.10.1.1　施工机具、机械设备准备

（1）吊装机具：捯链、钢丝绳或棕绳索具等。

（2）安装机具：台钻、手电钻、电锤、砂轮切割机、台虎钳、锉刀、钢锯、手锤、克丝钳、螺丝刀、电焊机、气焊工具、扳手、电工工具等。

（3）测量器具：水准仪、钢直尺、钢卷、水平尺、线坠、塞尺、兆欧表、万用表、试电笔。

10.10.1.2　材料要求

（1）箱、柜基础型钢和支架应具有材料质量证明书，表面无明显锈蚀。

（2）胀锚螺栓、螺钉、螺母、弹簧垫、平垫均应使用合格的镀锌产品。

（3）其他材料：防锈漆、调合漆、塑料扎带、尼龙扎带、绝缘橡胶、标志牌等均应符合质量要求。

10.10.1.3　作业条件

（1）电缆沟工程、区间隧道工程、基础工程、墙体工程已完工，经检验合格。施工基准线已与土建完成交接。

（2）车站配电箱（柜）安装前，抹灰、喷浆等湿作业已完成，室内地面施工完毕，地面干净，达到安装条件。门窗已安装，门已上锁。

（3）已配合土建预留好暗装配电箱的位置。

（4）设备、材料已到齐，已检验合格并通过报验。

（5）施工图纸、技术资料、安装资料齐全；技术、安全、消防等措施已落实。

10.10.1.4 作业前记录

现场材料及施工机具就位后，开工前，对现场作业面及重点部位做好影像记录。

10.10.2 工艺流程

工艺流程如图 10-10-1 所示。

图 10-10-1 配电箱、控制箱工艺流程

10.10.3 施工要点与要求

10.10.3.1 明装/暗装箱体安装及固定

（1）壁挂明装

1）根据进出电缆电线的方向及桥架的规格，在配电箱的顶部或底部开孔。线管进箱、柜的，一管一孔，孔径与管外径配套；线槽或桥架进箱、柜的，孔的长宽各比线槽或桥架外侧各大 1mm 左右。配电箱采用膨胀螺栓在墙上固定。

2）明装箱暗配管应在墙内敷设接线盒，要求盒口与墙面齐平，线盒应与 PE 线连接。

3）轻质墙（加气混凝土砌块墙或轻质隔墙）上安装配电箱需要安装对拉螺杆固定。

（2）落地明装

部分出线回路多的配电箱其重量较大，为了保证配电箱安装牢固，须制作成落地安装的配电箱。落地配电箱安装用槽钢做基础固定，基础在打找平层以前安装并调整平整或明装在地面上，基础的顶部距找平层表面 1mm，具体安装要求可参照 10.8.3 成套配电柜、控制柜安装。

（3）配电箱安装

1）根据施工图纸所提供的箱体尺寸、位置及标高，随土建混凝土结构施工或砌墙预留孔洞尺寸，先将箱体找好标高及水平尺寸，并将箱体固定好，保证箱体不得出墙，箱盖紧贴墙面，并与保护导体连接可靠。

2）安装盘面要求平整，周边间隙均匀对称，箱门平正，不歪斜，螺栓垂直受力均匀。

（4）区间内配电箱、检修插座箱安装

1）普通隧道配电箱安装为管片上或区间联络通道上明装，其安装流程及工艺要求与配电箱室内墙面安装一致，为直接螺栓固定在管片上，此处需注意事项为区间安装严防设备侵限，必须与设计及相关专业确认现场情况，因管片为弧形，故安装完毕后的配电箱需保持正视面一致，保持高度一致。

2）设置预埋槽道区间原则上不允许在管片上打孔固定，配电箱、检修插座箱箱体支架通过两个预留槽道固定在侧壁上，配电箱、检修插座箱固定在支架上，安装方式满足设计要求。

3）区间隧道壁上安装的废水泵配电箱、控制箱、检修插座箱，风机控制／手操箱等应在箱体旁边的区间管片上喷涂箱体名称，具体满足设计及运营要求。喷涂内容满足设计要求，喷涂位置及字迹应明显可见。

10.10.3.2 配电箱内接线

（1）有两个电源的箱母线的相序排列一致；相对排列的配电箱母线的相序排列对称，母线色标正确。

（2）二次回路接线应按图施工，接线正确。

（3）配电箱内的导线不应有接头，芯线及绝缘层应无损伤。

（4）二次回路接地应设专用螺栓。

（5）每个接线端子的每侧接线宜为一根，不得超过两根。对于螺栓连接端子，当接两根导线时，中间应加平垫片。

（6）照明箱的接线应整齐、准确，符合设计要求。回路编号应齐全，标识正确。

（7）引入配电箱内的电缆应排列整齐，编号清晰，避免交叉，固定牢固，不得受到机械应力。

（8）铠装电缆在进入配电箱后，应将钢带切断，切断处的端部应扎紧，并应将钢带接地。

（9）配电箱内的电缆芯线，应按垂直或水平有规律地配置，备用芯长度应留有适当余量。当进线电缆规格大、与开关接线端子不匹配时，为保证相间距离，应用短铜排过渡。

10.10.4 质量控制与检验

（1）对装有电器的可开启门，门和金属框架的接地端子间应选用截面积不小于 $4mm^2$ 的黄绿色绝缘铜芯软导线连接。

（2）低压成套配电配电箱及控制柜（台、箱）间线路的线间和线对地绝缘电阻值，馈电线路必须大于 $0.5M\Omega$，二次回路必须大于 $1M\Omega$。

（3）环控电控柜二次回路接线除应符合现行《电气装置安装工程盘、柜及二次回路接线施工及验收规范》GB 50171 的规定，还应符合设计文件要求。不同电压等级、交流、直流线路及计算机控制线路分别绑扎，并有标示。每个接线端子的每侧接线不超过两根。插接式端子排，不同截面的两根导线不应接在同一端子上；螺栓连接端子连接两根导线时，导线之间加平垫片。电缆芯线和所配导线端部标明其回路编号，编号正确，字迹清楚且不易脱色，导线与电气元件连接牢固。

（4）照明配电箱（盘）内配线应整齐、无绞缠现象；导线连接应紧密、不伤线芯、不断股；垫圈下螺钉两侧压的导线截面积应相同，同一电器器件端子上的导线连接不应多于 2 根，防松垫圈等零件应齐全。

（5）基础型钢安装时，允许偏差值如表 10-10-1 所示。

表 10-10-1　基础型钢安装的允许偏差值

项目	允许偏差	
	mm/m	mm/ 全长
不直度	1	5
水平度	1	5
不平行度		5

（6）室外安装的落地式配电（控制）配电箱的基础应高于地坪，周围排水应通畅，其底座周围应采取封闭措施。

（7）柜、屏、台、箱、盘应安装牢固，且不应设置在水管的正下方，安装的允许偏差如表 10-10-2 所示。

表 10-10-2　柜、屏、台、箱、盘安装的允许偏差值

项目	允许偏差
垂直度	1.5‰
成列盘面	5mm
盘间接缝	2mm

（8）照明配电箱（盘）箱体开孔应与导管管径适配，暗装配电箱箱盖应紧贴墙面，箱（盘）涂层应完整。箱（盘）内回路编号应齐全，标识应正确。

10.10.5　注意事项

配电箱内配置应完整齐全，排列合理，固定牢固，操作部分动作灵活准确；盘面标志牌、标志框应齐全、正确，且字迹清晰。配电箱的漆层应完整，无损伤，盘面清洁。安装于同一室内的配电箱，其盘面颜色宜和谐一致。

（1）配电柜（箱）的成品保护应从施工组织着手，设备订货时应给定准确到货时间，缩短设备进场库存时间；适当集中安装，减少安装延续时间。尽量在现场具备安装条件时进货，组织一次性进货到位，取消库存和二次搬运等中间环节。

（2）设备到场后不能及时就位的，要进现场库保管。露天存放应及时苫盖和垫高，防止风吹、日晒、雨淋、水浸。

（3）注意土建施工的影响，防止室内潮湿。

（4）安装、调试、试运行阶段应门窗封闭，专人巡视。

（5）送检、更换电器、仪表零件时应经许可，并记录备查。

（6）临时送、断电要按程序有专人执行，防止误操作。

10.10.6　现场实物图

壁挂式配电箱安装现场实物，见图 10-10-2。

图 10-10-2　壁挂式配电箱安装现场实物图

10.11　灯具

10.11.1　施工准备

10.11.1.1　施工机具、机械设备准备

（1）红铅笔、卷尺、小线、线坠、水平尺、手套、安全带、扎锥。

（2）手锤、钢锯、锯条、压力案子、扁锉、圆锉、剥线钳、扁口钳、尖嘴钳、丝锥、一字螺丝刀、十字螺丝刀。

（3）活扳子、套丝板、电炉、电烙铁、锡锅、锡勺、台钳等。

（4）台钻、电钻、电锤、兆欧表、万用表、工具袋、工具箱、高凳。

10.11.1.2　材料要求

（1）资料检查：查验合格证，合格证内容应填写齐全、完整，灯具材质应符合设计要求和产品标准要求。

（2）外观检查：灯具涂层完整，无损伤，附件齐全。普通灯具有安全认证标志。

（3）其他辅材：膨胀螺栓、胀管、扎带、丝网、螺钉、焊锡、焊剂、绝缘胶带等均应符合相关质量要求。

10.11.1.3　作业条件

（1）安装灯具的预埋螺栓、吊杆和吊顶上嵌入式灯具安装专用骨架等完成，大于10kg 的灯具，固定装置及悬吊装置应按灯具重量的 5 倍恒定均布载荷做强度试验完成。

（2）影响灯具安装的模板、脚手架拆除；顶棚和墙面喷浆、油漆或壁纸等及地面清理工作完成。

（3）导线绝缘测试合格。

（4）高空安装的灯具，安装前进行地面通断电试验，合格后方可安装。

10.11.1.4　作业前影像记录

现场材料及施工机具就位后，开工前，对现场作业面及重点部位拍照做好影像记录，以作为过程资料。

10.11.2　工艺流程

工艺流程如图 10-11-1 所示。

图 10-11-1　灯具安装工艺流程图

10.11.3　施工要点与要求

10.11.3.1　灯具安装

（1）嵌入式灯具安装

按照设计图纸，配合装饰工程的吊顶施工确定灯位。如为成排灯具，先拉好灯位中心线、十字线定位。成排安装的灯具，中心线允许偏差为 5mm。在吊顶板上开灯位孔洞时，先在灯具中心点位置钻一小洞，再根据灯具边框尺寸，扩大吊顶板眼孔，使灯具边框能盖好吊顶孔洞。轻型灯具直接固定在吊顶龙骨上，超过 3kg 的灯具需要设置灯具吊杆，吊杆采用 ϕ8mm 的镀锌圆钢丝杆。

（2）吸顶灯具安装

根据设计图确定出灯具的位置，将灯具紧贴建筑物顶板表面，使灯体完全遮盖住灯头盒，并用膨胀螺栓将灯具予以固定。在电源线进入灯具进线孔处套上金属（软）管以保护导线。如果灯具安装在吊顶上，则用自攻螺钉将灯体固定在龙骨上。

（3）壁装灯具安装

根据设计图确定出灯具的位置，将灯具紧贴墙壁表面，使灯体完全遮盖住灯头盒，并用膨胀螺栓将灯具予以固定。在电源线进入灯具进线孔处套上金属（软）管以保护导线。

10.11.3.2　灯具接线

灯具接线参照 10.7.3.2 导线连接。

10.11.3.3　安全检查及通电试运行

灯具安装完毕，且各支路的绝缘电阻摇测合格后，方允许通电试运行。通电后应仔细检查和巡视，检查灯具的控制是否灵活、准确；开关与灯具控制顺序相对应，如发现问题必须先断电，然后查找原因进行修复。

10.11.4　质量控制与检验

（1）灯具固定应牢固可靠，在砌体和混凝土结构上严禁使用木楔、尼龙塞或塑料塞固定。质量大于 10kg 的灯具，固定装置及悬吊装置应按灯具重量的 5 倍恒定均布载荷做强度试验，且持续时间不小于 15min。

（2）吸顶或墙面上安装的灯具，固定用的螺栓或螺钉不少于 2 个。

（3）普通灯具的Ⅰ类灯具外露可导电部分必须采用铜芯软导线与保护导体可靠连接，

连接处应设置接地标识，铜芯软导线的截面积应与进入灯具的电源线截面积相同。

（4）除采用安全电压以外，当设计无要求时，敞开式灯具的灯头与地面距离应大于2.5m。

（5）埋地灯防护等级应符合设计要求，接线盒采用防护等级 IPX7 防水接线盒，盒内绝缘导线接头做防水绝缘处理。庭院灯、建筑物附属路灯应与基础可靠固定，地脚螺栓备帽齐全，接线盒采用防护等级不小于 IPX5 的防水接线盒，盒盖防水密封齐全完整；灯杆检修门应采取防水措施，且闭锁防盗装置完好。

（6）高低压配电设备、裸母线及电梯曳引机的正上方不应安装灯具。

（7）投光灯的底座及支架应固定牢固，枢轴应沿需要的光轴方向拧紧固定。

（8）露天安装的灯具应有泄水孔，且应设置在灯具腔体底部。

10.11.5　注意事项

（1）穿入灯箱的导线在分支连接处不得承受额外应力和磨损，多股软线的端头需盘圈、镀锡、拍扁。

（2）连接灯具的软线应盘扣、搪锡压线。

（3）灯具进入现场后应码放整齐、稳固，并要注意防潮，搬运时轻拿轻放，以免碰坏表面的保护层（罩）。

（4）安装灯具时不得对已完工的项目造成损坏。

（5）灯具安装完毕后不得再次喷浆，以防止器具污染。

（6）安装于区间的灯具要固定牢靠，且需结合设计图纸及其他相关专业要求，严防侵限。

10.11.6　现场实物图

灯具安装现场实物图，见图 10-11-2。

图 10-11-2　灯具安装现场实物图

10.12　消防应急照明与疏散指示系统

消防应急照明与疏散指示系统的施工工艺应满足《消防应急照明和疏散指示系统技术标准》GB 51309—2018 的相关要求外，还要满足本章节的相关要求。

10.12.1 施工准备

10.12.1.1 施工机具、机械设备准备

（1）红铅笔、卷尺、小线、线坠、水平尺、手套、安全带、扎锥。

（2）手锤、钢锯、锯条、压力案子、扁锉、圆锉、剥线钳、扁口钳、尖嘴钳、丝锥、一字螺丝刀、十字螺丝刀。

（3）活扳子、套丝板、电炉、电烙铁、锡锅、锡勺、台钳等。

（4）台钻、电钻、电锤、兆欧表、万用表、工具袋、工具箱、高凳。

10.12.1.2 材料要求

（1）资料检查：查验合格证，合格证内容应填写齐全、完整，灯具材质应符合设计要求和产品标准要求；消防应急灯具应获得消防产品型式试验合格评定，且具有认证标志。

（2）外观检查：灯具涂层完整，无损伤，附件齐全。Ⅰ类灯具的外露可导电部分应具有专用的 PE 端子。疏散指示标志灯具的保护罩应完整、无裂纹。

（3）其他辅材：膨胀螺栓、胀管、扎带、丝网、螺钉、焊锡、焊剂、绝缘胶带等均应符合相关质量要求。

10.12.1.3 作业条件

（1）灯具配电线路穿线完毕，并摇测合格。

（2）对灯具安装有影响的脚手架等已拆除，门窗已安装。

（3）顶棚、墙面的抹灰工作、室内装饰浆活及地面清理工作均已结束。

（4）已进行技术交底，施工方案已编制并审批。

（5）装饰面开孔完成。

10.12.1.4 作业前记录

现场材料及施工机具就位后，开工前，对现场作业面及重点部位拍照做好影像记录，以作为过程资料。

10.12.2 工艺流程

工艺流程如图 10-12-1 所示。

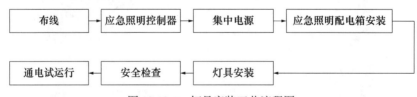

图 10-12-1　灯具安装工艺流程图

10.12.3 施工要点与要求

10.12.3.1 灯具安装

（1）应急灯具安装

应急灯具安装应符合以下要求：

1）消防应急照明回路的设置除应符合设计要求外，尚应符合防火分区设置的要求，

穿越不同防火分区时应采取防火隔堵措施。

2）对于应急灯具、运行中温度大于60℃的灯具，当靠近可燃物时，应采取隔热、散热等防火措施。

3）安全出口指示标志灯设置应符合设计要求。

4）疏散指示标志灯安装高度及设置部位应符合设计要求。

5）疏散指示标志灯的设置不应影响正常通行，且不应在其周围设置容易混同疏散标志灯的其他标志牌等。

6）疏散指示标志灯工作应正常，并应符合设计要求。

7）消防应急照明线路在非燃烧体内穿钢导管暗敷时，暗敷钢导管保护层厚度不应小于30mm。

8）安全出口标志灯和疏散标志灯装有玻璃或非燃材料的保护罩，面板亮度均匀，保护罩应完整、无裂纹。

（2）高压钠灯、金属卤化物灯安装

1）光源及附件应与镇流器、触发器和限流器配套使用，触发器与灯具本体的距离应符合产品技术文件的要求。

2）电源线应经接线柱连接，不应使电源线靠近灯具表面。

10.12.3.2 灯具接线

灯具接线参照10.7.3 导线连接安装要求。

10.12.3.3 安全检查及通电试运行

灯具安装完毕，且各支路的绝缘电阻摇测合格后，方允许通电试运行。通电后应仔细检查和巡视，检查灯具的控制是否灵活、准确；开关与灯具控制顺序相对应，如发现问题必须先断电，然后查找原因进行修复。

10.12.4 质量控制与检验

（1）专用灯具的Ⅰ类灯具外露可导电部分必须采用铜芯软导线与保护导体可靠连接，连接处应设置接地标识，铜芯软导线的截面积应与进入灯具的电源线截面积相同。

（2）消防应急照明线路在非燃烧体内穿钢导管暗敷时，暗敷钢导管保护层厚度不应小于30mm。

（3）应急照明灯具安装位置应符合以下要求：疏散照明应由安全出口标志灯和疏散标志灯组成。安全出口标志灯距地高度不低于2m，且应安装在疏散出口和楼梯口里侧上方。疏散标志灯应安装在安全出口顶部，楼梯间、疏散走道及其转角处宜安装在1m以下的墙面上。疏散通道上的标志灯间距不应大于20m，人防工程不应大于10m。

10.12.5 注意事项

（1）连接灯具的软线应盘扣、搪锡压线。

（2）灯具进入现场后应码放整齐、稳固、并要注意防潮、搬运时轻拿轻放，以免碰坏表面镀锌层，油漆及玻璃罩。

（3）安装灯具时，不要碰坏建筑物门窗及墙面。

（4）灯具安装完毕后，不得再次喷浆，以防止器具污染。

（5）照明器具的安装，应在室内土建装饰工作全面完成，并且房门可以关锁的情况下安装，施工完成时要及时关锁。

（6）灯具的接线盒等承重结构，一定要按要求安装，确保器具的牢固性。

10.12.6　现场实物图

疏散指示灯现场安装实物，见图 10-12-2。

图 10-12-2　疏散指示灯现场安装实物图

11 通信系统施工工艺

本章纳入门禁系统的工艺做法，但对安防系统、警用通信系统未作描述，由于专业上的雷同，警用通信以及安防系统的工艺做法可以参考本章相关内容实施。

11.1 电缆支架

11.1.1 施工工艺要求

（1）光电缆支架的材质、规格、型号符合设计要求。表面光滑、平整，不得变形、断裂，无毛刺、砂眼、翘皮等。

（2）原则上不对构件进行现场加工，确需加工的，切口应做不低于原防腐强度的防腐处理，镀锌的支架不应熔焊跨接接地线，应使用专用接地线卡跨接。两卡间铜芯导线截面积不应小于 4mm²，接地可靠。安装牢固、平直。采用接地扁铁做等电位连接时，扁铁与电缆支架宜采用螺栓连接，螺栓应有防脱扣构件，扁铁与扁铁连接可采用焊接或螺栓连接。焊接搭接长度不小于两倍扁铁宽，应对整条接缝满焊，焊接后应做防腐处理；螺栓连接搭接长度不小于 2.5 倍扁铁宽，每处连接不少于两个螺栓，伸缩缝处及直线段应采取热膨胀补偿措施。

（3）在有预埋槽道或其他预埋方式的隧道内安装前，电缆支架应根据其预埋形式经测量后预制。

（4）无电缆桥架时，电缆支架间隔原则上应小于 0.8m，受预埋条件限制时，有效支撑间距应不小于 0.8m，安装后不得侵入车辆在区间的限界。

（5）在无预埋槽道的隧道壁上，电缆支架固定采用 M12 膨胀螺栓，开孔应垂直于隧道壁，孔眼平直，不得呈喇叭状。当电缆支架型材不能紧贴隧道壁时，应加装垫片螺母，防止套管松脱，可拆卸托臂应有固定装置，防止掉落。支架应与贯通底线可靠连接。

（6）电缆支架经过风口或隧道内径变化处时，可使用 50mm×5mm 角钢固定在路径两端，电缆支架固定在角钢上。

（7）高架区间电缆托架应固定牢固，紧贴区间立柱。

（8）安装时不得损坏镀锌层，垂直偏差不大于 3mm。

（9）安装示意图见图 11-1-1。

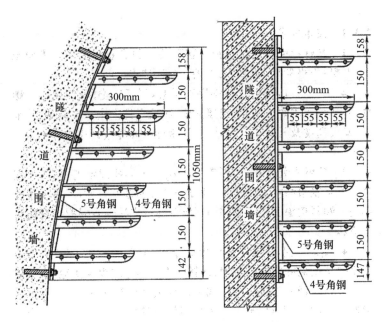

图 11-1-1　各型隧道电缆支架安装示意图

11. 1. 2　工艺流程

工艺流程见图 11-1-2。

图 11-1-2　通信电缆支架施工工艺流程图

11. 1. 3　施工工艺方法

（1）沿隧道壁和预埋槽道槽壁或顶板根据设计图纸进行弹线定位，标出固定点的位置。

（2）根据电缆支架膨胀螺栓型号，选择相应规格电锤钻头，所选钻头的长度应大于膨胀螺栓套管长度。

（3）打孔的深度应以将膨胀螺栓套管长度全部埋入墙内或顶板内后，表面平齐为宜。

（4）清除干净孔洞内的碎石，用铁锤将膨胀螺栓敲进洞内，套管与建筑物表面平齐，螺栓端部外露，敲击时不得损伤螺栓的丝扣。

（5）埋好螺栓后可用螺母配上相应的垫圈将电缆支架直接固定在膨胀螺栓上。

（6）高架区段有安装立柱的，电缆支架按设计连接方式与立柱进行连接固定。

11. 1. 4　施工工艺质量要点

（1）支架到达现场应进行检查，其型号、规格、质量应符合设计要求及相关产品标准的规定，表面应做防锈处理，光洁无毛刺。

（2）支架在安装区间时，严禁超出设备界限。

（3）隧道内支架应与洞体结构墙紧贴，安装牢固。

11.2 区间线缆敷设及绑扎

11.2.1 施工工艺要求

（1）根据施工图纸提供的光电缆敷设路径进行现场复测，确定图纸中光电缆长度、路径、预埋孔洞、安装位置等与现场是否相符，并在图纸上做相应标记。

（2）检查光电缆站内路径上的沟槽管洞、区间托板托架以光电缆路径上的电缆槽道、过轨预留等是否具备敷设条件，并核算电缆容量是否满足规范所规定的不超过线槽容量40%的要求。

（3）检查既有运营设备或其他专业设施是否会对光电缆敷设的施工产生影响，光电缆敷设后是否会对既有运营设备或其他专业设施造成影响。

（4）施工前应申请施工作业计划，在施工计划批复下发后方可按计划进行施工。

（5）对使用的车辆、工具要进行检查，确保性能指标正常。

（6）光电缆应按芯线领示色排列确定 A、B 端，敷设时端别朝向应一致，A 端朝地铁上行方向，B 端朝地铁下行方向。

（7）施工中宜整盘敷设，不得任意切断光电缆。

（8）施工中应保证光电缆外护（层）套不得有破损，线缆两端头密封性能良好。

（9）敷设过程中最小弯曲半径光缆不应小于护套外径的 20 倍，电缆不应小于护套外径的 15 倍。

（10）光电缆敷设时的张力、扭转力、侧压力应符合工厂规定。

（11）施工过程中，应避免光电缆受冲击力和重物碾压；不得使光电缆变形；当发现变形时，应进行护套密封性检查及光缆衰减性能和电缆绝缘性能的检查测试。

11.2.2 工艺流程

工艺流程见图 11-2-1。

图 11-2-1 通信区间线缆敷设绑扎工艺流程图

11.2.3 施工工艺方法

（1）敷设前需核实对盘号、盘长，确认 A、B 端方向。

（2）放置缆盘、支架，支起缆盘，将缆盘固定于手推车之上，采用人工牵引的方法沿既有轨道前行，安装工艺见图 11-2-2。

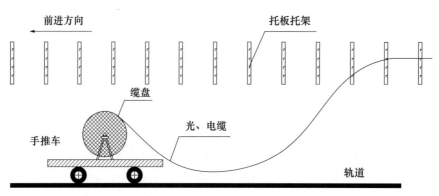

图 11-2-2　区间光电缆安装工艺

（3）施工人员应根据缆的重量按间隔排开；当人力不够时可采用"∞"字形盘绕，分头敷设，行进速度要均匀、步调一致。

（4）在敷设过程中应保证光电缆外护层（套）完整无损坏，不得出现急弯、扭转等现象，敷设中加强前、中、后的通信联络，做到统一指挥，保证敷设质量。

（5）穿越区间管墙或人防门管孔前需将线缆采用"∞"字形盘绕，使线缆陆续穿越，穿越区间管墙或人防门管孔时前后应放置防护装置，以免卡伤缆的外护套，两侧设专人防护，使缆顺利通过。

（6）光电缆敷设过程中不得使缆受冲击和重物碾压，不得使缆变形。

（7）按设计要求做好区间隧道、光电缆引入间、机房等处光电缆余留。

（8）敷设完后及时将光电缆在设计规定的区间托板托架上按一定间隔绑扎固定，站台区和拐弯处每档都必须绑扎固定，区间每 5 档固定。

（9）区间光电缆敷设完后要挂设光电缆标牌，直线区段每隔 100m 一处，拐弯处、区间光电缆余留处、站台两端、引入孔位置、电缆间盘留架各挂一处。

（10）区间光电缆在敷设完毕后，应进行绑扎防护，在站台端头等处应安装钢槽进行防护，避免因其他专业在进行设备、材料吊装时造成光电缆受损。

（11）车站内敷设光电缆的桥架、线槽挂设明显的标准牌，防止被其他专业施工时踩踏造成光电缆受损。

（12）电缆引入间和机房内光电缆敷设完后要及时盖上线槽盖，以防踩踏。

（13）区间光电缆安装见图 11-2-2。

11.2.4　路径复测工艺

（1）实地测量区间的总长度（包括各种余留）。

（2）调查线路综合监控电缆支架安装、引入口爬架、进站桥架、槽道贯通情况。

（3）调查区间无线基站位置、区间终端设备位置、区间接续点等情况。

（4）调查施工区段人防门、区间引入口、直埋线路、站场、入局通道状况，既有线地下管线状况。

（5）调查沿线各车站设备所涉及机房，如通信机房、综合弱电机房、光电缆经过机房等土建情况（包括供电、内装修、环境要求等）。

（6）调查施工线路沿线道路交通状况。

（7）路径复测完毕，应及时形成施工调查报告和路径复测台账，并确定单盘光电缆采购长度。

11.2.5 光电缆配盘工艺

（1）干线光电缆配盘应根据机房、区间终端设备等位置和路径长度，选择合适的光电缆盘长，确保光缆分歧接头或始终点落在上述设备或机房附近。

（2）尽量按出厂盘号顺序排列，以减少光纤参数差别所产生的接头本征损耗；按非出厂盘号顺序排列时，相邻两盘光缆的光纤模场直径之差应小于 1μm。

（3）在既有线敷设的光电缆，光电缆配盘时接头位置不应落在过轨、人防门、引入口等位置上；光缆接头位置应该满足安全要求并考虑维护需要。配盘时还应该根据光电缆盘长和路由情况，尽量做到不浪费光电缆并减少接头。

11.2.6 运输

（1）光电缆运输宜采用直达运输，将光电缆直接从生产地运抵现场屯放地。

（2）光电缆装卸作业时应使用吊车或叉车，当使用跳板时应小心装卸，严禁将光电缆从车上直接推落到地。

（3）滚动缆盘时，必须顺盘绕（箭头）方向，并只能做 50m 以内短距离滚动，当滚动距离大于 50m 时应使用运输工具。

（4）光电缆运输时，应将缆盘固定牢固，不得歪斜和推倒缆盘。

（5）卸盘地点应根据路径上障碍情况、配盘情况、敷设方法、支盘地形条件以及缆盘的安全等因素综合考虑。

（6）光电缆运输到工地后应对照运单检查标记、端别、盘号、盘长、包装有无破损、缆身外观有无损坏、压扁等，并作出记录；对包装有严重损坏或外护层有损伤时，应详细记录，并汇报项目技术主管。

11.2.7 支架敷设工艺质量要点

（1）路径复测应全面、严谨、准确，应与现场实际情况一致。

（2）光电缆配盘应充分考虑接头位置、余留长度，并避免使用短段光缆。

（3）光电缆敷设中应保证人员数量，避免拖地，拐弯处、过轨、人手井、人防门等处应派人看护并放置防护装置，以免卡伤缆的外护套。光电缆外护（层）套不得有破损，线缆两端头密封性能良好。

（4）使用机械牵引时，如没有牵引环的缆应装上专用的牵引夹具或电缆牵引套，并保持匀速。

（5）敷设过程中最小弯曲半径光缆不应小于护套外径的 20 倍，电缆不应小于护套外径的 15 倍。

（6）光电缆敷设时的张力、扭转力、侧压力应符合工厂规定；牵引力不应大于光缆允许张力的 80%，主要牵引力应加在光缆的加强构件上。

（7）施工过程中，应避免光电缆受冲击力和重物碾压，不得使光电缆变形；当发现变形时，应进行护套密封性检查及光缆衰减性能和电缆绝缘性能的检查测试。

（8）敷设在支架上的光电缆应自然弯曲，应力释放。遇有弯曲拱起现象应放平；同时做好各项检查工作，余留、防护是否符合要求，缆身外护层（套）是否受伤，隐蔽记录是否齐全。

（9）敷设在支架的缆应使用绑扎线进线绑扎，一般使用双股绑扎线穿入支架孔，顺时针方向绑扎，绑扎头位于托架底部。同一支架，不同线缆绑扎位置应先里后外。绑扎间距为间隔3～5处托架。

（10）支架内电缆绑扎现场实物图如图11-2-3所示。

图11-2-3　支架内电缆绑扎现场实物图

（11）当有两条及以上光电缆在支架上同时敷设时，应同底同期敷设、先敷设电缆、后敷设光缆、在同沟中应平行排列。

（12）光电缆敷设应进行适当余留，余留长度应符合要求外，余留线缆盘绕时的弯曲半径不得小于线缆的许可弯曲半径。

（13）光电缆敷设完成后应进行必要的防护，避免因交叉施工造成光电缆受损。

11.2.8　管道敷设工艺质量要点

（1）敷设前按设计要求核对光电缆占用的管孔位置。

（2）管孔应逐段试通清扫，清洁后的管孔应用试通棒检查。

（3）水泥、钢管或PE管道在敷缆前，根据设计文件规定需在管孔中布放子管时，子管的布放应符合下列规定：

1）连续布放子管的长度不宜超过300m。

2）牵引子管的最大拉力，不应超过管材的抗张强度，牵引速度要求均匀。

3）穿放子管的管孔应安装固定子管的固定架。

4）子管在管道中不得有接头。

5）子管布放完毕应将管口作临时堵塞，当期工程不用的子管必须在管端安装堵头。

（4）敷设光电缆时缆盘和绞盘应放在井上靠敷设方向的一侧。

（5）当光电缆一次牵引长度过长时或路径急转弯时，应采取∞字形盘绕法分段敷设。

（6）光电缆经过的全部人井处应设人监管，发现问题及时向指挥人员联系，终止牵引。

（7）光电缆穿入管孔，应采用导引装置或喇叭口保护管，不得损伤光电缆外护层。

（8）光电缆在管孔内不得有接头，光电缆在人孔中穿过应有 0.5～1m/ 孔余留，接头处在人孔中余长光缆 6～8m，电缆为 3～5m，光电缆和接头应放人井铁架上予以固定。

（9）完成敷设工作后，应检查人井中的敷设余量和弯曲半径是否符合要求，符合要求后管孔进出口应封堵密封；人井内光电缆应有识别标志。

（10）人手井内缆线敷设示意图如图 11-2-4 所示。

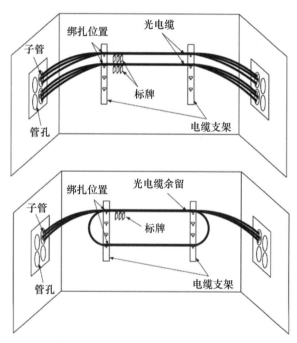

图 11-2-4 人手井内缆线敷设示意图

11.2.9 架空敷设工艺质量要点

（1）部分特殊地段光电缆采取架空架设。

（2）架空光电缆杆路建设方式、吊线、拉线等应符合设计图纸规定。

（3）光电缆架挂前应检查吊线用钢绞线有无伤痕、锈蚀等缺陷，绞合应严密、均匀、无跳股现象；架挂垂度应符合设计要求；吊线夹具安装位置应正确、牢固、端正；应做好杆面路径的调查工作。检查有无跨越障碍，以确定布放方式。

（4）布放架空光电缆时有条件应采用吊上挂设法，将光电缆盘支起并固定在汽车上或轨道车上，通过移动滑轮组由人力牵引随车前进将光电缆挂上。

（5）当地形条件不允许时，可采用机械牵引架挂法。架挂时每隔 10～15m 设滑轮，通过牵引光电缆进行架挂，牵引最大速度为 15m/min 并应保持匀速，不得突然启动或停止。

（6）当光电缆较长时或转弯角度过大时，可采用∞字形盘绕法由中间向两端架挂。

（7）中负荷区、重负荷区和超负荷区布放吊挂架空光电缆，应在每根杆上作余留，轻负荷区应每隔3～5杆作一次余留，光电缆在杆上的余留应用聚乙烯管加以保护。光缆在杆上余留及防护示意图如图11-2-5所示。

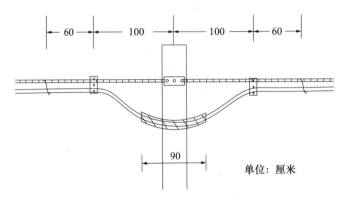

图11-2-5　光缆在杆上余留及防护示意图

（8）挂钩间隔一般为500±30mm，挂设后的光电缆垂度应符合设计规定。

（9）架空光电缆引上应使用钢管防护，并对管口进行密封。缆线拐弯分别在杆上和吊线上固定，拐弯后余留1.5～2m的伸缩弯。

11.2.10　光电缆盘留工艺要点

（1）接续点两条光缆重叠5～7m，两条电缆重叠3m。分歧点余留5～7m。直线段、敞开段、车站引入口处余留光缆5～7m，电缆2～3m。余留光电缆在远离区间引入爬架5m以上位置，依次盘留。

（2）人防门两侧各余留1～5m。

（3）区间过轨两侧各余留1～3m。

（4）区间每隔200m直线段，余留1～3m。

（5）区间伸缩缝光电缆余留不少于500mm。

（6）光电缆穿越地下段、地面段、敞开段等地段交界处作适当余留。

（7）光电缆余留长度可根据设计图纸要求适当调整，建议在集中引入位置进行电缆盘留。

（8）余留做法见图11-2-6～图11-2-8。

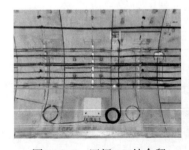

图11-2-6　区间AP处余留

图11-2-7　车站引入口处余留

图11-2-8　直线段余留

11.2.11 光电缆挂牌

光电缆每隔 100m 挂设标识标牌，在电缆井、隧道进出口、人防门等特殊地段应加设标识标牌。标牌示意图见图 11-2-9，区间光电缆挂牌示意图见图 11-2-10。

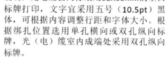

说明：光电缆去向标采用32×68mm的空白标牌打印，文字宜采用五号（10.5pt）黑体，可根据内容调整行距和字体大小。根据绑扎位置选用单孔横向或双孔纵向标牌，光（电）缆室内成端处采用双孔纵向标牌。

图 11-2-9 标牌示意图

图 11-2-10 区间光电缆挂牌示意图

11.3 区间漏缆安装

11.3.1 施工工艺要求

（1）施工中应整盘敷设，不得任意切断漏缆。

（2）施工中应保证漏缆外护（层）套不得有破损，线缆两端头密封性能良好。

（3）漏缆距钢轨面的吊挂高度应为 4.5～4.8m。

（4）区间漏缆应在接触网架空地线以及中压环网电缆的对侧。不得已设在同侧时，漏缆与接地线的距离不应小于 600mm，与牵引供电设备带电部分的距离不得小于 2m。

（5）隧道外漏缆上吊架前，钢丝承力索应加 300±30kg 的张紧力，吊挂后漏缆垂度应保持在 20℃时 150～200mm 范围内。

（6）漏缆在敷设过程中，严禁过度弯曲，其最小弯曲半径应符合表 11-13-1 的规定。

表 11-3-1 漏缆最小弯曲半径

序号	最小弯曲半径	漏缆规格代号		
		42	32	22
1	单次弯曲（mm）	600	400	240
2	多次弯曲（mm）	1020	760	500

（7）漏缆敷设时，尽可能不与其他线缆交叉，如无法避免时，应注意将漏缆敷设在外侧，避免其他线缆阻挡漏缆的信号覆盖。

（8）漏缆敷设时与既有漏缆间距不得小于 300mm。

11.3.2　工艺流程

区间漏缆安装工艺流程见图 11-3-1。

图 11-3-1　区间漏缆安装工艺流程图

11.3.3　施工工艺方法

11.3.3.1　双流动工作台敷设

（1）区间漏缆采用双流动工作台敷设法时，一般安排 8～12 人为宜，其中甲在流动工作台上将漏缆卡进卡具内，乙将漏缆传递给甲，丙在乙的帮助下将漏缆扭至正确方向，丁在流动工作台上将漏缆从缆盘上放出来，其他施工人员推动工作台向前移动。双流动工作台敷设法如图 11-3-2 所示。

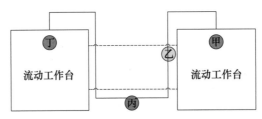

图 11-3-2　双流动工作台敷设法

（2）漏缆敷设时定位筋必须面向墙面；敷设时必须确保缆不能弯折，其弯曲半径不能小于规定要求。遇盾构井等墙体转角处的成品做法见图 11-3-3，遇与其他区间设备等障碍物时，障碍物绕行做法见图 11-3-4。

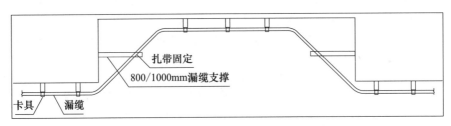

图 11-3-3　墙体转角处的成品做法示意图

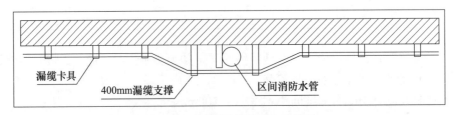

图 11-3-4　障碍物绕行做法示意图

11.3.3.2 钢绞线上漏缆扎带挂设

（1）将扎带绕过漏缆，一端穿过扎带槽口。

（2）将扎带抽紧，使扎带头凹面紧贴漏缆。

（3）将扎带绕过钢绞线，穿入卡槽。

（4）漏缆扎带挂设图见图 11-3-5。

图 11-3-5　漏缆扎带挂设图

11.3.3.3 钢绞线上漏缆卡具挂设

（1）长距离钢绞线不能全部采用扎带进行吊挂，应每隔2处扎带，设置一处卡具吊挂。

（2）卡具的选型应不妨碍漏缆的使用准则。

（3）卡具的紧固力矩应满足设计或规范要求。

（4）漏缆卡具图见图 11-3-6。

图 11-3-6　漏缆卡具图

11.3.4 施工工艺质量要点

（1）路径复测应全面、严谨、准确，应与现场实际情况一致。

（2）画线高度应符合设计要求，画出的线保持与轨面平行。

（3）钻孔深度应符合卡具要求，孔眼要求平直，不得呈喇叭状。

（4）卡具安装应牢固，防火卡具安装间距符合设计要求。

（5）漏缆展放中应保证人员数量避免拖地磨损。漏缆外护（层）套不得有破损，漏缆两端头密封性能良好。

（6）漏缆吊挂时定位筋方向应正确，卡具卡扣牢固。

11.4 钢管安装工艺

11.4.1 施工工艺要求

（1）安装的穿线管位置应符合施工设计图的要求，其位置偏差不应大于50mm。

（2）在埋设保护管的路径上接头盒或拉线盒按照以下原则设置：

1）保护管长度每超过30m，无弯曲。

2）保护管长度每超过20m，有一个弯曲。

3）保护管长度每超过15m，有两个弯曲。

4）保护管长度每超过8m，有三个弯曲。

5）直线段接头盒或拉线盒间距均匀。

（3）开槽前要确认开槽位置能够避开钢筋密集的结构墙、结构柱和结构梁。

（4）开槽时应保证钢管埋入后离表面的净距离大于15mm。

（5）需要安装接线盒或拉线盒的位置按盒子尺寸切割四边，将中间掏空，孔底应平整，深度与盒子高度一致。接线盒及拉线盒固定应考虑墙面抹灰厚度。

（6）钻孔孔眼要求垂直，不得呈喇叭状。假如碰到钢筋，应停止钻孔（此孔成为废孔），在支架、吊架位置公差范围内选择一个新的位置重新钻孔，新孔孔壁与废孔孔壁的距离应大于25mm。废孔必须按原有的灰浆予以填塞。

（7）当有钢管直接从槽式电缆桥架内引出时，应用机械加工方法开孔，并采用合适的护圈保护电缆。

（8）管间采用带有紧定螺钉的套管连接时，螺钉拧紧；管与盒的连接应采用导电的金属纳子。预埋钢管伸入箱、盒内的长度为5mm，并拧紧锁紧螺母，多根管伸入时应排列整齐。

（9）埋设的钢管引出地面时，管口伸出地面200mm；当从地下引入落地式箱（柜）时，高出箱（柜）内表面50mm。

（10）金属钢管连接后保证整个系统的电气连续性。

（11）钢管管路撖管时，弯成角度不应小于90°，弯曲半径不得小于管外径的6倍，弯扁度不得大于该管外径的1/10，弯曲处不应有凹陷、裂缝，单根钢管的直角弯不宜超过两个。

（12）钢管管口做防护处理，防止水泥等杂物进入。

（13）钢管与出线盒的连接见图 11-4-1。

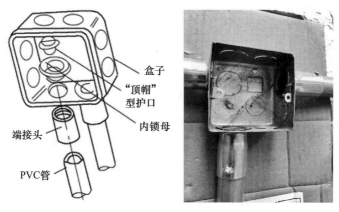

图 11-4-1　钢管与出线盒连接示意图

11.4.2　工艺流程

通信线缆钢管施工工艺流程图见图 11-4-2。

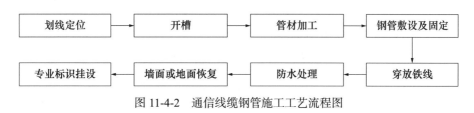

图 11-4-2　通信线缆钢管施工工艺流程图

11.4.3　施工工艺方法

11.4.3.1　画线定位

（1）根据施工准备阶段确定的钢管预埋位置画线。

（2）每一直线段在两端分别用卷尺从参照物量出设计距离，做好标记，用墨斗对准两端标记弹出安装位置。

（3）预埋钢管的位置偏差不应大于 50mm。

（4）在埋设钢管的路径上按以下要求标记出接线盒或拉线盒的位置：钢管长度每超过30m，无弯曲；钢管长度每超过 20m，有一个弯曲；钢管长度每超过 15m，有两个弯曲；钢管长度每超过 8m，有三个弯曲；直线段接头盒或拉线盒间距均匀。

（5）确定预埋钢管的出线盒位置应与图纸要求相符，一般电话、网络面板出线盒距地高度 300mm，门禁读卡器、出门按钮距地高度 1400mm。施工现场出线盒高度应与其他专业（主要为动力照明专业、气体灭火专业等）距地高度保持一致，以使房间内面板安装后平行美观。出线盒位置应同时考虑办公用桌等摆放位置。

（6）同一性质两出线盒安装间距 10～15mm，用户线（弱电）出线盒与电源线（强电）出线盒间距应不小于 500mm，接线盒安装间距示意图见图 11-4-3。

图 11-4-3　接线盒安装间距示意图

（7）弱电暗埋出线盒应与强电出线盒保持至少 500mm 的距离。

11.4.3.2　开槽

（1）为减小开槽导致墙体结构安全的破坏程度，开槽时必须采用专用开槽机开槽，槽底应平整。开槽尺寸要求：宽度比管的外径大 10mm 左右，同时应保证保护管埋入后离表面的净距离大于 15mm。常用保护管开槽尺寸见表 11-4-1。

表 11-4-1　常用保护管开槽尺寸

保护管规格（mm）	安装尺寸（mm）	开槽尺寸（mm）	
	外径	宽度	深度
$\phi15$	22	32	37
$\phi20$	27	37	42
$\phi25$	33.5	44	49
$\phi32$	40	50	55
$\phi40$	48	58	63
$\phi50$	60	70	75

（2）墙面水平开槽的长度不得大于 800mm，以免破坏墙体结构安全。

（3）需要安装接线盒或拉线盒的位置按盒子尺寸切割四边，用凿子将中间掏空，孔底应平整，深度与盒子高度一致。

（4）槽内不应留有异物，灰尘、渣石可用空压泵／皮老虎清理。墙内钢管开槽暗埋过程见图 11-4-4。

（一）画线定位　　　　（二）墙面开槽　　　　（三）钢管固定　　　　（四）墙面恢复与保护

图 11-4-4　墙体钢管开槽暗埋过程图

11.4.3.3 管材加工

（1）按照钢管敷设路径计算所需保护管长度、揻弯点及弯成角度。计算钢管长度时应考虑以下要求：

1）钢管伸入箱、盒内5mm。

2）钢管引出表面时，伸出表面200mm。

3）从地下引入落地式箱体时，宜高出箱内地面50mm。

（2）根据计算长度进行钢管切割，切割可用钢锯、割管器、无齿锯、砂轮锯进行，将需要切断的钢管放在钳口内卡固，切割后断口处平齐不歪斜，管口刮铣光滑，无毛刺，管内铁屑除净。

（3）钢管揻弯前应将与内径一致的弹簧内置在揻弯处。管径为20mm及其以下时，用手扳揻管器揻弯；管径为25mm及其以上时，使用液压揻管器揻弯。

（4）钢管管路揻管时，弯成角度不应小于90°，弯曲半径不得小于管外径的6倍，弯扁度不得大于该管外径的1/10，弯曲处不应有凹陷、裂缝，单根钢管的直角弯不宜超过两个，不能有S弯出现，有弯头的管段长度超过20m时，应设置管线过线盒装置。

（5）埋入墙或混凝土内的钢管宜采用整根材料。

11.4.3.4 钢管敷设

（1）将钢管、接线盒或拉线盒按顺序埋入槽内。

（2）埋入墙或混凝土内的钢管应采用整根材料，如必须连接时，在连接处做防水处理，埋入墙或混凝土内的钢管，管外不应涂漆。

（3）管路放入槽后，每隔0.5m左右须用铁钉固定，不得松脱。钢管固定好后用水泥砂浆先暂时修补（砂浆强度等级不低于C15），再交付由土建（装修）单位统一面层抹灰做面层处理。

（4）穿入钢丝用于穿放电缆，两端应做固定。

（5）钢管敷设完成后应在预埋位置固定，固定点距离出线盒边缘的距离一般为150～300mm。

（6）预埋保护管伸入箱、盒内的长度为5mm，并拧紧锁紧螺母，多根管伸入时应排列整齐，埋设的保护管引出表面时，管口伸出表面200mm；当从地下引入落地式仪表盘（箱）时，高出盘（箱）内地面50mm。

（7）任何配管的管口必须光滑，切断口应平整，保护管不应有折扁和裂缝，管内应无铁屑及毛刺。

（8）接线盒与钢管、钢管与钢管之间应保持电气连通。

（9）暗埋在垫层或混凝土里的保护管，其地基应坚实平整，保护管连接时，管孔要对准，接缝要紧密，不得有水和泥浆渗入。

（10）钢管管口做防护处理，防止水泥等杂物进入。

（11）按原有的灰浆比予以填塞、抹平。

（12）预埋工作结束后，要对进入盒、箱、柜的管口进行防护，以免其他东西掉入管内影响下一步的线缆敷设工作，同时要做好专业标识，悬挂成品保护牌和专业联系人及联系方式。

（13）在隐蔽检查前，要对预埋管路进行一次全面的自检，发现有损坏的地方要及时处理。

11.4.4 施工工艺质量要点

（1）画线时应保证管槽安装位置符合施工图纸要求。

（2）保护管管路揻管时，弯成角度不应小于90°，弯曲半径不得小于管外径的6倍，弯扁度不得大于该管外径的1/10，弯曲处不应有凹陷、裂缝，单根保护管的直角弯不宜超过两个。

（3）接线盒或拉线盒的安装位置：保护管长度每超过30m，无弯曲；保护管长度每超过20m，有一个弯曲；保护管长度每超过15m，有两个弯曲；保护管长度每超过8m，有三个弯曲；直线段接头盒或拉线盒间距均匀。

（4）保护管内应穿钢丝，两端应做固定。

11.5 桥架安装工艺

11.5.1 施工工艺要求

（1）检查线槽支架、线槽的型号、规格，应符合设计要求及供货合同的规定。

（2）线槽安装尺寸应与机架排列位置相对应，并与机架垂直；线槽安装位置应符合施工设计图的规定，偏差不应大于50mm；线槽边帮应成一直线，其偏差不应大于3mm。

（3）线槽的安装应横平竖直，排列整齐；线槽之间沟通，线槽盖板应开启方便。

（4）线槽采用螺栓连接或固定时，应用平滑的半圆头螺栓，螺母应在线槽的外侧，固定牢固。

（5）槽与槽之间、槽与盖之间、盖与盖之间的连接处，应对合严密。

（6）当直接从线槽内引出电缆时，用机械加工方法开孔，并采用合适的护圈保护电缆。

（7）线槽与机架连接处应垂直，连接牢固，边帮成一直线，偏差不应大于3mm。

（8）线槽支架、线槽的接地电阻应符合设计要求。

11.5.2 工艺流程

工艺流程如图11-5-1所示。

图11-5-1 桥架安装工艺流程图

11.5.3 施工工艺方法

11.5.3.1 施工准备

（1）对使用的工具、仪表要进行检查，确保性能指标正常。

（2）根据施工图纸确定管槽安装位置、安装方式。

11.5.3.2 画线定位

（1）根据复测确定的安装位置进行画线。

（2）每一直线段在两端分别用卷尺从参照物量出设计距离，做好标记，用墨斗对准两端标记弹出安装位置。

（3）电缆桥架、保护管的位置偏差不应大于 50mm。

（4）在电缆桥架的路径上按以下要求标记出支架、吊架的位置，同一直线段的支架、吊架应间距均匀：端头 0.5m 处、接头（弯头、三通、四通）0.5m 处，垂直安装直线段每隔 1.5～2m 处，吊装直线段每隔 1.5～3m 处，地面安装直线段每隔 1.5～3m 处，直线段长度超过 30m 时所设热膨胀补偿措施处。

（5）在埋设保护管的路径上按以下要求标记出接线盒或拉线盒的位置：保护管长度每超过 30m，无弯曲；保护管长度每超过 20m，有一个弯曲；保护管长度每超过 15m，有两个弯曲；保护管长度每超过 8m，有三个弯曲；直线段接头盒或拉线盒间距均匀。

11.5.3.3 钻孔

（1）在支架、吊架安装位置，按照支架、吊架底板上的开孔位置画出钻孔位置。

（2）按所配的膨胀螺栓直径，选用硬质合金钢钻头进行钻孔，常用膨胀螺栓安装尺寸见表 11-5-1。

表 11-5-1　常用膨胀螺栓安装尺寸

螺栓规格（mm）	安装尺寸（mm）		钻孔尺寸（mm）	
	直径	深度	直径	深度
M6×55	10	35	10.5	40
M8×70	12	45	12.5	50
M10×85	14	55	14.5	60
M12×105	18	65	19	75
M16×140	22	90	23	100

（3）孔眼要求垂直，不得呈喇叭状。

（4）假如碰到钢筋，应停止钻孔（此孔成为废孔），在支架、吊架位置公差范围内选择一个新的位置重新钻孔，新孔孔壁与废孔孔壁的距离应大于 2.5 倍孔径，最小不得小于 25mm。

（5）安装膨胀螺栓前，钻孔内必须用压缩空气清理，任何情况下，都不允许有异物留在孔内。

（6）废孔必须按原有的灰浆比予以填塞。

11.5.3.4 吊架、防晃支架、支架安装

（1）将膨胀螺栓放入打好的孔内，用橡皮锤打入孔内，膨胀螺栓套管应全部没入孔内。

（2）将支吊架（支吊架采用角钢制作，防腐处理。安装间距符合设计要求：当设计无要求时，水平敷设时宜为 0.8～1.5m；垂直敷设时宜为 1.0m；每隔 20m 设置 1 处抗震吊架）安装孔套入膨胀螺栓，在膨胀螺栓上依次套上平垫片、弹簧垫片、螺母并初步旋紧。

（3）调整吊架（防晃支架）、支架横平竖直、整齐美观。

（4）旋紧螺母，将膨胀螺栓套管拉爆，使吊架、支架固定牢固。

（5）电缆桥架吊架、支架安装示意图见图 11-5-2。

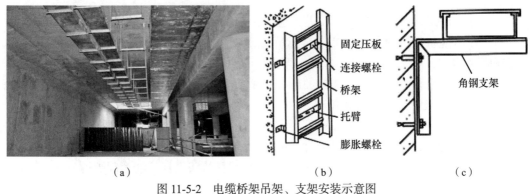

（a） （b） （c）

图 11-5-2　电缆桥架吊架、支架安装示意图
（a）吊架；（b）垂直支架；（c）水平支架

（6）垂直安装及吊装时，先将电缆桥架与吊架（防晃支架）、支架的固定孔对齐，螺栓由内向外连接电缆桥架与吊架、支架并初拧。

（7）电缆桥架接头处将连接片与电缆桥架固定孔对齐，螺栓由内向外连接电缆桥架与连接片并初拧。

（8）需要采取热膨胀补偿措施的位置安装补偿托盘，见图 11-5-3。

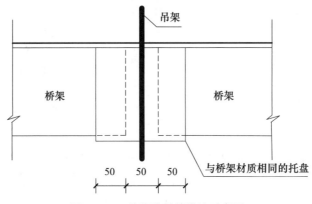

图 11-5-3　热膨胀补偿措施示意图

（9）电缆桥架调整要求。

1）横平竖直，排列整齐，每米水平允许偏差为 ±2mm，垂直允许偏差为 ±3mm。

2）槽式电缆桥架的槽与槽之间、槽与箱之间、槽与盖之间、盖与盖之间的连接处，应对合严密。

3）电缆桥架与机架连接处应垂直，连接牢固，边帮应成一直线，偏差不应大于 3mm。

4）列间电缆桥架应成一直线，偏差不应大于 3mm，两列电缆桥架拼接偏差不应大于 2mm。

5）每隔 20m 应设置一处防晃支架，角钢制作，并应在结构梁上固定。支架焊接后应做防腐处理。

（10）将所有连接螺栓紧固。

（11）当有电缆直接从槽式电缆桥架内引出时，应用机械加工方法开孔，并采用合适的护圈保护电缆。槽式电缆桥架电缆引出示意图见图 11-5-4。

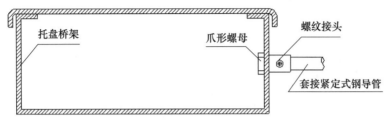

图 11-5-4　槽式电缆桥架电缆引出示意图

（12）电缆桥架接缝处用连接线或跨接线进行电气连通，连接螺栓由内向外连接电缆桥架与连接线或跨接线，并紧固，就近用 10mm² 接地线连接到接地端子。

（13）电缆桥架穿过楼板、墙壁，在布线完成后使用防火材料进行防火封堵。详见 3.1 防火封堵工艺。

11.5.3.5　开槽

（1）用切割机将墙面、地面或顶面切开平行的两条缝，用凿子将中间掏空，槽底应平整。

（2）开槽时应保证保护管埋入后离表面的净距离大于 15mm。常用保护管开槽尺寸如表 11-5-2 所示。

表 11-5-2　常用保护管开槽尺寸

保护管规格（mm）	安装尺寸（mm）	开槽尺寸（mm）	
	外径	宽度	深度
$\phi15$	22	32	37
$\phi20$	27	37	42
$\phi25$	33.5	44	49
$\phi32$	40	50	55
$\phi40$	48	58	63
$\phi50$	60	70	75

（3）需要安装接线盒或拉线盒的位置按盒子尺寸切割四边，用凿子将中间掏空，孔底应平整，深度与盒子高度一致。

（4）槽内不应留有异物。

11.5.4　施工工艺质量要点

（1）光电缆走线架位置符合设计要求，其位置偏差不应大于 50mm；水平度每米偏差不应大于 2mm；垂直偏差不应大于 3mm；走线架应固定牢固。

（2）光电缆槽道位置符合设计要求，偏差不得超过50mm；槽道边帮偏差不应大于3mm；相邻两列槽道水平偏差不应大于3mm；槽道盖板、侧板和底板应完整，安装应牢固。

（3）金属机架（柜）、走线架、槽道各段之间应保持连接良好，接地可靠。

11.6　光电缆敷设工艺

11.6.1　施工工艺要求

（1）光电缆应按芯线领示色排列确定A、B端，敷设时端别朝向应一致，A端朝线路上行方向，B端朝线路下行方向。

（2）施工中宜整盘敷设，不得任意切断光电缆。

（3）施工中应保证光电缆外护（层）套不得有破损，线缆两端头密封性能良好。

（4）敷设过程中最小弯曲半径光缆不应小于护套外径的20倍，电缆不应小于护套外径的15倍。

（5）光电缆敷设时的张力、扭转力、侧压力应符合工厂规定；牵引力不应大于光缆允许张力的80%，主要牵引力应加在光缆的加强构件上。

（6）施工过程中，应避免光电缆受冲击力和重物碾压；不得使光电缆变形；当发现变形时，应进行护套密封性检查及光缆衰减性能和电缆绝缘性能的检查测试。

11.6.2　工艺流程

工艺流程如图11-6-1所示。

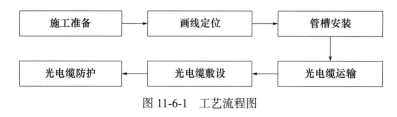

图11-6-1　工艺流程图

11.6.3　施工工艺方法

（1）敷设前需核实对盘号、盘长，确认A、B端方向。

（2）光缆需确认方向后再敷设。

（3）电缆需确认回路号与线径是否一致再行敷设。

（4）在敷设过程中应保证光电缆护套完整，避免损伤，对敷设路径上的尖刺、毛边、利刃进行排查消除隐患，线槽的转角和接头处多有毛刺，需锉平；敷设中加强前、中、后的通信联络，做到统一指挥，保证敷设质量。

（5）敷设过程中不得出现急弯、扭转等现象。

（6）光缆的牵引力不得超过最大允许牵引力。

（7）双绞线缆敷设后不得解绞或散股。

（8）光电缆防护：

1）区间光电缆在敷设完毕后，应进行绑扎防护，终端在下道工序前应做好临时封头，站台端头等多工种交叉作业处或有其他专业后续实施电焊、混凝土浇筑处，应加装临时防护槽，避免因其他专业在进行施工及吊装时造成的伤害。

2）车站内敷设光电缆的桥架、线槽挂设明显的标准牌，防止被其他专业施工时踩踏造成光电缆受损。

3）电缆引入间和机房内光电缆敷设完后要及时盖上线槽盖，以防踩踏。

11.6.4　施工工艺质量要点

（1）路复测应全面、严谨、准确，应与现场实际情况一致。

（2）光电缆配盘应充分考虑接头位置、余留长度，并避免使用短段光缆。

（3）光电缆敷设中应保证人员数量，避免拖地，拐弯处、过轨、人手井应有防护措施并派人看护避免磨损。光电缆外护（层）套不得有破损，线缆两端头密封性能良好。

（4）敷设过程中最小弯曲半径光缆不应小于护套外径的 20 倍，电缆不应小于护套外径的 15 倍。

（5）光电缆敷设时的张力、扭转力、侧压力应符合工厂规定；牵引力不应大于光缆允许张力的 80%，主要牵引力应加在光缆的加强构件上。

（6）施工过程中，应避免光电缆受冲击力和重物碾压，不得使光电缆变形；当发现变形时，应进行护套密封性检查及光缆衰减性能和电缆绝缘性能的检查测试。

（7）光电缆敷设应按照 A、B 端别顺序敷设，同类别序也应按照线径大小依次排列，线径小的靠近转弯内侧或急弯内侧。

（8）光电缆敷设应做适当余留，余留长度应符合要求。

（9）光电缆敷设完成后应进行必要的防护，避免因交叉施工造成光电缆受损。

11.7　电缆引入终端及成端

通信及弱电系统的电缆引入以及终端的做法在本节仅给出了可供简单理解和快速掌握的方法，更为细节的内容可参见"10.7 动力照明电缆头制作与导线连接"。

11.7.1　施工工艺要求

（1）电缆芯线接续做到线位准确、焊接牢固、扭绞均匀，无交叉及鸳鸯对现象。线径在 0.5mm 及以下的芯线采用接线子接续。

（2）直通电缆两侧的金属护层及屏蔽钢带必须有效连通，两侧芯线组序应一一对应。

（3）截面积 10mm² 以下的单芯或多芯电源线可与设备直接连接，即在电源线端头制作接头圈，线头弯曲方向应与紧固螺栓、螺母的方向一致，并在导线与螺母间加装平垫片和弹簧垫片。

（4）截面积在 10mm² 以上的多股电源线端头应加装接线端子（俗称线鼻子），接线端子规格应与导线型号相吻合，用压（焊）接工具压（焊）接牢固。接线端子与设备的接触部分应平整、并在接线端子与螺母之间应加装平垫片和弹簧垫片。

11.7.2　工艺流程

工艺流程如图 11-7-1 所示。

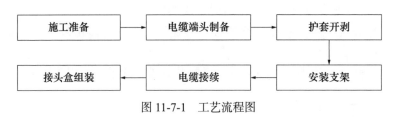

图 11-7-1　工艺流程图

11.7.3　施工准备

（1）根据电缆敷设记录找到接续点并引出。

（2）在接续点进行场地平整，有条件时宜搭设工作平台。

11.7.4　电缆端头制备

（1）用棉纱擦去电缆距端头 1.0～1.5m 范围内外护套上的污物。

（2）将接头部位理直，长度不小于 600mm。

11.7.5　护套开剥

使用电工钳将电缆端头剪平整，使用电工刀剥去同开口铜鼻子开口部分等长的绝缘层。注意开剥过程中不能损伤导体。等长不好控制时，可控制在 5mm 以内。

11.7.6　端子连接及防护

（1）在端子连接前，先套上规格对应的热缩管，将端子套在已开剥的电缆上，并用专用压线钳压紧后用电烙铁焊接。

（2）烙铁温度要始终保持高温，铜芯线与开口铜鼻子间要灌满焊锡，以防虚焊。

（3）端子焊接完成后，热缩管覆盖电缆开剥部位和端子压接部位，压盖电缆未剥部位应不小于 20D（电缆外径）。用喷灯对热缩管加热，加热时应从中部开始，横向圆周加热，使中间部位先收缩，然后再逐渐向两侧加热。

操作时注意事项如下：

1）加热时喷灯火焰应调节适当，不宜过猛。

2）热缩管收缩要均匀，不得有气泡存在。

3）热缩管未冷却前不得移动、碰撞。

4）多个热缩管的长度应保持一致。

11.7.7　连接支架安装

11.7.8　地线安装

（1）地线安装工艺与电缆成端工艺基本相同。

（2）地线的接地连接点应清除油漆、脏污等影响接地通路的杂质。

11.7.9 施工工艺质量要点

（1）电缆开剥应小心谨慎，不得伤及芯线绝缘层，开剥后应认真清洁。

（2）电缆开剥后应及时成端，不可长时间暴露在潮湿的空气中，有锈蚀的导体不得成端。

11.8 光缆引入终端及成端

11.8.1 施工工艺要求

（1）光缆接续不应在雨天、雾天和环境温度低于0℃情况下进行，空气湿度不大于70%。地下空间如遇粉尘、潮湿等恶劣环境影响时，应提前做好降尘、除湿工作，未达标前禁止开展作业。

（2）切割后的光纤不能长时间暴露在空气中，尤其是禁止暴露在多尘潮湿环境中。

（3）接头盒安装完毕，对盒体进行密封性检查，确保无漏气（水）现象。

（4）光缆在机房上光纤配线架（ODF）成端前，应对光缆进行绝缘处理，防潮层、加强芯和铠装层应做好电气隔离，彼此绝缘，且不接地。

11.8.2 工艺流程

工艺流程如图11-8-1所示。

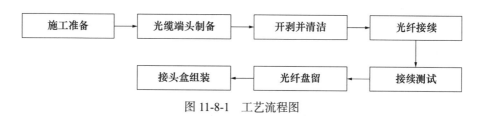

图 11-8-1 工艺流程图

11.8.3 施工工艺方法

11.8.3.1 施工准备

（1）根据光缆敷设记录找到接续点，将两侧的余留光缆引出槽道。

（2）在测试点连接测试仪表，做好测试准备工作，保持通信畅通。

（3）对使用的工具、仪表要进行检查，确保性能指标正常。

（4）光时域反射仪（OTDR）经过检定并在检定有效期内，检查仪表所需使用的电源应安全可靠。

11.8.3.2 光缆端头制备

（1）光缆开剥前先截去受潮、脏污或受损的端头。

（2）光缆按线径大小和芯数依次排列。

（3）检查A、B端别是否正确。

11.8.3.3 护套开剥

（1）光缆的开剥与切割均采用厂家提供或厂家督导所允许的专用工具作业。

（2）光缆在机房防静电地板下作一定余留后进行开剥固定，在 ODF 架底下固定架上用专用包箍进行固定。

（3）光缆固定后，所有光缆开剥口保持在一条线上，做到牢固、整齐、美观。

（4）考虑到 ODF 架收容盘为抽屉式，光纤松套开剥长度以不影响收容盘进出为原则。过长或过短均会影响收容盘拉出和推入，而造成光纤损坏。

11.8.3.4 清洁缆芯及连接器

（1）用棉签、棉棒、杆状清洁器、丙醇酒精依次擦拭清洁光纤已剥各层及连接器、耦合器。

（2）用罐装气吹气耦合器、连接器内的杂质和灰尘。

11.8.3.5 安装余留盘及盘留板

（1）按顺序检查光纤的排列，把两侧光纤分开理顺、编号。将两头已处理干净的带松套管的光纤 A、B 两端分别置入余留盘中，沿着引入口余留一个整圈，长度约为 700mm，然后再从原引入处引入至上面的光纤盘留板上，如有分歧光缆应将干线光缆和分歧光缆的松套管均盘留。

（2）用扎带在连接支架余盘留引入口将松套管固定，扎带不得收得过紧，松套管能自由伸缩为宜，然后装上光纤盘留板，把光纤引入至光纤盘留板上。如有分歧光缆，干线光缆和分歧光缆的引入顺序为：先引干线光缆，再引分歧光缆，便于维护时光纤盘留板的翻转。

（3）在光纤盘留板引入口处，用松套割刀将松套管环切一刀，轻轻折断并抽去，露出光纤，并用酒精棉擦净。然后用扎带将松套管固定在光纤盘留板上。

11.8.3.6 光纤接续

（1）光纤接续时按束管和色谱顺序编号。

（2）将光纤熔接机及专用工具放置在操作台上，用酒精纱布擦拭熔接机的 V 形槽、开剥钳的钳口、光纤切割器的切口部位，达到无尘、无油污、无潮气。

（3）光纤端面用光纤切割刀制备，熔接时其端面倾斜度必须小于 0.5°，如发现光纤端面不符合要求应重新制备。

（4）将光纤放入熔接机熔接。

（5）按照光纤熔接机操作程序进行光纤熔接。

11.8.3.7 光纤接续测试

（1）光纤接续完毕后对接头点进行检查，出现接头点有焊纹、接点呈球状、接点变细、轴向偏差、气泡等现象必须重新接续。

（2）光纤接续合格后，立即用光纤加强管加强保护，确保收缩均匀，无气泡。

（3）在测试点，将尾纤接入 OTDR，尾纤的另一端接 2km 左右裸光纤，再通过 V 形槽与被测光纤连接。

（4）接续点接完一根光纤后，通知测试点用 OTDR 测试光纤接头损耗。光纤接续损耗要求每个光纤接头双向平均损耗不大于 0.08dB/个，每个光中继段内平均接头损耗应不大于 0.04dB/个，每个光中继段内光纤的光衰减曲线应平滑。如不符合要求，应重新熔接。

11.8.3.8　光纤的盘留

（1）光纤熔接完后，用光纤接头保护管热熔保护。

（2）将熔接好的光纤盘于光纤盘留板内，盘留半径应大于 40mm。

（3）每层盘片最多盘留 12 芯光纤，盘留圈数尽量控制为偶数，以达到相互抵消扭力的作用，如盘留圈数是奇数应将扭度控制在 360° 以内。

（4）最后将光纤接头保护管按顺序放入固定槽内，每个槽道安放一根光纤保护管。

（5）收容盘左侧为光纤收容盘留，接续后有 1～1.5m 余留；收容盘右侧为尾纤收容盘留，接续后有 1～2m 余留。

（6）光纤盘留板之间加防震垫，直通光纤盘留在收容盘最底层，避免尾纤使用过程中对直通光纤影响。

11.8.3.9　接头盒组装

（1）接头盒组装前应填写接续卡片，并在组装过程中放入接头盒。

（2）严格按照接头盒操作细则或安装说明书进行组装。将接头盒下盒体由下而上套到连接支架上，用记号笔分别标出密封区域、光缆固定卡位置，然后在密封区域用密封带缠绕，缠绕外径约为 28mm，同样尺寸在堵头上缠绕密封带，在固定卡位置缠绕橡胶自粘带或塑料自粘带。

（3）把两根密封条分别嵌入盒体两边的槽道内，在盒体两端的中间也各放上两段密封条。

（4）在无光缆引入的盒体端口处放入缠好密封带的堵头，松开下盒体两侧的光缆固定卡，将下盒体自下而上套到连接支架上，然后将光缆固定卡拧紧固定光缆。

（5）将上盒体合到下盒体上，上下对齐，交替对角拧紧所有外部紧固螺栓。

（6）接头盒各部位及分布见图 11-8-2。

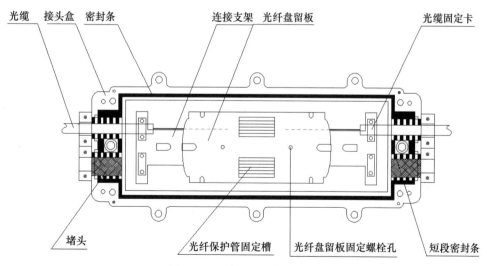

图 11-8-2　接头盒分布示意图

11.8.4　施工工艺质量要点

（1）光缆开剥后应认真清洁，裸露光纤、松套管上的油膏应擦净。

（2）光纤端面制作完成后端面不应倾斜、缺损或有毛刺。

（3）光纤接头应及时用光纤接头保护管热熔保护，并安放在固定槽内。

（4）接头盒组装时光缆及堵头的密封区域用密封带缠绕外径约为28mm，密封条分别嵌入盒体的槽道内，组装完成后盒体应密封。

（5）光纤接头双向平均损耗单模光纤应不大于0.08dB，多模光纤应不大于0.2dB。

（6）光缆接续完毕，将所有光缆挂上标牌，最后确认ODF机架可靠接地，终端盒、收容盘安装牢固。

11.9　机房设备安装工艺

11.9.1　需要准备的工具及材料

如表11-9-1所示。

表 11-9-1　需要准备的工具及材料

序号	工具名称	工具数量和型号	备注
1	电锤	根据配套冲击钻头ϕ12、ϕ14、ϕ16（mm）	电锤有四方头和圆头
2	手枪钻	麻花钻头ϕ4×10根ϕ9、ϕ12（mm）各5根	
3	磨光机	磨光机切割片10片	材料
4	移动电源箱插座	1个	
5	红外线水平仪	1个（5号电池）	
6	水平尺	1个	
7	吊坠	1个	
8	卷尺	2个	
9	直角钢尺	1个	
10	老虎钳	1个	
11	叉扳手	ϕ10、ϕ12、ϕ14、ϕ17、ϕ19（mm）各2个	

11.9.2　施工工艺要求

（1）机柜（架）的安装应端正牢固，垂直偏差不应大于机架高度的1‰，较高机柜（架）应采用膨胀螺栓对地加固；机柜（架）背面和侧面距离墙的净距不应小于800mm。

（2）机柜底座一般采用角钢制作，UPS、电池组等设备底座宜采用槽钢制作，根据设备用房地板承重能力设置应力扩散架。

（3）底座加工应根据机柜底面实际测量，不得采用机柜标称尺寸，底座高度与机柜连接面宜比实际尺寸小5mm，底座安装后应与机房防静电地板平齐。

（4）底座焊接处的焊渣必须清除并打磨光滑，底座刷漆或镀锌防腐处理。

（5）成套设备机框安装位置应符合设计要求；综合类设备盘面布置应符合设计要求或

系统集成商集成方案要求；设备之间宜预留散热空间，一般间隔1U。U为子架单元，具体描述见后续11.9.3（3）的内容。

（6）设备机框分为固定功能单板区、业务单板区，业务板位可混插，固定功能单板和业务单板不能混插，防止损坏设备。

（7）机框的连接器插针应平直整齐，电路插板的导轨应平滑，电路插板的锁定器应齐全可靠。

（8）插拔板卡需佩戴防静电手环。

（9）机柜内设备应在本机柜汇流排接地，机柜接地汇流排统一接到机房地线排上。

（10）底座、机柜安装示意图见图11-9-1。

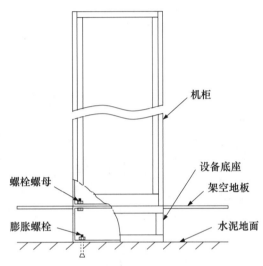

图11-9-1 底座、机柜安装示意图

11.9.3 工艺流程

工艺流程如图11-9-2所示。

图11-9-2 机房设备安装工艺流程图

11.9.4 施工工艺方法

11.9.4.1 底座安装

（1）安装位置符合设计要求，用膨胀螺栓固定底座，安装时先把底座排列整齐，用记号笔对底座的安装孔在底面上做好标记，画好后移开底座，用直钢尺和记号笔在画好的圆圈中心画"十"字线，打孔时电锤应垂直对准"十"字线中心，打孔深度为膨胀螺栓长度和锥头长之和，孔眼垂直，不得呈喇叭口状。

（2）孔内粉尘清除干净，用橡皮锤将膨胀螺栓敲入孔内，套管应全部没入孔内，取下螺母，将设备底座安装孔套入膨胀螺栓，在膨胀螺栓上依次套上平垫片、弹簧垫片、螺母，随后旋紧螺母。

（3）相邻底座要排列整齐，同一列底座的正面一侧应平直成一条直线，每米偏差不大于3mm，使用金属垫铁调平，用水平尺测量。

11.9.4.2 机柜安装

（1）将设备搬至底座上，安装孔与底座上的设备安装孔对齐。

（2）将安装螺栓套上平垫片自上而下穿过安装孔。

（3）安装螺栓套上平垫片、弹簧垫片、螺母，旋紧螺母，将机柜固定在底座上。

（4）机柜必须安装牢固、美观，做到横平竖直，如图11-9-3所示，用水平尺或吊线铅垂法，检查垂直度。机柜底部和上部垂直误差：前后左右的倾斜小于机柜高度的1‰。

（5）用手推动机柜上部，机架应无晃动。

（a） （b）

图 11-9-3 水平尺、吊线铅垂检查法工艺图例

（a）水平尺检查法；（b）吊线铅垂检查法

（6）安装实物图见图11-9-4。

图 11-9-4 机房机柜成排安装实物图

11.9.4.3　柜内设备安装

（1）按照设计及设备使用单位的机柜布局要求，统一安装子架；如子架安装位置无具体要求时，应视现场机架的尺寸、规格，按照统一美观、布局合理、便于维护、牢固可靠的原则进行安装，子架以"U"（3个方孔/U）为单元进行安装，子架间应留有间隔，易于通风、散热。

（2）设备、子架安装到位后，根据综合布线的整体线缆布局，做好子架标识。

（3）网络配线架、音频配线架采用2.5mm²接地线缆与机架连接。

11.9.5　施工工艺质量要点

（1）机框、设备安装位置应符合设计要求；综合类设备盘面布置应符合设计要求或系统集成商集成方案要求；设备之间宜预留散热空间，一般间隔1U。

（2）设备机框分为固定功能单板区、业务单板区，业务板位可混插，固定功能单板和业务单板不能混插，防止损坏设备。

（3）机框的连接器插针应平直整齐，电路插板的导轨应平滑，电路插板的锁定器应齐全可靠。

（4）插拔板卡需佩戴防静电手环。

（5）机柜内设备应在本机柜汇流排接地，机柜接地汇流排统一接到机房地线排上。

11.10　机房设备配线

11.10.1　施工工艺要求

（1）光纤分配架（ODF）、数字配线架（DDF）、机柜内设备端子板的位置、安装排列及各种标志应符合设计要求；ODF架上法兰盘的安装位置应正确、牢固、一致。实物图如图11-10-1所示。

图11-10-1　DDF配线架配线实物图

（2）电缆布放应符合图纸规定；设备信号线与电源线宜分道布放；若必须在同一走道，间距应大于50mm。

（3）光缆尾纤应按标定的纤序连接设备，弯曲半径不应小于40mm。

（4）电缆弯曲半径不得小于电缆外径的10倍。

（5）电缆配线不得有中间接头。

（6）光纤在槽道内应加套管防护。

（7）通信配线柜施工工艺实物图如图11-10-2所示。

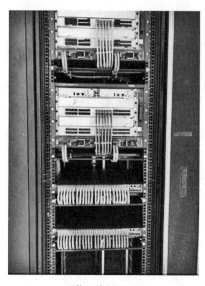

通信配线柜施工   通信配线柜施工

图11-10-2　通信配线柜施工工艺实物图

11.10.2　工艺流程

工艺流程如图11-10-3所示。

图11-10-3　机房设备配线工艺流程图

11.10.3　施工工艺方法

在工艺实施前，应先根据到货清单，核对通信设备及配线的型号、规格、质量、数量，应符合订货合同规定或设计要求，线缆型号、布线路径应符合施工图的要求。

11.10.3.1　线缆敷设

（1）根据施工图纸标明的规格选用配线，根据施工图纸标明的路径估算配线长度进行裁剪。

（2）配线不得使用破损、发霉和受潮的缆线，应外皮完整，必须是整条线料，中间严禁有接头。

（3）同一路径的配线应一起敷设，将配线理齐，用记号笔或标签做好编号，用绝缘胶带将配线端头包扎在一起，在槽道敷设时应先打开盖板，在管道敷设时应将配线端头与预穿铁线连接牢固，另一端抽出铁线拉出配线。槽道拐弯处、管道入口处应进行防护，避免损伤配线外皮。

（4）设备配线与电源线宜分道布放；若必须在同一走道，间距应大于50mm，使用同一线槽中间应有金属隔断。

（5）配线弯曲应均匀、圆滑，弯曲半径应符合要求：

1）大对数对绞电缆的弯曲半径应大于电缆外径的10倍。

2）非屏蔽对绞电缆的弯曲半径应大于电缆外径的5倍。

3）同轴电缆的弯曲半径应大于电缆外径的15倍。

4）室内光缆的弯曲半径应大于光缆外径的15倍。

5）光纤跳线的弯曲半径应大于50mm。

（6）各种配线应按顺序出线，布放应顺直、整齐（图11-10-4），无扭绞（图11-10-5）、无交叉（图11-10-6），绑扎间隔均匀，松紧合适，塑料带扎头应剪齐并放在隐蔽处（图11-10-7）。

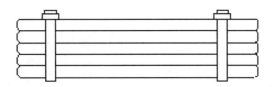

图11-10-4 绑扎整齐一致

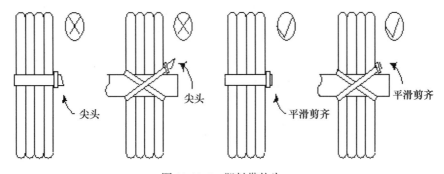

图11-10-5 塑料带扎头

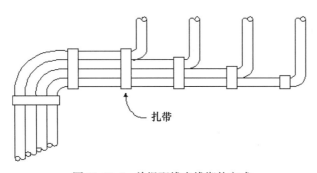

图11-10-6 单根配线出线绑扎方式

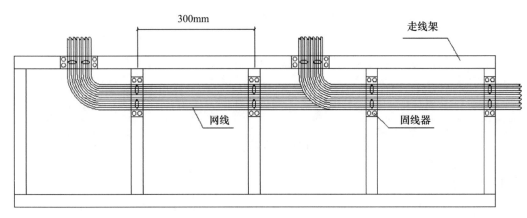

图 11-10-7　单束配线出线绑扎方式

（7）布线应尽量短而整齐；当线缆接入设备或 ODF、DDF、VDF、数据配线架时，应留有一定的余量，余留长度应统一。

（8）光纤尾纤应单独布放；软光纤在走线架或槽道内应加套管或线槽保护，不得挤压、扭曲；编扎光纤的扎带应松紧适度。机房线缆敷设工艺如图 11-10-8 所示。

图 11-10-8　机房线缆敷设工艺

（9）敷设好的配线两端应贴有标签，标明型号、长度及起止设备名称等必要的信息；标签应选用不易损坏脱落的材料。

11.10.3.2　线缆成端

（1）配线成端的方式应根据配线型号及配线架、设备的型号规格选用卡接、2M 头、BNC 头、以太网电接口插头和专用电缆插头等方式。

（2）配线终接上端子时，应采用专用的剥线工具开剥缆线端头。

（3）采用卡接时，必须使用卡接工具（图 11-10-9），选用卡接钳时缆线的芯线线径应符合卡接端子的要求。

（4）制作 2M 头时应严格按产品说明书进行，焊接牢固、压接可靠。

（5）制作 BNC 接头时，导体与屏蔽铜丝均应牢固连接，装配可靠。BNC 连接器见图 11-10-10。

图 11-10-9　卡接模块及工具　　　　　图 11-10-10　BNC 连接器

11.10.3.3　布线检查

（1）检查配线电缆的芯线应无错线或断线、混线。

（2）配线电缆芯线间的绝缘电阻要求：

1）音频配线电缆不应小于 50MΩ。

2）同轴配线电缆不应小于 1000MΩ。

（3）测试音频配线电缆近端串音衰减不应小于 78dB。

（4）用计算机网线作为数据配线或信号线时，应检查其长度和线对的使用符合设计或接口规范的要求。

11.10.3.4　视频线视频头制作工艺

（1）施工中最为常用的线缆，SYV-75-5 的视频线一般采用屏蔽层焊接，SYV-75-3 的视频线一般采用屏蔽层压接钳压接。S 是分类，表示射频同轴电缆。Y 是绝缘，表示聚乙烯线芯。V 是护套，表示聚氯乙烯。75 是特性阻抗，表示 75Ω。5 是绝缘标称外径，表示外径为 4.80±0.20mm。SYV-75-5-1，最后一个 1 是代表导体结构序号为单股 1/0.72mm。

（2）剥线

1）同轴视频电缆线由外向内分别为外绝缘护套、金属屏蔽网、内绝缘层、芯线，用偏口钳将缆线的端口剪平。剥线前先将视频头带弹簧的尾部拧下套入视频同轴线。

2）用单面刀片环切将视频同轴电缆的外护套剥去 20mm，小心不要割伤金属屏蔽线。将屏蔽线网离外护套约 6mm 处用小镊子或小螺丝刀向外挑开捋顺并剪去一部分，剩余部分拧成直径约 2mm 的铜线头，把白色塑料绝缘内护套在离外护套 8～10mm 处剥去，露出内导体，留 3mm 左右，多余部分剪去。

（3）焊接

1）将拧成一股的铜网线穿入视频头外导体焊接小孔后，将多余部分剪去后顺直、扁平贴在视频头外导体（不然屏蔽层焊接时太厚，视频头的尾部螺丝拧不上）。再将视频线芯线穿入视频头内导体焊接，要求在芯线焊接前先适当上焊。

2）焊接要求：均匀牢固、焊锡适量、焊点光滑、不呈现尖形、无假焊漏焊。

3）装配视频头。

4）焊接好屏蔽线和芯线后，将事先套入视频线的视频头尾部拧到视频头上并拧紧。

（4）测量

用万用表测焊接的接头是否有短路和不通现象。

11.10.4 数据线（UTP）水晶头制作工艺

网线水晶头有两种做法，但主要采用 T568B 标准，即：1 白橙，2 橙，3 白绿，4 蓝，5 白蓝，6 绿，7 白棕，8 棕。

11.10.4.1 网线开剥

使用网线压接钳剪去网线端头受损部分。套上水晶头护套后，用单面刀片或网线压接钳（图 11-10-11）开剥网线外皮约 20mm，裸出芯线，开剥后按 T568B 色谱整理排列，用食指与拇指捏紧检查色谱无误后，按水晶头长度剪去多余长度，芯线套上水晶头。

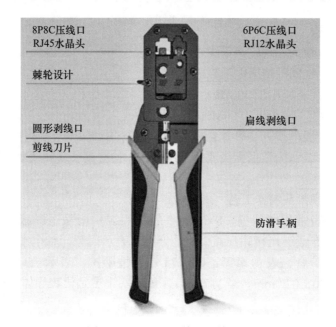

图 11-10-11　RJ45 接口压接工具

11.10.4.2 压接

用力将水晶头往内侧压紧，使芯线端部与水晶头内部铜芯卡槽的外端部贴紧，网线的外皮部分能进入水晶头的尾部凸槽内约 5mm，使用压线钳将水晶头进行压接。

11.10.4.3 网线成端测试

用网线测试仪测量网线成端是否正确。直通网线用网线测线仪测试时，8 个绿灯都应依次闪烁。顺序如下：一端：白橙／橙／白绿／蓝／白蓝／绿／白棕／棕；另一端：白橙／橙／白绿／蓝／白蓝／绿／白棕／棕。

测试方法：打开电源至 ON（S 为慢速测试挡，M 为手动挡）将网线插头分别插入主测试器和远程，对号器主机指示灯按顺序闪亮、显示以远端接收侧为准。

11.10.4.4 方向的规定

制作水晶头首先将水晶头有卡的一面向下，有铜片的一面朝上，有开口的一方朝向自己身体，从左至右排序为 1～8，水晶头接口方向及排序规定见图 11-10-12。

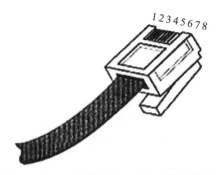

图 11-10-12　水晶头接口方向及排序规定

11.11　接地

11.11.1　施工工艺要求

（1）施工中应保证地线外护套不得有破损，缆线端头密封性能良好。

（2）地线敷设时的张力、扭转力、侧压力应符合工厂规定。

（3）施工过程中，应避免地线受冲击力和重物碾压。

（4）弱电竖井敷设地线时，必须对线缆进行固定保护，楼层之间采取防火封堵措施。

（5）地线端头应加装接线端子（线鼻子），接线端子尺寸与线径应吻合，用焊（压）接工具焊（压）接牢固。优先采用焊接，压接时接线端子与设备的接触部分应平整，并在接线端子与螺母之间应加装平垫片和弹簧垫片，拧紧螺母。

（6）导线应严格按照图样的标号，正确地接到指定的接线柱上。

（7）接线应排列整齐、清晰、美观，导线绝缘良好、无损伤。

（8）避免几根地线接到同一根接线柱上，一般元件上的接头不宜超过 2～3 个。

11.11.2　工艺流程

工艺流程如图 11-11-1 所示。

图 11-11-1　接地工艺流程图

11.11.3　施工工艺方法

11.11.3.1　地线敷设

（1）根据施工图纸标明的地线走向，结合施工现场实际情况，进行地线走向的二次规划。一般线缆扎带绑扎间隔为 150～200mm。

（2）地线与信号线宜分道布放；若必须在同一走道，间距应大于50mm，使用同一线槽中间应有金属隔断。

（3）在水平、垂直桥架和垂直线槽（架）中敷设时，应根据地线的外径分束绑扎，绑扎间距应均匀，松紧适度，不得有明显的扭绞现象，线缆不得溢出走线槽，避免挤伤缆线。

（4）引入的机柜或终端设备端附近的地线按布放顺序进行绑扎，防止地线互相缠绕，地线绑扎后保持顺直，水平线缆的扎带绑扎位置高度相同，垂直地线绑扎后能保持顺直，并与地面垂直。

（5）槽（架）三通或直角弯处，地线转弯保持圆滑整齐，同层弧度一致，上下层对齐，敷设过程中最小弯曲半径不得小于其外径的6倍。

（6）地线布放时，应保持黄绿色标平直、整齐，绑扎间隔均匀，松紧合适，塑料带扎头应剪齐并放在隐蔽处。成束地线绑扎实物图见图11-11-2。

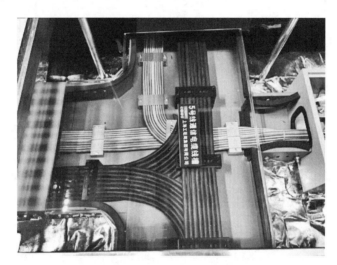

图11-11-2　成束地线绑扎实物图

11.11.3.2　地线成端

（1）铜线端制作（焊接）。

（2）缆线开剥。

（3）使用电缆剪将地线端头剪平整，使用单面刀片剥去同开口铜鼻子开口部分长度的绝缘层。

（4）具体操作步骤如下：

1）如图11-11-3取齐所示，剪去地线端面不齐部分。

2）如图11-11-4剥线所示，开剥地线，露出导体。

3）如图11-11-5剥线长度控制所示，地线绝缘层开剥长度应与接线鼻子开口同长度。

（5）在地线或电源线套上热缩管（与缆线颜色相同），将铜鼻子套在已开剥的地线上并用专用压线钳压紧后用电烙铁焊接。压接铜鼻子前需套上热缩管，具体见图11-11-6。烙铁温度要高，铜芯线与开口铜鼻子间要灌满焊锡，以防虚焊。地线焊接工艺见图11-11-7。

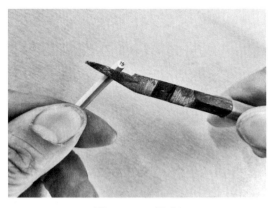

图 11-11-3　取齐

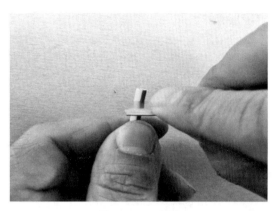

图 11-11-4　剥线

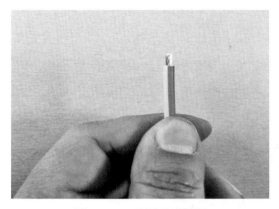

图 11-11-5　剥线长度控制

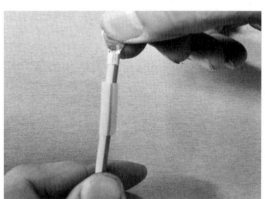

图 11-11-6　压接铜鼻子做法

（6）热可缩套管焊接完后，将预先套入的热可缩管推到焊接部位用喷枪加热，使热可缩管遇热缩紧。热缩套管制作见图 11-11-8。

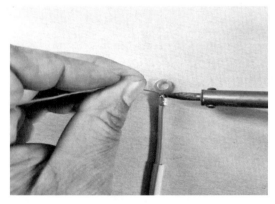

图 11-11-7　地线焊接工艺

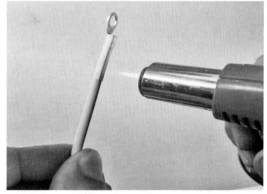

图 11-11-8　热缩套管制作图

11.11.3.3　铜线端制作（压接）

（1）缆线开剥

使用偏口钳将地线端头剪平整，使用单面刀片剥去同地线铜鼻子有效套管部分等长的绝缘层，裸出芯线，并先套入热可缩套管。

（2）压接

将地线铜鼻子套到被剥开的芯线上，用压接钳压接牢固；如果铜鼻子的套管部分比较长，需压接两道。

（3）缩热可缩管

地线铜鼻子压接完后，把预先套入的热可缩管套到铜鼻子压接部位和缆线开剥部位，用喷枪将热缩管热缩，如图 11-11-8 所示。地线盘上所有热缩管的长度要保持一致，热缩部位紧实无缝隙。

11.11.4 施工工艺质量要点

（1）地线连接良好，测试接地电阻值符合设计要求。

（2）地线严禁错接与短路，接触必须牢固。

（3）地线箱成端如图 11-11-9 所示。

图 11-11-9　地线箱成端

11.12　车控室设备安装配线

11.12.1　设备安装

（1）车控室设备安装前对周围构筑物尺寸进行核对，周围留出足够的操作和维护的空间。

（2）车控室终端、打印机等应规格一致，型号统一，摆放整齐（图 11-12-1）。

图 11-12-1　车控室通信系统部分终端

（3）各种线缆出线口位置合理，操作台不压迫开孔地板，也不易被操作人员碰触。

（4）操作终端应设置标识，便于管理。

11.12.2　设备配线

（1）设备配线前须核对配线线缆的规格、型号、数量符合设计要求，并进行电气性能测试。

（2）线缆弯曲时应均匀、圆滑一致，配线线缆中间不允许有接头。

（3）电源线缆和数据线缆应分开布放，绑扎整齐、美观。

11.12.2.1　光缆

（1）光缆引入设备后用光时域反射仪（OTDR）进行测试，确保光缆无损伤，备用量（够熔接三次的长度）盘于设备下方绑扎整齐。

（2）光缆与尾纤熔接在终端盒内整齐、牢固，多余线芯绑扎整齐，光纤弯曲半径不小于 40mm。尾纤、光缆两端标识齐全、字迹清晰。

（3）光缆熔接后均要进行损耗测试。单模光纤接续平均损耗不大于 0.1dB，多模光纤接续平均损耗不大于 0.2dB。

11.12.2.2　数据电缆

（1）线缆在终接前，核对线缆标识内容的准确性。

（2）线缆终接处牢固，接触良好。

（3）屏蔽网线终接时，每一对对绞线应保持扭绞状态，扭绞松开长度不宜大于 13mm。对绞线与 8 位模块式通用插座相连时，必须按色标和线对顺序进行卡接。

（4）屏蔽对绞电缆的屏蔽层与连接器件终接处屏蔽罩应通过紧固器件可靠接触，缆线屏蔽层应与连接器件屏蔽罩 360° 圆周接触，接触长度不宜小于 10mm。屏蔽层不应用于受力的场合。

（5）网线套入标志套管后按照标准压好水晶头，经测试合格后插入工控机（交换机）网口。

11.12.2.3　电源电缆

电源电缆芯线与设备连接须符合以下规定：

（1）芯线截面积在 10mm^2 及以下的单股铜芯线直接与设备的端子连接。

（2）芯线截面积在 2.5mm^2 及以下的多股铜芯线拧紧搪锡或接续端子后与设备端子连接。

（3）芯线截面积大于 2.5mm^2 的多股铜芯线，除设备自带插接端子外，焊接或压接端子后再与设备端子连接。

（4）每个设备的配线端子接线不应多于 2 根电线。

（5）电源电缆的芯线连接管和端子规格与芯线的规格适配，并且不能采用开口端子。

（6）设备配线前需要套入印有始点、终点、型号、长度的标识标牌，交流电源线缆剥开约 50mm 长度，套上热缩管，三芯线缆端头护套分别剥掉约 7mm，插入压针内（注意：铜芯线不得裸露出压针护套外），用压线钳压紧。正、负端子严禁接错、短路。

（7）使用专用工具进行插接，无裸露导电部分，插接完成后要对配线连接牢固进行检验。

11.13　车站终端设备安装配线

11.13.1　摄像机吊杆、支架、立杆安装

11.13.1.1　吊杆安装

（1）仔细对照设计图纸及现场实际情况确定摄像机的安装位置，确保摄像机的视界及角度满足设计要求，安装时摄像机位置可进行微调（0.5m 以内），避免被其他设备（如：PIS 系统显示屏、AFC 系统的导向牌、装修专业的导向牌等）和建筑物遮挡。摄像机的具体安装位置根据现场情况最终确定。

（2）吊杆分为上下两部分，采用套筒式连接，可调节长度。有装修吊顶时，上部分吊杆应装在吊顶上方，下部分伸出吊顶的吊杆需要装修专业配合开孔，当吊顶为隔栅式或金属网时，尽量保证吊杆从格栅的缝隙中伸出；当吊顶为板式（无缝隙式）时，需在吊顶上开孔，开孔尺寸与吊杆下部分外径匹配，尽量减少吊杆与孔洞的缝隙，误差应小于 5mm。根据装修的要求，在吊顶上方的吊杆需要喷黑，此时要采取保护措施，避免吊杆的下半部分被污染。

11.13.1.2　支架安装

侧装摄像机采用支架安装方式，安装前应仔细对照设计图纸及现场实际情况确定摄像机的安装位置，确保摄像机的视界及角度满足设计要求，安装时摄像机位置可进行微调（0.5m 以内），避免被其他设备（如：PIS 系统显示屏、AFC 系统的导向牌、装修专业的导向牌等）和建筑物遮挡。摄像机的具体安装位置根据现场情况最终确定。支架采用膨胀螺栓固定在侧墙上，根据摄像机摄像范围定制支架长度，支架颜色应与摄像机外壳匹配。

11.13.1.3　立杆安装

（1）室外摄像机采用立杆方式进行安装，安装前应仔细对照设计图纸及现场实际情况确定摄像机的安装位置，确保摄像机的视界及角度满足设计要求，安装时摄像机位置可进行微调，避免被其他设备和建筑物遮挡，摄像机的具体安装位置根据现场情况最终确定。

（2）立杆设计制作时应考虑摄像机、配线箱安装支架、出线孔，立杆高度符合设计要求。立杆基础内应预留穿线管，待杆体调好垂直、摄像机安装配线完毕后，将地脚螺栓用水泥封好，并制作硬化面。视频杆应就近与接地体可靠连接，接地电阻满足设计要求。

11.13.1.4　摄像机安装

现有厂家均能够提供详细的设备安装说明，此处不再赘述。

11.13.1.5　摄像机配线

（1）设备配线前须核对配线线缆的规格、型号、数量符合设计要求，并进行电气性能测试。

（2）线缆弯曲时应均匀、圆滑一致，配线线缆中间不允许有接头。

（3）电源线缆和数据线缆应分开布放，绑扎整齐、美观。

（4）光缆配线工艺：

工艺要求与 11.12.2.1、11.12.2.2、11.12.2.3 车控室设备安装配线／设备配线／光缆、数据电缆、电源电缆内容相同。

11.13.2 乘客信息系统（PIS）显示屏安装

11.13.2.1 LCD显示屏安装（单臂单屏、单臂双屏、吊装形式）

（1）吊架安装采用不小于M12的膨胀螺栓固定，显示屏采用吊挂安装，站台屏箱底面距装修地面高度一般不低于2.3m。出入口显示屏应与出入口导向标志协调配合。显示屏应安装水平，固定牢固。

（2）前端控制设备（视频转换分配器和接入交换机等）安装在显示屏箱体内。

（3）设备线缆应从吊杆引入设备箱，外露部分应穿保护管保护。

（4）安装时应尽量避免与其他设备产生遮挡；避免灯带与显示屏安装位置冲突，避免灯带的灯光对显示屏造成影响。

（5）站厅、站台PIS显示屏吊杆的安装方式和尺寸的长短需在现场实地测量后加工，测量依据为土建提供的50线、设计图纸提供的吊顶高度及PIS显示屏的安装高度。

（6）PIS显示屏安装前进行初调，确认PIS显示屏能正常工作。将PIS显示屏安装于支架、吊架上，调整PIS显示屏平衡，根据现场情况调整，以保证最佳图像效果（图11-13-1）。

图11-13-1 乘客信息显示屏安装效果

11.13.2.2 乘客信息系统（PIS）显示屏配线

乘客信息系统（PIS）显示屏配线工艺与11.13.1.5摄像机配线相同。

11.13.3 广播安装

11.13.3.1 室内扬声器（吸顶、格栅内、音箱音柱式）安装工艺

（1）按设计图纸位置，将扬声器吊架、支架安装于相应的吊顶、天花板（图11-13-2）或侧墙上，并注意是否有影响扬声器声音传播的情况。若出现这一情况，与设计沟通纠正措施。支架、吊架安装牢固，其负荷强度满足设备安装要求。

（2）设备区走廊明装音柱根据设计要求的高度和角度位置预先设置膨胀螺栓或预埋吊挂件。

（3）为提高广播的声音均匀度，站台和站厅播音区扬声器以小功率大密度的方式布置。

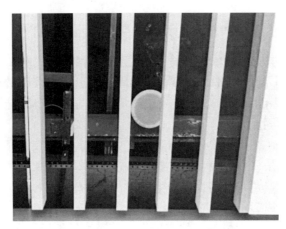

图 11-13-2 广播格栅内吊顶安装

（4）站台层采用奇偶跨接法安装。站厅层采用梳状或交叉间隔排列安装。

（5）密切注意装修施工，扬声器的安装与站厅站台顶棚封顶同步进行。

（6）扬声器安装完毕，对扬声器网进行交流阻抗测试。

（7）广播缆线穿放前，确保所穿放通道畅通、清洁，确保钢管口、桥架口、出线盒等无毛刺现象，保证线缆穿放时外护套不受损伤。

11.13.3.2 室外扬声器（号筒、音箱柱式）安装

（1）安装室外扬声器，根据设计图纸确认合适位置，一般可选在墙壁、结构钢材等位置，按要求先固定室外扬声器底座，再将室外扬声器安装在钢板上。

（2）室外扬声器底座严禁倒置安装，避免设备无法安装。

（3）广播电缆从线路槽道至电话机采用钢管加装出线盒，并连接软管防护。

（4）线缆进入室外扬声器配线时可作适当余留，具体配线原理应咨询督导。

11.13.3.3 隧道内扬声器安装

（1）安装隧道内扬声器时，先按照图纸里程位置，在侧墙上定位，再采用膨胀螺栓固定扬声器底座，并将扬声器安装在底座上。

（2）扬声器的底座严禁倒置安装，避免电话机无法安装。

（3）隧道广播电缆从线路槽道至电话机可用钢槽或钢管防护。

（4）隧道扬声器电缆敷设到位后，对电缆进行靠边绑扎、挂牌等处理。

（5）线缆进入广播电缆配线时可作适当余留，具体配线原理应咨询督导。

11.13.3.4 广播配线

（1）线缆在终接前，核对线缆标识内容的准确性。

（2）线缆终接处牢固，接触良好。

11.13.4 时钟

11.13.4.1 安装工艺

（1）仔细对照设计图纸及现场实际情况确定时钟的安装位置，确保时钟的安装满足设计要求。安装时，若时钟的安装位置与其他系统设备的位置冲突，可视现场情况进行微调。

（2）设备区时钟安装方式为壁挂式。在其安装位置后的墙面用两个 M6 膨胀螺栓将安装附件固定牢固，然后将单面数字子钟信号线、电源线与预留在预埋盒里的线缆连接，最后将子钟挂在安装附件上即可（图 11-13-3）。安装标高：无吊顶的房间，子钟底边一般距离装修地面 2.7m；有吊顶的房间，子钟上沿一般距装修吊顶 200mm。

图 11-13-3　壁挂式日历时钟安装效果

（3）公共区时钟安装方式为吊杆安装。当吊顶为隔栅式或金属网时，尽量保证吊杆从隔栅的缝隙中伸出；当吊顶为板式（无缝隙式）时，需在吊顶上开孔，子钟底边一般距离装修地面 2.8m。

（4）库内时钟根据现场定制支架进行安装，时钟引入线缆应穿金属软管保护，接头放置在接线盒内，做好防水处理。

11.13.4.2　时钟配线

时钟配线工艺与 11.13.1.5 摄像机配线相同。

11.13.5　无线 AP 设备安装

11.13.5.1　AP 设备安装

（1）设备安装位置应符合设计规范定。

（2）天线朝向遵循集成商技术规定。

（3）天线安装一般有侧墙安装方式和吸顶安装方式，安装注意事项：

1）车控室等有人值守房间必须设有 AP。

2）吸顶安装 AP 时，不能临近造成遮挡的梁、柱等处。

3）侧墙安装时不能有其他设备遮挡。

4）地下车站的小站台处、高架车站的端部应检测无线信号，过弱时应加装 AP 设备。

11.13.5.2　车库内 AP 设备安装

（1）设备安装位置、安装方法应符合设计和相关技术要求，天线顶面应与钢轨平行，距钢轨顶面距离应符合设计规范定。

（2）天线有定向天线和不定向天线，定向天线方向朝向一定要安装正确，不定向天线安装位置按照集成商技术规定。

（3）天线安装一般有支架安装方式和立柱安装方式，立柱安装于户外及位置充足地方，并无障碍物阻挡。

（4）支柱安装。

1）安装好立柱。

2）使用钻模在安装点上标记钻孔。

3）使用 M12 的钻头，钻孔深 95mm。

4）清洁钻孔，并放上地脚螺栓。

5）将支柱支撑板使用 4 个螺母用扭力扳手（60N·m）进行固定。

6）将支柱支撑的 4 个螺栓之一与设备接地进行接地连接。

7）天线支架安装在支柱上，室外天线立柱应加装避雷针。

（5）AP 天线先进线电缆必须采用线夹固定，不能剥除护套，不能连接金属铠装与支撑弓，可以通过热缩管实现。出线电缆必须剥除护套，露出金属铠装，使用线夹将出线电缆的金属铠装固定在支撑弓上。

（6）AP 天线要安装稳固，地面上 AP 天线在固定支柱上，必须确保天线安装板固定，天线安装正确，防止天线上下方向装反。

11.13.5.3　无线 AP 设备配线

无线 AP 设备配线工艺与 11.13.1.5 摄像机配线相同。

11.13.6　无线天线、馈线

11.13.6.1　安装工艺

（1）天线的安装高度和方位角须符合设计文件要求，定向天线须用罗盘定向以确保指向正确。

（2）必须确保天线在避雷针保护区域范围内，天线支架就近接入避雷接地网。

（3）天线的固定夹、调节装置、天线附件在安装前预先组装完成，注意天线的两个固定夹不能装反。

（4）调整天线直到方位角满足设计的要求（图 11-13-4）。调整好后将下端固定夹的螺钉拧紧。用倾角仪靠在天线的背面，轻轻推动天线直到下倾角满足设计的要求（图 11-13-5）。

（5）天线与跳线连接时宜做好避水弯，连接处做好防水。

图 11-13-4　天线俯仰角调整示意图

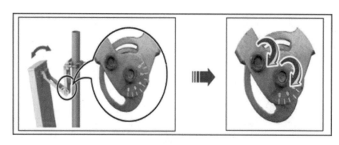

图 11-13-5　倾角仪倾角调整示意图

（6）馈线敷设时采取措施确保敷设缆线的平、顺、直，并保证馈线的最小弯曲半径。

（7）同一段馈线必须是整条线缆，严禁中间接头。

（8）馈线引入室内后，安装防雷保护器接引跳线至设备，防雷保护器不应与走线架接触。

11.13.6.2　无线天线、馈线配线

（1）天馈线的连接均采用跳线连接，主要有天线与跳线、跳线与功分器、跳线与馈线、跳线与避雷器的连接。

（2）在整个天馈线的安装过程中，连接头制作是一项非常重要的工作，操作的规范性与正确性，将直接影响到天馈系统的工作性能，由于连接头的种类繁多制作方法不尽相同，所以连接头的制作应参照配套的接头制作说明书进行。

（3）开始制作接头前应仔细阅读接头制作说明书，熟悉接头的制作方法，接头的制作应使用专用的接头制作工具。

制作方法如下：

1）将电缆拉直，电缆接头以下 150mm 保持垂直。

2）距接头约 40mm 波谷处，剥下护皮。

3）将电缆头放入组合刀具中，按箭头方向轻轻旋转约 12 次。

4）去除外导管、护皮、泡沫和胶粘剂。

5）距电缆头约第六个波谷处安装 O 形圈、并安装弹簧圈和接头体。

6）将内导体插入卡具小孔中，切除小孔外部分，保留内导体约 6～8mm。

7）锥削内导体，使其边缘厚度约 1mm。

8）清除毛刺，并用铁刷或防水胶泥去除残渣。

9）用小刀压紧泡沫塑料，使其与边缘保持 1.5mm 间距。

10）安装连接头并固定，用钳子将紧固螺母拧紧，保证连接件中间密闭。

注：为保证馈线端面的平整，切割馈线时馈线前端一定要保持平直，在用切线器切割馈线时不要用力过大或过猛。室外跳线的绑扎应使用黑色扎带，室外连接头必须进行防水密封处理。

11.13.7　时钟天线

11.13.7.1　安装工艺

（1）技术要求

1）时钟天线应尽量避开山坡、树林、高层建筑物、铁塔、高压输电线等对天线波束的阻挡。

2）天线主波束方向上应有足够的视界，天线正前方应有尽可能宽的视角。一般要求以天线基点为参考，对障碍物最高点所成的夹角小于10°，原则上是顺着天线头往上看能够看到360°的天空。

3）天线架设应避开风口，以减小天线的风载。根据设计要求设置避雷针，天线及馈线应设置在现场避雷针避雷范围内。

4）线固定在天线支架上，支架应垂直固定，安装牢固。

5）线与跳线的接头应接触良好并做防水处理，接头附近馈线宜做"滴水弯"。

（2）安装过程及工艺要求

1）安装前应确认天线的型号、规格与设计要求是否一致。

2）检查天线的外观有无凹凸、破损、断裂等现象，并做好相应的记录与处理。

3）检查天线的驻波比，应符合相关技术标准的规定。

4）天线的安装位置应符合设计文件要求。

5）按照施工地区的环境条件采用合适的天线固定方式，满足天线强度要求。

6）室外安装天线支撑架时，连接地线应就近焊接于防雷接地装置。

7）馈线的固定可以根据现场情况采用馈线卡具、吊线、走线槽（架）等方式进行；馈线弯曲半径应符合所用电缆的技术要求，不宜过小。室外安装天线时，馈线应通过馈线密封窗导入室内。

8）天线安装时，先将天线头安装在天线支架上，再将天线支架用膨胀螺栓固定在建筑物顶端，根据安装条件需要时可以使用弯角支架（备选件）。

11.13.7.2 时钟天线配线

时钟天线配线工艺与11.13.6.2 无线天线、馈线相同。

11.13.8 周界告警

11.13.8.1 安装工艺

（1）安装于段场外墙上，线缆采用钢管沿墙向上明敷方式由就近人 / 手孔引入。

（2）红外对射终端安装应垂直，高度落差应在设计规定范围内。

（3）红外对射终端间距离应在设计规定范围内，中间应无障碍物遮挡。

11.13.8.2 配线工艺

周界告警设备配线工艺参见 11.13.1.5 摄像机配线。

11.14 区间设备安装配线

11.14.1 区间直放站设备安装配线

11.14.1.1 技术要求

（1）直放站设备一般采用壁装或抱杆安装方式。设备下沿距地面最小距离应大于 500mm，以便于施工和维护并防止雨洪积水灌淹。如图 11-14-1 所示。

图 11-14-1　直放站设备示意图

（2）支架安装时，设备安装在指定位置，壁挂安装时设备以下端为基准面平齐，间距一致。

（3）互联电缆应横平竖直，自然弯曲，下沿一致；电缆可采用线槽防护。

（4）进线处加装防水接头，缆线应可靠固定。

（5）设备接入接地扁钢。

11.14.1.2　直放站设备安装工艺

（1）根据设计图纸确定直放站远端机和走线架的安装位置。

（2）远端机采用壁挂安装，安装高度为距地 1400mm，隔离变压器（防雷箱）和光缆终端盒安装在远端机两侧，与远端机间隔 250mm，安装位置参考光缆引入口位置，终端盒和引入口相近。电池柜安装在终端盒下方地面上，与终端盒左侧平齐，距后墙 100mm 位置，线缆引入采用 VXC200mm×160mm 工业线槽进行防护。

（3）光缆在室外做绝缘节和余留处理，通过引入井进入室内，经走线架、线槽引入光缆成端盒中成端。

（4）馈线引入室内后经防雷器转接 1/2 跳线，接引至远端机。馈线布放弯曲半径应符合规范要求。

（5）按设计要求做好接地工作。

11.14.2　区间无线 AP 设备安装配线

11.14.2.1　技术要求

（1）AP 天线、箱体，安装支柱符合安装标准不得侵限。

（2）箱体不宜直接与隧道壁、地面接触，需安装箱体支架，支架需可靠牢固。安装好后箱体面需与地面、轨平面垂直。

（3）箱体应密封良好，底部防水接头应安装牢固，箱内配线应绑扎整齐，元器件安装应齐全、牢固。

（4）AP 箱体应当使用 16mm^2 接地电缆连接到接地扁钢上。

11.14.2.2　区间内 AP 设备安装

（1）设备安装位置、安装方法应符合设计和相关技术要求，天线顶面应与钢轨平行，距钢轨顶面距离应符合设计规范规定。

（2）天线有定向天线和不定向天线，定向天线方向朝向一定要安装正确，不定向天线安装位置按照集成商技术规定。

（3）天线安装一般有支架安装方式和立柱安装方式（见 11.13.5.2 相关内容），支架安装于密闭狭窄隧道顶部或隧道壁上。

11.14.2.3　支架安装方法

（1）安装前把支架与天线拼装完整。

（2）使用钻模在隧道壁上标记钻孔。

（3）用 8mm 钻头钻深 65mm 的孔。

（4）将钻孔清理干净并将螺形地锚放进去。

（5）采用 13mm 扭力扳手（20N·m），用四个螺母（包括在锚定装置中）将连接天线的支架进口在其底座上。

（6）将 AP 的接地针与设备接地进行接地连接。

11.14.3 区间广播设备安装配线

11.14.3.1 工艺流程

工艺流程如图 11-14-2 所示。

图 11-14-2 区间广播设备安装配线工艺流程

11.14.3.2 工艺要求

（1）扬声器安装前应确定现场是否有影响扬声器声音传播的情况。

（2）支架、吊架安装牢固，其负荷强度满足设备安装要求。

（3）扬声器安装完毕，对扬声器网进行交流阻抗测试。

（4）为了消除电源对广播信号的干扰，扬声器的用电采用带屏蔽的电源线供电。

（5）信号线和电源线分开布放。

11.14.3.3 区间隧道内扬声器安装

同 11.13.3.3。

11.14.4 区间摄像机设备安装配线工艺

区间摄像机的安装应避开各类综合管线以及预留管廊通道，并与接触网保持足够的电气距离，其安装配线方式与车站摄像机相同。

11.15 铁塔

11.15.1 施工工艺要求

（1）铁塔相互连接的主材及其连接板在安装前需进行试装。

（2）每一个结构单元安装完毕须及时进行校正和固定。

（3）螺栓穿入方向一致，螺母拧紧后，螺栓外露丝扣不得少于 2 扣。铁塔最下面 5m 高度内的螺栓要采取防盗措施。

（4）铁塔主体结构全部安装完，用经纬仪检查垂直度，铁塔的中线垂直倾斜度不得超过塔高的 1/1500。

（5）平台安装位置须符合设计要求，铁塔楼梯踏步板应平整，倾斜允许偏差 ±2.0mm，均与铁塔结构件牢固连接。

（6）天线支架挂高、方位须符合设计要求，并与铁塔结构件牢固连接。

（7）铁塔航空障碍灯安装位置须符合设计要求。当采用交流供电时其电源线必须为屏蔽线，同时外屏蔽套上下两端应接地；当采用太阳能电池作为电源时须采用相应防雷措施。

（8）为确保施工人员安全，五级风以上不得进行铁塔安装。

（9）铁塔距地面 3m 高处安装"登高危险、严禁攀爬"标识牌。

11.15.2 工艺流程

工艺流程如图 11-15-1 所示。

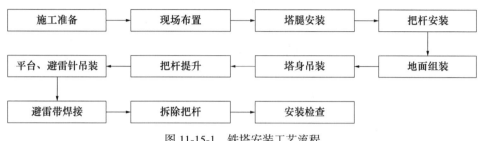

图 11-15-1 铁塔安装工艺流程

11.15.3 施工工艺方法

11.15.3.1 施工准备

（1）机具准备：配备相应的施工机具和仪器仪表，并检查机具的安全可靠性，以及仪器仪表的精度是否满足测量需要和在检验期内。

（2）材料准备：检验铁塔规格，质量文件，进场材料报验。

（3）根据现场情况确定铁塔组立方式。

11.15.3.2 现场布置

根据现场情况，确定吊车起重位置、地面组装位置。为安全起见，避免高空坠物的危险，地面组装位置应距塔高 1.2～1.5 倍。

11.15.3.3 地面组装

（1）组装前按施工图纸注明的塔材编号，分段排放塔材，核对塔材及螺栓数量；缺件情况及时向材料站反馈。

（2）组装的顺序应符合吊装顺序的要求，塔身下段、中段主要是组装爬梯，上段主要是爬梯、平台、避雷针的组装。

（3）在现场临时组合各分段塔身，分段直径满足图纸要求，高度为塔体散件的高度。为保证吊装对口工艺质量要求，在分段组合时，必须对上下口进行校验。分段组合完成后，各段均须在上下端口外侧标明圆周 0°、90°、180°、270° 线，吊装时以此为基准进行调整。

11.15.3.4 塔身吊装

在基础上（图 11-15-2）找出塔体安装中心基准线、标高基准线，放出十字中心线，并做好标记，进行塔底板支撑结构的安装，然后在其上铺设底板并调整水平。

（1）首先利用吊车将第一段筒体吊起（图 11-15-3），平移到基础上方，对准塔身与基础上所做的标记，注意塔身上的馈线口方向，慢慢下落塔身，并用撬杠拨动塔身，使其螺栓孔与基础螺栓对准，直到塔身完全落到塔底板上，用力矩扳手初步拧紧螺母，用经纬仪或线坠测量该段塔身的垂直度和中心偏差，并做必要的调整以满足设计要求，然后拧上各螺栓上的第二个螺母。然后依次进行以上各段塔身的吊装，直至安装到塔顶。

（2）连接上下塔身时，用撬杠或千斤顶拨动上塔身，使上下中心线对齐，用经纬仪观测的方法进行检查，上下翼板的错位不得大于1mm；缝隙处的坡口角度偏差不得大于±5°，装上安装定位连接件。

（3）采用法兰连接的节点，法兰接触面的贴合率不低于75%，用0.3mm塞尺检查，插入深度的面积之和不得大于总面积的25%，法兰间隙超过0.8mm时，应用垫片垫实，垫片应镀锌，做防腐处理。

（4）采用节点板连接的节点，相接触的两平面贴合率不低于75%，用0.3mm塞尺检查，插入深度的面积之和不得大于总面积的25%。塔身中心垂直倾斜不得大于全塔高度的1/1500，钢塔扭转角不得大于±0.1°。

11.15.3.5 天线支柱安装

塔身吊装完毕后，按照设计的天线加挂支柱高度及方位、平台位置，将天线加挂支柱安装就位（图11-15-4）。

 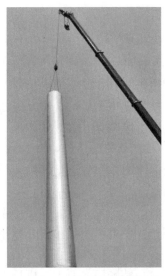 

图 11-15-2 塔身基础实物图　　图 11-15-3 铁塔吊装实物图　　图 11-15-4 天线加挂支柱
安装示意图

11.15.3.6 铁塔安装检查

铁塔安装好后，用经纬仪分别从铁塔的两个垂直方位对铁塔的垂直度进行测量，铁塔的中线垂直倾斜度不得超过塔高的1/1500。如果达不到标准，要进行校正。

11.15.4 施工工艺质量要点

（1）铁塔垂直度符合设计要求。

（2）天线加挂支柱高度及方位、平台位置及尺寸、爬梯的设置方式及紧固度应符合设计要求。

（3）防雷接地方式、位置符合设计要求。

（4）避雷针安装位置及高度应符合设计要求。

11.16 门禁系统

门禁系统由就地控制器、出门按钮、紧急出门按钮、读卡器、磁力锁等组成。

11.16.1 门禁安装

（1）就地控制器安装

1）仔细对照设计图纸及现场实际情况确定门禁的安装位置，确保门禁的安装满足设计要求。安装时，若门禁的安装位置与其他系统设备的位置冲突，可视现场情况进行微调。为了确保安装时就地控制器不受物理损坏，建议安装就地控制器箱体前将就地控制器自安装箱内取出。

2）就地控制器安装牢固，固定支点不得少于4个。

3）不要将就地控制器及其电缆安装在高电压设备附近，如：配电柜、电动机、变频器、电力变压器等。

4）就地控制器底边与门框齐平，距门框边缘200mm，如遇到房间内有吊顶则安装在吊顶以上高度，特别注意不要安装在车站控制室内。

（2）出门按钮、紧急出门按钮、读卡器

1）要有安装底盒，无底盒条件下安装位置须采用加固处理，特别是石膏板墙和普通隔墙。

2）出门按钮及紧急按钮（房间内）安装在门锁侧距离门框300mm的墙上；按钮安装高度尽量与房间内其他开关的安装高度一致，无其他参照物时，按钮下沿距离地面（完成面）1400mm（或控制在1200~1500mm）。

开门按钮、紧急出门按钮和读卡器见图11-16-1。

图11-16-1 开门按钮、紧急出门按钮和读卡器

（3）磁力锁

1）仔细对照设计图纸及现场实际情况确定磁力锁的安装位置，确保磁力锁的安装满足设计要求。安装时注意区分左右开门，在安装吸铁板的时候，不要把它锁紧，让其能轻微摇摆，以利于与锁主体自然结合。

2）磁力锁安装时，防火门厂家需在门框出厂时提前在磁力锁安装位置的门框内加装5mm钢板，尺寸大于锁体。以保证锁体安装牢固。

门禁磁力锁安装效果见图 11-16-2。

图 11-16-2　门禁磁力锁安装效果

11.16.2　门禁配线工艺

（1）主控制器

与就地控制器间通信线路组网结构为环形总线结构，请勿使用星形总线或其他异构组网。

（2）就地控制器

1）开关电源（门锁电源）

连线时区分 AC220V 交流电源输入端（L、N、接地）、V1（12.8V 为电源输出正极、GND 为电源输出负极），注意线头不能太长，以免裸露在接线柱之外。

2）变压器

连线时区分 AC220V 交流电源输入端（红色线）及 AC16.5V 交流电源输出端（蓝色线）。

3）就地控制器连线时不能在带电的情况下进行，分清控制器 SIDE A、SIDE B 应接入的门禁点位置，并区分读卡器、门磁、出门按钮、电锁、紧急出门按钮各自对应的接线柱位置，严格对照接线图进行连接。

4）一个就地控制器只控一个门时，无论 SIDE B 有无读卡器，读卡器、锁输出、门磁及紧急按钮等均接于 SIDE A，特别注意就地控制器、读卡器、门锁的正负电源及通信端子的 A 与 B。

5）一个就地控制器只控制一个门时，进门读卡器（如 AFC 票务室）外侧读卡器接就地控制器 SIDE A。

6）设备连接时必须先连接好前端设备（如：电锁、读卡器、出门按钮、紧急按钮等），确认前端设备连接作业全部完毕或线缆已经经过绝缘处理并检查无误后才可连接后端控制器。

7）连线时必须牢记各设备引线颜色、引线与相关设备对应接线柱、设备电源的正负极，剪线时防止线头预留在控制器内部引起短路。

8）在连接后端控制器时，切记分清各引线连接的前端设备，存在疑问的必须检测无误后才可连接；注意输入、输出不能草率连接，否则会烧坏设备。

9）连接完毕后对应图纸全部检查一遍无误后方可扎线。

10）所有引线线头、屏蔽线都要包扎不能裸露。

11）连接所有 C-NET、D-NET 通信线的屏蔽层，在接地处做接地处理。

12）在多雷电以上地区，根据设计要求安装通信线浪涌保护器。

13）多股线需要经导线终端制作完成后再压入接线柱。

（3）紧急按钮

连线时必须分清紧急按钮中两组独立开关各自的接线柱位置（1、2、3 为一组；1a、2a、3a 为一组），其中 2、3 串接门锁电源，2a、3a 作为反馈信号连接就地控制器输入点。

（4）读卡器

1）剪线时读卡器原有长度至少保留 120mm 以上，连线时分清各线颜色、功能对应统一，线头、屏蔽线包扎牢固。

2）注意电源正负极、数据线 D0、D1。

3）其他注意事项与就地控制器相同。

（5）出门按钮

1）要有安装底盒，无底盒条件下安装位置须采用加固处理，特别是石膏板墙和普通隔墙。

2）出门按钮及紧急按钮（房间内）安装在门锁侧距离门框 300mm 的墙上；按钮安装高度尽量与房间内其他开关的安装高度一致，无其他参照物时，按钮下沿距离地面（完成面）1400mm（或控制在 1200～1500mm）。线头不能裸露，建议用热缩管保护。

（6）紧急按钮

1）必须分清紧急按钮中两组独立开关各自的接线柱位置（1、2、3 为一组；1a、2a、3a 为一组），其中 2、3 串接门锁电源，2a、3a 作为反馈信号连接就地控制器输入点。

2）两组开关不能混接，否则会导致就地控制器板卡烧毁。

11.17 成品（半成品）保护

（1）施工期间应做好成品（半成品）保护，并不破坏其他专业的成品（半成品）。

（2）同一项目的成品（半成品）保护标识应格式统一，信息齐全，相关单位有要求时根据其要求制作。

（3）房屋建筑工程还未全部完工以及安装在湿度、灰尘不符合设备存放、运行条件的场所，设备应覆盖防潮、防尘罩（图 11-17-1）。地下机房设置除湿机，保证通信机房的湿度在设备存放及运行的允许范围内。

（4）单独安装的桥架、线槽、钢管每隔 15m 悬挂保护标识，悬挂高度一致。

（5）共用吊架的桥架、线槽每隔 15m 在便于观察的侧面粘贴保护标识（图 11-17-2）。

（6）线槽内线缆敷设后，盖板安装前直线段每 5m 和不足 5m 的直线段均应在线缆上方放置保护标识（图 11-17-3），并做防尘保护措施。

（7）前端设备的预留线缆应圈好并固定。吊杆安装、设备安装、调测期间应悬挂保护标识（图 11-17-4）。

图 11-17-1　设备覆盖防潮、防尘罩

图 11-17-2　桥架侧面粘贴保护标识

图 11-17-3　线缆上方放置保护标识

图 11-17-4　前端设备保护标识

（8）施工单位应加强对工程成品（半成品）的巡视，发现问题及时处理。

12 信号系统施工安装工艺

12.1　施工准备

（1）施工定测前，准备好测量工具，油漆、画笔、卷尺、钢尺照明设施以及施工图纸。定测前除熟悉图纸以外，还要充分了解集成商作业指导书以及相应的规程、规范。

（2）与轨道施工单位专业技术人员、监理单位现场负责人员、集成商现场督导人员，共同确定现场线路公里标（基桩）、标识情况，并形成会签版站前交桩记录表留存。

（3）按照轨道专业的线路公里标的交桩点，线路用钢尺测量轨旁设备里程标，并做好标识，以便电缆敷设及轨旁设备安装。通过测量定测确定电缆过轨位置，并做标识；确定信号机的安装方式和安装位置，确定应答器、计轴设备、LTE 设备（AP 点或者 TRE 无线接入点）的安装位置；检查转辙机安装位置、预留几何尺寸是否满足设计及安装要求。

（4）根据现场实际情况，提前与土建单位签订施工协议，进一步了解各站土建施工进展，信号设备用房的环境、湿度等情况，满足信号设备安装条件后才能进行室内设备安装。

（5）根据室内设备布置设计图纸确定设备安装位置，查验室内所有的设备及材料，备齐设备安装所需要的各种工器具，施工前在各站提前安装临时配电箱，安装好室内施工的临时照明灯具。

（6）在设备机座安装前，首先按照设备安装图纸进行测量，可根据现场实际情况，在满足设计安装要求的情况下，保证设备安装机座的边缘在静电地板的边线上，这样能够保证室内整体布局美观，且避免了因切割静电地板所带来的麻烦，以及影响设备室内静电地板整体的安装质量。如果静电地板还未安装，可以提前和施工单位做好沟通，按照设备安装位置弹出铺设静电地板安装的网格线和静电地板的安装高度线。

（7）光电缆进场要进行单盘测试，并留存测试记录。

12.2　施工流程

室外施工流程图见图 12-2-1；室内施工流程图见图 12-2-2。

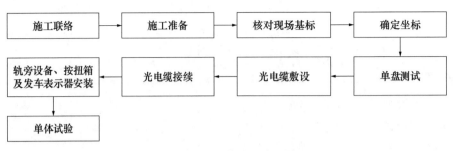

图 12-2-1　室外施工流程图

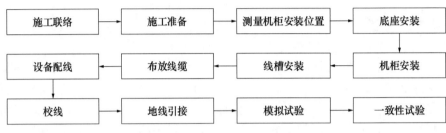

图 12-2-2　室内施工流程图

12.3　光电缆敷设

12.3.1　施工准备

信号专业的光电缆工程中的支架、线槽、钢管、漏缆、封堵等内容的施工工艺可按照 11.1、11.2、11.3 通信专业相关的施工工艺进行。

12.3.2　施工流程

如图 12-3-1 所示。

图 12-3-1　光电缆敷设流程图

12.3.3　劳力组织

施工负责人 1 人，技术员 1 人，信号工 4 人，劳务工 20 人。

12.3.4　主要工器具

如表 12-3-1 所示。

表 12-3-1　主要工器具

序号	机具名称	单位	数量	备注
1	电缆架	套	2	
2	手把灯	把	3	
3	头灯	个	30	
4	小工具	套	4	

12.3.5　光电缆敷设

敷设方法详见通信专业 11.6 光电缆敷设工艺所述，此外，在施工过程中应注意如下事项：

（1）光电缆敷设前和敷设后必须进行电气特性测试，并做好单盘测试记录和敷设后测试记录。测试前仔细阅读设备使用说明书，对地绝缘测试的设备应与测试回路断开。

（2）测试信号电缆时，首先对电缆进行一般检查：要在电缆盘上做好 A、B 端标记；再进行芯线直流电阻测试、电缆绝缘电阻测试、工作电容测试。

（3）光缆敷设前和敷设后必须进行光纤测试，并做好光缆单盘测试记录和敷设后光缆测试记录，单模光缆光纤衰耗应小于 0.35dB/km，多模光缆光纤衰耗应小于 3dB/km。

（4）光电缆的导线绝缘、内护套、外护套均采用低烟、无卤、阻燃的材料，其中地面及高架还应具有抗太阳光辐射和老化能力。

（5）电缆外皮印刷标识，每米标识按照技术规格书要求统一印刷：电缆型号、规格、长度、制造厂名称、"信号专用光、电、漏缆"等字样。

（6）光电缆应根据用途分层敷设隧道壁的电缆支架上，同时应避免应答器、计轴电缆与 RRU 电源、信号机、道岔电缆同层。为保证光电缆排列整齐、无交叉，绑扎稳固，每根电缆 3～5m 绑扎 1 次；在拐角处每个拐点绑扎 1 次，同时电缆拐弯时应距离墙角 20mm 以上，扎带尾端向上，留下 5～10mm 的尾端。并每 50m 设置电缆号牌，正线区间内端头处绑扎电缆号牌 1 次，区间正中间绑扎电缆号牌 1 次。

（7）电缆敷设时，本控制区域的电缆 B 端向设备集中站，车辆段 B 端向信号楼。车辆段到设备集中站的站联电缆 B 端向上行方向。

（8）对于场段中使用开挖电缆沟方式敷设电缆的，有如下要求：

1）开挖电缆沟路径选择要求：① 符合设计要求，按照综合管线图或者 BIM 成果实施；② 相关两设备间距离最短，通过股道及障碍物最少并利于维修，尽量保持直线；③ 避开线路和其他建（构）筑物的改、扩建处；④ 避免在道岔的岔尖、辙岔心和钢轨接头处穿越股道。⑤ 电缆沟内的坡度应与排水沟坡度方向一致，并在最低处设集水井。

2）光电缆敷设要求：① 电缆沟要求沟底平直无杂物。直埋电缆其顶部距离地面不小于 700mm，并大于冻土深度，电缆槽防护其槽盖距离地面不小于 200mm；电缆应排列整齐，互不交叉缠绕。② 干线及路肩电缆必须使用电缆槽防护，电缆槽要求为水泥电缆槽或其他阻燃材料制造的强度符合地下埋设的电缆槽。在不能挖沟地段使用玻璃钢管或电缆槽防护，并使用水泥包封，包封厚度不小于 100mm。③ 开挖的电缆沟需尽快回填，雨季要求专人 24h 对未回填电缆沟进行巡视。④ 电缆沟回填：电缆上方使用 100mm 细土或砂防护；与其他管线交叉时使用砖或电缆槽隔离；回填层必须夯实，并垒起一层土，防止自然沉降后电缆沟凹陷。

3）电缆过轨开挖：① 电缆过轨需避开岔尖、辙叉和钢轨接缝处，过轨防护采用玻璃钢管或其他硬质复合材料管，避免采用钢管，高度应紧贴道床底部，长度伸出轨枕端500mm 以上，末端采用直埋或电缆槽防护；② 电缆过道防护管内径穿单根电缆时应大于电缆外径的 1.5 倍，穿成束电缆时应大于总外径的 2.5 倍；③ 电缆过轨埋管应尽量请轨道专业预留，特殊处理时，应分层分层夯实，并适当补充道砟。

（9）电缆标桩埋设：① 电缆标埋设地点为：在电缆的分支处、转向处、接近建筑物的最近点、可能遭受意外损伤的地点、穿越障碍物、道路、箱盒设备接地点，以及与其他电缆和管道交叉点处、直线无分支每 100m 处埋设电缆标；② 电缆标上应有"信号电缆"字样，并标明电缆走向、埋深。接续标在方向箭头中心打"O"标记，地线标打地线标记。

（10）电缆余留量如表 12-3-2 所示。

表 12-3-2　电缆余留量表

项目			单位	数量
室外电缆进入室内余留量			mm	5000
室外电缆进入室内做头量			mm	5000
室外储备量	20m 以上电缆每端储备量	XB-2 变压器箱	mm	2000
		XB-1 变压器箱	mm	2000
		HZ-24 终端电缆盒	mm	2000
		HZ-12 终端电缆盒	mm	2000
		HZ-6 终端电缆盒	mm	2000
		HF-7 方向电缆盒主、副管	mm	2000
		HF-4 方向电缆盒主、副管	mm	2000
		信标	mm	2000
		RRU 电源箱	mm	2000
		电缆接续盒（两端分别余留）	mm	2000
	20m 以下电缆每端储备量	XB-2 变压器箱	mm	2000
		XB-1 变压器箱	mm	2000
		HZ-24 终端电缆盒	mm	2000
		HZ-12 终端电缆盒	mm	2000
		HZ-6 终端电缆盒	mm	2000

（11）光电缆在转弯或盘留时，电缆转弯半径应符合规范要求，一般都应大于电缆外径的 15 倍，同一处的光电缆余留圈应大小一致。

（12）计轴、RRU 电源、应答器等如有备用电缆，应在相应设备点预留适当余量，将预留量盘圈绑扎固定在设备点附近电缆支架上，电缆盘留要整齐，不得有硬弯、背扣。电缆头作永久密封处理。备用电缆挂上电缆标识铭牌，标明电缆起止点、长度、型号、芯数、编号以及用途等。

（13）各种信号电缆、光缆在敷设完毕时，为防止其因为不能立即成端而受潮，当天及时采用热缩帽进行热缩防潮封头处理。

（14）车辆段进行挖沟敷设电缆时，需在地面埋设电缆标，电缆标每隔100m埋设一个，电缆分支、拐弯及两端必须埋设电缆标，所有基础硬面化。电缆标上应有"信号电缆"字样，并标明电缆走向、埋深。电缆标按电缆方向分：直向标、转向标、分歧标。按名称分：电缆标、接续标、地线标。接续标在方向箭头中心打"O"标记，地线标打地线标记。

（15）正线施工前应召集监理、站前施工单位，进行车站中心桩的交接程序，确保设备安装的精准度，并在道床或合适位置进行标识。

信号电缆现场实物图见图12-3-2。

图12-3-2　信号电缆现场实物图

12.3.6　光电缆防护

（1）光电缆过轨采用已预埋的钢管。在没有预埋管的地方，光电缆过轨采用ϕ32mm黑色阻燃橡胶管防护（图12-3-3）。

注意过轨钢管口的防护

图12-3-3　阻燃橡胶管防护

（2）光电缆过水沟必须采用钢管或钢槽防护。当过弧形隧道壁旁的水沟时，钢管头应撼弯120°，固定在隧道壁上，并采用镀锌欧姆卡固定（图12-3-4）。

光电缆过水沟
防护方式

弧形隧道壁钢
管头固定方式

图12-3-4　光电缆过水沟防护

（3）在光电缆预埋管或钢管的出入口需采用软封堵防护，管口两端用防火泥封堵，钢防护管管口必须做好扩口和倒角，避免损伤电缆，同时还应采取措施避免两根电缆相互摩擦损伤电缆。单根电缆在地面行走时必须使用厚橡胶管防护，大于5根的光电缆在地面行走时应单独设置钢槽防护，槽内电缆应排列整齐。

（4）信号光电缆与电力及供电电缆同侧设置时，平行敷设，需间距≥500mm，当间距达不到≥500mm时用钢管、金属软管或钢槽防护。

（5）光电缆在经过隔断门预留的孔洞时，根据预埋管线的大小及电缆线径，适当穿缆，确保所有过隔断门电缆能够顺利穿过且不损伤电缆。内径ϕ100mm的钢管允许穿过直径20mm的光电缆不大于5根；内径ϕ80mm的钢管允许穿过直径20mm的光电缆不大于4根；内径ϕ50mm的钢管允许穿过直径20mm光电缆不大于2根。

12.3.7　光电缆接续

（1）电缆接续方式采用铁路专用免维护接续盒冷封接续方式。接续时电缆芯线不得有任何损伤，且所有电缆芯线需全部连接。

（2）设备点光缆熔接及光缆接续方式采用光缆接续盒接续。

（3）综合扭绞电缆接续应按A、B端（绿线组在红线组的顺时针方向为A端，绿线组在红线组的逆时针方向为B端）相接，相同的芯组内颜色相同的芯线相接，电缆接续必须是同型号的信号电缆对接。

（4）电缆接续时，接续盒两端电缆的备用量长度不得小于2m。光缆接续时，接续盒两端光缆的备用量长度不得小于5m（图12-3-5）。

（5）电缆的接续盒应水平放置于同层的电缆上，并使用扎带固定或使用支架固定在墙面上；光缆接续盒使用支架固定在墙面，接头两端各300mm内不得弯曲。

（6）同路径上的两个接续盒之间的距离不得小于1m。电缆在穿越铁路、公路、道口、河流、桥梁、涵洞、各类管道或者障碍的 2m 范围内不得接续。同一根光电缆在 1km 内不得存在 1 个以上的接续盒。

（7）电缆接续完毕，应及时进行芯线导通和芯线对地、芯线间绝缘以及钢带对地、对芯线绝缘的测试。每根光纤接头平均损耗（dB），单模光纤≤0.08dB；多模光纤≤0.2dB。

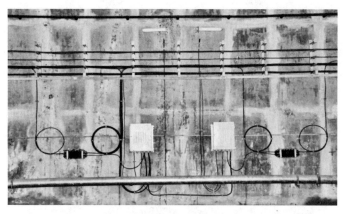

图 12-3-5　接续盒电缆余留

（8）接续工艺要求：

1）根据电缆外径尺寸的大小选择变径环、切割密封胶圈，使密封胶圈、变径环与电缆同轴。

2）接续盒屏蔽网安装完成后，在屏蔽网上均匀钻出 2～3 个渗胶孔。

3）灌注密封胶时，待密封胶液溢出注胶孔后，等待 10min，再补齐胶面，必要时可进行多次灌注，确保盒体内充满密封胶。

12.3.8　箱盒安装及配线

（1）箱盒采用铁路专用 SMC 复合材质，具有一定的抗压，防尘、防潮、防腐蚀能力。

（2）箱盒主要有电缆终端盒、方向盒、分线盒、XB 箱等，盒内端子采用插入式万可端子。

（3）电缆从电缆支架（或电缆槽）内引出到电缆箱盒处，在墙壁上用 Ω 形卡箍固定；在经过地面时用厚橡胶管防护，过水沟或轨道时用玻璃钢管防护，钢轨底的玻璃钢管使用橡胶管再防护一层，并用 Ω 形卡箍固定。

（4）设备点的电缆余留应考虑美观和便于维护，通常在靠近设备点的墙上余留。每根电缆单留成圈，电缆盘圈直径大小为 600mm，并使用 4 个 Ω 形卡固定，见图 12-3-6。

（5）所有箱盒采用镀锌支架安装；所有螺钉、螺母、垫片均采用不锈钢，防止锈蚀；所有 OB 孔（圆腰孔）应使用大一号的垫片以保证压紧牢固。

（6）在不侵限、满足设备功能需求、方便运营维护的情况下，信号机、道岔、计轴盒等终端盒连接螺栓侧应该面向其所属轨道，即其铭牌面向轨道显示。

（7）终端盒用于道岔时，应安装在道岔基坑外（图 12-3-7），道岔盒中心距道岔基本轨内沿 1765～2000mm；其电线引入口与转辙机引线孔相对；道岔引入线采用道岔专用胶管防护，胶管中部着地；胶管从道岔角钢上方穿过。

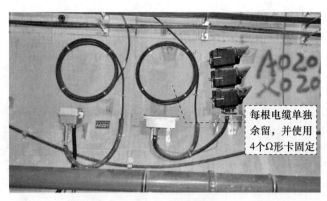

每根电缆单独余留，并使用4个Ω形卡固定

图 12-3-6　电缆盘留

图 12-3-7　终端盒安装方式

（8）箱盒端子号的定义：面向线路，端子排从左至右依次编号。几个方向盒在一起时，安装要整齐排列，高低一致，间隔净空 200～500mm。

（9）终端盒靠近基础侧为主管。

（10）剥切电缆时，切割深度以塑料护管的 2/3 为宜，不得切伤电缆芯线，成端完毕后，要用防火无纺布将电缆包紧，保护管底部要用防火无纺布堵实，电缆用 16 号双股铁丝做麻花状假耳朵固定。

（11）配线前对所有电缆进行电气测试，合格后方可进行配线工作。

（12）配线前对箱盒内要全面清扫，电缆配线时首先要用棉纱将电缆线捋直，然后绑把分线。

（13）电缆配线要横平竖直，整齐美观；拐弯处应有一定弧度，弯曲半径不得超过最小许可值；绑把至端子做鹅头状环再上线。

（14）电缆灌胶采用冷封胶，灌胶前要复核电缆去向、芯线是否与图纸相一致；灌胶除电缆芯线外均覆盖满胶，胶面光亮、整洁、无泡沫、无麻面皱纹及塌陷，必要时进行二次补灌胶。

（15）所有端子配线一孔一线，注意端子不能压电缆芯线绝缘层，配线需加装套管，套管标明端子号。

（16）所有室外箱盒内需配备塑封的配线图及电路图，配线图及电路图塑封在一起（图 12-3-8）。

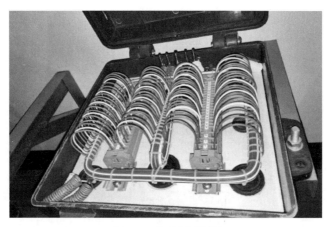

图 12-3-8　箱盒配线

12.4　信号机、发车指示器及按钮装置

12.4.1　施工准备

（1）提前做好现场施工调查，确定安装的位置及现场的施工条件。根据施工计划提前准备机具、材料、专用工具及安全防护用品，并经检查、测试，合格后方可使用。

（2）设备进场前应进行检查，其型号、规格、质量应满足设计要求。

（3）设备安装高度、显示方向及灯位排列应有明确的设计要求。

12.4.2　工艺流程

工艺流程如图 12-4-1、图 12-4-2 所示。

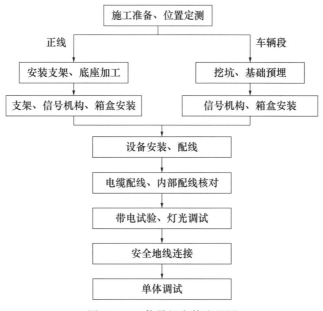

图 12-4-1　信号机安装流程图

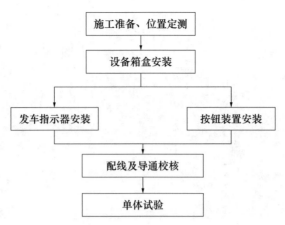

图 12-4-2 发车指示器及按钮装置安装流程图

12.4.3 劳力组织

施工负责人 1 人，技术员 1 人，信号工 2 人。

12.4.4 主要工器具

如表 12-4-1 所示。

表 12-4-1 主要工器具

序号	机具名称	单位	数量	备注
1	发电机	台	1	
2	配电箱	个	1	
3	电锤	台	1	
4	小工具	套	2	

12.4.5 施工工艺质量要点

（1）基础和机柱

碎石地面段矮型信号机基础采用预制的混凝土基础。基础应埋设平稳，其倾斜量不应大于 60：1。高柱信号机应采用环形预应力混凝土信号机柱。

挖信号机坑前，应先核对信号机坐标位置限界尺寸。确认无误后方可开始挖坑。

高柱信号机应垂直于地面装设，在距离钢轨顶面 4500mm 高处用吊坠往下测量，倾斜量不应大于 36mm。

（2）信号机构

信号机构各部件应齐全，不得有破损、裂纹现象。紧固件应平衡上紧；信号机构门、变压器箱、电缆盒盖应严密，密封良好。

对信号机构至箱盒间的电线线把应进行封堵防护，防止雨水侵入，封堵材料可用水泥或其他材料。

12.4.6 高柱信号机安装工艺

（1）安装位置符合限界要求。

（2）信号机处的钢轨绝缘应与信号机在同一位置处安装，当不能设在同一坐标时，出站信号机处的钢轨绝缘可装在信号显示前方1m或后6.5m范围内，进站及调车信号机处的钢轨绝缘应设在信号机前后1m范围内。区间信号机位置根据设计坐标位置，确定信号机机柱安装位置，距发送调谐单元防护盒（列车正向运行方向）中心1000mm（可在0～200mm范围调整）。

（3）机柱、基础埋深不足时应培土硬面化，护坡。

（4）高柱列车信号机的设置在保证限界的前提下，应与接触网专业做好配合，防止信号显示被遮挡。

（5）高柱信号机必须进行接地防护，采用25mm²软铜电缆将各机构分别与信号机梯子、信号机构连接，信号机梯子用25mm²软铜电缆接至贯通地线。

（6）信号设备的金属外缘与接触网带电部分的距离不得小于2m，与回流线距离应大于1000mm，当距离不足1000mm时，应加绝缘防护，但最低不得小于700mm。

（7）信号机为铝合金机构，高柱信号机梯子要镀锌处理，撑为直角。机柱用白色防水外墙涂料粉刷，机柱顶部用水泥包封。

（8）新设尚未开始使用及应撤掉的信号机，均应装设无效标，并应熄灭灯光。信号机无效标为白色的十字叉板，装在色灯信号机构上。

（9）道岔区段高柱信号机机柱选型应符合设计要求；机柱坑洞的开挖不能破坏路基道床，开挖后应在24h之内立柱并回填，基坑混凝土灌注深度不小于600mm，并捣固密实。见图12-4-3。

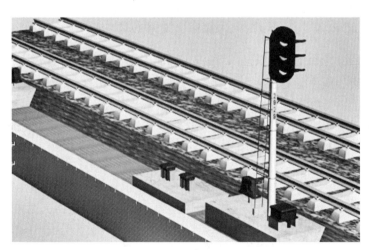

图12-4-3 高柱信号机安装示意图

12.4.7 矮型信号机安装工艺

（1）正线信号机均采用铝合金LED信号机，各部位螺栓紧固，满丝后外露2～3mm，弹簧垫圈、平垫片齐全。

（2）立柱式信号机需在机柱后方安装维修梯或维修平台，维修平台为一级台阶式，高度450mm，电缆盒安装至信号机前方。

（3）安装所使用的膨胀螺栓、连接螺栓、螺母、垫片、弹垫等均使用不锈钢材质，所有OB孔（圆腰孔）应使用大一号的垫片以保证压紧牢固。

（4）信号机构的型号、规格和灯光排列应符合设计规定，信号机各部部件应齐全，不得有破损、裂纹现象。门关闭严密，开合顺畅，灯室不窜光。

（5）安装前要先按照设计图纸定测。图纸上已经将信号机布置在左侧或右侧，应严格按照图纸安装信号机，不得随意移动。

（6）管型底座信号机应垂直于地面安装。

（7）管型底座信号机安装高度，原则上最低灯位中心距轨面高度≥1200mm。因地形地物影响信号显示时，可适当调整其底座高度，以不影响信号显示为准。

（8）管型底座信号机安装限界，原则上直线段信号机及管座最突出边缘距所属线路中心要求≥1650mm。确因地势条件限制，信号机安装限界也必须大于该线路设备安装限界50mm。维修平台为一阶，高450mm。见图12-4-4。

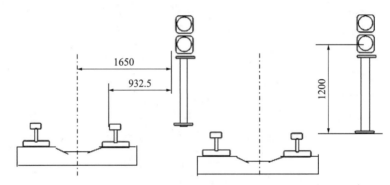

图12-4-4　管型底座信号机安装高度

（9）隧道内三角架型底座信号机应垂直于地面安装，并紧固在墙面上。

（10）三角架型底座信号机安装高度，信号机最低灯位中心距轨面≥1200mm。因地形地物影响信号显示时，可适当调整其底座高度，以不影响信号显示为宜。

（11）三角架型底座信号机安装限界，直线段信号机及管座最突出边缘距所属线路中心要求≥1650mm，确因地势条件限制，信号机安装限界也必须大于该线路设备安装限界50mm。见图12-4-5。

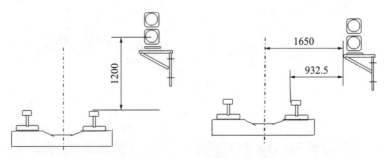

图12-4-5　三角架型底座信号机安装高度

（12）信号机在隧道内与其他专业的相对关系，见图12-4-6、图12-4-7。

（13）停车场内矮型信号机安装实物，见图12-4-8。

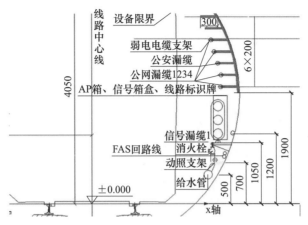

图12-4-6　隧道内信号机安装位置示意图

图12-4-7　隧道内信号机安装实物图

图12-4-8　停车场内矮型信号机安装实物图

（14）信号机软线配线应符合下列要求：

1）信号机的配线颜色采用与灯位显示一致的 $7×0.52mm^2$ 铜芯聚氯乙烯绝缘软线，软线过接头等不平滑处需穿防护管防护。

2）绝缘软线不得有破损、老化、中间接头。

3）绝缘软线在机构内部应布线合理、绑扎整齐，采用透明的缠绕套管防护。

4）信号机与终端盒的连接软管不应悬空、可动；应该固定在地面或墙壁上。

12.4.8　发车指示器安装工艺

（1）按照设计图纸的尺寸类型，确定发车指示器的安装限界，进行测量时，一定要注意发车指示器的显示方向。

（2）发车指示器安装在侧墙上时，首先在侧墙上确定安装位置，并确定好电缆引入孔的位置，用水钻开直径为50mm的孔洞。

（3）用发车指示器的底座做样板，确定固定孔，开始固定发车指示器支架。见图12-4-9。

（4）如果发车指示器是立柱安装方式，确定好安装位置后，用水钻在站台面上钻直径为 50mm 的孔洞。应及时与站前单位联系，掌握站前施工单位进度，在站前单位铺最终地面前完成发车指示器立柱安装。

（5）将立柱底座对准电缆引入孔，确定立柱的固定螺栓位置，安装立柱。

（6）电缆引入发车指示器内，用密封胶将引入孔封堵严密，防止漏水。

（7）发车指示器应符合限界要求，直线段的限界不得小于 1800mm。立柱安装方式见图 12-4-10。

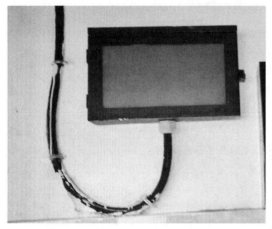

图 12-4-9　侧墙安装方式

图 12-4-10　立柱安装方式

（8）发车指示器安装高度为发车指示器下边缘距装修地面高度约为 2000mm。

（9）用钥匙打开发车指示器的后盖，剥掉电缆护套及绝缘外皮，露出电缆芯线测试电缆绝缘。

（10）电缆引出处加套绝缘胶管防护，按照图纸进行配线。

（11）将电缆备用量留足，盘于按钮箱的背面绑扎好，将电缆按照配线图上到端子接线板上。

（12）隧道内曲线段设备限界，根据曲线半径不同，相应的设备限界加宽不同。具体以图纸要求及设备限界图要求为准。

12.4.9　按钮装置安装工艺

（1）按钮设备安装前，一定要做好现场调查，尤其是侧墙安装方式的紧急停车按钮，因现场的装修要求各不相同，安装方式应和现场装修单位提前沟通，确定按钮箱与墙面的安装高度，以及预留安装空洞的位置、尺寸等。安装高度和位置须符合设计要求，做好标记。

（2）检查按钮外壳漆层无损伤，门、盖严密，按钮动作灵活、到位准确、无裂纹和伤痕。具有铅封的按钮，铅封良好，各种标识铭牌齐全、正确、字迹清楚。

（3）确定设备安装位置，设备安装位置应与设计图相符，设备安装要牢固、平整，设备应与大地绝缘。

（4）设备配线采用多股铜芯塑料绝缘软线，其截面积应符合设计规定；线条不得有中间接头和绝缘破损现象；线条布放时无背扣，顺直不扭绞，应留有适当的作头备用量；剥切电缆，不得损伤芯线外层绝缘；在铭牌上标明电缆引出端的去向；屏蔽线的屏蔽层应与规定的屏蔽端子连接良好。

（5）铜芯导线压接时，芯线不得脱股、断股，接点片与导线压接牢固，长度适当。

（6）站台紧急停车按钮箱根据图纸采用嵌入式安装方式安装在站台装饰墙上或柱子上。

（7）按钮箱安装示意图见图12-4-11，安装高度为按钮箱中心距装修地面高度约为1500mm。

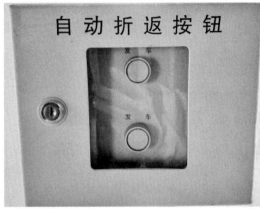

图 12-4-11　按钮箱安装示意图

12.5　转辙设备

12.5.1　施工准备

（1）提前做好现场施工调查，确定安装的位置及现场的施工条件。轨道应实现轨通，基础施工完毕，牢固可靠无积水。

（2）设备型号、规格均符合设计要求。

（3）锁闭形式有明确的设计要求。

12.5.2　工艺流程

如图 12-5-1 所示。

图 12-5-1　转辙机安装流程图

12.5.3　劳力组织

施工负责人1人，技术员1人，信号工4人。

12.5.4　主要工器具

如表 12-5-1 所示。

表 12-5-1　主要工器具

序号	机具名称	单位	数量	备注
1	发电机	台	1	
2	配电箱	个	1	
3	电钻	台	1	
4	组合电动扳手	套	2	
5	小工具	套	1	

12.5.5　施工工艺质量要点

（1）基础角钢的角形铁应与钢轨密贴。

（2）长基础角钢应与单开道岔直股基本轨或对称道岔中心线垂直，其偏移不得大于 20mm，固定道岔转换设备的短基础角钢应与长基础角钢垂直。

（3）密贴调整杆、表示杆或锁闭杆、第一连接杆与长基础角钢之间应平行，前后偏差各不大于 20mm。密贴调整杆动作时，其空动距离不得小于 5mm。

（4）各部绝缘及铁配件安装正确，不遗漏，不破损。各部螺栓应紧固，开口销齐全。

12.5.6　固定装置安装工艺

（1）转辙机安装前对转辙机预留基坑和角钢，连接杆预留槽道的尺寸，必须进行仔细检查并做好记录。注意对道岔的密贴、反弹力、道岔的方正，以及道岔开口大小、轨距等是否达到安装技术要求进行检查。

（2）在道岔符合安装技术要求的前提下，钢轨号眼可根据锁闭框位置进行测量。测量要平行于线路中心线，在直股基本轨上顺着钢轨测量，在曲股基本轨上则平行于直股基本轨测量。前角钢距锁闭框两孔中心位置为 650mm，后角钢距锁闭框两孔中心位置为 600mm，后角钢距前角钢位置 1250mm，准确标记钢轨钻孔位置后，用 21mm 钻头进行高精度钻孔，再进行基础角钢的安装。安装示意如图 12-5-2 所示。

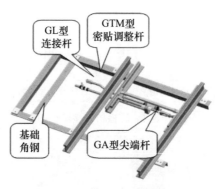

图 12-5-2　固定装置安装示意图

12.5.7 外锁闭装置安装工艺

（1）组装锁闭杆：分别连接各牵引点的两个锁闭杆、绝缘垫板、连板、螺栓、螺母、垫圈，安装防松盖和开口销，开口销按规定劈开，张角应大于 60°，两锁闭杆连接要平直。锁闭杆组装图如图 12-5-3 所示。

图 12-5-3 锁闭杆组装图

（2）预装螺栓：用撬棍将两侧尖轨撬开，在尖轨上预安装尖轨连接铁和尖端铁固定螺栓，在基本轨上安装锁闭框的螺栓。预装效果如图 12-5-4 所示。

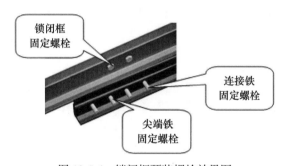

图 12-5-4 锁闭框预装螺栓效果图

（3）安装各牵引点处的尖轨连接铁，尖轨连接铁的圆弧朝向尖轨底面安装，拧紧螺栓。尖轨连接铁安装示意图见图 12-5-5。

图 12-5-5 尖轨连接铁安装示意图

（4）安装锁闭框和锁闭杆：将一锁闭框安装在一侧基本轨上，安装螺栓应在锁闭框安装长孔的中心位置，并暂不拧紧；将锁闭杆从另一侧基本轨轨底套入锁闭框，并使锁闭框组件挡板的凸台进入锁闭杆的两侧凹槽，将锁闭杆抬起，穿入另一个锁闭框，并使锁闭框组件挡板的凸台进入锁闭杆的两侧凹槽，锁闭框安装在另一侧基本轨上。调整两侧锁闭框使锁闭杆摆放平顺。锁闭框和锁闭杆安装对应关系示意图见图 12-5-6，锁闭框凸台与锁闭杆凹槽的连接见图 12-5-7。

图 12-5-6　锁闭框和锁闭杆安装对应关系示意图

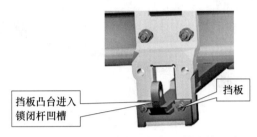

图 12-5-7　锁闭框凸台与锁闭杆凹槽连接示意图

（5）安装锁钩：先将一侧锁钩放在锁闭杆上，使锁闭杆凸台嵌入锁钩凹槽中，推动锁闭杆，使锁钩孔对齐尖轨连接铁的销轴孔，由前向后穿入销轴（销轴螺纹端远离尖端铁），紧固销轴后，用撬棍将尖轨与基本轨密贴。用同样方法安装另一侧锁钩。锁钩安装示意图见图 12-5-8。

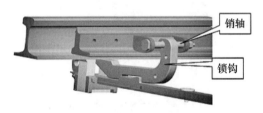

图 12-5-8　锁钩安装示意图

（6）安装锁闭铁：将锁闭铁插入锁闭框方孔内，同时将固定螺栓一头钩住基本轨，另一头穿入锁闭框和锁闭铁安装孔内，带上平垫、弹垫和 M20 螺母使固定。螺栓和锁闭铁暂不拧紧，然后按照同样的步骤进行另外一侧锁闭装置的安装后再紧固所有固定螺栓。锁闭铁安装示意图见图 12-5-9。

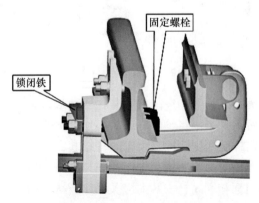

图 12-5-9　锁闭铁安装示意图

（7）手摇转辙机使转辙机动作杆状态与道岔状态一致时，通过动作连接杆将锁闭杆与转辙机动作杆连接在一起。调整锁闭框使锁闭杆与转辙机动作杆平行，并且转换过程中锁闭杆平顺不卡，然后拧紧锁闭框与基本轨的固定螺栓。

12.5.8 转辙机安装工艺

（1）转辙机的安装与外锁闭安装装置同时进行，安装时注意转辙机的动作杆伸出方向与转辙机的安装方向以及标识杆，动作杆的连接。如果转辙机与安装方向不一致，需要将转辙机的动作杆和锁闭杆的保护管、锁闭杆、毛毡防尘圈等更换方向，由于动作杆左右侧均有连接孔，动作杆不需要更换方向。在改装时，在底壳外的连接面为了防止进水，需要涂以密封胶。

（2）动作连接杆的安装：转辙机固定后，用动作连接杆将转辙机动作杆与外锁闭杆连接，注意安装好绝缘管。

（3）表示杆的安装：在道岔尖轨部分表示杆通过尖端铁与尖轨连接，在心轨部分表示杆直接与心轨连接。表示杆连接后，要在道岔调整好密贴和开口后再紧固有扣轴套和无扣轴套。

（4）安装后各杆连接要平顺，无别卡现象；连接销置入或退出容易，不得用手锤强行敲击；各部绝缘件安装正确，不得有遗漏、破损等现象；安装完毕必须保证在定位或反位时尖轨与基本轨密贴、心轨和翼轨密贴。

（5）道岔尖轨应与基本轨密贴良好，另一侧尖轨在第一连接杆处与基本轨开程一般为150～154mm。

（6）道岔转换设备与道岔直股基本轨或直股延长线相平行。转辙机外壳与所属线路侧面的两端与基本轨或中心线垂直距离的偏差：内锁闭道岔＜10mm。

（7）道岔杆件均应与道岔直股基本轨或直股延长线相垂直。杆件的两端与基本轨的垂直偏差：密贴调整杆、表示杆应＜10mm。

（8）自动开闭器的动接点与定接点在接触时，其接触深度不得小于4mm，与定接点座应有2mm以上的间隙；当挤岔时，定反位接点应断开表示。

（9）参数要求：ZDJ9双机道岔转辙器的第一牵引点动程160mm，转辙机动程220mm；转辙器第二牵引点动程85mm，转辙机动程150mm；ZDJ9单机道岔牵引点尖轨动程为152mm。

（10）安装完毕的道岔必须达到平、滑、顺、紧和电气接触良好的要求。

（11）对附有绝缘的密贴调整杆、尖端杆、角型铁、角钢、带绝缘的孔销等，外观检查完整、无破损龟裂，绝缘阻值＞1kΩ。

12.5.9 道岔缺口监测设备安装工艺

（1）缺口图像传感器（图12-5-10）利用原万可端子固定座螺栓完成安装。

（2）使用螺丝刀拧松万可端子固定座上的螺钉，拧出两颗螺钉。连同导轨一起把万可端子翻起，用棉纱把表示杆擦干净，放置缺口图像传感器，注意线束从弹簧外侧引出（人员站在开盖一侧，远离人的方向定义为弹簧外侧）。

（3）用镀镍三组合螺钉将万可端子整体还原到原始位置，预紧固导轨上的两颗螺钉（导轨上的螺丝孔与摄像头支架上的两个孔应对齐，并都被镀镍三组合螺钉穿过）。

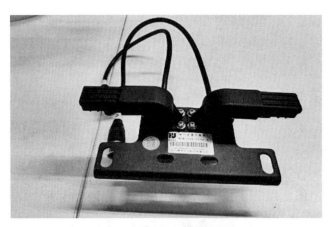

图 12-5-10　缺口图像传感器

（4）接入视频测试仪，调整图像，使表示杆接触的横向中缝线在图像中处于水平并上下居中，且缺口边沿在图像中处于竖直，并需保障缺口图像传感器与检查柱间隙左、右距离分别≥2mm，缺口图像传感器在定位和反位时与上方弹簧的距离分别≥3mm，缺口图像传感器底部距离表示杆的距离≥2mm。缺口图像传感器安装误差控制示意图如图 12-5-11 所示。

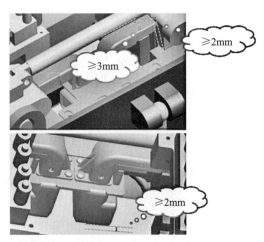

图 12-5-11　缺口图像传感器安装误差控制示意图

（5）紧固导轨上的螺钉，并紧固万可端子固定座上的螺钉。

（6）扎好线束，规范走线，缺口图像传感器线缆引出无紧绷。

（7）缺口监测采集模块利用蛇管固定螺栓完成安装，固定螺栓需更换。

（8）根据转辙机编号，选择对应采集分机并记录模块 IP 地址。

（9）将原有右侧 1 颗螺栓用 17mm 扳手卸下，替换上同材质的不锈钢螺栓 M10×45mm。利用加长部分依次将缺口图像处理模块固定端、平垫、弹垫、防松螺母，用 17mm 扳手内外紧固。

（10）扎好线束，规范走线，采集分机（模块）扎线无紧绷。

（11）缺口图像传感器（左）接入采集分机（模块）通道 1（V-L），缺口图像传感器

（右）接入采集分机（模块）通道 2（V-R）。

（12）显示单元接入采集分机（模块）；采集分机（模块）防水头线把组件与 HZ24 至转辙机的 4 芯线相连接。线把组件接线示例如图 12-5-12 所示。

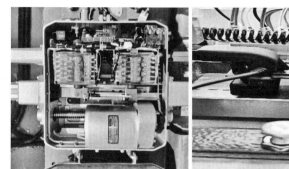

图 12-5-12　线把组件接线示例

12.5.10　道岔融雪设备安装工艺

（1）控制柜底座基础埋深不小于 720mm，坑内基础底部整体采用混凝土灌注 150mm 高，中部用原土回填，路基面以上采用高 150mm 的砖砌混凝土围台，应使控制柜基础顶面高出围台顶面 200mm。

（2）控制柜垂直地面，柜门应背向道岔岔心，控制柜边缘与道心的距离不小于 3100mm，特殊地段不小于 2440mm。

（3）电气柜的输入、输出电缆由控制柜的底部接入，安装电缆导管时，卸下封孔盖，电缆余留 2m 储备。

（4）电缆接线在安装期间应使用麻布条封堵电缆导管，防止潮气进入控制柜内。

（5）电缆接线安装结束后，使用冷封胶灌注密封。

控制柜安装尺寸见图 12-5-13。

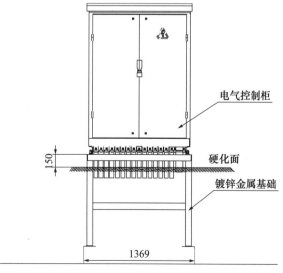

图 12-5-13　控制柜安装尺寸

（6）隔离变压器箱引入端子应面向所属道岔，靠近加热元件把手端，避开道岔等其他设备（图12-5-14）。

（7）变压器箱最突出边缘距道岔中心距离不小于2250mm，变压器箱基础角钢埋深应不小于500mm。

（8）变压器箱电缆防护管应与箱体电缆引入管固定。引入隔离变压器箱的电缆应悬挂去向标牌。

（9）变压器箱内配线应一孔一线，同一端子上的导线颜色应一致。

（10）钢轨表面有油污及锈层时，在安装加热元件部位的钢轨表面应进行打磨处理，并清理干净。

（11）加热元件安装在基本轨内侧轨腰，同侧纵向安装的两相邻加热元件间的间隙不小于100mm。

（12）加热条尾缆用波纹管防护后打卡固定（图12-5-14）。

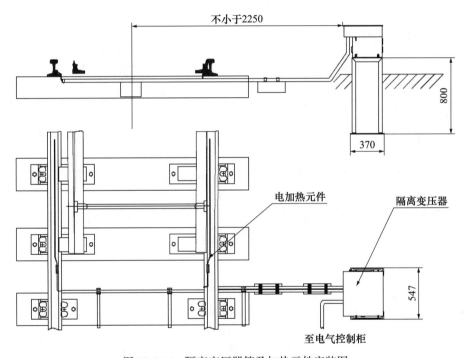

图12-5-14 隔离变压器箱及加热元件安装图

（13）接线盒引入端子应面向所属道岔，应靠近轨温传感器，避开道岔等其他设备。

（14）接线盒最突出边缘距道岔中心距离不小于2250mm。

（15）接线盒引出线采用胶管防护，并用卡具固定在小水泥枕或道床板上。

（16）轨温传感器安装在岔尖至岔心方向2～3m处，钢轨下打磨平整，无油污及锈蚀层。

轨温传感器安装示意见图12-5-15。

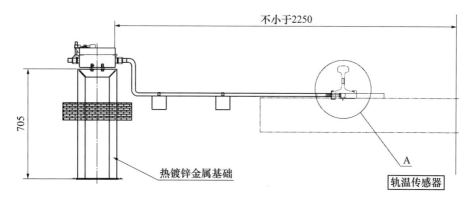

图 12-5-15 轨温传感器安装示意图

12.6 列车检测与车地通信设备

12.6.1 施工准备

（1）提前做好现场施工调查，确定安装的位置及现场的施工条件。

（2）安装所需工器具、材料及防护用品经检查测试合格后方可使用。

（3）车地通信设备已完成接口测试。

12.6.2 工艺流程

如图 12-6-1 所示。

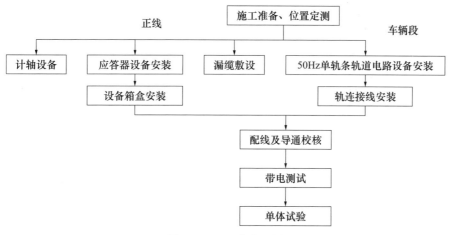

图 12-6-1 工艺流程图

12.6.3 劳力组织

施工负责人 1 人，技术员 1 人，信号工 4 人。

12.6.4 主要工器具

如表 12-6-1 所示。

表 12-6-1 主要工器具

序号	机具名称	单位	数量	备注
1	发电机	台	1	
2	配电箱	个	4	
3	电锤	台	2	
4	小工具	套	4	根据需求配置

12.6.5 施工工艺质量要点

（1）各种轨旁设备、器材进场均应进行验收，其规格、型号、质量均应符合设计要求及相关技术标准的规定。

（2）轨旁设备的安装位置、安装方式均应符合设计文件要求。

（3）轨旁设备配线采用截面积不小于 1.5mm^2 的多股铜芯塑料绝缘软线；绝缘软线不破损、无老化和中间接头现象；绝缘软线两端芯线用铜线绕制线环或压接端子等方式做头及连接，与箱盒及设备的接线端子连接紧密，无松动现象。

12.6.6 机械绝缘轨道电路安装工艺

（1）安装前应根据双线轨道电路图进行调查，核对绝缘的安装位置应符合设计要求，确定钢轨类型以准备钢轨绝缘的规格，核实绝缘外两钢轨间必须有 8mm 的间隙。

（2）遇到没有轨缝、轨缝过小或轨道端有肥边，请工务或站前单位配合，调整足够轨缝后方可安装。

（3）钢轨绝缘的安装应做到钢轨、槽型绝缘、鱼尾板之间相吻合，绝缘零部件齐全无损伤，绝缘顶面应与钢轨顶面齐平，螺栓平直紧固，配件齐全，且高强度螺栓穿入方向应交替配置。

（4）绝缘安装应与整个施工进度相互配合，不宜安装过早。

（5）钢轨采用 150mm^2 铜引接线，钢轨引接线及道岔跳线穿越钢轨时，距离轨底不少于 50mm，用开口胶管或防混卡防护。

（6）横向扼流线、中点连接线穿越钢轨固定方向与连接线相同，横向、纵向走线用水泥方枕固定，水泥方枕埋深与地面平，间隔 1.5～2m。

（7）钢轨接续线、横向连接线采用双套塞钉式，加固定卡。

（8）引入线塞钉孔距鱼尾板端部为 100mm 左右，第二孔与第一孔间距不应小于孔径的 3 倍，引入线从塞钉下斜 45°，并不得与鱼尾板接触。

（9）使用卡具和卡钉固定时，与钢轨垫板、防爬器距离不少于 20mm。

（10）引入线与箱盒连接时，绝缘片、管要完整无破损，螺母要拧紧，不得有松动现象。

（11）引入线与钢轨连接应铆接牢固，无断股、无伤痕、无锈蚀、塞钉不得打弯、打锥。打入钢轨内侧应露出 1～4mm，塞钉与塞钉孔接触紧密，并涂漆封闭，连接线应涂机油。塞钉安装工艺如图 12-6-2 所示，轨道电路电缆安装成品实物如图 12-6-3 所示。

图 12-6-2　塞钉安装工艺示意

图 12-6-3　轨道电路电缆安装成品实物图

12.6.7　应答器安装工艺

应答器外观如图 12-6-4 所示，应答器安装实物如图 12-6-5 所示。

（1）应答器支架有枕木型、整体道床型、浮置板型等安装类型，应根据现场实际选配。

（2）应答器电缆行走于地面时应全程使用厚胶管防护；过水沟时使用玻璃钢管防护；玻璃钢管与胶管应无缝对接，并使用 Ω 形卡全程固定。

（3）应答器应安装在线路两钢轨条中间，并在应答器安装手册所规定的误差范围内。

（4）设备安装牢固，紧固件齐全。

（5）螺母、螺杆材质采用不锈钢材料；安装支架时螺母朝外，以方便维修。

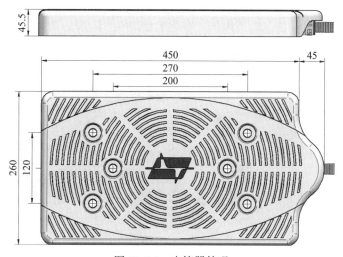

图 12-6-4　应答器外观

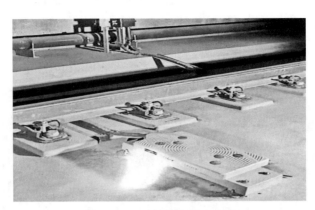

图 12-6-5 应答器安装实物图

（6）垫圈齐全，型号符合要求。

（7）紧固件紧固后，螺杆螺纹外露 3～5 环。

12.6.8 AP 天线安装工艺

（1）天线和支架按照天线安装图进行安装。

（2）衰减器规格符合图纸要求。

（3）洞外天线下沿的中心距钢轨面 3500mm。

（4）天线能够纵向移动，不能被障碍物阻挡。

（5）安装用膨胀螺栓垂直于安装切面，胀管全部在切面下，安装完毕后涂油防锈。

（6）场段内无线天线立柱应加粗、加固，并安装爬梯，便于后期维护检修。

（7）定位天线支架调节前后、左右、高低时，应无卡阻，定位天线安装后应平稳、牢固，螺栓紧固、无松动。

（8）定位天线做好防水保护；定位天线馈线出入口做好防水保护。

（9）无线天线 A、B 网需要做标志，A 网可以用红色绝缘胶布，B 网可以用蓝色胶布。

12.6.9 计轴装置安装工艺

（1）车轮传感器需安装在轨道内侧（突出轮缘侧），具体安装如图 12-6-6 所示。

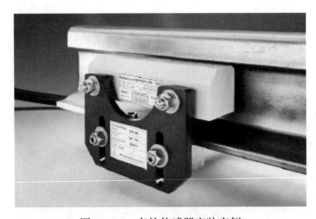

图 12-6-6 车轮传感器安装实例

（2）两个车轮传感器之间必须至少间隔两个枕木。

（3）车轮传感器与钢轨接头或钢轨焊接点之间的间距必须至少一个枕木间距的距离。

（4）车轮传感器需安装在两个枕木的中心位置。

（5）应注意车轮传感器的壳缘不得高于轨顶。

（6）轨旁接线盒位置需满足限界要求。

（7）车轮传感器用专用安装卡具直接固定于钢轨的内侧。

（8）距信号机的安装位置应符合设计要求。

（9）两组磁头应安装于同一侧钢轨上；弯道上的车轮传感器安装于弯道内侧。

（10）计轴设备的电源、传输通道、磁头等部位应有雷电防护设施。

（11）计轴安装处应避开轨距杆和其他越轨金属器件。

（12）车轮传感器距离均、回流线焊接点不小于1.2m，禁止车轮传感器电缆与均、回流线同沟、同架布放，距离不小于1.2m。

（13）两个磁头纵向最小距离不小于400mm。

（14）两个磁头横向最小距离（在DSS相对安装时）如图12-6-7所示，轨顶内侧间距不小于500mm。

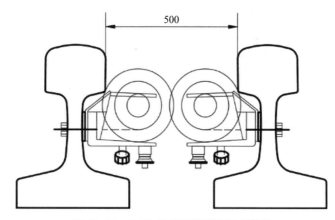

图12-6-7　DSS相对安装时的最小距离

（15）车轮传感器距轨道绝缘节大于2m。

12.6.10　LTE室外设备安装工艺

（1）对于单个RRU，墙体能够承受4倍于RRU的重量而不损坏。侧墙安装时，膨胀螺栓紧固力矩应达到15N·m，膨胀螺栓不会出现空转失效，且墙面不会出现裂纹损坏。

（2）将辅扣件紧贴墙面，用水平尺调平安装位置，用记号笔标记定位点，方式如图12-6-8所示。

（3）在定位点打孔并安装膨胀螺栓。

（4）将辅扣件卡在膨胀螺栓上，用开口17mm的力矩扳手拧紧膨胀螺栓，紧固力矩为30N·m。

（5）将RRU安装在主扣件上，当听见"咔嚓"的声响时，表明RRU已安装到位，如图12-6-9所示。

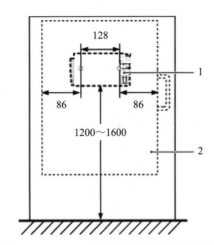

图 12-6-8　RRU 扣件安装定位标记示意图
1—主扣件；2—RRU

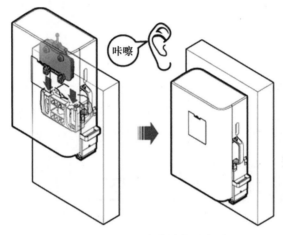

图 12-6-9　RRU 安装就位示意图

（6）布放线缆需要满足规定的布放要求，以防信号间干扰。跳线弯曲半径 1/2″ 跳线大于 127mm；电源线 / 保护地线弯曲半径不小于 9mm，保护地线弯曲半径不小于 96mm；光纤主弯曲半径不小于 20mm，光纤两端的分支光缆弯曲半径不小于 30mm；地线弯曲半径不小于 60mm；射频线弯曲半径不小于 150mm。

（7）同类线缆应绑扎在一起；不同类线缆至少分开 30mm 布放，禁止相互缠绕或交叉布放，不同用途的线缆路径错开走线示例如图 12-6-10 所示；绑扎后的线缆应相互紧密靠拢，外观平直整齐，无外皮损伤；绑扎线扣时，线扣头朝同一方向，处于相同位置的线扣应在同一水平线上；线缆安装完成后，必须在线缆两端、中间接续处或者转弯处粘贴标签或绑扎标牌。

（8）设备线缆避开锋利物体或墙壁毛刺；在转弯处或设备附近保留 0.5m 余量，以便维护线缆及设备；室外线缆紧固时，需要使用线缆固定夹；线缆的布放应沿走线方向理顺，同时安装线缆固定夹；现场安装时应根据实际情况确定固定夹安装位置，且应使固定夹间距均匀，方向一致。安装成品如图 12-6-11 所示。

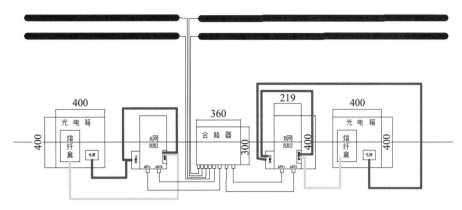

图 12-6-10 不同用途的线缆路径错开走线示例

图 12-6-11 设备线缆安装成品图

（9）电源线布放位置应符合工程设计图纸的要求；布放过程中，如发现电源线长度不够时，应重新更换电源线，不应在电源线中做接头或焊点。

（10）布放光纤要求不少于 2 人，禁止未经专业训练的人员上岗和在没有联络设备的情况下作业；布放过程中严禁出现打圈、扭绞现象；严禁在光纤弯曲处绑扎光纤；不要用力拉扯光纤，或用脚及其他重物踩压光纤，不要让光纤触碰尖锐物体，以免损坏光纤；光纤走线时，多余的光纤要卷绕在专用设备上（如光纤卷绕盘）；缠绕光纤时，用力应均匀，切勿对光纤进行硬性弯折，以免损坏光纤。

（11）光纤连接器在未使用时必须盖上防尘帽。

12.7 室内设备

12.7.1 施工工艺要求

（1）提前做好现场施工调查，确定安装的位置及现场的施工条件。

（2）设备的型号、规格、质量应满足设计要求。

（3）场地内无土方及砌筑作业，设备房间钥匙已交付。

12.7.2 工艺流程

工艺流程见图 12-7-1。

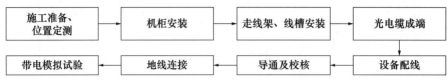

图 12-7-1 室内设备施工工艺流程图

12.7.3 劳力组织

施工负责人 1 人，技术员 1 人，信号工 8 人。

12.7.4 主要工器具

如表 12-7-1 所示。

表 12-7-1 主要工器具

序号	机具名称	单位	数量	备注
1	发电机	台	1	
2	配电箱	个	1	
3	电钻	台	1	
4	红外线水平仪	把	1	
5	万用表	块	2	
6	兆欧表	块	1	
7	钢卷尺	把	2	5m
8	小工具	套	4	

12.7.5 施工工艺质量要点

（1）机柜安装

1）机柜与底座间、机柜与机柜间应用螺栓固定，机柜上部用走线架固定。

2）机柜安装应做到横平竖直、端正稳固，每列柜子应在同一条直线上，同类机柜高低在同一平面上。

3）机柜与走线架连接后，走线架应平直、牢固、接口平齐，走线架上应敷设底板，有隔架时要布置合理。

4）机柜与机柜、机架与走线槽、机柜与网格地线按规定连接。

5）走线槽与机柜漆色应协调一致。走线架不宜成环状布置，成环状布置时用绝缘隔断。

（2）设备配线

1）室内机柜设备之间的零层配线，宜采用配线电缆；侧面端子配线采用多股铜芯塑料绝缘软线，截面积应符合设计要求。

2）信号机械室内部布线全部采用阻燃型。

3）布线禁止出现环状，线条不得有中间接头和绝缘破损现象。

4）布线要选择最捷路径、避免绕行。

5）走地下槽道的要增加防护措施。

（3）压接配线

1）端子配线要使用相应的专用工具，一线一孔，严禁一孔多线。

2）端子所配线的截面应与端子型号相匹配。

（4）焊接配线

1）焊接时严禁使用腐蚀性焊剂，可使用酒精松香水作焊剂。

2）焊接应牢固，焊点应光滑，无毛刺、假焊、虚焊现象。

3）配线线头应套有塑料软管保护，套管长度应均匀一致。

12.7.6 机柜安装工艺

（1）机柜安装要根据设计图纸标定的设备位置进行安装，机柜安装位置和排列顺序应符合设计规定，不得随意调换机柜的位置。

（2）机柜运抵信号设备室后，在拆设备包装后，应重点检查机柜外观是否完好，不应有涂层脱落和框架变形等。取出相关文件（合格证、检验报告、说明书等）及备件，并妥善保管。确认设备名称、规格、型号与图纸相符。

（3）设备机柜应安装在底座上，机柜与底座间使用 M10 的不锈钢螺栓固定牢固。

（4）机柜要求安装整齐、牢固，颜色协调美观，机柜垂直于地面，横平竖直，高低一致、底部着地不悬空，每排每列在同一直线上，同类机架端子应在同一水平面上。

（5）机柜与机柜侧面对齐，应用镀锌螺栓固定，柜与柜之间连接密贴。如连接孔无法对齐，必须钻孔时，要采取措施防止铁屑掉入机柜内部。

（6）按设计图纸标定的尺寸确定机柜与墙壁，以及排与排之间的距离，应留有足够空隙，保证人员通过和设备器材搬运，并在紧急情况下疏散撤离。室内机柜安装成品及防护示例如图 12-7-2 所示。

图 12-7-2　室内机柜安装成品及防护示例

12.7.7　走线架、线槽安装工艺

（1）线槽安装前应根据室内设备布置图确认线槽的安装位置。

（2）线槽采用双层或者多层结构以便有效避免电源线与其他线的交叉。

（3）线槽转弯处内侧不得有直角转弯，转弯角度应为135°或圆弧方式。

（4）线槽不能紧靠墙面，应距离墙面50～100mm。

（5）线槽不得在穿过墙壁处进行连接。线槽在穿越楼板墙洞时，不应将其与洞口用水泥堵死，应该使用防火堵料进行封堵。

（6）线槽不应形成闭环，断开处采用酚醛板连接，槽道接头处采用U形胶条封闭。线槽拼接处使用接地铜辫或地线连接，需测量保证所有线槽接地良好。

（7）监督其他专业过信号设备房时其线槽不得从信号线槽上随意通过。

（8）上走线方式的线槽安装成品如图12-7-3所示，下走线的线槽及布线成品示例如图12-7-4所示。

图12-7-3　上走线线槽安装成品图　　　　图12-7-4　下走线线槽及布线成品示例

12.7.8　光电缆引入及安装

见通信专业11.7、11.8相关内容。

12.7.9　操作显示设备安装工艺

（1）操作显示设备安装位置、整体布局应满足设计要求。

（2）显示设备接口连接应符合设计要求，应连接正确、牢靠；操作显示设备配线应采用专用电缆，并应有防护措施；操作显示设备显示屏图像和字符应清晰，键盘和鼠标应操作灵便，打印机和扫描仪等应安装正确。

（3）单元控制台表示盘面的布置及表示方式应满足设计要求；指示灯应安装正确，并应显示清晰、亮度均匀；按钮应动作灵活，接点应通/断可靠；插接件应接触紧密、牢固；控制台内部配线应正确，接地应可靠；限流装置容量应满足设计要求；报警装置应安装正确、牢固。

（4）操作显示设备应安装稳固、整齐，安装位置应方便操作。

（5）单元控制台应安装稳固，紧固零件、门销、加封孔应完整无损。

12.7.10　电源设备安装工艺

（1）电源设备规格、型号位置、顺序、方向均应符合设计规定。

（2）底座安装牢固。

（3）安装应整齐、端正、平稳、牢固。电源排列整齐，屏间无缝隙，连接密贴，如连接孔无法对齐，必须钻孔时，要采取措施防止铁屑掉入屏柜内部。

（4）引入三相四线制电源时，其相位与电源屏的相位必须同相，零线不得接错。

（5）电源屏的门、侧板平整，无凹凸现象，漆层无损伤。电源模块插接、固定良好，配件及防松动装置齐全。

（6）电源配线线条不得有中间接头或绝缘破损，布线应平顺、整齐。配线与端子的连接采用插接方式，应一孔一线，配线自然全部插入。

（7）电源配线的规格、型号、敷设路径应符合设计规定。

（8）电源屏配线应从左右两边绑把分线，电源导线剥去绝缘外皮后，将扁平螺丝刀垂直插入与配线孔对应的方孔中，再将剥好线头的导线插入圆孔，导线必须插到配线孔底。

（9）电源屏引入、引出配线必须悬挂去向牌或机打标签套管，标注来去向、用途和具体端子。

（10）UPS电池应根据设计图纸进行放置和连接配线。

（11）电源屏安装完毕并连接好屏间配线后，应进行上电检查试验，检查结果应符合设计要求。

（12）电源设备安装成品示例如图12-7-5所示。

图12-7-5　电源设备安装成品示例

12.7.11　室内设备安装工艺

（1）室内线缆在机柜引线孔上方20mm处开剥，使用宽20mm左右黑色阻燃绝缘胶皮包裹剥开处，并使用橡皮泥整齐封堵引线孔。

（2）信号设备房线缆绑扎使用阻燃尼龙扎带进行绑扎，尼龙扎带间隔合理、统一，绑扎松紧有度。在线槽转弯处，应该先拐弯让线缆扭力充分释放后，再进行绑扎。如果该机柜有预配的内部线把，也应纳入一并整理绑扎。电源屏配线实物见图12-7-6。

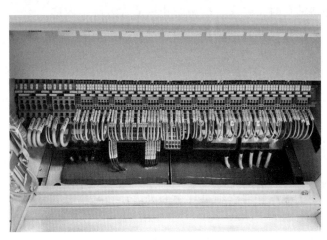

图12-7-6　电源屏配线实物图

（3）机柜间的各种配线从两侧底部上线，为避免配线下坠，每隔200～300mm用尼龙扎带将线把和塑料线槽出线孔对面的槽壁固定一次。每层的线应向上绑扎100mm后自然下垂至出线孔出线（图12-7-7）。

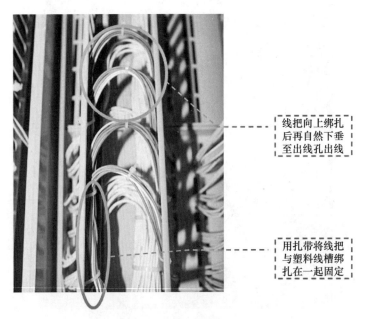

線把向上绑扎
后再自然下垂
至出线孔出线

用扎带将线把
与塑料线槽绑
扎在一起固定

图12-7-7　侧面线槽出线方式

（4）所有线缆出线口、拐弯受力处需有防护措施防止线缆长时间挤压后绝缘破损或刮伤，如在组合架侧面线槽出线口加 U 形胶条（图 12-7-8）。

图 12-7-8 线槽出线口 U 形胶条防护

（5）每个侧面端子板的每列端子上的线缆单独绑扎，曲线平滑，余量以可做三个头为标准（图 12-7-9）。

每列线缆单独绑扎，并适当弯曲以做余量

图 12-7-9 侧面线缆绑扎方式

（6）机柜配线端子采用万可端子，端子压接前必须检查工具性能是否良好，端子压接需根据不同线径使用配套的端子，压接端子不得外露导线铜芯、不得减短压针长度、不得污损或变形；端子芯线不得受伤或者少股；压接后必须检查外观压接是否牢固，线缆中间不得有绝缘破损和接头。

（7）配线采用端子柱方式，线径低于 1.5mm^2 的线缆必须采用绕制线环，线环根部使用热缩套管热缩，线环应绕制均匀、紧凑。每个端子柱配 2 个压紧螺母，所有螺母、垫片等采用铜质镀镍材料。

（8）采用焊线方式时应采用大品牌的无铅焊锡丝。焊线前应清除焊片和连线头上的污垢，尤其是化学反应引起的脏物，焊接头的侧面和前部必须熔锡，没有焊渣，焊点允许焊接时间不宜超过 2s，焊点面应呈扁圆形；焊接应牢固，焊点应光滑，无毛刺、假焊、虚焊现象。

（9）室内配线不得在机柜内部线槽中余留，应采用在端子接线处余留 1～5 个做头余量（根据绑扎工艺等因素决定）。

（10）道岔启动线的室内组合内部、侧面配线的规格都不得小于 42mm×0.15mm。

（11）综合防雷配电盘配线，Ⅰ、Ⅱ路电源的零线分开设置。配电盘Ⅰ、Ⅱ路电源零线须分别引入电源屏，不得共用端子及共用引接线。

（12）室内各种屏蔽线，破开屏蔽层的配线不大于 300mm，线把与其他配线分开绑扎。

（13）室内网线的水晶头护套应与网线同一种颜色；使用超 5 类屏蔽网线并配套使用屏蔽水晶头，屏蔽层应牢固压接。

（14）分线盘电缆备用芯线需按最远距离余留。

（15）排架报警器应设置合理，灯位显示直观，安装在静电地板 1.8m 的位置，出线可使用透明缠绕套管进行防护。

12.8 防雷及接地

12.8.1 施工准备

（1）提前对接接地位置，测量接地电阻是否满足设计要求。

（2）检查避雷器、浪涌保护器等设备是否与设计文件一致。

（3）检查防雷接地点与设备接地点的距离是否满足标准要求。

12.8.2 工艺流程

工艺流程见图 12-8-1。

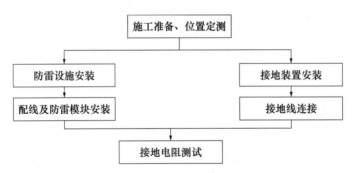

图 12-8-1　防雷及接地工艺流程图

12.8.3 劳力组织

施工负责人 1 人，技术员 1 人，信号工 2 人。

12.8.4 主要工器具

如表 12-8-1 所示。

表 12-8-1　主要工器具

序号	机具名称	单位	数量	备注
1	压线钳	把	2	
2	小工具	个	2	每人 1 套，根据施工人员配备

12.8.5　施工工艺质量要点

（1）电源引入设备、轨道设备及设计文件上指定的设备均采取防雷措施。

（2）防雷设备应符合设计文件要求，使用前经过严格测试，使用合格产品。

（3）室内所有设备外壳环接后，可共用一安全接地线，防雷柜、机柜、两路电源引入地线分别设置，室内计 3 根地线（防雷、保护、电源防雷）。设备地线接地电阻不大于10Ω。

12.8.6　防雷设施安装工艺

（1）信号防雷设施进场时应进行检查，其型号、规格、质量应满足设计要求。

（2）防雷设施的安装位置、安装方式应满足设计要求。

（3）防雷设施与被防护设备之间的连接线路应采用最短路径，不应迂回绕接。

（4）防雷设施的配线与其他设备配线应分开布放；其他设备配线不应借用防雷设施的配线端子。

（5）防雷分线柜室内电缆线缆与室内线缆必须分不同的垂直走线槽走线，室内室外走线槽允许间隔，但相互之间不交叉，室外电缆接 IN 一侧，室内电缆接 OUT 一侧。

（6）防雷设施应安装牢固可靠，并应标识正确、清晰。分线柜（综合柜）防雷模块采用配线和防雷模块一体化的模块。

12.8.7　接地装置安装工艺

（1）室内地线网由弱电综合接地箱、分线柜、组合柜、接口柜接地铜条、机柜接地端子、各种规格的铜缆线等组成。地线连接不能盘绕和迂回，接地线应尽可能短。

（2）电缆屏蔽地线汇流排应安装在合适位置，每根电缆引出 2 根 1.5mm² 的屏蔽地线连接至电缆屏蔽地线汇流排并在套管上标记电缆名称，电缆屏蔽地线汇流排用两根 25mm² 的地线连接至综合地线排。

（3）室内屏蔽线每根应使用 1.5mm² 黄绿地线单独单端接地；地线和屏蔽网焊接处应使用热缩套管，为防止焊接处损伤里面芯线，地线应从后方出线。

（4）所有机柜、线槽使用 16mm² 地线连接，所有机柜通过铜线串联到图纸设计中所要求的接地铜排相应的端子上。

（5）组合柜门、系统机柜门安全地线采用长短适中的 2.5mm² 多股铜芯线，端头使用绕制铜环并用螺钉固定，连接处的金属表面必须用砂纸打磨，保证可靠连接。

（6）地下室外设备使用 25mm² 地线连接至接地扁钢上，在扁钢上面的连接地线孔距不得小于 0.3m 且不得使用接地扁钢固定孔作地线孔。当同一位置有多个设备接地时，不同类型设备应单独接地，同类型设备串联时两个地线需上在同一连接螺栓上，不得将支架或箱体等作为电流流通导体。

（7）室外 RRU 箱子、RRU 电源箱、理线架的接地线可串联后再引至接地扁钢；天线处地线设置一地线汇流排，天线支架和功分器支架分别引至地线汇流排，再由汇流排单独引至接地扁钢上。

（8）所有地线固定螺栓使用不锈钢或铜质材质，并使用单螺母、弹垫（不锈钢）及垫片。

12.9 信号设备标识及场地硬化

12.9.1 施工准备

（1）按照施工图提前规划设备标识的用途、品类及用量，并在干净干燥的场所制备。

（2）依据不同使用场景，标识应具有耐火、耐水、防紫外线等不同的功能性质。

（3）设备标识应清晰可见。

（4）场地硬化前所有预留预埋工作已经完成，隐蔽工程已完工并做好相应的记录。

（5）场地硬化前，线缆铺设已完成，并完成保护套管和相应的封堵。

12.9.2 工艺流程

工艺流程如图 12-9-1 所示。

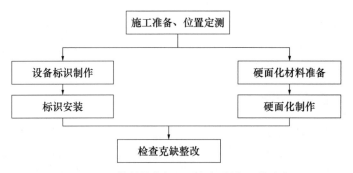

图 12-9-1　信号设备标识及场地硬化工艺流程

12.9.3 劳力组织

施工负责人 1 人，技术员 1 人，信号工 4 人。

12.9.4 主要工器具

如表 12-9-1 所示。

表 12-9-1　主要工器具

序号	机具名称	单位	数量	备注
1	铁锹	把	2	

序号	机具名称	单位	数量	备注
2	桃铲	把	2	
3	水平尺	只	2	
4	直角尺	只	2	
5	水泥篓子	个	4	
6	水桶	个	2	
7	双轮小推车	个	2	
8	小工具	个	2	

12.9.5 施工工艺质量要点

（1）信号设备的名称、符号应与竣工图相符。

（2）相符设备名称、符号、编号应书写直体字，蓝底白字。

（3）字迹清晰美观，并有反光效果。

（4）硬面化设在坡边以及路基面较窄时，要采用砌片石和水泥围桩来加固。

（5）硬面化用混凝土的强度及硬面化的上部厚度应符合设计要求。

（6）相邻设备宜采用同一个围桩及硬面化处理，硬面化边缘距机柱边缘应不小于500mm，距基础边缘不小于200mm，当有障碍物影响达不到最小距离时，可适当缩小距离或按设计要求处理，但必须确保基础安装稳固。

（7）表面硬化前应先将垫层夯实，厚度及硬度满足设计要求后，再进行硬化处理。

（8）硬面化应无裂纹，表面平整光洁并无明显丢边掉角现象。

12.9.6 设备标识工艺

（1）信号设备的名称代号与竣工图相符。不应使用未经批准的代号、符号及编号。

（2）信号设备的名称、代号、编号应用直体字，设备名称统一使用蓝底白字。

（3）信号机使用铝合金反光标识牌，固定在信号机支架上，其终端盒可不再悬挂标识牌。

（4）转辙机使用铝合金标识牌，固定在其终端盒支架上。

（5）计轴设备使用铝合金标识牌，固定在其计轴盒支架上，如计轴为隧道壁安装方式，则将标识牌使用木螺钉固定在计轴盒正左侧／右侧（以方便查看为前提，根据现场情况定）200mm处的隧道壁上。

（6）信标使用铝合金标识牌，牢固粘贴在信标侧面。

（7）RRU设备使用铝合金标识牌，使用木螺钉固定在RRU电源箱上方50～100mm处。

（8）方向盒使用铝合金标识牌，固定在靠信号楼方向的方向盒支架或基础上。

（9）室外设备标识挂牌悬挂示例如图12-9-2所示，隧道壁计轴终端盒铭牌安装方式如图12-9-3所示，转辙机标识悬挂安装方式如图12-9-4所示。

（a）

（b）

图 12-9-2　室外设备标识挂牌悬挂示例

（a）信号机；（b）计轴终端盒

图 12-9-3　隧道壁计轴终端盒铭牌安装方式

图 12-9-4　转辙机标识悬挂安装方式

（10）光电缆标牌内容应包含所属连锁区站名、电缆用途、电缆长度、电缆型号、备用芯数、路径等内容。

（11）光电缆标牌要求美观、耐磨、铭牌字迹要求经久耐用。应两端穿孔，以便使用两根扎带固定。

（12）光电缆余留架上铭牌悬挂光电缆铭牌悬挂示例如图 12-9-5 所示，信号电缆成端处铭牌悬挂示例如图 12-9-6 所示，光电缆转弯处及轨行区爬架处铭牌悬挂示例如图 12-9-7 所示。

（13）组合柜内继电器（含变压器及阻容元件）在正面和背面均有铭牌且与竣工图相符合，其中正面铭牌挂在挂钩上（短挂钩则挂在继电器的拉钩上），背面固定在继电器底座螺栓上。继电器铭牌悬挂示例如图 12-9-8 所示。

（14）组合侧面（继电器）、断路器（电源）、熔丝报警器（灯位）、灯丝报警器（灯位）、分线柜端子（端子左侧，且后门上应张贴一张这个分线柜所有端子用途的铭牌）等均应有标识铭牌。

（15）室内所有配线使用白色套管（机柜出厂套管颜色以厂商出厂为准），同种用途的套管大小、长度均匀一致，并标明配线的来向和去向，包括电缆的屏蔽连接地线以及综合汇流排上的地线。机柜安全地线套管标识实物图如图 12-9-9 所示，电缆护套屏蔽地线套管标识实物图如图 12-9-10 所示。

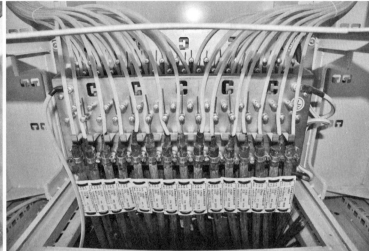

图 12-9-5　光电缆余留架上铭牌悬挂光电缆铭牌悬挂示例

图 12-9-6　信号电缆成端处铭牌悬挂示例

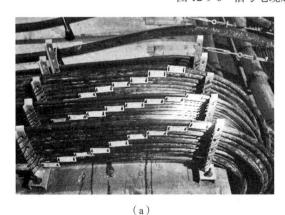

　　　　　　　　（a）　　　　　　　　　　　　　　　　　　（b）

图 12-9-7　光电缆转弯处及轨行区爬架处铭牌悬挂示例

（a）转弯处；（b）爬架处

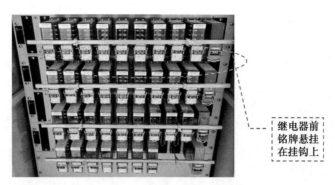

继电器前
铭牌悬挂
在挂钩上

图 12-9-8　继电器铭牌悬挂示例

机柜安全地
线套管上标
识机柜名称

图 12-9-9　机柜安全地线套管标识实物图

电缆护套屏蔽
地线套管上标
识电缆用途

图 12-9-10　电缆护套屏蔽地线套管标识实物图

12.9.7　硬面化工艺

（1）碎石道床设备全部硬面化处理。

（2）设备地面硬化时，混凝土不得有影响强度的裂缝，表面平整光洁不得出现松软、掉渣和明显的丢边掉角现象。

（3）设备地面硬化要方正、表面不得积水，场段硬面化的四个角做抹平处理。

（4）相邻设备采用同一个围桩，硬化面边缘距机柱边缘大于 500mm，距基础边缘大于 200mm，当有障碍物影响达不到最小距离时，可适当缩小距离或按设计要求处理，但必须保证基础安装稳固。

（5）硬化面顶面距箱盒底部 100～150mm（矮型信号机的硬化面应保证与信号机安装基础的出线口大于 150mm），硬化面边缘距设备外沿不大于 200mm；硬化面边缘与枕木头距离，站内大于 400mm，区间大于 800mm。两个硬化面间隔小于 200mm 时（外缘距离）才集中硬化。间隔 1500mm 左右时，两个硬化面应在同一水平面上。

（6）道岔转辙机及安装装置下部不制作硬化面。

（7）硬化面顶面的水泥混凝土厚度不低于50mm，四周应采用空心砖或留出排水孔。

（8）硬面化现场实际效果如图 12-9-11 所示。

图 12-9-11　硬面化现场实际效果

13 综合监控系统施工安装工艺

13.1 钢管安装工艺

具体内容见 11.4 通信钢管安装工艺。

13.2 桥架安装工艺

具体内容见 11.5 通信桥架安装工艺。

13.3 光电缆敷设工艺

具体内容见 11.6 通信光电缆敷设工艺。

13.4 电缆引入终端及成端

具体内容见 11.7 通信电缆引入终端及成端。

13.5 光缆引入终端及成端

具体内容见 11.8 通信光缆引入终端及成端。

13.6 箱、柜安装工艺

13.6.1 施工工艺要求

箱、柜的安装应端正牢固，垂直偏差不应大于机架高度的 1‰，较高箱、柜应采用膨胀螺栓对地加固；箱、柜背面和侧面距离墙的净距不应小于 800mm。

13.6.2 工艺流程

工艺流程如图 13-6-1 所示。

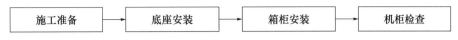

图 13-6-1　箱、柜安装工艺流程

13.6.3　施工工艺质量要点

箱、柜的安装位置应符合设计图纸安装位置的要求，同时满足以下条件：

（1）要求不影响装修美观及消防安全。

（2）控制箱应安装在承重墙上，如安装在轻钢龙骨墙上时，请确保箱的挂件在龙骨上可靠固定；如安装在砌块墙上时，需经设计核算承重能力后，安装对穿螺栓进行可靠固定。

（3）尽量避免安装在水管的正下方，以避免水泄漏进箱、柜内。

（4）如果有两个以上控制箱或控制柜在同一位置安装时，要求并排安装，并且箱、柜开闭自由。

（5）箱、柜在安装前应进行检查，符合下列条件后方可安装：盘面平整、内外表面漆层完好；盘的外形尺寸和仪表安装孔尺寸、盘上安装的仪表和电气设备的设计规格符合设计规定。

（6）打开箱、柜检查后，施工承包商必须在集成商的监督指导下，拆掉箱、柜内的PLC模块，单独存放在干燥整洁的料库中进行保管，具备调试条件后再安装，避免由于现场过度潮湿或渗漏水损坏设备。

（7）箱、柜安装的水平及垂直度允许偏差为 1‰。

（8）IBP 盘现场安装效果如图 13-6-2 所示。

图 13-6-2　IBP 盘现场安装效果

13.6.4　落地机柜安装

安装工艺见 11.9 通信机房设备安装章节。

13.6.5　成品保护

箱、柜在安装完成后，应使用透明塑料薄膜封住，以保护箱表面不被划伤，避免沙石、水泥掉进模块和端子，并能防止墙壁或天花上的凝结水滴入箱内。

13.7 箱、柜配线

13.7.1 施工工艺要求

箱、柜配线工艺除按照下述各项要求做好质量控制外，还需参考 11.10 通信机房配线中所描述的相关工艺。

（1）配线规格需按照施工图纸进行选用，配线长度应根据图纸路径经实测后裁剪。

（2）配线电缆不得破损、发霉和受潮，外皮完整，中间严禁接头。

（3）数据配线与电源线应做好区分，宜分槽敷设；无法避免时，同槽敷设严禁绑扎在同一线束内，并满足间距的要求。

（4）光缆与电缆的弯曲半径应符合设计要求，未明确时，最小不得小于外径的 15 倍大于电缆外径的 15 倍。

（5）光纤跳线的弯曲半径应大于 50mm。

（6）各种配线应按顺序出线，布放应顺直、整齐，无扭绞、交叉，绑扎间隔均匀，松紧合适，塑料带扎头应剪齐并放在隐蔽处。

（7）布线应简洁整齐，接入设备或配线架时，应留有一定的余量，长度统一。

（8）光纤跳线应在光纤槽内单独布放；在走线架或槽道内应加套管保护，不得挤压、扭曲；编扎光纤的扎带应松紧适度。

（9）各种缆线连接到设备后，缆线绑扎应遵循方便插拔、不影响板卡扩容的原则。

（10）配线完毕后全部做好标示标签。

13.7.2 工艺流程

工艺流程如图 13-7-1 所示。

图 13-7-1 箱、柜配线工艺流程

13.7.3 施工工艺质量要点

（1）控制电缆（通信电缆除外）在进箱之前，在电缆适当位置切口，去除外层护套，并在箱外保留适当长度。然后将屏蔽层铜丝扎成辫状，使用 6mm² 地线连接至箱内 GND（信号屏蔽地母排）端子上并做好标签，屏蔽层和地线连接处使用热缩管进行防护处理。

（2）缆线引入箱内前必须确认缆线是否和图纸对应，无错误、无遗漏。标签粘贴良好，备用电缆不得进入箱内。

（3）电源线、信号线进入设备监控模块箱需要分开绑扎，宜靠近相应的配线侧为主。

（4）电缆在进箱之后，缆线在箱体内部绑扎距离约 100mm 一次，扎带切口平滑无毛刺并朝向内侧。线缆应敷设在箱内的塑料线槽内，沿塑料线槽至接线端子。

（5）箱、柜端配线安装成品实物如图 13-7-2 所示。

图 13-7-2 箱、柜端配线安装成品实物图

13.7.4 箱、柜端配线成品工艺要点

（1）出线时按先后顺序，无交叉、扭曲等情况发生。成端时应注意使用相应的接线端子并穿套机打号码管，进行最终拧接。全线车站采用同一编号原则，便于校线检查。

（2）配线结束后检查缆线是否固定牢靠、标签是否对应图纸、成端是否牢靠、有无混线并做好配线箱内的清理工作。

13.7.5 被控设备配线工艺要点

（1）监控线缆进入被控箱、柜内配线，参考"箱、柜端配线"施工要求。

（2）监控线缆直接进入执行器（手动防火阀、电动防火阀、电动二通调节阀、电动蝶阀等）时，应按照"钢管＋86盒＋金属软管（总长不大于1200mm，横向连接不大于300mm）"方式与被控设备连接。

（3）被控设备配线应在被控设备完成单体调试，并提供合格的调试报告，经业主、监理确认后进行。

（4）在被控设备成端之前，应再次对控制电缆做通断测试，并校验对应被控设备侧的编号，保证控制箱内端子对应被控设备无误。

（5）被控设备成端时必须按照配线端子对应图进行，并穿套号码管，进行最终拧接。全线车站号码管采用同一编号原则，并与箱、柜端对应一致，便于校线检查。

13.8 接地

内容见 11.11 通信接地。

13.9 车控室设备安装配线

内容见 11.12 通信车控室设备安装配线。

13.10　传感器安装配线

（1）传感器安装前应仔细检查外观，应外观完整、附件齐全，并按设计要求检查其型号、规格及材质。

（2）安装传感器时不应敲击及震动，安装后应牢固、平整。

13.10.1　风管式温湿度传感器安装

风管安装时，应预留传感器安装位置，只有等到风管开荒，风道内空气质量大为改善时，才允许安装风路传感器，且必须得到设备供应商的认可。设备安装位置在满足设计图纸要求的前提下，还应符合以下安装要求：

（1）传感器应安装在气流稳定、高度适宜的位置，并要固定牢固。

（2）传感器的检测元件应该侧对风向安装，为减少灰尘附着或湿气侵蚀，并提高读数的准确性，经过传感器的风速不应超过 15m/s，尽可能长时间保持检测元件的灵敏度。

（3）在空调机组上一般设置送风温湿度、回风温湿度检测。传感器安装在风管上时，选择在空调机组所在的设备机房内或明装风管的侧面即可。对于回风总管，位置可选距离机组近一点，距离出风口大于 600mm 即可。对于送风总管，位置尽量远离机组，并安装在所有支风管的前面。安装在送风室或回风室内时，应装固定支架，并选择气流通畅的位置，这样便于调试、维修和检查。

（4）在新风机组一般设置送风温湿度检测，传感器应安装在送风总管上，位置尽量远离机组，并安装在所有支风管的前面，同样最好选择在新风机组所在的设备机房内或明装风管的侧面，以便调试、维修和检查。

（5）进线软管应垂直向上安装，或设置向下方的弯管，弯管的最低处必须低于设备进线孔，以防冷凝水顺着线管滴入设备内。

（6）安装完风道传感器后，应立即用塑料袋将传感器密封包扎好，避免灰尘进入传感器。直到开始系统联调、车站环境已大为整洁后，在设备供应商及业主的书面要求下方可拆除包装。

（7）风管式温湿度传感器现场安装实物见图 13-10-1，传感器的实物示例如图 13-10-2 所示。

图 13-10-1　风管式温湿度传感器现场安装实物图

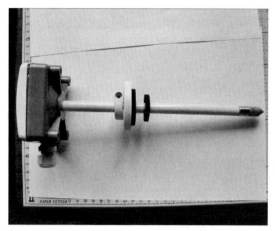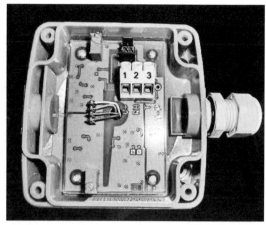

图 13-10-2 风管式温湿度传感器实物示例

13.10.2 室内温湿度传感器安装

（1）温湿度传感器的安装应满足环控专业的工艺要求，室内或站厅、站台层尽量均匀布置，两个传感器的间距大于 10m。

（2）安装位置和高度按照设计要求，一般为 2~2.5m。安装位置需要避免安装在送风口附近，尤其应避开送风口气流吹到的位置。

（3）在机房内安装的传感器一般采用预埋管方式进行安装，公共区柱体上安装的传感器需与装修单位提前沟通，要求装修单位预留传感器安装孔位。

（4）进线软管应垂直向上安装，或设置向下方的弯管，弯管的最低处必须低于设备进线孔，以防冷凝水顺着线管滴入设备内。

（5）室内温湿度传感器安装成品如图 13-10-3 所示，室内温湿度传感器实物如图 13-10-4 所示。

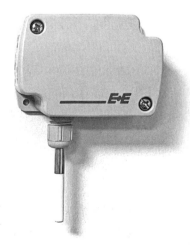

图 13-10-3 室内温湿度传感器安装成品

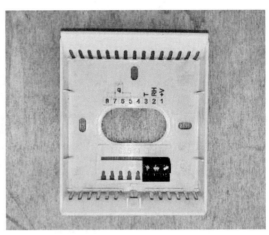

图 13-10-4　室内温湿度传感器实物图

13. 10. 3　水管温度传感器安装

（1）水管温度传感器的安装位置应根据设计文件和交底要求，在风冷机组冷冻水出入口水管管道上合理确定。

（2）测温点处的水流速度应稳定。取压点和测温点在同一管段上时，取压点应位于测温点的上游侧。

（3）测温部件垂直于管道安装时，其伸入管道的端部应位于管道中间的 1/3 或 1/2 处，轴向安装时，温度计套管应位于管道的轴心处。套管伸入管道内的深度应与管道孔径相适应，且不露出管壁内径。

（4）应按安装说明书的要求预留足够的操作调试空间，设备安装位置应易于维修和调试。

（5）进线软管应垂直向上安装，或设置向下方的弯管，弯管的最低处必须低于设备进线孔，以防冷凝水顺着线管滴入设备内。

（6）传感器接线完成后，应对线缆进行固定，检查设备外壳的螺栓是否上紧。

（7）水管温度传感器实物如图 13-10-5 所示。

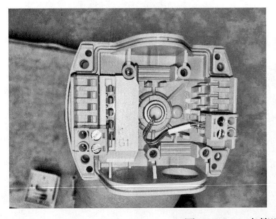
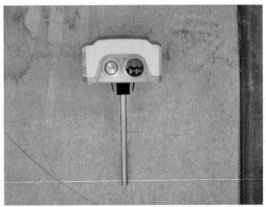

图 13-10-5　水管温度传感器实物图

13.10.4　压差传感器安装

（1）传感器的取压点处的水流速度应稳定，传感器也可以直接安装在截止阀上。

（2）压差取压部件（取压管）在施焊时要注意端部不能露出管道的内壁。

（3）压差导压管应尽可能短，而且弯头要尽可能少。

（4）取压点根部应安装截止阀。在水管试压时应关断，保护压力传感元件不被损坏。

（5）压差变送器应使用支架安装，变送器距墙壁≥50mm。应按安装说明书的要求预留足够的操作调试空间，设备安装位置应易于维修和调试。排水管应引至地面或排水沟。

（6）安装完毕后，应关闭所有截止阀，贴上封条，防止打压试水时损坏设备。

（7）压差传感器现场安装效果见图13-10-6，压差传感器实物图如图13-10-7所示。

图13-10-6　压差传感器现场安装效果

图13-10-7　压差传感器实物图

13.11　被控设备配线

（1）监控线缆进入被控箱、柜内配线，参考13.7箱、柜配线相关工艺。

（2）监控线缆直接进入执行器（手电动防火阀、电动二通调节阀、电动蝶阀等）时，应按照"钢管＋86盒＋金属软管（总长不大于1200mm，横向连接不大于300mm）"方式与被控设备连接。

（3）在被控设备成端之前，应再次对控制电缆做通断测试，并校验对应被控设备侧的编号，保证控制箱内端子对应被控设备无误。

（4）被控设备成端时必须按照配线端子对应图进行，并穿套号码管，进行最终拧接。全线车站号码管采用同一编号原则，并与箱、柜端对应一致，便于校线检查。

（5）配线端子示例如表13-11-1所示，此表亦为配线端子对应图。

表 13-11-1　配线端子对应表

新风机					
BAS 控制箱			设备		
端子含义	端子号	线缆编号	端子号	端子含义	
XF03 风机停止状态	X10-1	101	7	风机停止状态	
XF03 风机启动状态	X10-2	102	6	风机启动状态	
XF03 风机综合故障报警	X10-3	103	8	过负荷故障信号	
XF03 远程／就地控制状态	X10-4	104	5	就地／远程状态	
XF03 风阀开到位	X10-5	105	9	阀开到位状态	
XF03 风阀关到位	X10-6	106	10	阀关到位状态	
公共端	X10-7	107	11	状态反馈公共端	
XF03 风机启动控制	X20-1	501	2	控制公共端	
XF03 风机启动控制	X20-2	502	1	启动控制	
XF03 风机停止控制	X20-3	503	2	控制公共端	
XF03 风机停止控制	X20-4	504	3	停止控制	

说明：配线端子处配置的线缆号码管编号可定义，例如：X10-1-101-7。

14 自动售检票系统施工安装工艺

14.1 钢管安装工艺

内容见 11.4 通信钢管安装。

14.2 桥架及地面线槽

桥架的工艺及施工要点除按下述要求外，还需参考 11.5 通信桥架安装相关内容。

14.2.1 施工工艺要求

（1）桥架及地面线槽的容量在施工前应与所敷设的线缆容量进行核验，其容量裕度应满足规范要求。

（2）安装前应对桥架及地面线槽安装路径进行复测；地槽安装应内层平整，无明显变形；连接处应进行防腐处理；地槽固定卡具采用锚栓固定于结构地面，地槽连接处应加装跨接地线。

（3）槽盒进箱、柜、屏处使用橡胶圈做好端口防护，线缆敷设安装完毕后，应做好槽盒内及周边的防火封堵。

（4）需要从线槽引出配管时，应使用钢导管，引出位置可以在底板上也可以在侧边上，当线槽开孔时，应使用与钢管管径匹配的专业开孔器开孔，保证底板或侧边不变形，开孔处应切口整齐，管径吻合，严禁使用电焊割孔或气焊吹孔，钢管与线槽连接时，应使用管接头固定，并做好电气连接。

（5）施工完毕后，桥架与线槽应悬挂专业标识牌及施工人员联系方式。

14.2.2 工艺流程

工艺流程如图 14-2-1 所示。

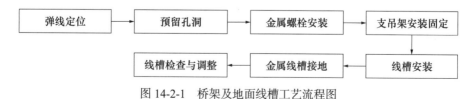

图 14-2-1　桥架及地面线槽工艺流程图

14.2.3 地面线槽安装工艺质量要点

（1）地面暗埋线槽适用在厚度大于等于150mm的现浇或混凝土楼板内或现浇预制楼板厚度大于70mm的垫层内安装，当垫层为45～70mm时，适宜采用地面出线盒，镀锌钢管配线安装。地面线槽的工艺选型在路径复测结果的基础上按照上述原则进行选择。

（2）地面线槽不宜通过不同的防火分区及伸缩缝，无法避开时应在防火分区两侧设手孔并做防火封堵，伸缩缝处除设伸缩节或柔性接头外还需做好防水封堵。

（3）地面金属线槽应采用配套的附件，线槽在转角、分支等处应设置分线盒，线槽的直线段超过6m时宜加装分线盒。

（4）地面线槽支架间距在现浇层内一般为1.5m，垫层内为1.0m，线槽首末端200mm处及槽盒走向改变或转角处应加装支架。

（5）线槽内的隔板及电缆固定件不允许拆除，如有拆除，必须恢复。

（6）线槽末端进箱、柜、屏处，其线槽末端与箱、柜、屏之间应做好跨接地线处理，跨接地线宜采用截面积不小于$4mm^2$（或$6mm^2$铜编织带）的双色多股软铜线与箱、柜、屏的接地端子排直接连接。

（7）地面线槽的手孔扣板应保持与地面齐平，无明显高差。

14.3 光电缆敷设

内容见11.6通信光电缆敷设。

14.4 电缆引入终端及成端

内容见11.7通信电缆引入终端及成端。

14.5 机房设备

内容见11.9通信机房设备安装。

14.6 机房设备配线

内容见11.10通信机房设备配线。

14.7 接地

接地工艺除按照下述要求外，还需参见11.11通信接地相关内容。

（1）防雷接地与交流工频接地、直流工作接地、安全保护接地必须共用综合接地体，接地电阻不大于1Ω。

（2）车站设备采用供电系统的 PE 线作为保护地线，配电箱、车站终端设备的外壳、客运服务中心的设备外壳等均就近接到配电箱的 PE 排进行保护。

（3）钢管之间、钢管与插座盒之间以专用接地卡跨接的方式电气连接，在机房与线槽连通；线槽通过自身的接地柱体实现电气连接，在机房接入共用综合接地体；机柜通过不小于 16mm² 地线接入共用综合接地体；闸机、售票机的外壳通过不小于 16mm² 地线接入共用综合接地体。接地铜排和螺栓、地线盘端子与室内接地连接导线连接应牢固、接触良好。

14.8　票务室设备安装配线

14.8.1　设备安装

（1）票务室设备安装前对周围构筑物及其他设备距离进行核对，半自动售票机一般安装在客服亭内，要与装修单位提前做好配合，留出足够的操作空间。

（2）票务室终端、打印机等应规格一致、型号统一，摆放整齐。

（3）各种线缆出线口位置合理，操作台不压迫开孔地板，也不易被操作人员碰触。

（4）操作终端应设置标识，便于管理。

14.8.2　设备配线

（1）设备配线前须核对配线线缆的规格、型号、数量符合设计要求，并进行电气性能测试。

（2）线缆弯曲时应均匀、圆滑一致，配线线缆中间不允许有接头。

（3）电源线缆和数据线缆应分开布放，绑扎整齐、美观。

（4）光缆、数据电缆、电源电缆配线工艺。

工艺要求与 11.12.2.1、11.12.2.2、11.12.2.3 车控室设备安装配线/设备配线/光缆、数据电缆、电源电缆内容相同。

14.9　终端设备安装配线

14.9.1　进站和出站检票机安装配线

14.9.1.1　设备安装

（1）自动检票机（简称"闸机"）安装前对周围构筑物尺寸进行核对。

（2）根据施工图在站厅层大理石面弹出相应的定位轴线，使用闸机配套的模板进行定位、开孔（在石材上开孔掌握力度），植入化学锚栓。

（3）待化学锚栓药剂凝固后，再安装闸机（若闸机有底座，先安装底座）。

（4）闸机水平间隔偏差小于 5mm，垂直偏差小于 2mm，通道宽度符合设计要求。

（5）闸机（底座）与地面间应做防水处理。

（6）闸机应可靠接地。

自动售检票系统闸机安装见图 14-9-1。

图 14-9-1　自动售检票系统闸机安装

14.9.1.2　设备配线

本节内容详见 14.8.2 设备配线。

14.9.2　查询机、半自动售票机及其他票务终端机安装配线

14.9.2.1　设备安装

（1）安装前对周围构筑物尺寸进行核对，半自动售票机周围留出足够的操作和维护的空间。

（2）设备安装地点除满足设计要求外，集中摆放时还应整齐排列。

（3）各种线缆出线口位置合理，操作台不压迫开孔地板，也不易被操作人员碰触。

（4）设备均应安装标识，便于运维管理。

14.9.2.2　设备配线

见 14.8.2 设备配线。

14.9.3　自动售票机安装配线

14.9.3.1　设备安装

（1）售票机安装前对安装位置进行核对，售票机周围留出足够的操作和维护的空间（一般情况下售票机后方至少有不小于 900mm 空间）。

（2）售票机安装垂直、水平偏差小于 2mm。

（3）根据施工图在站厅层地面弹出相应的定位轴线，使用售票机配套的模板进行定位、开孔（避免破坏整块装修瓷砖或石材），植入化学锚栓。

（4）待化学锚栓药剂凝固后，再安装售票机。

（5）售票机（底座）与地面间应做防水处理。

（6）售票机应可靠接地。

（7）自动售票机安装实物图如图 14-9-2 所示。

14.9.3.2　设备配线

与 14.9.1.2 设备配线相同。

图 14-9-2　自动售票机安装实物图

14.10　施工交接

14.10.1　施工交接要点

（1）前期地槽安装之前，要针对土建专业所留结构面及一米线，进行检查核实。结合使用的地槽的检修口高度。结构面过高会导致垫层浇筑阶段地槽无法被完好地浇筑预埋在地面上，造成不必要的施工损失。

（2）在建筑地面装修阶段，要与装修单位紧密联系。告知对方售票机以及闸机预留孔位置及大小，避免因前期施工交接失误而导致后期纠纷。

（3）结合工程实际情况，正确、有效、及时地进行地槽预埋工序，及时与各地点完成面负责方交流。

（4）安装完成后的检修口保护尤为重要，涉及线缆敷设工序中地槽清理的问题。

14.11　成品（半成品）保护

（1）施工期间应做好成品（半成品）保护，并不破坏其他专业的成品（半成品）。

（2）同一项目的成品（半成品）保护标识应格式统一，信息齐全。

（3）各类成品与半成品保护示例见图 14-11-1～图 14-11-5。

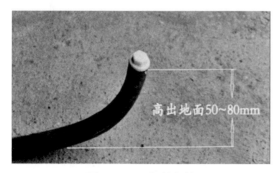

图 14-11-1　钢管保护

图 14-11-2　地面线槽保护

图 14-11-3　闸机保护

图 14-11-4　自动售票机保护

图 14-11-5　机房设备保护

15 FAS系统施工安装工艺

15.1 施工准备

（1）施工机具

电工工具、电焊机、台钻、切割机、绞板或套丝机、手枪钻、电锤、冲击钻、无齿锯、激光投线仪、钢卷尺、铅笔、线坠。

（2）作业条件

施工现场与系统施工相关的预埋件、预留孔洞等符合设计要求。现场水、电满足连续施工要求。设备基础经检验符合设计要求，达到安装条件。

（3）工艺流程

工艺流程见图15-1-1。

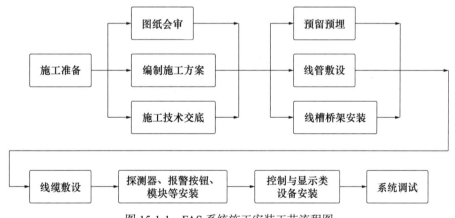

图15-1-1 FAS系统施工安装工艺流程图

15.2 线槽安装施工要点与要求

15.2.1 弹线定位

根据设计图确定进出线、盒、箱、柜等电气器具的安装位置，从始端至终端（先干线后支线）找好水平或垂直线，用粉线袋沿墙壁、顶棚和地面等处，在线路的中心线进行弹线，分匀档距并用笔标出具体位置。

15.2.2 支架与吊架安装

（1）支架与吊架应尽量采用桥架供货商所提供的标准化构件，如需现场制作，所用钢材应平直，无显著扭曲。下料后长短偏差应在 5mm 范围内，切口处应无卷边、毛刺。

（2）支架与吊架应焊接牢固，无显著变形、焊缝均匀平整，焊缝长度应符合要求，不得出现裂缝、咬边、气孔、凹陷、漏焊、焊漏等缺陷。

（3）支架与吊架应安装牢固，保证横平竖直，在有坡度的建筑物上安装支架与吊架应与建筑物有相同坡度。

（4）水平安装的支架间距宜为 1.5～3.0m，垂直安装的支架间距不应大于 2.0m。在进出接线盒、箱、柜、转角、转弯和变形缝两端及丁字接头的三端 500mm 以内应设置固定支撑点。

（5）支架与吊架距离上层楼板不应小于 150～200mm；距地面高度不应低于 100～150mm。

15.2.3 桥架线槽安装

（1）线槽直线段连接应采用连接板，用垫圈、弹簧垫圈、螺母紧固，接槎处应缝隙严密平齐。

（2）线槽进行交叉、转弯、丁字连接时，应采用单通、二通、三通、四通或平面二通、平面三通等进行变通连接，导线接头处应设置接线盒或将导线接头放在电气器具内。

（3）线槽与线盒、箱、柜等接槎处，进线和出线口均应采用抱脚连接，并用螺栓紧固，末端应加装封堵。

（4）桥架、线槽安装示意图见图 15-2-1。

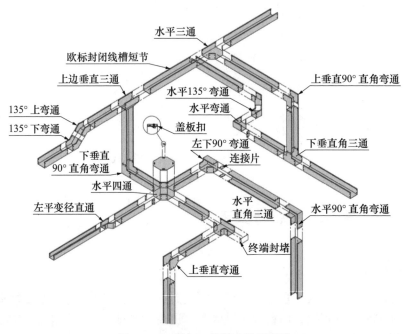

图 15-2-1　桥架、线槽安装示意图

15.2.4　线槽内保护地线安装

（1）保护地线应根据设计图要求敷设在线槽内一侧，接地处螺栓直径不应小于6mm，并且需要加平垫和弹簧垫圈，用螺母压接牢固。

（2）线槽的宽度在100mm及以内时，两段线槽用连接板连接处（即连接板作地线时），每端螺栓固定点不少于4个；宽度在200mm及以上时两段线槽用连接板连接的保护地线每端螺栓固定点不少于6个。

15.3　线管敷设

15.3.1　暗敷线管

（1）确定设备的位置，留好盒位。

（2）测量敷设线路长度。

（3）配管加工（掫弯、切割、套丝）。

（4）将线管和线盒按已确定的安装位置连接起来（螺纹、紧定、扣压）。

（5）管口堵上木塞或废纸，盒内填满废纸或木屑，防止进入水泥砂浆或杂物。

（6）检查是否有管、盒遗漏或设置位置错误。

（7）盒口应设3~5mm厚隔板紧扣模板固定于钢筋上，管路中间适当捆绑固定，管路距模板距离不小于30mm。

15.3.2　明敷线管

（1）确定电气设备接线箱体的安装位置。

（2）确定管线敷设方式。采用沿墙面敷设方式时，画出管路中心线和管路交叉位置；采用支吊架敷设方式时，协调规划管线安装的水平位置和标高。

（3）测量敷设管路长度。

（4）配管加工（掫弯、切割、套丝）。

（5）管道预制，安装支吊架。

（6）将管子、接线盒用管件依次装配连接成一体（螺纹、紧定、扣压），并固定在墙面或支吊架上。

（7）所有明敷线管、线盒均应涂刷防火漆或防火涂料。

15.3.3　金属管道的安装工艺

（1）室外直埋导管应符合下列要求：

1）埋设导管前，应对室外直埋导管的路径、沟槽深度、宽度及垫层处理进行检查确认。

2）室外埋地敷设的电缆导管，埋深不应小于0.7m。壁厚小于等于2mm的钢电线导管不应埋设于室外土壤内。

3）室外导管的管口应设置在盒、箱内。在落地式配电箱内的管口，箱底无封板的，

357

管口应高出基础面 50～80mm。所有管口在穿入电线、电缆后应做密封处理。

（2）室内进入落地式柜、台、箱、盘内的导管管口，应高出柜、台、箱、盘的基础面 50～80mm。

（3）埋地钢管露出地面的管口距抹灰后的地面高度不应小于 200mm。

（4）钢管之间的连接，采用套管连接方式时，管长度为连接管外径的 1.5～3 倍，连接管的对口处应位于套管的中心。

1）采用紧定式连接的紧定螺钉，应采用专用工具操作。不应敲打、切断、折断螺母。严禁熔焊连接。当管径为 32mm 时，连接套管每端的紧定螺钉不应少于 2 个。

2）采用扣压式连接时，应注意不得将套管内管端挤压变形。

（5）钢管之间的连接，采用螺纹连接时，用绞板或套丝机绞制管端螺纹。管端套丝长度不应小于管接头长度的 1/2。

（6）钢管与接线盒的连接，可采用盒接、螺母连接。

1）采用螺母连接时，先在盒外侧管端预装锁紧螺母，然后将盒上对应的敲落孔打掉，将管子穿入孔内，再用手旋上盒内螺母，最后用扳手把盒外锁紧螺母旋紧，伸入盒内的管长度应小于 10mm。钢管进入接线盒及配电箱时，露出锁紧螺母的丝扣以 2～4 扣为宜。管口内侧应装护口。

2）采用盒接时，将盒接与接线盒通过锁母紧固，将管子插入盒接，通过扣压或紧定式连接。

（7）当管路超过下列长度时，应在便于接线处装设接线盒：

1）管子长度每超过 30m，无弯曲时。

2）管子长度每超过 20m，有 1 个弯曲时。

3）管子长度每超过 10m，有 2 个弯曲时。

4）管子长度每超过 8m，有 3 个弯曲时。

（8）钢管与设备连接时，应将钢管敷设到设备内，如不能直接进入时，可按下列方法进行连接：

1）在干燥房间内，可在钢管出口处加保护软管引入设备。

2）敷设在多尘或潮湿场所管路的管口和管子连接处，均应做密封处理。在室外或潮湿房间内，可采用防湿软管或在管口处装设防水弯头。

3）当由防水弯头引出的导线接至设备时，导线套绝缘软管保护，并应由防水弯头引入设备。

4）金属软管引入设备时，软管与钢管、软管与设备间的连接应用软管接头连接，软管在设备上应用管卡固定，其固定点间距不大于 1m，金属软管不能作为接地导体。

（9）暗管埋于混凝土敷设应符合下列要求：

1）预埋在土建专业绑扎底层钢筋后进行。

2）现浇混凝土板内配管在底层钢筋绑扎完成上层钢筋未绑扎前敷设，且检查确认才能绑扎上层钢筋和浇捣混凝土。

3）现浇混凝土墙体内的钢筋网片绑扎完成，门、窗等位置已放线，经检查确认，才能在墙体内配管。

4）被隐蔽的接线盒和导管在隐蔽前检查合格，才能隐蔽。

5）暗配的导管，埋设深度与建筑物、构筑物表面的距离不宜小于 30mm。

6）钢管敷设在楼板内时，管外径与楼板厚度应配合，当楼板厚度为 80mm 时，管外径不应超过 40mm；楼板厚度为 120mm 时，管外径不应超过 50mm。若管径超过上述尺寸时，应改为明敷或将管子埋在楼板垫层内。

（10）明敷导管应排列整齐，固定点间距均匀，安装牢固。在终端、弯头中点或柜、台、箱、盘等边缘的距离 150～500mm 范围内设有管卡，中间直线段管卡间的最大距离应符合表 15-3-1 的规定。吊装管路应采用单独的卡具吊装或支撑物固定，吊杆直径不应小于6mm。

表 15-3-1　管卡间最大距离

敷设方式	导管种类	导管直径（mm）				
		15～20	25～32	32～40	50～65	65 以上
		管卡间最大距离（m）				
支架或沿墙明敷	壁厚＞2mm 刚性钢导管	1.5	2.0	2.5	2.5	3.5
	壁厚≤2mm 刚性钢导管	1.0	1.5	2.0	—	—
	刚性绝缘导管	1.0	1.5	1.5	2.0	2.0

15.4　线缆敷设

15.4.1　穿管敷设

（1）线缆穿管敷设应使用刚性带线。

（2）穿钢管时应先安装护口，特制钢管螺纹接头除外。

（3）当穿线困难时，可使用滑石粉润滑，禁止使用油脂或墨粉。

（4）线缆在穿线盒内应留有 30～50mm 的裕量。

（5）长度超过 3m 的垂直管内的导线敷设后应在顶端、中间盒内进行固定。

（6）线缆截断时预留的长度应考虑线缆连至准确接线位置的路径及接线的裕量。

（7）不进入接线盒（箱）的垂直管口穿入线缆后，管口应密封。

15.4.2　线槽内敷设

（1）线缆出入线槽应有防护管或护口。

（2）线缆在线槽内排放应整齐，转弯处应有适度裕量（10～20mm）。

（3）垂直线槽内的线缆应每隔 2m 设一固定点，且应分匝固定，固定时应防止损伤外皮。

15.4.3　线缆标记及校核

（1）线缆成组敷设时在线缆的始端及终端进行标识。例如：拴电线／缆标牌，标明成组编号及始、终点设备编号或名称。同一设备内线缆较多时应标明接线端子排的编号。

（2）线缆敷设后，应用 500V 兆欧表测量每个回路导线对地的绝缘电阻，且绝缘电阻值不应小于 20MΩ，测试完毕后应对被测线路进行充分放电。

（3）线缆在接线前应进行通／断测试，保证线缆的畅通，并确认导线在始、终端的标记，能够完全通过线芯颜色区分的线芯除外。

15.5 探测器安装要点

15.5.1 点型火灾探测器的安装

（1）探测器宜水平安装，当确需倾斜安装时，倾斜角不应大于 45°。

（2）探测器底座应安装牢固。

（3）探测器的连接导线必须可靠压接或焊接，当采用焊接时，不应使用带腐蚀性的助焊剂；连接导线应留有不小于 150mm 的余量，且在其端部应设置明显的永久性标识。

（4）探测器报警确认灯应朝向便于人员观察的主要入口方向。

（5）探测器至墙壁、梁边的水平距离，不应小于 0.5m。

（6）探测器周围水平距离 0.5m 内，不应有遮挡物。

（7）探测器至空调送风口最近边的水平距离，不应小于 1.5m；至多孔送风顶棚孔口的水平距离，不应小于 0.5m。

（8）在宽度小于 3m 的内走道顶棚上安装探测器时，宜居中安装。点型感温火灾探测器的安装间距，不应超过 10m；点型感烟火灾探测器的安装间距，不应超过 15m。探测器至端墙的距离，不应大于安装间距的一半。

15.5.2 管路采样式吸气感烟火灾探测器的安装要点

（1）采样管应固定牢固。

（2）采样管（含支管）的长度和采样孔应符合产品说明书的要求。

（3）非高灵敏度的吸气式感烟火灾探测器不宜安装在顶棚高度大于 16m 的场所。

（4）高灵敏度吸气式感烟火灾探测器当设为高灵敏度时。可安装在顶棚高度大于 16m 的场所，并应保证至少有 2 个采样孔低于 16m。

（5）在大空间场所安装时，每个采样孔的保护面积、保护半径，应符合点型感烟火灾探测器的保护面积、保护半径的要求。

（6）一个探测单元的采样管总长不宜超过 200m，单管长度不宜超过 100m，同一根采样管不应穿越防火分区。采样孔总数不宜超过 100 个，单管上的采样孔数量不宜超过 25 个。

（7）当采样管道采用毛细管布置方式时，毛细管长度不宜超过 4m。

（8）采样管和采样孔应有明显的火灾探测器标识。

（9）有过梁、空间支架的建筑中，采样管路应固定在过梁、空间支架上。

（10）当采样管道布置形式为垂直采样时，每 2℃温差间隔或 3m 间隔（取最小值）应设置一个采样孔，采样孔不应背对气流方向。

（11）实际安装实物见图 15-5-1。

图 15-5-1　管路采样式吸气感烟火灾探测器实际安装实物图

15.5.3　缆式线型感温火灾探测器的安装

（1）采用正弦波敷设的安装方式，线型感温探测器安装在电缆托架或支架上时，线型感温探测器以正弦波方式铺设于所有被保护的动力或控制电缆的外护套上面，宜采用接触式敷设。探测器安装时使用专用的卡具固定，避免探测器受到应力而造成机械损伤。

（2）缆式线型感温探测器的敏感部件应采用连续无接头的方式安装，如确需中间接线，应采用专用接线盒连接，敏感部件安装敷设时应避免重力挤压冲击，不应硬性折弯、扭转，探测器的弯曲半径宜大于 0.2m。

（3）安装方式见图 15-5-2。

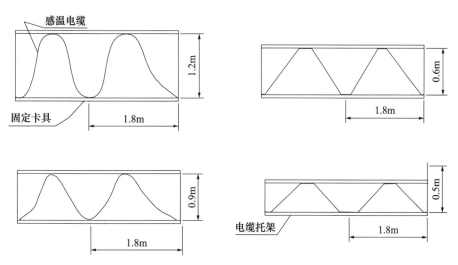

图 15-5-2　缆式线型感温火灾探测器安装示意图

15.5.4　分布式线型光纤感温火灾探测器的安装

地铁隧道内敷设分布式线型光纤感温火灾探测器示意图见图 15-5-3。

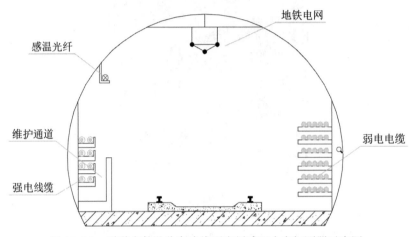

图 15-5-3　隧道内敷设分布式线型光纤感温火灾探测器示意图

隧道内感温光纤的敷设通常采用如下方式:

15.5.4.1　方式一

（1）感温光纤可以采用钢丝绳吊装方式，每隔 50m 安装一个主支架，25m 一个辅助支架，将钢丝绳固定于主支架上，如遇转弯时适当增加辅助支架，具体安装时视现场情况可适当增减，感温光纤可以采用扎带或电缆挂钩与钢丝绳固定在一起，如图 15-5-4所示。

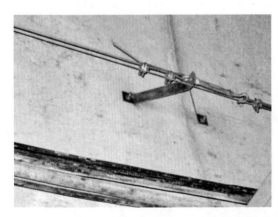

图 15-5-4　感温光纤采用钢丝绳吊装方式安装实物图

（2）在固定安装支架、辅助支架时，采用 M8×60mm 膨胀螺栓，安装深度为 60mm；膨胀螺栓进入墙体的部分应与墙面垂直。

（3）光纤沿钢丝自然平行敷设，每 1.5m 一个固定夹，特殊隧道地段可适当增加；探测光纤固定位置应在钢丝的正下方。

（4）每段安装的光纤，每隔 100m 盘留 1m 光纤在主支架的适当位置；每段光纤的尾端处盘留 20m 于适当位置；每段光纤的始端选择一适当位置盘留 15m 光纤，探测光纤弯曲半径须大于 20mm。

（5）在隧道安装钢丝、光纤，间距之间弧垂不得大于 20mm；隧道转弯区钢丝须与隧道壁距离保持不少于 10cm，钢丝与光纤安装可靠、整齐、美观。

15.5.4.2　方式二

（1）区间感温光纤采用 Z 形钢支架和钢索固定方式。

（2）在各监测区间的轨道隧道斜顶部敷设一根探测光缆，采用专用 Z 形支架以悬吊的方式将探测光缆沿隧道直线敷设，每隔 1.5～2m 安装一个支架，如图 15-5-5 所示。

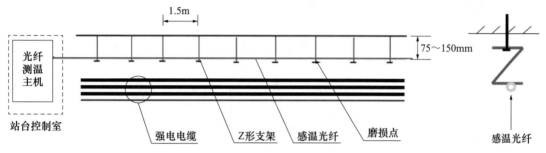

图 15-5-5　感温光纤采用 Z 形钢支架和钢索固定方式安装示意图

（3）感温光纤通过 Z 形支架固定在隧道顶部或隧道侧墙上，采用不锈钢材料。

（4）Z 形支架通过 M6×6mm 膨胀螺栓，固定在强电侧隧道壁上，沿隧道壁上每隔 1.5m 安装一个。如 Z 形支架的安装位置与其他专业的设备或线缆有位置冲突，可根据现场的实际情况避开适当的距离，偏移距离应大于 300mm，且只能向内侧偏移。

（5）感温光纤在 Z 形支架上通过压板固定，固定压板采用不锈钢材料。压板与 Z 形支架连接采用不锈钢螺钉加弹簧垫圈、平垫圈固定。

（6）每段安装的光纤，每隔 100m 盘留 1m 光纤在适当位置；每段光纤的尾端处盘留 20m 于适当位置；每段光纤的始端选择一适当位置盘留 15m 光纤，探测光纤弯曲半径须大于 20mm。

（7）在隧道安装光纤时，两个支架间距之间光纤的弧垂不得大于 20mm，隧道转弯区光纤须与隧道壁保持不小于 5cm 间距，支架安装可靠、整齐、美观。

15.5.5　可燃气体探测器的安装要点

（1）安装位置应根据探测气体密度确定。若其密度小于空气密度，探测器应位于可能出现泄漏点的上方或探测气体的最高可能聚集点上方；若其密度大于等于空气密度，探测器应位于可能出现泄漏点的下方。

（2）在探测器周围应适当留出更换和标定的空间。

（3）在有防爆要求的场所，应按防爆要求施工。

（4）线型可燃气体探测器在安装时，应使发射器和接收器的窗口避免日光直射，且在发射器与接收器之间不应有遮挡物，两组探测器之间的轴线距离不应大于 14m，探测器的保护区域长度不宜大于 60m。

15.6　手动火灾报警按钮的安装要点

（1）手动火灾报警按钮应安装在明显和便于操作的部位，当安装在墙上时，其底边距地（楼）面高度宜为 1.3～1.5m，且应有明显的标志。

（2）手动火灾报警按钮应安装牢固，不应倾斜。

（3）手动火灾报警按钮的连接导线应留有不小于 150mm 的余量，且在其端部应有明显标志。

15.7　模块或模块箱的安装要点

（1）同一报警区域内的模块宜集中安装在本报警区域的金属模块箱内，不应安装在配电柜、箱或控制柜、箱内。

（2）应独立安装在不燃材料或墙体上，安装牢固，并应采取防潮、防腐蚀等措施。

（3）模块的连接导线应留有不小于 150mm 的余量，其端部应有明显标志。

（4）模块的终端部件应靠近连接部件安装。

（5）隐蔽安装时在安装处附近应设置检修孔和尺寸不小于 100mm×100mm 的标识。

（6）模块箱及模块安装实物见图 15-7-1。

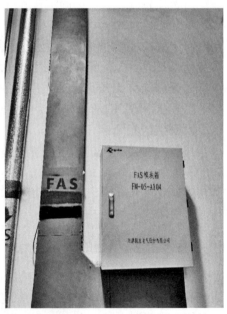

图 15-7-1　模块箱及模块安装实物图

15.8　火灾应急广播扬声器及声光警报器安装要点

（1）扬声器和火灾声警报装置宜在报警区域内均匀安装，扬声器在走道内安装时，距走道末端的距离不应大于 12.5m。

（2）火灾光警报装置应安装在每个楼层的楼梯口、消防电梯前室、建筑内部拐角等处的明显部位，且不宜与消防应急照明和疏散指示标志灯安装在同一面墙上，确需安装在同一面墙上时，距离应大于 1m。

（3）当火灾应急广播扬声器和火灾警报装置采用壁挂方式安装时，其底边距地面高度应大于 2.2m。

（4）安装牢固，表面不应有破损。

15.9　消防电话分机和电话插孔的安装要点

（1）消防专用电话、电话插孔宜安装在明显、便于操作的位置；采用壁挂方式安装时，其底边距地（楼）面高度宜为 1.3～1.5m。

（2）消防专用电话和电话插孔应有明显的永久性标志。

（3）电话插孔不应设置在消火栓箱内。

15.10　控制与显示类设备安装要点

（1）火灾报警控制器、可燃气体报警控制器、气体灭火控制器、消防联动控制器等控制器类设备（以下称控制器）在墙上安装时，其主显示屏高度宜为 1.5～1.8m，其靠近门轴的侧面距墙不应小于 0.5m，正面操作距离不应小于 1.2m；落地安装时，其底边宜高出地（楼）面 0.1～0.2m；安装效果见图 15-10-1。

（2）消防控制室内设备的布置应符合下列要求：

1）设备面盘前的操作距离：单列布置时不应小于 1.5m；双列布置时不应小于 2m。

2）在值班人员经常工作的一面，设备面盘至墙的距离不应小于 3m。

3）设备面盘后的维修距离不宜小于 1m。

4）设备面盘的排列长度大于 4m 时，其两端应设置宽度不小于 1m 的通道。

5）与建筑其他弱电系统合用的消防控制室内，消防设备应集中设置，并应与其他设备间有明显间隔。

（3）控制器应安装牢固，不应倾斜；安装在轻质墙上时，应采取加固措施。

（4）引入控制器的电缆或导线，应符合下列要求：

1）配线应整齐，不宜交叉，并应固定牢靠。

2）电缆芯线和所配导线的端部，均应标明编号，并与图纸一致，字迹应清晰且不易褪色。

3）端子板的每个接线端，接线不得超过 2 根。

4）电缆芯和导线，应留有不小于 200mm 的余量。

5）导线应绑扎成束。

6）导线穿管、线槽后，应将管口、槽口封堵。

（5）控制器的主电源应有明显的永久性标志，并应直接与消防电源连接，严禁使用电源插头。控制器与其外接备用电源之间应直接连接。

（6）控制器的接地应牢固，并有明显的永久性标志。

（7）火灾报警控制器安装实物见图 15-10-1。

图 15-10-1　火灾报警控制器安装实物图

15.11　消防设备应急电源和备用电源的安装要点

（1）消防设备应急电源的电池应安装在通风良好的场所，当安装在密封环境中时应有通风措施，电池安装场所的环境温度不应超出电池标称的工作温度范围。

（2）酸性电池不得安装在带有碱性介质的场所，碱性电池不得安装在带酸性介质的场所。

（3）不应安装在火灾爆炸危险场所。

15.12　火灾自动报警系统接地安装要点

（1）交流供电和 36V 以上直流供电的消防用电设备的金属外壳应有接地保护，其接地线应与电气保护接地干线（PE）相连接。

（2）接地装置施工完毕后，应按规定测量接地电阻，并做记录。

15.13　系统调试

15.13.1　关于系统调试的基本规定

（1）系统调试应包括系统部件功能调试和分系统的联动控制功能调试。

（2）应对系统部件的主要功能、性能进行全数检查，系统设备的主要功能、性能应符合现行国家标准的规定。

（3）应逐一对每个报警区域、防护区域或防烟区域设置的消防系统进行联动控制功能检查，系统的联动控制功能应符合设计文件和现行国家标准《火灾自动报警系统设计规范》GB 50116的规定。

（4）不符合规定的项目应进行整改，并应重新进行调试。

15. 13. 2 关于控制器的调试规定

（1）控制器调试包括火灾报警控制器、可燃气体报警控制器等控制类设备的报警和显示功能的调试。

（2）火灾探测器、可燃气体探测器等探测器发出报警信号或处于故障状态时，控制类设备应发出声、光报警信号，记录报警时间。

（3）控制器应显示发出报警信号部件或故障部件的类型和地址注释信息，且显示的地址注释信息应符合规定的要求。

15. 13. 3 消防联动控制器的联动启动和显示功能的调试规定

（1）消防联动控制器接收到满足联动触发条件的报警信号后，应在3s内发出控制相应受控设备动作的启动信号，点亮启动指示灯，记录启动时间。

（2）消防联动控制器应接收并显示受控部件的动作反馈信息，显示部件的类型和地址注释信息，且显示的地址注释信息应符合规定的要求。

15. 13. 4 消防设备运行状态显示功能的调试规定

（1）消防控制室图形显示装置应接收并显示火灾报警控制器发送的火灾报警信息、故障信息、隔离信息、屏蔽信息和监管信息。

（2）消防控制室图形显示装置应接收并显示消防联动控制器发送的联动控制信息、受控设备的动作反馈信息。

（3）消防控制室图形显示装置显示的信息应与控制器的显示信息一致。

15. 14 其他注意事项

15. 14. 1 线槽安装注意事项

线槽敷设时，应采用单独的卡具吊装或支撑物固定。吊装线槽的吊杆直径不应小于6mm。金属线槽敷设时，应在下列部位设置吊点或支点：

（1）线槽始端、终端及接头处。

（2）线槽转角或分支处。

（3）直线段不大于3m处。

15. 14. 2 线管敷设注意事项

（1）钢管应壁厚均匀，焊缝均匀，无裂纹、砂眼，无棱刺和凹扁现象，镀锌管或刷过防火涂料的电线管外表层完整无脱落现象。丝扣连接用的管箍采用通丝管箍，锁紧螺母完好无损，丝扣清晰。

（2）钢管连接紧密牢靠，支架和管卡设置间距合理，结实稳固。

（3）剔槽使用专用工具，深度宽度合理，管槽边缘整齐。

（4）防火涂料涂刷均匀，待安装完成后对脱落部分进行补刷。

15.14.3　线缆敷设注意事项

（1）火灾自动报警系统应单独布线，系统内不同电压等级、不同电流类别的线路，不应敷设在同一管内或线槽的同一槽孔内。

（2）导线在管内或线槽内，不应有接头或扭结。导线的接头，应在接线盒内焊接或用端子连接。

（3）管线经过建筑物的变形缝（包括沉降缝、伸缩缝、抗震缝等）处，应采取补偿措施，导线跨越变形缝的两侧应固定，并留有适当余量。

（4）同一工程中的导线，应根据不同用途选择不同颜色加以区分，相同用途的导线颜色应一致。

（5）爆炸危险环境，电线必须穿于防爆导管内。

15.14.4　探测器安装注意事项

（1）点型感烟火灾探测器在安装期间探测器的保护罩不要取下，以免灰尘影响。

（2）对于有装修喷黑的区域，管路采样式吸气感烟探测器的采样管及主机应提前做好遮盖防护。

（3）分布式线型光纤感温火灾探测器的感温光纤不应打结，光纤弯曲时，弯曲半径应大于 50mm，每个光通道配接的感温光纤的始端及末端应各设置不小于 8m 的余量段，感温光纤穿越相邻的报警区域时，两侧应分别设置不小于 8m 的余量段。安装钢丝或 Z 形钢支架和探测光纤的位置应避免施工安装工艺与其他带电体的直接接触，最好能保持一定的安全距离。

16 站台门系统施工安装工艺

站台门通常也被称为"屏蔽门"或"站台屏蔽门",站台门的安装工艺因站台门的具体结构不同而存在较大差异,一般情况下,站台门的施工往往是由总包单位直接委托站台门厂家安装的,这里仅给出的参考性的示例,供现场管理人员和监理人员了解站台门安装工艺的基本理念使用。更为具体的细节,还需参见厂家的安装手册。

16.1 站台门工艺流程

工艺流程见图 16-1-1。

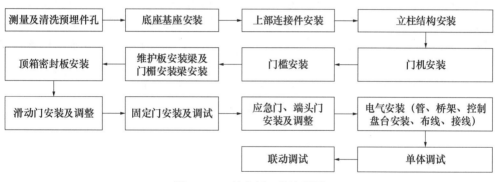

图 16-1-1 站台门工艺流程图

16.2 地槛

16.2.1 施工准备

(1)图纸资料:底部支撑组合。

(2)站台测量记录表,以及相应站台测量数据分析。

(3)车站屏蔽门平面布置图,车站屏蔽门立面布置图。

(4)地槛的 BOM 表:地槛由支撑体、绝缘组件、地槛面板、防滑板、等电位铜排、地槛连接件组装而成。

(5)土建站台板挑檐及轨顶风道施工完毕,铺轨专业提供基标点。

(6)套筒扳手、内六角扳手、一字螺丝刀、十字螺丝刀、锯弓、剪刀、软棉布、毛巾、

369

卡簧钳（外卡）、卡簧钳（内卡）、平板锉、圆锉、什锦锉、0～150mm 游标卡尺、老虎钳、橡皮锤、标签纸、手电筒、记号笔、美工刀、喷漆（银）、铁锤、吸盘、锯条、机油、铜棒、AB 胶、丝锥扳手、活动扳手、万用表、电烙铁、电工成套工具、500V 兆欧表、220V 电源。

16.2.2 工艺流程

工艺流程见图 16-2-1。

螺栓及支撑体安装 → 地槛铜排及调节垫片安装 → 地槛调节及零部件组装 → 检测及数据记录

图 16-2-1 地槛安装工艺流程图

16.2.3 施工要点与要求

（1）清除站台边缘积尘，用混凝土找平安装基面，按照图纸要求，安装 M12 螺栓。

（2）安装地槛支撑体。

（3）按照图纸尺寸安装地槛连接块，调整地槛的间隙为 12_0^{+1}mm。轨道侧为窄地槛；保证限界尺寸。

（4）安装地槛连接铜排，并拧紧螺栓。

（5）使用调节垫片，调节地槛高度，保证到面距轨顶距离，并保证水平度≤2mm（上下两块分体式的支撑体，可调螺栓进行现场调节，其具体的调节结果相同）。

（6）调节地槛限界方向尺寸，使地槛处于正确位置，曲线和缓曲车站需参照各车站具体平面布置图中相关尺寸。

（7）按照图纸中各零件的组装关系，安装其余的全部零部件。

（8）检测地槛水平度与直线度，如有必要，做再次调节。

（9）测量和记录该部分电气绝缘。

16.2.4 注意事项

（1）地槛在现场安装时，必须严格控制界限尺寸。

（2）地槛 X 轴向不会有累计误差，即可能会造成误差累计的单元必须在下个单元把相应误差完全吸收。

16.2.5 地槛实物图

地槛实物图见图 16-2-2。

图 16-2-2 地槛实物图

16.3　顶部连接角钢、顶 / 后盖板支架

16.3.1　施工准备

（1）顶部连接角钢无预埋件的安装方法，先按照布置图设计要求，放线定位，标出安装位置，采用镀锌螺栓 M20×350mm 将顶部连接角钢与土建风道梁连接紧固。

（2）现场工人在对应参照点，沿站台边缘拉 1 根钢丝线。该线有助于在 Y 轴方向调节顶部连接角钢。

16.3.2　工艺流程

工艺流程见图 16-3-1。

图 16-3-1　顶部连接角钢、顶 / 后盖板支架工艺流程图

16.3.3　施工要点与要求

（1）按照设计要求，放线定位，标出连接角钢安装位置。

（2）从站台中心线开始，根据设计图纸一一对应安装连接角钢。

（3）现场工人应把地槛作为参照，调节连接角钢，以避免累计误差。顶部连接角钢焊合底面距离地槛上表面达到图纸要求；连接角钢的水平度与直线度将记录在册，并长期保存。

（4）确认全部连接角钢都安装于正确位置后，并保证全部连接角钢下平面平行于地槛上表面。

（5）全部螺栓、螺母应按要求的扭矩拧紧，并用红漆标明。

（6）在连接角钢与风道梁侧墙间存在空隙处填入无收缩高黏度填料，保证两者之间无缝隙，最小填料厚度为 0.5mm。

16.3.4　注意事项

（1）安装滑竿时，需要先将滑竿预先穿进前后盖板支架的支架连接块的圆孔内，靠支架连接块顶端的螺栓固定在滑竿上。

（2）安装工作在脚手架上完成，因此高空作业时需采取特殊保护措施，工人应系好安全带，采取一切必要的安全工具。

（3）如果存在偏差较大情况（无法调试达到要求）应及时通知工程师现场处理。

16.3.5　实物图

安装实物图见图 16-3-2。

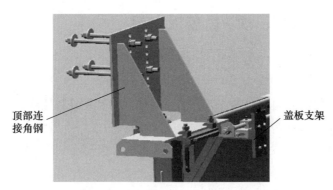

图 16-3-2　顶部连接角钢、顶 / 后盖板支架安装实物图

16.4　伸缩装置

16.4.1　施工准备

伸缩装置安装前置条件是土建结构梁施工完毕。

16.4.2　工艺流程

工艺流程图见地槛工艺流程。

16.4.3　施工要点与要求

两伸缩装置对称分布于门机正中，两伸缩装置间距 2440mm，对应于顶部连接角钢（也就是预埋件位置）的下方位置，如图 16-4-1 所示。

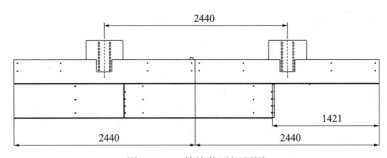

图 16-4-1　伸缩装置间距图

16.4.4　注意事项

顶部角钢焊合与预埋件之间的螺栓螺母，以及伸缩装置与门机梁之间连接的螺栓螺母在现场用扭力扳手拧紧，螺栓在拧紧后标以红漆。

16.4.5　实物图

伸缩装置实物图见图 16-4-2。

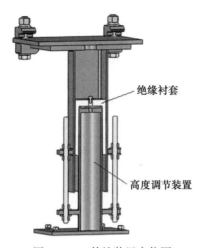

图 16-4-2　伸缩装置实物图

16.5　门体

16.5.1　施工准备

门体及门机梁内部各组件本身是一个个的整体组件，已在工厂预先组装完成，并且经过样机调试；门机梁组件的安装，是通过伸缩装置与顶部连接角钢焊合相连接。

16.5.2　工艺流程

工艺流程见图 16-5-1。

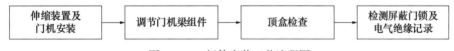

图 16-5-1　门体安装工艺流程图

16.5.3　施工要点与要求

（1）伸缩装置在安装之前做预先组装。

（2）门机梁安装固定到伸缩装置下方。

（3）使用悬挂螺杆，把门机梁组件调节到适合的水平位置，使门机梁顶面离地槛面高度为 2543±3mm，门机梁轨道侧面与防滑板铝型材轨道侧边缘相距 24±2mm。

（4）根据图纸规定的安装位置对第一个安装的门机梁位置的高度进行复测，预拧紧全部螺栓。

（5）按照上述方法安装后续门机梁组件，将累积误差在相邻单元吸收。

（6）以地槛为基准检查顶盒的水平与竖直偏差，并记录在检验表上。

（7）检查屏蔽门锁是否在靠近门机梁中间的位置。

（8）测量并记录顶盒每一部分的电气绝缘。

16.5.4　注意事项

（1）门机梁内各个组件安装时，先安装滑动门导轨，然后安装等电位导电铜排，接下来安装限位块支架、电机支架以及尾轮组合、屏蔽门锁。

（2）安装屏蔽门锁到门机梁内测靠近中间的位置；然后就是尾轮组合，门机梁后封板组件、门机梁后封板。

（3）门机梁应在固定门与立柱之前安装。安装时从站台有效中心线开始向两端安装，以便控制沿站台方向的累计误差。

（4）顶盒部分应用500V兆欧表测量电气绝缘。

16.5.5　门体实物图

门体实物见图16-5-2。

图16-5-2　门体实物图

16.6　绝缘

16.6.1　施工准备

绝缘薄膜、密封胶、内衬材料和底油的抗老化性能应良好，并应无毒、施工维修方便。

16.6.2　工艺流程

工艺流程见图16-6-1。

图16-6-1　绝缘安装工艺流程图

16.6.3 施工要点与要求

（1）绝缘层的施工，首先必须在屏蔽门、吊顶及非绝缘区地面装修层完成，并做好周围保护措施后方能进行。

（2）对绝缘层施工面原土建结构层必须先凿除突出物，再进行水泥砂浆找平压光处理。

（3）在确认施工面完全干燥后，方可进行底油的涂刷施工，注意涂刷均匀。

（4）待底油完全干固后（约20～30min），将防水绝缘层膜整卷摊开量好长度，再从两端回卷至中心处后边撕下离型纸，边赶压边让其紧贴于施工面，层膜的搭接宽度为80mm。

（5）做好每单元第一层绝缘层膜后（从站台中心单元处往两端展开施工），进行绝缘电阻率的测试。

（6）第二层绝缘层膜施工，也是整卷先摊平，搭接缝注意与第一层膜的搭接缝错开或交叉铺贴，长度应盖过第一层膜的面积，然后再从两端回卷至中心处后一边撕下离型纸，一边赶压让其紧贴于施工面，并用瓦斯喷灯在搭接处烘烤后压紧。

（7）做好每单元第二层绝缘层膜后，同第一次测试一样，进行测试验收，并达到合格。

（8）地面材料经验收合格后，进行绝缘缝的绝缘密封胶灌填处理（填胶前应先清理缝中的杂物，并把两端绝缘层膜切至装饰面下5mm处），使密封胶与两边的绝缘层膜紧密连接，达到绝缘效果，密封胶的填充应与装饰地面相平。

（9）完成密封胶的施工后，再进行绝缘电阻率的验收。

16.6.4 注意事项

（1）在绝缘层的施工中，操作人员均穿软底鞋，严禁穿带钉子鞋进入现场，以免损坏绝缘层；如发现卷材有破损应及时修复。

（2）浇筑保护层时，运送水的小车其铁腿根部必须用橡胶卷材垫好，并捆扎牢靠。

16.6.5 绝缘层铺设

绝缘层铺设实物见图16-6-2。

图16-6-2 绝缘层铺设实物图

16.7　玻璃

16.7.1　施工准备

（1）固定门为门框加整块玻璃，易损面积较大，施工现场无法存放，一旦运输到现场后应立即安装。

（2）应在固定门运到现场之前，将立柱组件与门楣梁槽钢组件安装并调节到位，待固定门运到现场后直接安装到位，避免多次搬运可能造成的损伤与破碎。

16.7.2　工艺流程

工艺流程见图 16-7-1。

图 16-7-1　玻璃安装工艺流程图

16.7.3　施工要点与要求

（1）将固定门轻轻抬入左右两立柱的中间位置，放置在地槛平面上。

（2）找准两根立柱外侧直径 20mm 的工艺孔，放入内嵌螺母垫圈、弹簧垫圈和内六角螺栓 M8×40mm，找准固定门框架两侧的 M8 螺母，轻轻旋入。

（3）安装顶部定位销，插入三根定位圆锥销 10mm×45mm。插入之前应检查清理对应的门楣梁孔内的镀锌积瘤，并先在圆锥销表面涂润滑油脂。

（4）调节固定门两端间隙，待调整完毕后拧紧内六角螺栓 M8×40mm。

（5）立柱前面的 5 块装饰板压板安装完成后，用橡胶条压板将立柱密封橡胶条固定在立柱装饰板的后侧面。立柱装饰板的前侧面折弯侧边压于立柱与装饰板压板之间；后侧面用十字槽沉头螺钉 M3×8mm 固定。

16.7.4　注意事项

（1）搬运固定门应特别小心，做到轻起轻放。

（2）调整到位前不能一次性把紧固螺栓拧到位，避免局部受力过于集中。

（3）调整到位完成后，再最终拧紧各紧固螺栓。

（4）玻璃搬运与安装时除做好防爆准备工作外，还需避免玻璃边角受到撞击或局部被尖锐物品碰撞。

16.7.5　实物图

玻璃安装实物见图 16-7-2。

图 16-7-2　玻璃安装实物图

16.8　PSL、PSC、UPS 电气设备安装与电气连接

16.8.1　施工准备

（1）施工前置条件为设备机房内墙面地面等土建工作面已完成，房间门体安装完成并进行房间钥匙交接。

（2）房间内的通风空调及照明灯具安装应避开设备正上方。

16.8.2　PSL、PSC、UPS 电气设备安装流程图

安装流程见图 16-8-1。

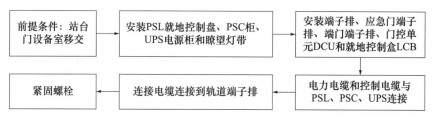

图 16-8-1　机房设备安装工艺流程图

16.8.3　PSL、PSC、UPS 电气设备的施工要点与要求

（1）依据布局图核定电气设备 PSL、PSC、UPS 的正确位置。

（2）依据布局图安装 PSL 就地控制盘、PSC 柜、UPS 电源柜和瞭望灯带。

（3）机柜台安装位置应符合设计要求，机柜应离墙 1m，便于安装和施工。

（4）底座安装应牢固，应按设计图的防震要求进行施工。

（5）机柜安放应竖直，柜面水平，垂直偏差不大于 1‰，水平偏差不大于 3mm，机柜

之间缝隙不大于 1mm。

（6）机台表面应完整，无损伤，螺钉坚固，每平方米表面平整度偏差应小于 1mm。

（7）机内接插件和设备接触可靠；机内接线应符合设计要求，接线端子各种标志应齐全，保持良好。

（8）台内配线设备、接地体、保护接地、导线截面、颜色应符合设计要求；所有机柜应设接地端子，并可靠接入大楼接地端排。

16.8.4 顶箱内电气设备施工要点与要求

（1）检查顶箱内线缆槽内电缆已安装铺设完毕。

（2）根据图纸，安装端子排、应急门端子排、端门端子排、门控单元 DCU 和就地控制盒 LCB。

（3）根据图纸，将电力电缆和控制电缆与端子排连接，并进行端子排与门锁、门控单元 DCU、门状态指示灯、就地控制盒 LCB 之间的电气连接（应急门处还需进行应急门端子排和应急门探测开关与相邻的滑动门端子排的电气连接，端门处还需进行端门端子排和端门探测开关与首 / 末端滑动门端子排的电气连接）。

（4）检查各连接点是否可靠连接。

（5）活动面板、立柱与等电位铜排的线缆连接。

（6）测试电缆连接性与绝缘。

16.8.5 PSL、IBP、PSC、UPS 电源屏等设备的线缆连接施工要点与要求

（1）检查安装完毕的 PSL、IBP（由综合监控安装）、PSC 等电气设备。

（2）依据图纸，将电力电缆和控制电缆与 PSL、PSC、UPS 连接。

（3）在每一电线上附电线标识，以便识别。

（4）连接 PSL、PSC、UPS 之间的电缆，连接 IBP 与 PSC。

（5）连接瞭望灯带与端门端子排的电缆。

（6）检查全部连接点是否可靠连接。

16.8.6 电气测试

依据测试调试方案，做电力电缆与控制电缆的连续性测试。

16.8.7 注意事项

（1）各种配线线缆进场时应进行检查，其型号、规格、质量应符合设计要求及相关产品标准的规定。

（2）线缆布放时应有适当的余量，不同用途的载频配线布放方式应符合设计规定。线缆不得有中间接头和绝缘破损现象。

（3）配线采用插接方式连接时，应一孔一线，插接时应采用专用工具操作，多股铜芯线插接前应压接接线帽。

（4）配线采用其他新型方式连接时，应选用专用适配工具，连接工艺应符合相关技术要求。

（5）屏蔽线的屏蔽层应与规定的屏蔽端子连接良好。

（6）配线电缆终端应固定在机架上，排列整齐、美观，引出端应有标明去向的标牌。

（7）配线电缆芯线在连接端子前应保持扭绞状态；线头剥切部分芯线无伤痕；绕制线环时，线环应按顺时针方向旋转。

16.8.8　实物图

PSC控制柜安装实物见图16-8-2、图16-8-3。

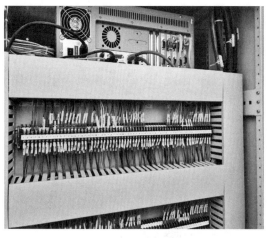 

图16-8-2　PSC控制柜线缆端接　　　　图16-8-3　PSC控制柜、UPS电源柜安装

17 通风空调系统施工安装工艺

17.1 通风空调系统安装工艺流程图

工艺流程见图 17-1-1。

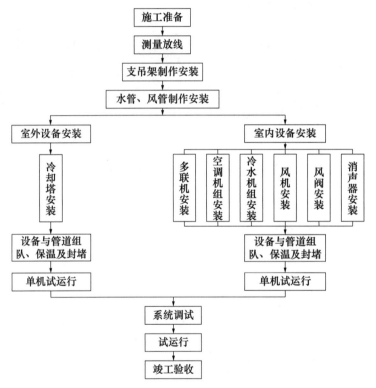

图 17-1-1 通风空调系统安装工艺流程图

17.2 风管安装

17.2.1 施工准备

17.2.1.1 作业条件

（1）作业地点应有施工机具和材料的堆放场地，设施和电源应有可靠的安全防护装置。

（2）作业场地道路应畅通。

（3）大样图、系统图经审查符合要求，并进行了技术及安全交底。

（4）风管的安装，宜在建筑围护结构施工完毕、安装部位的障碍物已清理、地面无杂物的条件下进行。

（5）结构预埋铁件、预留孔洞的位置、尺寸符合设计要求。

（6）作业地点应有相应的辅助设施，如梯子、架子、移动平台、电动升降平台、电源、消防器材等。

17.2.1.2 主要机具

（1）常用工具：扳手（活动扳手、双头扳手、套筒扳手、梅花扳手、充电电动扳手），螺丝刀（一字、十字），手电钻，冲击电钻，台钻，捯链（包括加长链捯链），风管安装升降机，木槌，拍板，麻绳等。

（2）测量工具：水平尺、钢直尺、钢卷尺、水准仪、线坠（磁力线坠）、角尺。

（3）进入施工现场的设备必须进行检查验收，定期维护保养。

17.2.2 金属风管安装

17.2.2.1 风管法兰连接的密封

（1）风管法兰的密封垫料材质应符合系统功能的要求。

（2）密封垫料应减少拼接，垫料接口不得重叠搭接，严禁在垫料表面涂涂料。

（3）垫料连接处不能设置在螺栓连接处，转角处应避免垫料的拉伸而导致垫料厚度减小。

（4）密封垫料的厚度不应小于4mm，宽度不应小于10mm。净化风管垫料厚度为5～8mm，宽度同法兰宽度。

（5）为保证法兰密封垫料接口严密，垫料应采用V形接口方式，如图17-2-1所示。不得采用搭接口方式，安装时密封垫料不得漏垫，不得进入风管内或伸出法兰外。

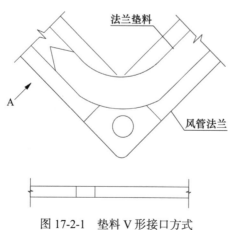

图17-2-1　垫料V形接口方式

17.2.2.2 弹簧夹安装工艺要求

（1）共板法兰端面粘贴密封垫料并紧固四角螺栓后，方可安装弹簧夹。

（2）共板法兰弹簧夹应使用自制的专用工具安装，不得使用手捶砸入，以免破坏弹簧夹的弹性。

（3）弹簧夹长度 L 宜为 150mm，弹簧夹的间距 ≤ 150mm，最外端的弹簧夹距风管边缘的距离 ≤ 150mm。弹簧夹安装数量及间距如图 17-2-2 所示。

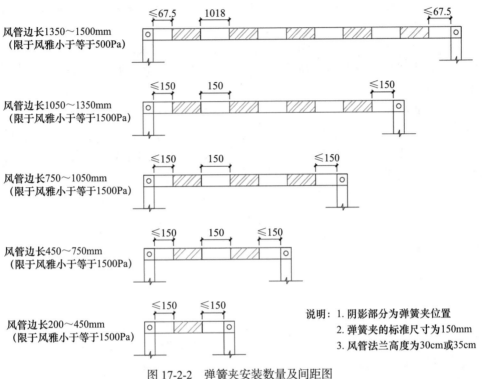

风管边长1350～1500mm
（限于风雅小于等于500Pa）

风管边长1050～1350mm
（限于风雅小于等于1500Pa）

风管边长750～1050mm
（限于风雅小于等于1500Pa）

风管边长450～750mm
（限于风雅小于等于1500Pa）

风管边长200～450mm
（限于风雅小于等于1500Pa）

说明：1. 阴影部分为弹簧夹位置
2. 弹簧夹的标准尺寸为150mm
3. 风管法兰高度为30cm或35cm

图 17-2-2 弹簧夹安装数量及间距图

（4）弹簧夹下料尺寸应一致（允许误差为 ±3mm）。弹簧夹切断后应打磨掉切口处的飞刺和尖锐边缘，以防伤人。

（5）弹簧夹安装后应分布均匀、间距一致，无松动现象。

17.2.2.3 共板法兰风管连接的工艺要求

（1）共板法兰四角处的角连接件与法兰四角接口的固定应紧贴、牢固，端面平整，法兰四角连接处、支管与干管连接处的内外表面均应进行密封。

（2）共板法兰风管四角螺栓两侧均加平垫圈。

（3）风管法兰与风阀连体法兰连接时，如螺栓孔径不相同或孔径过大，必须在法兰两侧加平垫圈。

（4）风管法兰连接的螺栓应牢固，螺母在同一侧，螺栓丝扣外露不大于一个螺母，明装不保温风管螺栓穿过方向应与气流方向一致，如图 17-2-3 所示。

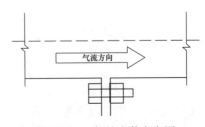

气流方向

图 17-2-3 螺栓安装方向图

17. 2. 2. 4 风管的安装方法

（1）风管安装前，风管支吊架应安装完成。

（2）风管安装应按先主干管后支管的顺序进行。

（3）风管安装时应将风阀和其他部件一同安装，无法一同安装时，应预留风阀及其他部件的安装空间，预留量应准确，两端法兰四角穿入螺杆，拧紧螺母，并定位找平、找正。

（4）风管法兰连接应先按风管法兰密封要求垫好垫料，再将两节风管的法兰对正，穿上全部螺栓并带上螺母（暂不要拧紧），重量较大不易对正的风管法兰可用尖冲穿进未穿螺栓的螺孔中，将两个螺孔撬正，直到所有的螺栓都穿上后再紧固。紧固螺栓应按交叉和对称的顺序逐步均匀拧紧，螺栓全部拧紧后，最先拧紧的螺栓可能会出现松动，应再重复拧紧一遍。

（5）在地面进行风管段连接，按风管边长规格每段风管可连接 4~5 节，风管连接后应以两端法兰为基准拉线检查风管的连接是否平直。

（6）风管可采用分段吊装的方法就位，先在平整的场地上将几节风管连接好（一般可连接 4~5 节），再用捯链将连接好的风管整段吊装在吊架上。重量较大风管可采用捯链起吊，重量较小风管可采用人力吊装。

（7）风管起吊的吊点应选择在风管受力均匀的位置上，防止因偏重造成风管和法兰变形。吊索与风管间应垫橡胶板或其他柔性材料隔离，防止风管吊点处受挤变形或吊索滑脱。

（8）风管正式起吊前应先进行试吊，试吊高度一般距地 200~300mm，仔细检查捯链受力点和捆绑风管的绳索、绳扣是否牢固，风管受力是否均匀，确认无误后方可继续起吊。

（9）风管吊装时，严禁人员站在风管的下方。

17. 2. 2. 5 柔性风管的安装规定

（1）风管与风机、风机箱、空气处理机等设备的连接处应设置柔性软管，在排风兼排烟系统的风管与风机连接处使用难燃的柔性软接，在空气处理机组与风管连接处使用保温软接，其长度宜为 150~300mm（特殊要求的按设计规定）。

（2）可伸缩性金属或非金属软风管的长度不宜超过 2m，并不应有死弯或塌凹。

（3）柔性风管支吊架的间距应小于 1500mm，风管在支架间的最大允许垂度应小于 40mm/m，支吊架的安装间距应符合《通风与空调工程施工质量验收规范》GB 50243 的要求。

（4）柔性风管的卡箍宽度应大于 25mm。

（5）风管穿越结构变形缝处应设置柔性软管，其长度应大于变形缝宽度 100mm 以上。

（6）柔性风管的安装，应松紧适度，无明显扭曲，柔性软管不应作为风管与设备找平、找正的异径连接管。

17. 2. 3 改性酚醛复合风管安装

17. 2. 3. 1 风管安装方法

（1）风管安装一般规定

1）风管安装前应进行管线综合排布的施工设计，完成风管位置、标高、走向的测量、定位、放线，安装要求应符合设计图纸；建筑结构预留孔洞位置应正确，孔洞尺寸应大于风管外径尺寸100mm。

2）酚醛风管的搬运应避免碰撞、抛掷、撬动等损伤。

3）风管安装前应对其外观进行检查，清除管内杂物，安装过程停止时，应采用塑料薄膜将风管口临时封严。

4）风管接口不得安装在墙内或楼板内，风管沿墙体或楼板安装时，距墙面距离应大于200mm；距楼板距离应大于150mm。

5）风管穿过需要封闭的防火防爆楼板或墙体时，应设壁厚不小于1.6mm的预埋管或防护套管，风管与防护套管之间应采用不燃且对人体无害的柔性材料封堵。

6）风管穿墙或楼板时应加设保护套管，风管与保护套管间应进行防火封堵。

（2）风管安装方法

1）酚醛彩钢板风管及部件安装除法兰连接方式不同外，其他与金属风管及部件安装基本相同。

2）安装风管可以根据现场情况，把数节管段在地面预先连接好再架空安装，大于600mm×600mm以上的管道，预接的管段总长度不宜超过3.6m或3节。

3）风管各段接口的结合应牢固、严密，管段保持顺直，无扭曲和偏斜现象。

4）风管与建筑结构风道的连接接口，应顺气流方向插入，风管与结构风道之间缝隙应采取密封措施。

5）风管与风机、空气处理机等设备连接处，应设置柔性短管，其长度为150～300mm（或按设计规定）；风管穿越结构变形缝处设置的柔性短管，其长度应大于变形缝宽度100mm以上。

6）风管测定孔应设置在不产生涡流并便于测量和观察的部位；吊顶内的风管测定孔部位，应留出活动吊顶板或检查门。

7）复合风管采用插接连接时，接口应匹配、无松动，端口缝隙不应大于5mm。

8）风管与设备接口的法兰连接应严密、牢固。风管法兰与设备法兰之间的垫片材质应符合系统功能的要求（应为不产灰尘、不易老化和具有一定强度和弹性的材料），厚度不应小于3mm。垫片不应凸入管内，亦不宜突出法兰外；不得采用乳胶海绵。

9）风管安装偏差应符合以下规定：

① 明装水平风管水平度偏差不得大于3mm/m，总偏差不大于20mm。

② 明装垂直风管垂直度偏差不得大于2mm/m，总偏差不大于20mm。

（3）酚醛复合风管支吊架制作与安装工艺

1）支吊架的安装形式和规格应按本标准或有关规程选用，直径大于2000mm或边长大于2500mm的超宽、超重等特殊风管的支吊架应符合设计要求。

2）支吊架宜采用机械加工，如采用气割切断，断口处应打磨平整，任何情况下不得采用电、气焊开孔。

3）吊杆应顺直，螺纹应完整。暗装风管的吊杆加长可采用搭接焊的方法双面连续焊接，搭接长度不小于吊杆直径6倍，吊杆焊接处必须进行防腐处理，焊接后吊杆应进行调直。

4）酚醛彩钢板复合风管水平安装的横担按表17-1选用相应规格的角钢或槽钢，也可选用 U 形钢，横担型材规格、吊杆直径及吊架允许最大间距见表 17-2-1～表 17-2-3。

表 17-2-1　酚醛复合风管支吊架选用表（mm）

$b < 1000$	$1000 \leqslant b < 1500$	$1500 \leqslant b < 2500$	$b \geqslant 2500$
1 号 C4121（厚 15mm）	1 号 C4121（厚 20mm）	2 号 C4141（厚 20mm）	3 号 C4162（厚 20mm）

表 17-2-2　酚醛复合风管吊架最大间距表（mm）

$B \leqslant 1000$	$1000 < B \leqslant 1600$	$1600 < B \leqslant 2000$
$\leqslant 2000$	$\leqslant 1500$	$\leqslant 1000$

表 17-2-3　酚醛复合风管吊杆直径选用（mm）

$B \leqslant 800$	$800 < B \leqslant 2000$	$2000 < b \leqslant 2500$	> 2500
6	8	10	12

5）酚醛彩钢板复合风管垂直安装的支架间距不应大于 2400mm，每根立管的支架不应少于 2 个。

6）支吊架不应设置在风口处或阀门、检查门和自控机构的操作部位，距离风口或插接管不宜小于 200mm。

7）支吊架宜靠近法兰位置，风管立面与吊杆的间隙不宜大于 50mm，吊杆距风管末端不应大于 600mm。水平弯管在 500mm 范围内应设置一个支吊架，支管距干管 600mm 范围内应设置一个支吊架。

8）当水平悬吊的干风管长度超过 20m 时，应设置防止摆动的固定点，每个系统不应少于 1 个。

9）风管安装后，支吊架受力应均匀，且无明显变形，吊架的横担挠度应小于 9mm。

10）靠墙或不靠墙风管支架安装方式：

① 靠墙或靠柱安装的水平风管宜采用悬臂支架或斜撑支架；不靠墙、柱安装的水平风管宜采用横担吊架。

② 靠墙安装的垂直风管应采用悬臂托架或斜撑支架；不靠墙、柱穿楼板安装的垂直风管宜采用抱箍吊架，抱箍与风管应采用螺栓固定，螺孔间距不大于 120mm，螺母应位于风管外侧。

11）采用胀锚螺栓固定支吊架时，应符合胀锚螺栓使用技术条件的规定。胀锚螺栓宜水平安装于建筑主体的混凝土构件上，螺栓至混凝土构件边缘的距离应不小于螺栓直径的 8 倍。螺栓组合使用时，其间距不小于螺栓直径的 10 倍。

17.2.3.2　风管严密性测试

（1）风管严密性测试采用测试漏风量的方法，应在风管制作完成后，起吊前进行漏风量检测。

（2）系统风管漏风量检测时可以采用整体或分段进行，风管组两端的风管端头应封堵严密，并应在一端留两个测量接口，分别用于连接漏风量测试装置及管内静压测量仪。漏风量检测见图 17-2-4。

图 17-2-4　漏风量检测

（3）接通电源、启动风机，调整漏风量测试装置节流器或变频调速器，向测试风管组内注入风量，缓慢升压，使被测风管压力示值控制在要求测试的压力点上，并基本保持稳定，记录漏风量测试装置进口流量测试管的压力或孔板流量测试管的压差。

（4）记录测试数据，计算漏风量；应根据测试风管组的面积计算单位面积漏风量；计算允许漏风量；对比允许漏风量判定是否符合要求。实测风管组单位面积漏风量不大于允许漏风量时，应判定为合格。

（5）被测系统风管的漏风量超过设计和规范的规定时，应查出漏风部位（可用听、摸、飘带、水膜或烟监测），做好标记；修补完工后，应重新测试，直至合格。

17.2.4　风管安装实物图

实物图见图 17-2-5、图 17-2-6。

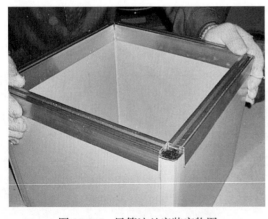

图 17-2-5　风管法兰安装实物图

图 17-2-6　风管连接实物图

17.3 空调水系统安装

17.3.1 施工准备

17.3.1.1 作业条件

（1）与空调水系统管道和设备安装有关的土建工程已施工完毕并经检验合格，且能保证空调水系统管道与设备安装的全面开展。

（2）设备配管时，该设备应安装结束并检验、检查合格，达到配管施工要求。

（3）所需图纸资料和技术文件齐备。

（4）阀门压力试验合格，管道、三通弯头等管道附件经检验合格且已完成除锈、清洗等工作。

17.3.1.2 主要机具

（1）施工机具：套丝机、试压泵、台钻、冲击电钻、砂轮切割机、砂轮机、坡口机、钢管专用滚槽机、钢管专用开孔机、交流电焊机、PP-R等复合管专用焊机、捯链、管钳等。

（2）测量工具：钢直尺、钢卷尺、角尺、压力表、焊缝检验尺、水平尺、线坠等。

17.3.2 工艺流程

工艺流程见图 17-3-1。

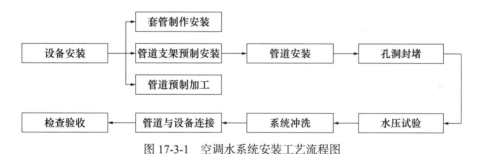

图 17-3-1 空调水系统安装工艺流程图

17.3.3 施工要点与要求

17.3.3.1 冷却塔安装

（1）安装前应对支腿基础进行检查，冷却塔的支腿基础标高应位于同一水平面上，高度允许误差为 ±20mm，分角中心距误差为 ±2mm。

（2）塔体立柱腿与基础预埋钢板和地脚螺栓连接时，应找平找正，连接稳定牢固。冷却塔各部位的连接件应采用热镀锌或不锈钢螺栓。

（3）收水器安装后片体不得有变形，集水盘的拼接缝处应严密不渗漏。

（4）冷却塔出水口及喷嘴的方向和位置应正确。

（5）风筒组装时应保证风筒的圆度，尤其是喉部尺寸。

（6）风机安装应严格按照风机安装的标准进行，安装后风机的叶片角度应一致，叶片端部与风筒壁的间隙应均匀。

（7）冷却塔的填料安装应疏密适中、间距均匀，四周要与冷却塔内壁紧贴，块体之间无空隙。

（8）单台冷却塔安装水平度和垂直度允许偏差均为 2/1000。同一冷却水系统的多台冷却塔安装时，各台冷却塔的水面高度应一致，高度差不应大于 30mm。

17.3.3.2　水处理设备安装

（1）水处理设备的基础尺寸、地脚螺栓或预埋钢板的埋设应满足设备安装的要求，基础表面应平整。

（2）水处理设备的安装应注意保护设备的仪表和玻璃观察孔的部位。设备就位找平后拧紧地脚螺栓进行固定。

（3）与水处理设备连接的管道，应在试压、冲洗完毕后再连接。

（4）冬季安装，应将设备内的水放空，防止冻坏设备。

（5）水处理的排放管道应连接到集水坑或排水沟。

17.3.3.3　分（集）水器、分汽缸施工要点及要求

（1）分（集）水器进入施工现场后，必须由监理、施工和供货单位共同进行验收，检查其产品设计图纸质量合格证书及相关检验报告（包括焊缝无损检测报告、强度试验记录等），并对其进行外观检验，合格后方可安装。

（2）当筒体直径小于等于 421mm 时按外径计算；筒体直径大于等于 450mm 时按内径计算。

（3）支架安装应符合下列要求：

1）支架安装高度由施工人员根据阀门高度决定，但不得大于 1000mm，支架安装前应考虑防冷桥措施并进行防腐处理，支架清除浮锈后刷防腐漆两道。

2）分（集）水器支架安装示意见图 17-3-2。

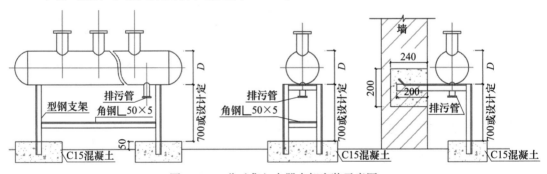

图 17-3-2　分（集）水器支架安装示意图

3）支架安装材料选型应符合表 17-3-1 的规定。

表 17-3-1　分集水器支架材料选型表（mm）

筒体直径 D	支架型钢规格	一对支架可承长度	筒体每增加长度要增加一个支架	支架高度 H	支架宽度 K	保温支架宽度 K_1
400 以下	∟50×5　[5	3000	1500	700 或设计定	$D+200$	$D+200+2x$ 木托厚
400~800	[10	4000	2000	700 或设计定	$D+300$	$D+300+2x$ 木托厚
800~1000	[16	5000	2500	700 或设计定	$D+300$	$D+300+2x$ 木托厚

4）支架安装应满足筒体热胀冷缩的要求，应一端固定、另一端采用活动或滑动支架，确保筒体工作状态下的热胀冷缩。

（4）平面位置允许偏差为15mm，标高允许偏差为±5mm，垂直度允许偏差为1/1000。

（5）设备与支架或底座接触紧密，安装平正、牢固。

17.3.3.4 管道安装工艺

（1）套管制作安装工艺

1）套管管径应比穿墙板的干管、立管管径大1～2号。保温管道的套管应留出保温层间隙。

2）套管的长度：

过墙套管的长度＝墙厚＋墙两面抹灰厚度

过楼板套管的长度＝楼板厚度＋板底抹灰厚度＋地面抹灰厚度＋20mm（卫生间30mm）

3）镀锌铁皮套管适用于过墙支管，要求卷制规整，咬口接缝，套管两端平齐，打掉毛刺，管内外要防腐。

4）套管安装：位于混凝土墙、板内的套管应在钢筋绑扎时放入，可点焊或绑扎在钢筋上。套管内应填以松散材料，防止混凝土浇筑时堵塞套管。对有防水要求的套管应增加止水环，具体做法参照图集S312。穿砖砌体的套管应配合土建及时放入。套管应安装牢固、位置正确、无歪斜。

5）穿楼板的套管应把套管与管子之间的空隙用油麻和防水油膏填实封闭，穿墙套管可用石棉绳填实。

（2）管道预制工艺要点

1）下料：要用与测绘相同的钢盘尺量尺，并注意减去管段中管件所占的长度，注意加上拧进管件内的螺纹尺寸，让出切断刀口值。

2）套丝：用机械套扣之前，先用所属管件试扣。

3）调直：调直前，先将有关的管件上好，再进行调直。

4）清除麻（石棉绳）丝：将丝扣接头处的麻丝头用断锯条切断，再用布条等将其除净。

5）编号、捆扎：将预制件逐一与加工草图进行核对、编号，并妥善保管。

（3）干管安装工艺要点

1）干管若为吊卡固定时，在安装管子前，必须先把地沟或顶棚内吊卡按坡向顺序依次穿在型钢上，安装管路时先把吊卡按卡距套在管子上，把吊卡抬起将吊卡长度按坡度调整好，再穿上螺栓螺母，将管安装好。

2）托架上安管时，把管先架在托架上，上管前先把第一节管带上U形卡，然后安装第二节管，各节管段照此进行。

3）管道安装应从进户处或分支点开始，安装前要检查管内有无杂物。在丝头处抹上铅油缠好麻丝，一人在末端找平管子，一人在接口处把第一节管相对固定，对准丝口，依丝扣自然锥度，慢慢转动入扣，到用手转不动时，再用管钳咬住管件，用另一管钳子上管，松紧度适宜，外露2～3扣。最后清除麻头。

4）焊接连接管道的安装程序与丝接管道相同，从第一节管开始，把管扶正找平，使甩口方向一致，对准管口，调直后即可用点焊，然后正式施焊。

389

5）焊缝位置应避开应力集中区，便于焊接和热处理操作。

6）直管段上两对接焊口中心面间的距离不应小于 300mm。

7）除焊接及成型管件外，对接焊缝的中心到管弯曲点的距离不应小于管外径，且不小于 100mm。

8）管对接缝与支吊架边缘之间的距离不应小于 50mm。

9）管道的固定焊口应远离设备，防止对设备的热影响。

10）管道三通距变径距离应大于 300mm。

11）空调供回水管道三通分路管和凝结汇流处管道应采用骑角安装方式。

12）机组水泵等设备与管道连接，如设计没有要求，应采用橡胶软接头。

13）管道穿越结构伸缩缝、抗震缝及沉降缝敷设时如设计无规定时，应采用金属软连接。

14）遇有方形补偿器，应在安装前按规定做好预拉伸，用钢管支撑，点焊固定，按位置把补偿器摆好，中心加支吊托架，按管道坡向用水平尺逐点找好坡度，再把两边接口对正、找直、点焊、焊死。待管道调整完，固定卡焊牢后，方可把补偿器的支撑管拆掉。

15）按设计图纸或标准图中的规定位置、标高，安装阀门等。

16）管道安装完，首先检查坐标、标高、坡度，变径、三通的位置等是否正确。用水平尺核对、复核调整坡度，合格后将管道固定牢固。

（4）立管安装工艺要点

1）首先检查和复核各层预留孔洞、套管是否在同一垂直线上。

2）安装前，按编号从第一节管开始安装，由上向下，一般两人操作为宜，先进行预安装，确认支管三通的标高、位置无误后，卸下管道抹油缠麻，将立管对准接口的丝扣扶正角度慢慢转动入扣，直至手拧不动为止，用管钳咬住管件，用另一把管钳上管，松紧适宜，外露 2～3 扣为宜。

3）检查立管的每个预留口的标高、角度是否准确、平正。确认后将管子放入立管管卡内紧固，然后填塞套管缝隙或预留孔洞。预留管口暂不施工时，应做好保护措施。

（5）支管安装工艺要点

1）核对各设备的安装位置及立管预留口的标高、位置是否准确，做好记录。

2）末端设备应采用柔性连接，柔性短管自带活套连接时，可不采用活接头，否则应增加活接头。

3）安装活接头时，子口一头安装在来水方向，母口一头安装在去水方向。

4）丝头抹油缠麻，用手托平管子，随丝扣自然锥度入扣，手拧不动时，用管钳子将管子拧到松紧适度，丝扣外露 2～3 扣为宜。然后对准活接头，把麻垫抹上铅油套在活接口上，对正子母口，带上锁母，用管钳拧到松紧适度，清净麻头。

5）用钢尺、水平尺、线坠校核支管的坡度和距墙尺寸，复查立管及设备有无移动。合格后固定管道和堵抹墙洞缝隙。

（6）管道卡箍连接

1）镀锌钢管预制：用滚槽机滚槽，在需要开孔的部位用开孔机开孔。

2）安装密封圈：把密封圈套管入道口一端，然后将另一管道口与该管口对齐，把密封圈移到两管道口密封面处，密封圈两侧不应伸入两管道的凹槽中。

3）安装接头：把接头两处螺栓松开，分成两块，先后在密封圈上套上两块外壳，插入螺栓，对称上紧螺母，确保外壳两端进入凹槽直至上紧。

4）机械三通、机械四通：先从外壳上去掉一个螺栓，松开另一螺母直到与螺栓端头平，将下壳旋离上壳约90°，把上壳出口部分放在管口开口处对中并与孔成一直线，再沿管端旋转下壳使上下两块合拢。

5）法兰片：松开两侧螺母，将法兰两块分开，分别将两块法兰片的环形键部分装入开槽管端凹槽里，再把两侧螺栓插入拧紧，调节两侧间隙相近，安装密封垫要将C形开口处背对法兰。

（7）阀门安装

1）安装前，应仔细核对型号与规格是否符合设计要求，检查阀杆和阀盘是否灵活，有无卡住和歪斜现象，并按有关规定对阀门进行强度试验和严密性试验，不合格者不得进行安装。

2）水平管道上的阀门，阀杆宜垂直向上或向左右偏45°，也可水平安装，但不宜向下；垂直管道上的阀门阀杆，必须顺着操作巡回线方向安装。

3）搬运阀门时，不允许随手抛掷；吊装时，绳索应拴在阀体与阀盖的法兰连接处，不得拴在手轮或阀杆上。

4）阀门安装时应保持关闭状态，并注意阀门的特性及介质流动方向。

5）机组、水泵及集分水器的阀门应该安装在便于操作的高度。

6）阀门与管道连接时，不得强行拧紧其法兰上的连接螺栓；对螺纹连接的阀门，其螺纹应完整无缺，拧紧时宜用扳手卡住阀门一端的六角体。

7）安装螺纹连接阀门时，一般应在阀门的出口端加设一个活接头。

8）对带操作机构和传动装置的阀门，应在阀门安装好后，再安装操作机构和传动装置。且在安装前先对它们进行清洗，安装完后还应进行调整，使其动作灵活、指示准确。

17. 3. 3. 5 水压试验

（1）连接安装水压试验管路

根据水源的位置和管路系统情况，制定出试压方案和技术措施。根据试压方案连接试压管路。

（2）灌水前的检查

1）检查试压系统中的管道、设备、阀件、固定支架等是否按照施工图纸和设计变更内容全部施工完毕，并符合有关规范要求。

2）对于不能参与试验的系统、设备、仪表及管道附件是否已采取安全可靠的隔离措施。

3）试压用的压力表是否已经校验，其精度等级不得低于1.5级，表盘的最大刻度值应符合试验要求。

4）水压试验前的安全措施是否已经全部落实到位。

（3）水压试验

1）打开水压试验管路中的阀门，开始向系统注水。

2）开启系统上各高处的排气阀，使管道内的空气排尽。待灌满水后，关闭排气阀和进水阀，停止向系统注水。

3）打开连接加压泵的阀门，用电动或手动试压泵通过管路向系统加压，同时拧开压力表上的旋塞阀，观察压力表升高情况，一般分 2～3 次升至试验压力。在此过程中，每加压至一定数值时，应停下来对管道进行全面检查，无异常现象方可再继续加压。

4）系统试压达到合格验收标准后，放掉管道内的全部存水，填写试验记录。

17.3.3.6　系统冲洗

（1）冲洗前应将系统内的仪表加以保护，并将孔板、喷嘴、滤网、节流阀及止回阀的阀芯等拆除，妥善保管，待冲洗合格后复位。对不允许冲洗的设备及管道应进行隔离。

（2）水冲洗的排放管应接入可靠的排水井或沟中，并保证排水畅通和安全，排放管的截面积不应小于被冲洗管道截面积的 60%。

（3）水冲洗应以管内可能达到的最大流量或不小于 1.5m/s 的流速进行。

（4）水冲洗以出口水色和透明度与入口处目测一致为合格。

17.3.4　注意事项

（1）工程中所选用的对焊管件的外径和壁厚应与被连接管道的外径和壁厚相一致。

（2）丝接或粘接管道的管材与管件应匹配，丝接管件无偏丝、断丝等缺陷。

（3）设备安装所采用的减振器或减振垫的规格、材质和单位面积的承载率应符合设计和设备安装要求。

（4）支吊架固定所采用的机械锚栓应选用符合国标的正规产品，其强度应能满足管道及设备的安装要求。

（5）制定先进合理的管道施工方案，明确管道的连接方法和质量要求，及时做好对施工班组的安全和技术交底工作，并形成文字记录。

（6）会同有关单位对设备基础进行检验，办理中间交接手续。

（7）管道支吊架的形式、位置、间距、标高应符合设计及规范要求，其中固定支架的设置应位置正确、牢固可靠。

（8）有绝热要求的管道在支架与管道之间应设置垫格，防止管道使用时产生"冷桥"现象。

（9）冷凝水管道的安装，其坡度应符合设计要求，不得出现倒坡、逆坡的现象，安装完后应做通水试验。

17.3.5　实物图

实物图详见图 17-3-3～图 17-3-7。

图 17-3-3　分、集水器支架安装　　　图 17-3-4　水泵进（左）、出口处（右）支架安装实物图
　　　　　　实物图

图 17-3-5　冷却塔安装实物图

图 17-3-6　各专业管道规范间距实物图

图 17-3-7　管井立管排列实物图

17.4　通风与空调系统设备安装工艺

17.4.1　施工准备

17.4.1.1　作业条件

（1）土建主体施工完毕、设备基础及预埋件的强度达到安装条件。

（2）安装前检查现场，应具备足够的运输空间及场地，应清理设备安装地点，要求无影响设备安装的障碍物及其他管道、设备、设施等。

（3）设备和主、辅材料已运抵现场，安装所需机具已准备齐全，且有安装前检测用的场地、水源、电源。

17.4.1.2　主要机具

（1）施工机具：卷扬机、捯链、冲击电钻、汽车式起重机、手电钻、扳手、麻绳、滑车、钢丝绳、卡环、钢丝绳夹、套丝板、手压泵、钢丝钳、撬棍、拔杆、皮老虎等。

（2）测量检验工具：角尺、钢直尺、钢卷尺、水平尺、水平仪、百分表、千分表、塞尺、线坠、水准仪、经纬仪等。

17.4.2　冷水机组安装

（1）工艺流程

工艺流程见图 17-4-1。

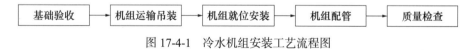

图 17-4-1　冷水机组安装工艺流程图

（2）主机拖运和吊装前，应做好场地清理工作。拖运和吊装应由专业起重工负责实施，防止对设备造成损伤。

（3）机组安装前应对设备的完好性进行检查，做好记录。

（4）对设备混凝土基础进行验收，检查基础尺寸是否与主机的基础图相符。

（5）用水平仪检查基础是否水平，其纵、横向不水平度均不大于1‰。

（6）基础验收合格后方可进行机组就位工作。

（7）机组就位后，应立即进行水平校正，水平校正后纵、横向最大不水平度均不大于

0.8‰。

（8）机组冷冻水、冷却水进出口接管管径应符合设计要求，如需变径应在机组本体法兰处变径，为减小局部阻力损失，如安装空间允许采用弯头连接方式，禁止采用 T 形三通连接方式。

17.4.3　空调机组安装

17.4.3.1　工艺流程

工艺流程图见图 17-4-2。

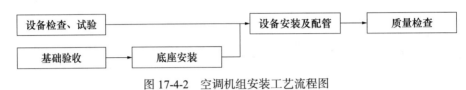

图 17-4-2　空调机组安装工艺流程图

17.4.3.2　设备基础的验收

根据安装图对设备基础的强度、外形尺寸、坐标、标高及减振装置进行认真检查。

17.4.3.3　设备开箱检验

（1）开箱前检查外包装有无损坏和受潮。开箱后认真核对设备及各段的名称、规格、型号、技术条件是否符合设计要求。产品说明书、合格证、随机清单和设备技术文件应齐全。逐一检查主机附件、专用工具、备用配件等是否齐全，设备表面应无缺陷、缺损、损坏、锈蚀、受潮的现象。

（2）取下风机段活动板或通过检查门进入，用手盘动风机叶轮，检查有无与机壳相碰、风机减振部分是否符合要求。

（3）检查表冷器的凝结水部分是否畅通、有无渗漏，加热器及旁通阀是否严密、可靠，过滤器零部件是否齐全、滤料及过滤形式是否符合设计要求。

17.4.3.4　设备运输

空调设备在水平运输和垂直运输之前尽可能不要开箱并保留好底座。现场水平运输时，应尽量采用车辆运输或钢管、跳板组合运输。室外垂直运输一般采用门式提升架或吊车，在机房内采用滑轮、捯链进行吊装和运输。整体设备允许的倾斜角度可参照说明书。

17.4.3.5　空调机组的安装

（1）空调机组的安装应符合下列规定：

1）型号、规格、方向和技术参数应符合设计要求。

2）组合式空调机组每段分割处应设有橡胶垫，橡胶垫应采用带钢板式厚度为 20mm，橡胶硬度 40°（H），上覆 6mm 厚镀锌钢板或普通钢板（除油、除锈，刷防锈漆两道、银粉两道），钢板尺寸不应小于减振垫周边尺寸，并用胶粘剂将减振垫肋部"点粘"在钢板上。

3）机组底面距机房地面不宜小于 200mm，以利于凝结水排放。

4）空调箱顶部设有风道时，上部空间 h 由设计确定；空调箱顶部不设风道时，上部空间 h 不小于 500mm。

（2）机组表冷段凝结水排放管应做返水弯。

（3）现场组装的组合式空气调节机组在安装完毕后应做漏风量的检测，其漏风量必须符合现行国家标准《组合式空调机组》GB/T 14294 的规定。

（4）机组内宜设必要的温度测试点（包括新风、混合风、机器露点、送风等），过滤器宜设压差检测装置。

（5）水冷式空调机组的冷却水系统及电气、动力与控制线路的安装工应持证上岗。充注制冷剂和调试应由制冷专业人员按产品说明书的要求进行。

17.4.3.6 单元式空调机组安装

（1）分体式室外机组和风冷整体式机组的安装。安装位置应正确，目测呈水平，凝结水的排放应畅通。周边间隙应满足冷却风的循环，制冷剂管道连接应严密无渗漏；穿过的墙孔必须密封，雨水不得渗入。

（2）水冷柜式空调机组的安装。安装时其四周要留有足够空间，方能满足冷却水管道连接和维修保养的要求。机组安装应平稳。冷却水管连接应严密，不得有渗漏现象，应按设计要求设有排水坡度。

17.4.4 多联空调系统安装

17.4.4.1 多联空调系统安装工艺流程

工艺流程见图 17-4-3。

图 17-4-3 多联空调系统安装工艺流程图

17.4.4.2 支托架制作与安装

（1）支托架制作

主吊杆采用镀锌丝杆，托架采用 U 形卡。能自由调节冷媒管、冷凝水管的标高，可以精确调节冷凝水管坡度。

（2）支托架的安装

定位：空调安装前土建施工已经完毕，按施工图对设备及管线进行定位。

间距要求：冷媒管道支架的间距为 1～1.2m，冷凝水管支架的间距为 1～1.3m，间距不宜过大，以避免冷凝水"返坡"。

冷媒管道不能用金属支托架夹紧，应在自然状态下，通过保温层托住铜管，以防冷桥产生。

17.4.4.3 冷媒配管

（1）冷媒配管施工步骤：支架制作→按图纸要求配管→焊接→吹净→试漏→干燥→保温。

（2）冷媒管对铜管的要求。

铜管洁净度要求：铜管内杂质≤30mg/10m；铜管采购时要求两端封口；到施工现场后必须用四氯乙烯进行去油处理；施工过程中还要防止矿物油的污染。

铜管的壁厚要求：壁厚必须严格遵守技术规范，其中 ϕ19.1mm 的铜管使用直管，增加铜管的硬度。具体尺寸见表 17-4-1。

表 17-4-1　冷媒使用的铜管尺寸表

序号	配管尺寸		备注
	外径（mm）	壁厚（mm）	
1	ϕ6.35	0.8	软盘管
2	ϕ9.5	0.8	
3	ϕ12.7	0.8	
4	ϕ15.88	1.0	
5	ϕ19.1	1.0	半硬直管
6	ϕ22.2	1.0	
7	ϕ25.4	1.0	
8	ϕ28.6	1.0	
9	ϕ31.75	1.1	
10	ϕ34.9	1.3	
11	ϕ38.1	1.35	
12	ϕ41.8	1.35	

（3）铜管切割必须采用专用切割刀具，避免管口产生毛刺，严禁用切割机切铜管。

（4）弯管作业：冷媒配管应尽量短，优先选用直线配管，注意不能把管子弯扁，并且管壁不能变薄。

（5）必须保证冷媒管内清洁干燥，可用氮气吹净。

（6）在冷媒管未与设备连接时，应对冷媒管进行包扎封盖，防止矿物油、水分、脏物或灰尘等杂质进入冷媒管内；封盖冷媒管可采用末端钎焊的方法。

（7）冷媒系统润滑剂应采用醚油，严禁使用矿物油。

（8）冷媒管的钎焊方法应采取向下或水平侧向进行，应尽可能避免仰焊。

（9）液管和气管端管必须注意装配方向和角度，以免油的回流或积蓄。

（10）冷媒管的连接形式可采用扩口连接和法兰连接。

（11）冷媒管道的长度不得超过 150m；室外机高于室内机时最大高差不得超过 50m；室内机相互之间最大高差不得超过 15m。

（12）系统第一级分支距最远室内机的最远距离不得超过 40m。

17.4.4.4　室内机的安装

（1）步骤：室内机的定位→画线标位→打膨胀螺栓→装室内机→管路连接。

（2）安装前核对设备型号。

（3）留下足够的安装空间以供检修，检修口应不小于 450mm×450mm。

（4）有吊顶的房间，室内机机身必须与吊顶平行；相对于吊顶表面保持水平，平行度偏差在 ±1mm 之内。

（5）将吊挂框固定在悬吊螺栓上，牢固拧紧上下两个螺母，在螺母下要使用垫圈和弹簧垫圈（减振）。

（6）在室内机的四个角使用水平尺或充满水的透明聚乙烯软管，检查室内机是否水平。

17.4.4.5　室外机安装

（1）室外机设备的开箱检查，检查情况填入设备开箱检查记录表。

（2）室外机以槽钢或混凝土平台作基础，禁止四角支撑，可采用纵向支撑。

（3）室外机安装时加减振措施（可用15mm厚减振橡胶板）。

17.4.4.6　冷媒管保温

（1）应确保冷媒管焊口的气密性完好后方能进行保温。

（2）冷媒管保温材料应满足地下工程的防火要求。

（3）保温材料下料要准确，切割面要平齐。

17.4.4.7　气密和干燥试验

（1）气密性试验

1）作业顺序：冷媒管配管完工→氮气加压→检查压力有否下降→合格。

2）作业要领：

由于是高压气密性试验，打压前，一定要和其他专业发书面通知，以免其他专业人员不注意误操作后伤人；加压气体一般使用氮气。

一定要对液管、气管的两侧进行加压。

冷媒管加压必须用干燥的氮气，缓慢加压试验。第一阶段：0.5MPa加压3min以上；第二阶段：1.5MPa加压3min以上；第三阶段：4.15MPa加压约24H。

观察压力是否下降，若无下降即为合格，但温度变化压力会变化，每变化1℃，压力会有0.1MPa的变化，故应修正。检查泄漏可采用手感、听感、肥皂水检查。

试验过程必须填写气密性试验记录。

在气密性试验合格之后，应用氮气对整个系统进行吹洗。

（2）真空干燥

1）氮气试压合格后要对系统进行真空干燥，真空干燥应达到质量要求。

2）真空干燥要选用旋转式真空泵（排气量4L/min），使用前先检查真空泵的抽真空能力达到−755mmHg方可进行，按下列顺序进行：

接上真空表将真空运转2h以上（真空度应在−755mmHg以上），如达不到−755mmHg应继续抽1h，如仍达不到应检查有无渗漏处（注意抽真空时应从气管和液管两侧进行）。

达到−755mmHg后，即可放置1h，以真空表不上升为合格，如上升表明系统内有水分或有漏气口，应继续处理。

真空试验合格后，按计算的冷媒量加注，并打开阀门（注意氟加在液管侧）。

3）特殊情况下，可进行加隔氮气的特殊真空干燥法。

17.4.5　风机安装

17.4.5.1　工艺流程

工艺流程见图17-4-4。

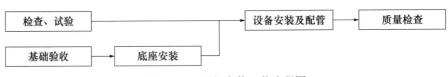

图 17-4-4　风机安装工艺流程图

17.4.5.2　基础验收

风机安装前应根据设计图纸对设备基础进行全面检查，坐标、标高及尺寸应符合设备安装要求。

17.4.5.3　通风机检查及运输

（1）按设备装箱清单，核对叶轮、机壳和其他部位的主要尺寸，进、出风口的位置方向是否符合设计要求，做好检查记录。

（2）叶轮旋转方向应符合设备技术文件的规定。

（3）进、出风口应有盖板严密遮盖。检查各切削加工面，机壳的防锈情况和转子有无变形或锈蚀、碰损的现象。

（4）搬运设备应有专人指挥，使用的工具及绳索必须符合安全要求。

17.4.5.4　风机安装

（1）风机就位前，按设计图纸并依据建筑物的轴线、边缘线及标高线放出安装基准线。

（2）整体安装的风机，搬运和吊装的绳索不得捆绑在转子和机壳或轴承盖的吊环上。风机吊至基础上后，用垫铁找平，垫铁一般应放在地脚螺栓两侧，斜垫铁必须成对使用。风机安装好后，同一组垫铁应点焊在一起，以免受力时松动。

（3）风机设备应自带减振器，安装地面要平整，各组减振器承受的荷载压缩量应均匀，不偏心，安装后采取保护措施，防止损坏。

（4）通风机的机轴应保持水平，水平度允许偏差为 0.2‰。

（5）应使空气在进出风机时尽可能均匀一致，避免方向或速度的突然变化，风机与风管连接形式见图 17-4-5。

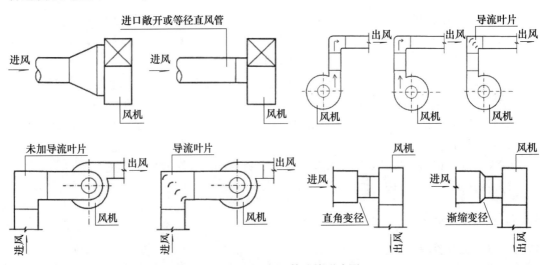

图 17-4-5　风机与风管连接形式图

（6）在有严格噪声控制要求的场合，风机进出口均应安装消声设备。

（7）通风机的传动装置外露部分应设防护罩，当通风机进风口或进风管道直通大气时，进风口应加装保护网及防尘、防雨、防虫装置，安装在室外的风机送、排风口应设45°防雨罩。

（8）吊装式风机减振器设置应正确，受力均匀牢固，360°吊杆与拖架加双螺母紧固。

（9）通风机的进出风管应有独立支撑，风管与风机应为柔性连接，不应强迫对接，机壳不得承受其他机件的重量。

（10）管道类风机的支、吊、托架应设减振装置，并安装牢固，且安装前应检查叶轮与机壳之间的间隙。

17.4.6　风阀施工要点与要求

17.4.6.1　风阀安装的一般规定

（1）风阀安装前应检查调节或操纵装置的功能，安装时风阀的调节和操纵装置应设在便于操作和维修的位置，气流方向必须正确。

（2）风阀支吊架安装的规定。

1）各类风阀边长大于等于630mm时应设独立支吊架；安装在非金属管道的阀门均应设独立支吊架，各类风阀及安装在非金属管道的阀门直径或长边尺寸大于等于630mm时，使用2号吊耳，安装在非金属管道的阀门直径或长边尺寸小于630mm时，使用1号吊耳。

2）防火阀无论规格大小均应设独立支吊架，防止火灾发生时因风管变形而影响阀门的性能。

3）防火阀直径或长边尺寸大于等于630mm时，使用2号吊耳，小于630mm时，使用1号吊耳。

4）1号吊耳为M8螺栓连接，2号吊耳为M10螺栓连接。

5）各类防火阀、风阀直径或长边尺寸大于等于630mm时，设四个独立吊架，每边两个，分别距防火阀、风阀法兰40mm打眼吊装；小于630mm时，设两个独立吊架，每边一个，取中打眼吊装。

6）电动风阀和定风量阀应设独立支吊架。

7）用于软质非金属风管系统的所有风阀应设独立支吊架。

（3）连接风阀与风管法兰的紧固件均应采用镀锌件。除镀锌板材料的风阀外，不锈钢、铝合金材质的风阀连接件均应同材质，且其支吊架是钢制时，还应采用60mm厚度以上的垫格或5mm厚橡胶垫板，使其与阀体绝缘，防止电化学腐蚀。

（4）法兰连接的各种风阀安装时，法兰安装孔要与风管法兰配钻，螺栓孔间距应小于100mm且分布均匀。

（5）风阀的操作面距墙、顶和其他设备、管道的有效距离不得小于200mm，风阀不得安装在墙体或楼板中。

（6）系统调试完毕后的各风阀的开启方向、开启角度应在可视方向有准确的标识（用色漆标识清晰牢固）。

17.4.6.2　风阀安装的施工操作要点

（1）多叶调节阀的安装

1）检查阀片开启角与指示位置是否相吻合。

2）旋转手柄或启动风阀，检查阀片是否碰擦阀体。

3）检查密封件是否牢靠、紧密。

（2）止回阀的安装

1）止回阀宜安装在风机压出端，开启方向必须与气流方向一致。

2）风机启动时应能灵活开启，风机停止时应能及时关闭。

3）阀板应在最大压差作用下不变形。

4）阀板的转轴和铰链应运转灵活。

5）水平安装时阀板应有平衡调节机构。

6）阀板工作时不应随气流运行而产生噪声。

（3）余压阀的安装

1）重锤式余压阀安装时，阀体、阀板的转轴均应水平，允许偏差为 2‰。

2）余压阀的安装位置应为室内气流的下风侧，并不应在工作面高度范围内。

3）余压阀的安装周边应密封，其密封材质与风管法兰垫料要求相同。

4）余压阀平衡块的调整设定应在现场测试调整并标定。

（4）防火阀安装

1）防火阀的安装应注意气流方向、易熔件应迎着气流方向安装。执行机构应考虑左右位置便于操作。

2）风管穿越防火分区安装防火阀时，防火阀距防火墙表面距离不应大于 200mm，见图 17-4-6、图 17-4-7。

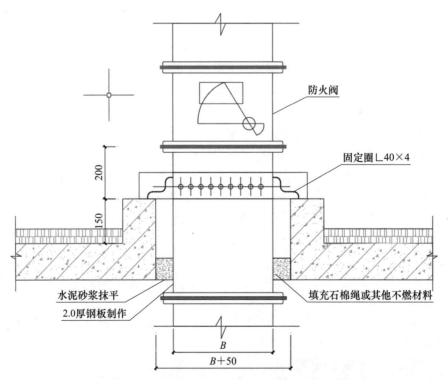

图 17-4-6　风管穿越防火分隔楼板时防火阀的安装图

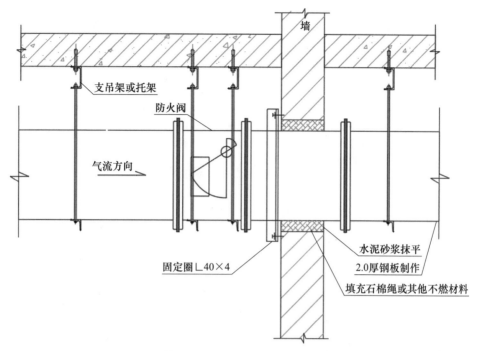

图 17-4-7 风管水平穿越防火分区隔墙时防火阀的安装图

3）防火阀安装在吊顶或墙内侧时，要留有检查开闭状态和进行手动复位的操作空间和检查口，检查口设在顶棚靠墙时，每边长应大于 450mm。

（5）组合式风阀的安装

车站的隧道通风系统、排热系统、公共区空调通风系统均设有组合风阀，承担不同工况下系统的风量分配和运行模式切换等功能。隧道通风系统、排热系统的组合风阀不但要承受相关风机的风压，同时还需承受列车运行时的活塞风压。组合式风阀安装流程见图 17-4-8。

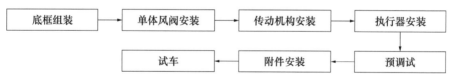

图 17-4-8 组合式风阀安装流程

组合式风阀具体安装程序，详见表 17-4-2。

表 17-4-2 组合式风阀的安装程序

序号	步骤	内容
1	底框组装	底框部分是由若干小框架连接而成的，组装场地应选在靠近安装位置的附近干净、平整的地面上。将各个小框架逐块连接成一个整体，并拉粉线检查框架的对角线、工作面的平面度，其偏差值应符合设备技术文件的规定
2	单体风阀安装	（1）单体风阀安装应按设备技术文件提供的传动支撑位置打孔图进行，先在各支撑点和风阀连接中加入内藏式限位支撑并和底框连接在一起

序号	步骤	内容
2	单体风阀安装	（2）内撑安装在左右槽钢中间位置，用螺钉紧固在左右槽钢中间，装配时先把内撑和底框之间的螺栓拧紧，然后把节点按传动中所示的位置安装好，注意调节螺钉的松紧，以便使轴转动灵活，个别不能灵活转动处，可用绞刀绞制两支撑板的孔，轴穿上并转动灵活为止。装好内撑及限位块后，即可拧紧所有的底框螺栓。螺母及压板应先安装在单体风阀上而不拧紧，待对准孔位后（用小圆钢调整）最后拧紧。 （3）单个风阀全部安装紧固后，便可安装电动执行器，执行机构带安装底座。水平或垂直安装，而不影响使用效果。 （4）镀锌层被破坏部分，刷防锈漆一道，面漆二道
3	传动机构安装与调试	（1）根据设备技术说明书，在安装固定好的风阀接缝处用盖板盖好，并转孔用拉铆钉固定死，用固定叶片夹具把叶片固定在全开的位置上，然后依次安装接点、下拉杆、小摇臂、双摇臂、传扭轴、万向节以及联轴器等传动零部件。安装完成后，最后全面检查各连接处的螺钉、销钉、铆钉是否都紧固可靠，最后便可进行单机调试。 （2）运行准备：运行前应仔细检查框架的固定是否牢固可靠；仔细检查运动件及支撑件是否安装牢固；认真阅读、熟悉执行器说明书。 （3）运行：由电控部分送电，由现场手操器进行操作。 （4）启动风阀，检查阀片的动作与开启指示灯是否一致；检查阀片运行时有无异常响声。 （5）关闭风阀，再检查阀片动作与关闭指示灯是否一致；阀片与阀体有无变形；如果一切正常，再在一小时内进行十次启闭动作，并在阀片全开和关闭位置时调整好设置在电动执行器上的限位开关。 （6）运行完成后，将现场操作切换到控制室

17.4.7 消声器安装

（1）消声器安装工艺要点

1）消声器外壳纵向接缝应采用咬口接缝，并在制作时加以密封。

2）消声器密封材料应采用理化性能稳定、耐高温、抗老化冲击、无腐蚀材料。

3）消声器强度、刚度、稳定性应满足所在空调通风系统的压力要求，在小于 2000Pa 的突发性压差变化条件下，不得有结构上的破坏。

4）消声器、静压箱单独设置支吊架，不能利用风管承受消声器的重量，也有利于单独检查、拆卸、维修和更换。消声器的安装方向按产品所示，前后设 150mm×150mm 清扫口，并做好标记。

5）消声器的组合排列、方向、位置应符合设计要求，单个消声器组件固定应牢固；当有 2 个或 2 个以上消声单元组成消声组件时，其连接应紧密，无松动现象，连接处表面过度应圆滑顺气流。

（2）消声器安装注意事项

1）消声器两台以上串联安装时，应有一段大于 300mm（现场条件所限，最极限的情况下 ≥ 50mm）的过渡段。

2）消声器与其他空调配件串联安装时，应有一段大于 300mm（现场条件所限，最极限的情况下 ≥ 50mm）的过渡段。

17.4.8 风机盘管安装

17.4.8.1 施工准备

（1）风机盘管设备进场时应具有出厂合格证明书等质量证明文件。

（2）风机盘管设备的结构形式、安装形式、出口方向、进水位置应符合设计安装要求。

（3）设备安装所使用的主料和辅助材料规格、型号应符合设计规定，并具有出厂合格证等质量证明文件。

（4）风机盘管安装工具包含电锤、手电钻、活扳手、套筒扳手、钢锯、管钳子、手锤、台虎钳、丝锥、套丝板、水平尺、线坠、手压泵、压力案子、气焊工具等。

17.4.8.2 作业条件

（1）风机盘管和主、辅材料已运抵现场，安装所需工具已准备齐全，且有安装前检测用的场地、水源、电源。

（2）建筑结构工程施工完毕，具备安装条件。

（3）安装位置尺寸符合设计要求，空调系统干管安装完毕，接往风机盘管的支管预留管口位置标高符合要求。

（4）风机盘管安装应有安全、可靠的辅助设施，如安全、牢固的梯子、架子以及带有安全保护装置的电源等。

（5）高处作业、临边洞口作业、施工安全用电等安全措施及方案已通过审批。

（6）施工员已下达书面技术、安全交底。

17.4.8.3 工艺流程

工艺流程见图 17-4-9。

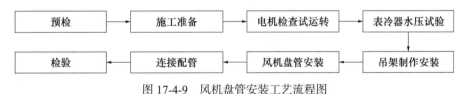

图 17-4-9 风机盘管安装工艺流程图

17.4.8.4 施工要点与要求

（1）风机盘管在安装前需确定规格及参数等是否与图纸要求相符。

（2）风机盘管在安装前应检查每台电机壳体及表面交换器有无损伤、锈蚀等缺陷。

（3）电机盘管应每台进行通电试验检查，机械部分不得摩擦，电气部分不得漏电。

（4）机组应设独立支吊架，安装的位置、高度及坡度应正确、固定牢固。

（5）为防止风机盘管连接水管处结露，应对其进行绝热处理。

（6）立式风机盘管机组安装应保持垂直，不得倾斜。

（7）风机盘管机组应保证机组冷凝水泄水管侧稍低，以利于凝结水排出。

（8）暗装风机盘管吊顶应考虑设置检修孔，便于清洗、维修保养。

（9）风机盘管机组运行前，应将放气阀打开，待盘管及管路内的空气排净后关闭排气阀。

（10）过滤器应经常清洗，换热盘管应定期清除表面灰尘。

（11）风机盘管同冷热媒管连接，应在管道系统冲洗排污后再进行，以防异物堵塞盘管。接管应平直，紧固时应用扳手卡住六方接头，以防损坏铜管。凝结水管宜软性连接，软管长度不大于200mm，并用喉箍紧固严禁渗涌，坡度应正确，凝结水应畅通地流到指定位置，水盘应无积水现象。

（12）机组安装前宜进行单机三速试运转及水压检漏试验。试验压力为系统工作压力的1.5倍，试验观察时间为2min，不渗漏为合格；风机盘管的进出水阀门应尽可能靠近凝水盘安装，以免阀杆的滴水漏入房间。风管、回风箱及风口与风机盘管机组连接处应严密、牢固。排水坡度应正确，安装时风机盘管可稍微坡向凝结水排水口。

（13）冬期施工时，风机盘管水压试验后必须随即将水排放干净，以防冻坏设备。

17.4.9　空气幕安装

17.4.9.1　施工准备

（1）空气幕设备进场时应具有出厂合格证明书等质量证明文件。

（2）空气幕的结构形式、安装形式、出口方向位置应符合设计安装要求。

（3）设备安装所使用的主料和辅助材料规格、型号应符合设计规定，并具有出厂合格证等质量证明文件。

（4）空气幕安装工具包含手电钻、螺丝刀、水平仪、气焊工具等。

（5）空气幕安装前应检查各部件外部是否生锈；设备的运转部分若有摩擦等异声，应检查调整。确认上述各项指标完全合格后才能进行设备安装。

17.4.9.2　作业条件

（1）空气幕主、辅材料已运抵现场，安装所需工具已准备齐全，且有安装前检测用的场地、水源、电源。

（2）建筑结构工程施工完毕，具备安装条件。

（3）高处作业、临边洞口作业、施工安全用电等全措施及方案已通过审批。

（4）施工员已下达书面技术、安全交底。

17.4.9.3　工艺流程

工艺流程见图17-4-10。

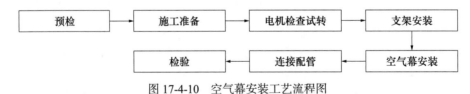

图17-4-10　空气幕安装工艺流程图

17.4.9.4　施工要点与要求

（1）空气幕安装，应严格按照施工图、制造单位的安装说明书等具体要求进行施工。安装位置及方向应正确，固定应牢固可靠。

（2）空气幕安装必须牢固可靠，支架应有足够的承载力及防（隔）振措施。

（3）空气幕的支吊架施工应确保结构连接点的强度，并保证其预埋件、焊接、后锚固等的可靠性。焊接采用角焊缝满焊，焊缝高度与较薄焊接件厚度相同。

（4）空气幕的串装机组用杆长度超过1m时，应采取防止晃动的措施，可根据施工现场情况，采用拉索、拉杆等方式。

（5）空气幕的纵向垂直度和横向水平度的允许偏差均为2‰。成排安装的机组应整齐，出风口平面允许偏差应为5mm。

（6）热水型、蒸汽型、热（冷）水型空气幕安装完毕后应进行水压试验。空气幕通水（汽）前，应通水清洗与空气幕连接的管道，以防异物堵塞其热交换器。

（7）具有供热和供冷功能的暖（冷）空气幕，应保证机组冷凝水顺利排出。

17.4.10　注意事项

（1）通风空调设备的安装应严格按产品制造厂家提供的安装说明书进行。

（2）设备安装前应核对其规格型号，并应对外观质量、材质状况和机械动力性能进行检查。

（3）设备接口与相关风系统或水系统连接时应采取过滤或其他保护措施，以防止系统内的杂质污物堵塞或损坏设备。

17.4.11　实物图

实物图见图17-4-11～图17-4-16。

图17-4-11　吊耳实物图

图17-4-12　室外防火阀钻泄水孔实物图

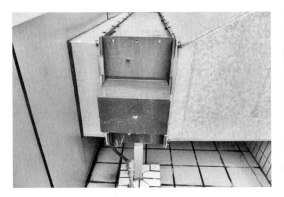

图17-4-13　室外防火阀执行机构上方
安装防雨挡板实物图

图17-4-14　室外风机风口防雨罩安装实物图

图 17-4-15　吊装式风机安装实物图

图 17-4-16　与制冷机组连接实物图

17.5　防腐与绝热安装

17.5.1　作业条件

（1）设备、管道的支吊架及结构附件、仪表接管部件等均已安装完毕，并按不同情况设置绝热垫块。

（2）设备、管道表面保温施工前应除油、除污，焊接钢管和无缝钢管等非镀锌管还应除锈，并涂刷两道防锈漆。

（3）空调水系统绝热工程的施工前，管路系统强度与严密性试验已进行且合格，管道防腐处理已完成；凝结水管道保温前已进行灌水试验且合格。

（4）吊顶内、管道井内等管道在保温前，已完成隐蔽工程验收。

（5）穿墙及楼板的孔洞已预留且位置、尺寸正确，套管已设置且位置、规格尺寸（比保温水管的保温层大两号）正确，无偏移。

17.5.2　主要机具

（1）施工工具：粉笔、卷尺、直钢尺、圆规、大剪刀、长刀、介刀、锯刀、刀片、磨刀石、硬毛刷，盛胶水的小罐或盖子上开小孔的可挤压塑料瓶。

（2）测量工具：钢针，水平尺，靠尺。

17.5.3　工艺流程

（1）管道与设备防腐施工工艺流程见图 17-5-1。

图 17-5-1　管道与设备防腐施工工艺流程图

（2）空调水系统管道与设备绝热施工工序见图 17-5-2。

图 17-5-2 空调水系统管道与设备绝热工艺流程图

（3）空调风管系统与设备绝热施工工序见图 17-5-3。

图 17-5-3 空调风管系统与设备绝热施工工艺流程图

17.5.4 施工要点与要求

17.5.4.1 防腐

（1）防腐施工一般要求

1）油漆施工前，应检查油漆表面处理工作是否符合要求。应清除油漆表面的铁锈、油污、灰尘、水分等杂物，并保持其清洁、干燥，不得因上述缺陷而影响油漆的附着力。

2）油漆作业的方法应根据施工要求、涂料性能、施工条件和设备情况等因素进行选择。

3）当介质温度低于 120℃时，设备和管道的表面应涂刷防锈漆。当介质温度高于 120℃时，设备和管道的表面宜涂刷高温防锈漆。

4）下道油漆的涂刷工作应在上道油漆表干后进行。已做好防腐层的管道及设备之间要隔开，不得粘连，以免破坏防腐层。

5）油漆施工作业完成后，应及时对作业场所的废弃材料进行清理，避免污染环境。

6）油漆施工时应采取防火、防冻和防雨等措施，并不应在低温或潮湿环境下作业。油漆不宜在环境温度低于 5℃、相对湿度大于 80% 的环境下施工。明装部分的最后一遍面漆不宜在安装完毕后进行。刷油前先清理好周围环境，保持清洁，如遇雨、雪不得露天作业。

7）涂漆的管道、设备及容器，漆层在干燥过程中应防止冻结、撞击、振动和温度剧烈变化。在漆膜干燥之前，应防止灰尘、杂物污染漆膜。

（2）防腐材料选用

1）当底漆与面漆采用不同厂家的产品时，涂刷面漆前应做粘结力检验，合格后方可施工。

2）防腐施工的方法、层次和防腐油漆的品种、规格必须符合设计要求。

3）油漆施工前，应熟悉油漆的性能参数，包括油漆的表干时间、实干时间、理论用量以及按说明书施工情况下的漆膜厚度等。

4）熟悉厂家说明书的内容，了解各油漆的组分和配合比。油漆种类和涂刷遍数符合设计要求，附着良好，无脱皮、起泡和漏涂，漆膜厚度均匀，色泽一致，无流坠及污染现象。

5）按照不同管道、不同设备、不同介质、不同用途及不同材质合理选择涂料。

6）将选择好的涂料桶开盖，根据涂料的稀稠程度加入适量稀释剂。涂料的调合程度要考虑涂刷方法，调合至适合手工刷涂或喷涂的稠度。喷涂时，稀释剂和涂料的比例可为1：1～2。搅拌均匀以可刷不流淌、不出刷纹为准，即可准备涂刷。

7）施工时必须严格按油漆制造厂商的使用说明书中规定的配比进行配制。

常用油漆及油漆的选用如表 17-5-1、表 17-5-2 所示。

表 17-5-1 常用油漆表

序号	名称	适用范围
1	锌黄防锈漆	金属表面底漆、防海洋性空气及海水腐蚀
2	铁红防锈漆	黑色金属表面底漆或漆面
3	混合红丹防锈漆	黑色金属底漆
4	铁红醇酸底漆	高温黑色金属
5	环氧铁红底漆	黑色金属表面漆，防锈耐水性好
6	铝粉漆	供暖系统、金属零件
7	耐酸漆	金属表面防酸腐蚀
8	耐碱漆	金属表面防碱腐蚀
9	耐热铝粉漆	300℃以下部件
10	耐热烟囱漆	≤300℃以下金属表面（如烟囱系统）
11	防锈富锌底漆	镀锌金属表面修补或高腐蚀环境

表 17-5-2 油漆选用表

管道种类	表面温度（℃）	序号	油漆种类	
			底漆	面漆
不保温管道	≤60	1	铝粉环氧防腐底漆	环氧防腐漆
		2	无机富锌底漆	环氧防腐漆
		3	环氧沥青底漆	环氧沥青防腐漆
		4	乙烯磷化底漆＋过氧乙烯底漆	过氧乙烯防腐漆
		5	铁红醇醛底漆	醇醛防腐漆
		6	红丹醇醛底漆	醇醛耐酸漆
		7	氯磺化聚乙烯底漆	氯磺化聚乙烯磁漆
	60～250	8	无机富锌底漆	环氧耐热磁漆、清漆
		9	环氧耐热底漆	环氧耐热磁漆、清漆
保温管道	保温	10	铁红酚醛防锈漆	
	保冷	11	石油沥青	
		12	沥青底漆	

17.5.4.2 绝热

（1）水管绝热层的施工

1）垂直管道自下而上施工，其管壳纵向接缝要错开，水平管道绝热管壳应在侧面纵向接缝。垂直管道绝热时，为了防止材料下坠，应隔一定间距设置保温支撑环来支撑绝热材料。

2）管道上的温度计插座宜高出所设计的保温层厚度，不保温的管道不要同保温管道敷设在一起，保温管道应与建筑物保持足够的距离。

3）管道穿墙、穿楼板套管处的绝热，应用相近效果的软散材料填实。

4）管道阀门、过滤器及法兰部位的绝热结构应能单独拆卸，便于维修和更换。过滤器绝热结构见图 17-5-4。

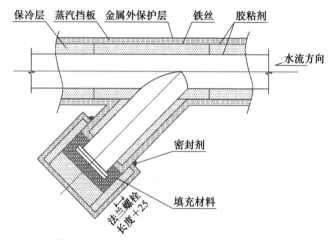

图 17-5-4　过滤器绝热结构图

5）遇到三通处应先做主干管，后分支管。凡穿过建筑物的保温管道套管与管子四周间隙应用保温材料填塞紧密。支、托架处的保温层不得影响管道活动面的自由伸缩，与垫木支架接触紧密，管道托架内及套管内的保温，应充填饱满。

6）管道交叉时，如果两根管道均需要绝热但距离又不够，这时应该先保证低温管道，后保证高温管道。低温管绝热，尤其是和高温管交叉的部位要用整节的管壳，纵向接缝要放在上面，管壳的纵横向接缝要用胶带密封，不得有间隙。高温管和低温管相接处的间隙用碎保温材料塞严，并用胶带密封。如果只有一根管道需要绝热时，应该将不需要绝热的管道在要绝热管道交叉处两侧各延伸 200~300mm 进行绝热处理，以防止冷桥产生。

7）绝热产品的材质和规格，应符合设计要求，管壳的粘贴应牢固、铺设应平整、绑扎应紧密，无滑动、松弛与断裂现象。

8）硬质或半硬质绝热管壳的拼接缝隙，保温时不应大于 5mm、保冷时不应大于 2mm，并用粘结材料勾缝填满；纵缝应错开，外层的水平接缝应设在侧下方。当绝热层厚度大于 100mm 时，应分层铺设，层间应压缝。

9）硬质或半硬质绝热管壳应用金属丝或难腐织带捆扎，其间距 300~350mm，且每节至少捆扎两道。松散或软质绝热材料应按规定的密度压缩其体积，疏密应均匀。毡类材料在管道上包扎时，搭接处不应有空隙。

10）热、冷绝热层，同层的预制管壳应错缝，内、外层应盖缝，外层的水平缝应在侧面。预制管壳缝隙一般应小于：热保温 5mm，冷保温 2mm。缝隙应用胶泥填充密实。每个预制管壳最少应有两道镀锌钢丝或箍带，不得采用螺旋形捆扎。

11）立管保温时，其层高小于等于 5m，每层应设一个支撑托盘；层高大于 5m，每层应不少于 2 个。支撑托盘应焊在管壁上，其位置应在立管卡子上部 200mm 处，托盘直径不大于保温层的厚度。

12）用管壳制品作保温层，其操作方法一般由两个人配合，一人将壳缝剖开对包在管上，两手用力挤住，另外一人缠裹保护壳，缠裹时用力要均匀，压搓要平整，粗细要一致。

13）管道绝热用薄钢板做保护层，其纵缝搭口应朝下，薄钢板的搭接长度一般为 30mm。

（2）设备绝热层的施工

1）设备绝热层的施工应在水管系统严密性检验合格后进行。

2）各种设备绝热材料的施工，不得遮盖铭牌标志和影响其正常功能使用。

3）设备绝热材料采用板材时：下料时切割面要平整，尺寸要准确；保温时单层纵缝要错开，双层或多层的内层要错开，外层的纵、横缝要与内层缝错开并覆盖。

4）设备绝热材料采用卷材时要按设备表面形状剪裁下料，不同形状部位不得连续铺覆。

5）设备绝热材料采用成型硬质预制块时一般用预制块连接或砂浆砌筑，预制块的间隙要用导热系数相近的软质保温材料填充或勾缝。

6）绝热材料的固定方法一般有：涂胶粘剂、粘胶钉或焊钩钉（采用焊接时可在设备封头处加支撑环）及根据需要加打抱箍带。

7）阀门或法兰处的绝热施工，当有热紧或冷紧要求时，应在管道热、冷紧完毕后进行。绝热层结构应易于拆装，法兰一侧应留有螺栓长度加 25mm 的空隙。阀门的绝热层应不妨碍填料的更换。

8）管道及设备绝热层详细做法参见图集《管道与设备保温、防结露及电伴热》12S11。

（3）隔汽层（防潮层）的施工

1）输送介质温度低于周围空气露点温度的管道，当采用非闭孔性绝热材料时，隔汽层（防潮层）必须完整，且封闭良好。防潮层施工前要检查基体（隔热层）有无损坏，材料接缝处是否处理严密、表面是否平整，如有上述情况需做处理后再做防潮层施工。

2）立管的防潮层，应从管道的低端向高端敷设，环向搭接的缝口应朝向低端，纵向的搭接缝应位于管的侧面，并应顺水。

3）防潮层应紧粘贴在绝热层上，封闭良好，厚度均匀，松紧适度，无气泡、折皱或裂缝等缺陷。

4）冷保温管道或地沟内的热保温管道应有防潮层，防潮层的施工应在干燥的绝热层上。防潮层结构应易于拆装，法兰一侧应留有螺栓长度加 25mm 的空隙。阀门的绝热层应不妨碍填料的更换。

（4）保护层工艺技术要求和施工

保温结构外必须设置保护层，一般采用玻璃丝布、塑料布、油毡包缠或采用金属保护壳。

1）用玻璃丝布缠裹，对垂直管应自下而上，对水平管则应按从低向高的顺序进行，开始应缠裹两圈，然后再呈螺旋状缠裹，搭接宽度应为1/2布宽，起点和终点应用胶粘剂或镀锌钢丝捆扎。缠裹应严密，搭接宽度均匀一致：无松脱、翻边、皱折等现象，表面应平整。

2）玻璃丝布刷涂料或油漆前应清除表面的尘土和油污。油刷上蘸的涂料不宜太多，以防滴落在地上或其他设备上。

3）有防潮层时，保护层施工不得使用自攻螺栓，以免刺破防潮层，保护层端头应封闭。

4）当采用玻璃纤维布作绝热保护层时。搭接的宽度应均匀，宜为30～50mm。

5）金属保护壳的施工应紧贴绝热层，不得有脱壳、褶皱和强行接口等现象。接口的搭接应顺水，并有凸筋加强，搭接尺寸为20～25mm。

6）户外金属保护壳的纵、横向接缝，应顺水，其纵向接缝应位于管道的侧面。金属保护壳与外墙或屋顶的交接处应加设泛水。

7）直管段金属保护壳的外圆周长下料，应比绝热层外圆周长加长30～50mm。

8）垂直管道或斜度大于45°的斜立管道上的金属保护壳，应分段固定在支撑件上。

9）管道金属保护层的接缝除环向活动缝外，应用抽芯铆钉固定。保温管道也可以用自攻螺钉固定。固定间距应为200mm，但每道缝不得少于4个。

17.5.5 注意事项

（1）保温材料应存放在干燥处并与地面架空，露天存放应有防雨、雪措施。

（2）现场保温施工时材料应码放整齐并不得影响施工，保温材料不得乱扔、乱放。

（3）保温材料应合理使用不得浪费。暂不安装的材料应带回或由专人负责看管，防止丢失和损坏。

（4）保温施工时应遵守先上后下、先里后外的施工原则，以确保已施工完的保温层不被破坏。保温施工人员及其他专业施工人员不得踩踏、挤压、磕碰、破坏已施工完的保温层，不得将工具放在已施工完的保温层上。

（5）湿作业（抹灰、刷浆等）施工在保温施工之后时，应对已施工的保温层采取保护措施，以防止被污染。

（6）保温层如有损坏应及时进行修复。

17.5.6 风管保温实物

见图17-5-5、图17-5-6。

图 17-5-5　风管保温钉布置图

图 17-5-6　风管保温实物图

17.6 支吊架安装

17.6.1 技术要求

（1）支吊架的固定方式及配件的使用应满足设计要求。

（2）支吊架应满足承重要求。

（3）支吊架应固定在可靠的建筑结构上，不应影响结构安全。

（4）严禁将支吊架焊接在承重结构及屋架的钢筋上。

（5）埋设支架的水泥砂浆应在达到强度后再搁置管道。

（6）支吊架的预埋件位置应正确，牢固可靠，埋入结构部分应除锈、除油垢，不应涂漆，对外露部分做防腐处理。

（7）空调水支架的绝热衬垫的厚度不应小于管道绝热层厚度，宽度应大于支吊架支承面的宽度。

（8）支吊架制作完成后应除锈，并清理表面污物，再进行刷防锈漆处理，支吊架明装时应涂面漆。

（9）采用膨胀螺栓固定支吊架时，应符合膨胀螺栓使用技术条件的规定，螺栓距混凝土结构边缘距离不应小于 8 倍的螺栓直径，螺栓间距不小于 10 倍的螺栓直径。

17.6.2 施工准备

17.6.2.1 作业条件

（1）管道加工制作前应根据管道的材质，管径大小等，按标准图集进行选型，的高度应根据深化设计图纸进行确定，防止施工过程中管道与其他专业的管道发生冲突，如有条件则尽量开展 BIM 碰撞检验。

（2）管道加工前必须进行放样，绘出同规格同型号部件的样图，注明每一道工序的加工要求和质量标准。

17.6.2.2 主要机具

砂轮切割机或液压切割机、刀具、手枪钻、氧气乙炔焰或电焊机。

17.6.3 工艺流程

工艺流程见图 17-6-1。

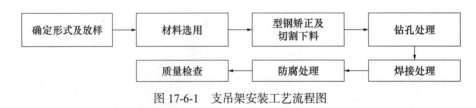

图 17-6-1 支吊架安装工艺流程图

17.6.4 支吊架选用

装配式支吊架常用构件包含开孔 C 形钢、工字钢梁用虎口夹、C 形钢扣板、平面连接件、型钢底座、单管可调型管卡等。开孔C形钢与专用配件可任意搭配，背面多条形孔设计，安装灵活方便。工字钢梁用虎口夹用于吊杆、支架与钢结构免焊接、免钻孔固定。C形钢扣板防止C形钢安装固定后边缘弯曲变形，确保荷载均匀分布。平面连接件、90°角连接件用于C形钢平面角、垂直角的连接，无需焊接，安装简便。型钢底座用于将支架系统固定于混凝土梁或楼板等结构，底座腰形孔设计，方便安装调节。详细管件示意图见图17-6-2～图17-6-8。

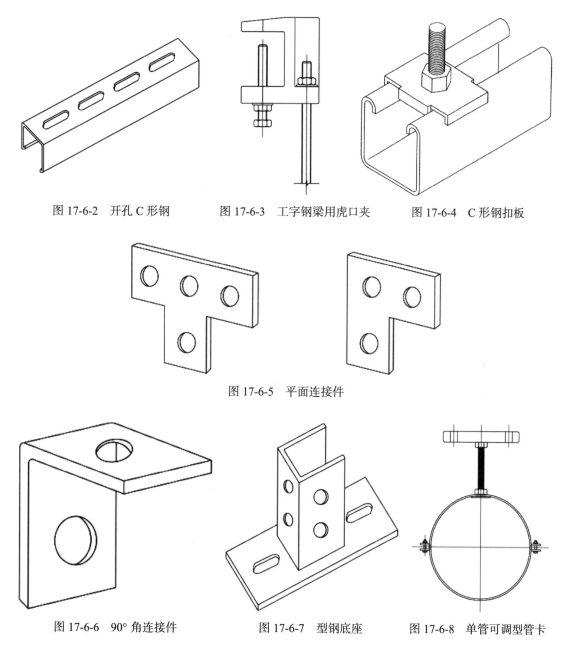

图 17-6-2　开孔C形钢　　　图 17-6-3　工字钢梁用虎口夹　　　图 17-6-4　C形钢扣板

图 17-6-5　平面连接件

图 17-6-6　90°角连接件　　　图 17-6-7　型钢底座　　　图 17-6-8　单管可调型管卡

17.6.4.1　C形钢尺寸的选择

（1）C形钢剖面尺寸如图17-6-9所示。

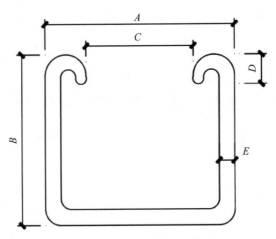

图 17-6-9　C 形钢剖面尺寸图

（2）C 形钢外形尺寸应符合表 17-6-1 的规定。

表 17-6-1　C 形钢外形尺寸（mm）

型号	厚度 E	高 B	宽 A	C	D
ZFC-1	2.0	20	41	22	7
ZFC-2	2.0	41	41	22	7
ZFC-3	2.0	62	41	22	7

17.6.4.2　水平双管 C 形钢吊架

（1）水平双管 C 形钢吊架安装示意如图 17-6-10 所示。

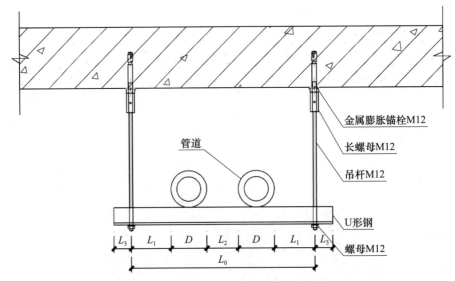

图 17-6-10　水平双管 C 形钢吊架安装示意图

（2）并列水平双管 C 形钢吊架安装示意如图 17-6-11 所示。

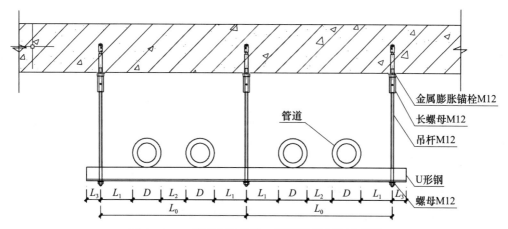

图 17-6-11　并列水平双管 C 形钢吊架安装示意图

17.6.4.3　双管吊架 C 形钢选型

双管吊架 C 形钢选用应符合表 17-6-2 的规定。

表 17-6-2　双管吊架 C 形钢选用表

项目	公称直径 DN	吊架最大间距（m）	简支梁跨度 L_0（mm）	单管满水重量（kg/m）	管满水最大间距管总重量（kg）	截面抵抗矩验算值（cm³）	C 形钢截面抵抗矩值（cm³）	C 形钢型号	吊杆	膨胀螺栓
保温	50	3	460	7.41	51.87	0.38	2.4	U2020	8	M8
不保温			340	7.08	49.56	0.35				
保温	65	3.5	500	10.69	74.83	0.67	3.92	U2041	8	M8
不保温			380	10.27	71.89	0.65				
保温	80	3.5	520	13.98	97.86	1.06	3.92	U2041	8	M8
不保温			400	13.49	94.43	0.99				
保温	100	3	570	20.30	121.80	1.90	4.97	U2062	10	M10
不保温			450	19.67	118.02	1.68				

注：1. 保温管重＝钢管重量＋满水重量＋保温重量。

2. 不保温管重＝钢管重量＋满水重量。

3. 如设计的吊架间距、管道配置型号、简支梁跨度与表 17-6-2 不一致时应进行核算。

4. 四管 C 形钢吊架中间吊杆应加大一号。

17.6.4.4　三管吊架 C 形钢选型

三管吊架 C 形钢选用应符合表 17-6-3 的规定。

表 17-6-3　三管吊架 C 形钢选用

项目	公称直径 DN	吊架最大间距（m）	C 形钢长度 L_0（mm）	单管满水重量（kg/m）	三管满水最大间距管总重量（kg）	C 形钢型号	吊杆	膨胀螺栓
保温	50	3.5	680	7.41	77.81	C2041	8	M8
不保温			500	7.08	74.34			

项目	公称直径 DN	吊架最大间距 （m）	C 形钢长度 L_0 （mm）	单管满水重量 （kg/m）	三管满水最大间距管总重量 （kg）	C 形钢型号	吊杆	膨胀螺栓
保温	65	3.5	730	10.69	112.25	C2041	10	M10
不保温			550	10.27	107.84			
保温	80	3.5	770	13.98	146.79	C2062	10	M10
不保温			590	13.49	141.65			

17.6.4.5 吊架 C 形钢生根做法

（1）C 形钢吊架生根做法如图 17-6-12 所示。

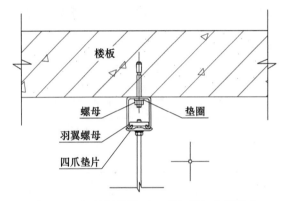

图 17-6-12 楼板及梁下 C 形钢吊架生根做法

（2）图 17-6-12 中为常规吊架生根做法，钢结构建筑或其他特殊结构的吊架生根做法，应视结构形式和具体情况确定。

（3）吊架生根材料选用：C 形钢选用 3 号 YG 型外螺纹膨胀螺栓。

17.6.4.6 C 形钢防晃支架安装方式

（1）C 形钢防晃支架安装方式如图 17-6-13、图 17-6-14 所示。

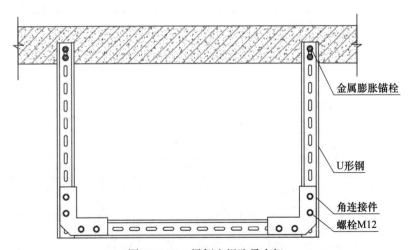

图 17-6-13 梁侧生根防晃支架

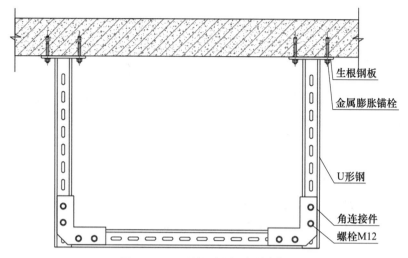

图 17-6-14　顶板下生根防晃支架

（2）固定支架可采C形钢制作，C形钢凹槽均朝向同一侧，拼接处采用角连接件连接。

（3）C形钢防晃支架选用的C形钢，其规格应符合表17-6-4的规定，其中角连接件、生根钢板为定型产品。

表 17-6-4　防晃支架 C 形钢选用表

项目	参考管束	公称直径 DN	吊架最大间距（m）	简支梁跨度 L_0（mm）	单管满水重量（kg）/m	管满水最大间距管总重量（kg）	C 型钢型号
保温	水平双管	50	3	460	7.41	51.87	U2020
不保温				340	7.08	49.56	
保温		65	3.5	500	10.69	74.83	U2041
不保温				380	10.27	71.89	
保温		80	3.5	520	13.98	97.86	U2041
不保温				400	13.49	94.43	
保温		100	3	570	20.30	121.80	U2062
不保温				450	19.67	118.02	
保温	水平三管	50	3.5	680	7.41	77.81	C2041
不保温				500	7.08	74.34	
保温		65	3.5	730	10.69	112.25	C2041
不保温				550	10.27	107.84	
保温		80	3.5	770	13.98	146.79	C2062
不保温				590	13.49	141.65	

（4）C形钢与生根钢板连接，可提供尺寸由车间焊接镀锌后提供成品，也可现场焊接，现场焊接后应进行清渣、涂刷防锈漆、银浆漆（非银粉漆）。

17.6.5　施工工艺要点

17.6.5.1　钢制管道支吊架安装的施工工艺要点

（1）钢制管道支吊架安装应符合下列规定：

1）金属管道的支吊架的形式、位置、间距、标高应符合设计或有关技术标准的要求。

2）设置补偿器的管道应设置固定支架和导向支架，其形式和位置应符合设计要求。

3）支吊架的安装应平整牢固，与管道接触紧密。支吊架与管道焊缝的距离应大于100mm。

4）防晃支架与管道接触应紧密，防晃应牢固。

5）防晃在建筑结构上的管道支吊架，不得影响结构安全。

6）在建筑结构负重允许的情况下，水平安装管道支吊架的最大间距应符合表17-6-5的规定。

表 17-6-5　钢管道支吊架的最大间距

公称直径（mm）		15	20	25	32	40	50	70	80	100	125	150	200	250	300
支架的最大间距（m）	L_1	1.5	2.0	2.5	2.5	3.0	3.5	4.0	5.0	5.0	5.5	6.5	7.5	8.5	9.5
	L_2	2.5	3.0	3.5	4.0	4.5	5.0	6.0	6.5	6.5	7.5	7.5	9.0	9.5	10.5
		对大于 300mm 的管道可参考 300mm 管道													

7）支吊架安装后应按管道坡向对支吊架进行调整和固定，支吊架纵向应顺直美观。

（2）金属管道立管管卡安装要求：

1）楼层高度小于等于5m，每层必须安装1个。

2）楼层大于5m，每层不得少于2个。

3）管卡安装高度，距地面应为1.5～1.8m，2个以上管卡可均匀安装，同一房间内的管卡应安装在同一高度上。

（3）制冷剂系统管道支吊架应符合下列规定：

1）与设备连接的管道应设置独立的支吊架。

2）管径小于等于20mm的铜管道，在阀门处应设置支吊架。

3）不锈钢管、铜管与碳素钢支吊架接触处应采取防电化学腐蚀措施。

（4）管道与设备连接处，应设独立支吊架。

（5）无热位移的管道吊架，其吊杆应垂直安装；有热位移的，其吊杆应向热膨胀（或冷收缩）的反方向偏移安装，偏移量为1/2的膨胀值或收缩值。

（6）滑动支架的滑动面应清洁、平整、灵活，滑托与滑槽两侧间应留有3～5mm的间隙，其安装位置应从支承面中心向位移反方向偏移1/2位移值或符合设计文件规定。

（7）无热伸长管道的吊架，吊杆应垂直安装；有热伸长管道的吊架，吊杆应向热膨胀的反方向偏移。

（8）竖井内的立管，每隔2～3层应设导向支架。

17.6.5.2　管道支吊架安装的施工要点及要求

（1）非固定支承件的内壁应光滑与管壁之间应留有微隙。

（2）立管管径为 50mm 的管道支承件的间距不得大于 1.2m，管径大于等于 75mm 的，不得大于 2m。

（3）横管直线管段支承件间距宜符合表 17-6-6 的规定。

表 17-6-6 横管直管段支承件间距（mm）

管径	40	50	75	90	110	125	160
间距	400	500	750	900	1100	1250	1600

（4）用于室内雨水和较长管段的排水管道吊架，不得使用由吊杆、吊卡、卡座粘结组成的定型卡具，应使用金属吊架（吊杆直径可比金属管道吊杆小 1 号）。

17.6.5.3 排水铸铁管道支吊架安装的施工要点及要求

（1）本标准排水铸铁管指机制柔性接口铸铁管，包括建筑排水用柔性接口卡箍式铸铁管和法兰承插式铸铁管两大类产品。

（2）建筑排水柔性接口铸铁安装，其上部管道重量不应传递给下部管道。立管重量应由支架承受，横管重量应由吊架承受。

（3）建筑排水柔性接口铸铁管立管应采用管卡在柱上或墙体等承重结构部位上固定。当墙体为轻质隔墙时，立管可在楼板上用支架固定，横管应利用在柱、楼板、结构梁或屋架上固定。

（4）管道设置位置应正确，埋设应牢固。管卡或吊卡与管道接触应紧密，并不得损伤管道外表面。为避免不锈钢卡箍产生电化学腐蚀，卡箍式接口排水铸铁管的管卡或吊卡不应设置在卡箍部位。

（5）排水立管应每层设支架固定，支架间距不宜大于 1.5m，但层高小于等于 3m 时可只设一个立管支架。卡箍式接口立管管卡应设在接口处卡箍下方，法兰承插式接口立管管卡应设在承口下方，且与接口间的净距不宜大于 300mm。

（6）排水横管每 3m 管长应设两个，应靠近接口部位设置（卡箍式接口不得将管卡套在卡箍上，法兰承插式接口应设在承口一侧），且与接口间的净距不宜大于 300mm。

（7）排水横管支吊架与接入立管或水平管中心线的距离宜为 300~500mm。排水横管在平面转弯时，弯头处应增设。排水横管起端和终端应采用防晃支架或防晃吊架固定。当横干管长度较长时，为防止管道水平位移，横干管直线段防晃支架或防晃吊架的设置间距不应大于 12m。

（8）排水管支管应采用支架或吊架固定，间距不宜大于 1.2m。每根横支管的不应少于 2 个，且其中至少有一个为防晃。

17.6.6 注意事项

（1）支吊架的规格型号、间距、位置应符合设计和规范的相关规定。

（2）支吊架的安装应平整牢固，膨胀螺栓应符合标准的规定。

（3）支吊架应满足满水管的承重要求，并不得影响结构安全。

17.6.7 水管联合支架

见图 17-6-15。

图 17-6-15 水管联合支架

18 给水排水系统施工安装工艺

18.1 工艺流程

工艺流程见图 18-1-1。

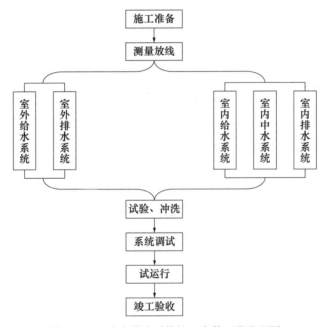

图 18-1-1　给水排水系统施工安装工艺流程图

18.2 室内给水系统

18.2.1 施工准备

18.2.1.1 作业条件

（1）对安装施工人员进行过技术、质量、安全交底。对于有特殊要求的焊接连接已组织了有关方面的理论培训和上岗前焊件考核。

（2）管材、板材、型材及其他材料均已进场，经检查均达到合格。

（3）焊接设备已进场，可供安装施工中随时启动备用。

（4）作业场地平整、清洁、无易燃易爆物品及杂物。消防用具配备齐全，水源、电源充足，满足施工需要。

（5）地沟或室内等封闭式工程内的焊接，必须具备通风良好或设有送、排风装置的条件。

（6）备好安装人员高空作业用的梯子、操作平台或脚手架等。

18.2.1.2　主要机具

电动套丝机、压槽机、普通车床、管子绞板、板牙、轻便型管子板、管压力案子、管钳子、手锤、活扳子、钢卷尺、直角尺。

18.2.2　钢管丝扣连接

18.2.2.1　管道丝扣连接工艺流程

工艺流程见图 18-2-1。

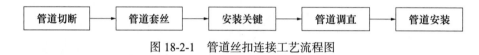

图 18-2-1　管道丝扣连接工艺流程图

18.2.2.2　安装工艺与要求

（1）符合现行国家标准《55°密封管螺纹》GB/T 7306。

（2）套丝时管子一端插入套丝机，另一端放在临时制作的架子上，确保被套丝的管子摆放平直；安排专人用套丝机集中进行管子套丝。

（3）接口套丝后清理碎屑灰尘，搞好半成品保护。

（4）缺丝、变形、有裂纹的管件不能使用。

（5）垫料采用：防锈密封胶加聚氯乙烯生料带；外露螺纹及损伤部位涂防锈密封胶。

18.2.3　法兰连接

管道施工在与设备、阀门等连接以及管路需要检修的位置时采用法兰连接，通常法兰与管道采用焊接方式相连。安装流程及安装工艺见表 18-2-1。

表 18-2-1　安装流程及安装工艺表

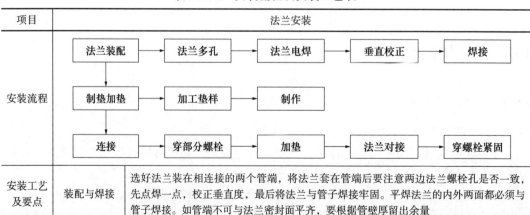

续表

项目		法兰安装
安装工艺 及要点	制垫加垫	现场制作的法兰垫圈用凿子或剪刀裁制。法兰垫片的内径不得大于法兰内径而突入管内，垫片的外径最好等于法兰连接螺孔内边缘所在的圆周直径，并留有一个"尾巴"，便于拿垫片，忌涂抹白厚铅油，不允许使用双层垫片
	穿螺栓及紧固	法兰穿入螺栓的方向必须一致，拧紧法兰需使用合适的扳手，分 2~3 次进行。拧紧的顺序应对称、均匀地拧紧。螺栓拧紧后，螺杆伸出螺母长度不大于螺栓直径的一半，且不少于两个螺纹。为便于拆卸法兰，法兰和管道或器件支架的边缘与建筑物之间的距离一般不应小于 200mm

18.2.4 阀门及其他附件安装

主要阀门安装表如表 18-2-2 所示。

表 18-2-2 主要阀门安装表

序号	名称	示意图	系统	安装要求
1	截止阀		给水排水系统	（1）阀门、管件等在安装前均应进行检查，并清除管内、管口杂物。 （2）阀门安装前，应作耐压强度试验。试验应以每批（同牌号、同规格、同型号）数量中抽查10%，且不少于一个，如有漏、裂不合格的应再抽查20%、仍有不合格的则须逐个试验。对于安装在主干管上起切断作用的闭路阀门，应逐个作强度和严密性试验。强度和严密性试验压力应为阀门出厂规定的压力，同时应有试验记录备查。 （3）阀门安装位置、方向应符合设计要求，阀门、管件的连接应牢固、紧密，不得有渗漏现象。安装后，阀门与管道中心线应垂直，操作机构灵活、准确；有传动装置的阀闸，指示机构指示的位置应正确，传动可靠，无卡涩现象。在管线密集区设置时，应考虑预留阀门的操作和检修空间。 （4）阀门安装应保证其型号、规格符合设计要求，表面洁净，朝向正确，启闭灵活。安装的阀门在工程最终验收前不得有漏水痕迹
2	止回阀		给水排水系统	
3	泄压阀		给水排水系统	
4	软密封闸阀		给水排水系统	

序号	名称	示意图	系统	安装要求
5	对夹式蝶阀		给水排水系统	（5）生产生活给水管道上采用截止阀和蝶阀。 （6）阀门法兰盘与钢管法兰盘相互平行，一般误差应小于2mm，法兰要垂直于管道中心线，选择适合介质参数的垫片置于两法兰盘的中心密合面上。 （7）连接法兰的螺栓、螺杆突出螺母长度不宜大于螺杆直径的1/2。螺栓同法兰配套，安装方向一致；法兰平面同管轴线垂直，偏差不得超标，并不得用扭螺栓的方法调整。 （8）安装阀门时注意介质的流向，止回阀、减压阀及截止阀等阀门不允许反装。阀体上标示箭头，应与介质流动方向一致。 （9）螺纹式阀门，要保持螺纹完整，按介质不同涂以密封填料物，拧紧后螺纹要有3扣的预留量，以保证阀体不致拧变形或损坏。紧靠阀门的出口端装有活接，以便拆修。安装完毕后，把多余的填料清理干净。 （10）过滤器：安装时要将清扫部位朝下，并要便于拆卸。 （11）截止阀和止回阀安装时，必须注意阀体所标介质流动方向，止回阀还须注意安装适用位置。 （12）橡胶软接头：在进入车站的给水引入管应设置橡胶软接头，在所有水泵进出水管上根据需要设置橡胶软接头，橡胶软接头应能耐磨、耐热、耐老化，并能承受较高的工作压力，接头两端可任意偏转、便于调节轴向或横向位移
6	减压阀		给水排水系统	
7	遥控浮球阀		给水排水系统	
8	自动排气阀		给水排水系统	
9	Y型过滤器		给水排水系统	
10	电接点压力表		给水排水系统	
11	压力表		给水排水系统	

序号	名称	示意图	系统	安装要求
12	橡胶软接头		给水排水系统	（13）不锈钢金属软接：管道穿越变形缝时应设金属软管，并在两端加设固定支架。金属软管应为带金属编织网的金属软管，接口形式为法兰。 （14）不锈钢伸缩节：安装时疏水口向下，现场安装完后，必须拆除拉杆。安装时介质流向与管道伸缩节的流向标志一致。在车站内一定长度的直线管道上，应设金属伸缩节，金属伸缩节应采用拉杆式（四杆）轴向型波纹管伸缩节，工作介质为自来水，两端连接方式为法兰。金属伸缩节安装时一端为固定支架，另一端的第一个导向支架距伸缩节距离为4倍管径，第二个导向支架与第一个导向支架的距离为14倍管径
13	不锈钢金属软管		给水排水系统	
14	不锈钢伸缩节		给水排水系统	

18.2.5 给水设备安装

车站在站台地面设置有冲洗栓，主要为车站冲洗清扫提供用水点，冲洗栓箱材质为不锈钢，在下端设置排水孔。冲洗栓箱安装见图18-2-2。

图 18-2-2 冲洗栓箱安装

18.2.6 管道防腐、绝热

（1）保温材料性能应达到设计要求。

（2）安装于站台层及地下车站风道内、出入口等无供暖措施的部位或其他有可能结冻处（如地下区间风机房进风道与区间隧道连接部位）的生活给水管道，应采取防冻保温措施；安装于地下站厅、站台吊顶内的给水管应采取防结露保温措施；安装于送排风井内的压力排水管道及阀门应考虑防冻保温措施。保温材料采用复合硅酸镁管材外包铝板和镀锌板保护，有冻结可能的部位采用电伴热系统保温，需采用电伴热保温方式的注意预留电源。

（3）工艺简述。

1）根据不同的管道外径选好与之匹配的保温管壳。

2）用锯条按45°将保温管壳纵向锯开，缝必须在一条直线上，不允许有偏差。

3）将保温管壳套装在管道上，挤压接缝处使接缝处紧密结合，每间隔300mm用4cm胶带环向缠绕固定，并用复合胶抹缝密封。

4）对于两根管壳之间的接缝处，两头端面均抹上复合胶，按对接方式紧密对接，并用复合胶抹缝，再用胶带环向缠绕固定，保证接缝处无明显缝隙，以达到整体密封和美观。

（4）施工技术要点。

1）每根管材的接缝必须采用合理的连接方式，接口处杜绝任何缝隙的存在。

2）安装挤压时，力度控制适当，以避免管壳变形。

3）当保温遇到阀门，应先用管壳的下脚料填充法兰之间的空隙，然后用管壳进行对接，再用胶带固定缠绕，最后用铝板或镀锌板包装法兰立面的保温密封。

4）当保温遇到消防管的卡箍时，应将管壳内层稍稍变薄，然后用管壳进行保温。

5）遇到管道的穿墙套管，需进行密封。

6）保温材料粘贴时要贴紧粘牢。

7）做完保温后的保温层整体平整，粗细均匀，大小一致，密封性好。

8）外包的保护层，在施工过程中接缝必须保持在一条线上，空心拉铆钉必须均匀布置，间距不能大于10cm，保护层在弯头处必须做成虾米弯形式，切忌因施工粗糙而造成弯头处不呈弧度。

18.3　室内排水系统

18.3.1　施工准备

18.3.1.1　作业条件

排水管的安装，要与二次结构（卫生间墙体砌筑）密切配合施工，穿过建筑位置，必须按设计、施工规范要求预留好管洞，顶板拆模、房心回填土回填夯实到位后，沿管线无堆积物。

18.3.1.2　主要机具

砂轮锯、手锤、錾子、捻凿、水平尺、小线。

18.3.2　工艺流程

工艺流程见图18-3-1。

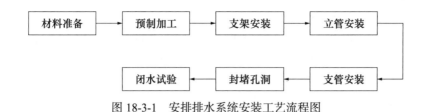

图 18-3-1　安排排水系统安装工艺流程图

18.3.3　施工要点与要求

18.3.3.1　水管安装

（1）选用的管材和管件，应具有权威检测机构有效的检测报告及生产厂家的质量合格证。管材上应标明原料名称、规格、生产日期和生产厂名或商标，管件上应标明原料名称、规格和商标，包装上应标有批号、数量和生产日期。

（2）安装方法。

1）把管子按安装所需的尺寸截断。

2）把管子断口上的毛刺、杂质去掉。

3）把压槽机固定稳定，检查机器运转情况。管子放入滚槽机和滚轮支架之间，管子长度超过 0.5 m，要有能调整高度的支撑尾架，支撑尾架固定稳定、防止摆动，使管子垂直于压槽机的驱动轮挡板平面并靠紧，用水平仪调整滚槽机支撑尾架管子使之水平。

4）检查压槽机使用的驱压轮和两个下滚轮（驱动轮）。小的上压轮和小的下滚轮用于 $\phi89\sim\phi168$mm 管子；大的上压轮和大的下滚轮用 $\phi219$mm（含）以上管外径。下压手动液压泵使滚轮顶到管子外壁。

5）旋转定位螺母，调整好压轮行程，将对应管径塞尺塞入标尺确定滚槽深度。

6）压槽时先把液压泵上的卸压手柄顺时针拧紧，再操作液压手柄使上滚轮压住钢管。

7）打开滚槽机开关，同时操动手压泵手柄均匀缓慢下压。

8）每压一次手柄行程不超过 0.2mm，钢管转动一周，一直压到压槽机上限位螺母到位为止，再转动两周以上，保证壁厚均匀，关闭开关、松开卸压螺母，上滚轮自动升起。

9）检查管子的沟槽尺寸，如不符合规定，再微调。进行第二次压槽时，再一次检查沟槽尺寸，以达到规定的标准尺寸。

10）检查管子断面与管子轴线是否垂直，最大误差不超过 2mm，去掉断口残留物，磨平管口，确保密封面无损伤。

11）检查沟槽是否符合标准，去掉管子和密封圈上的毛刺、铁锈、油污等杂质。检查卡箍的规格和胶圈的规格标识是否一致。

12）在管子端部和橡胶圈涂上润滑剂。

13）将密封橡胶垫圈套入一根钢管的密封部位。

14）将向另一根加工好的沟槽的钢管靠拢对齐，将橡胶圈套入管端。移动调好胶圈位置，使胶圈与两侧钢管的沟槽距离相等，橡胶圈刚好位于两根管子的密封部位。

15）胶圈外表面涂上中性肥皂水洗涤剂或硅油。上下卡箍扣在胶圈上，将卡箍凸边卡进钢管沟槽内，确认管卡已经卡住管子，用力压紧上下卡箍的耳部，使上下卡箍靠紧穿入螺栓。螺栓的根部椭圆颈进入卡箍的圆孔。

16）用扳手均匀轮换同步进行拧紧螺母，确认卡箍凸边全圆周卡进沟槽内，拧紧螺栓，最后检查上下卡表面是否靠紧，直到不存在间隙为止，即安装完成。

18.3.3.2　潜污泵安装方法

（1）开箱检查：安装前必须对水泵及其配件开箱并进行全面检查，产品合格证、出厂检验报告等随机资料文件必须全部齐全，且报告上的水泵编号必须与本体上的编号相符。

（2）集水坑复核：土建专业涉及潜污泵安装的有关的相应尺寸数据需在安装之前一一复核（集水井的长、宽、深度尺寸及基础、出水口套管、检修孔等）。安装前必须将集水坑内垃圾清理干净，防止水泵试运行时垃圾进入水泵壳体内阻塞叶轮造成电机烧坏等严重后果。

（3）支承块安装：在排水管道一侧的墙壁上用铅锤吊线画一竖线记号，使竖线记号在排水管的中心平面上，该竖线作为支承块安装对称的基准线。使支承块安装的中心线与池口安装的中心线重合，按照固定支承的槽距在侧壁上打孔，用膨胀螺栓固定，但不要拧紧。

（4）底座安装：把耦合底座放入池底，自固定支承使用铅垂线吊线，使其与固定支承中心线重合，根据铅垂线找正底座中心，并注意使支承固定件的两个圆锥体中心与底座上的两圆锥体中心对齐，用膨胀螺栓固定好底座。

（5）导管安装：将导管插入固定支承件与底座两圆锥体之间，再拧紧固定支承件的膨胀螺栓，使固定支承块、导管以及底座连成一体组成导向系统。

（6）导入水泵：使用固定在水泵上的钢丝绳，将水泵吊起沿导管滑下至集水井内，利用水泵自身重量获得正确的耦合位置，保证水泵出水口与耦合挂件口的密封良好。严禁将水泵电缆线作为导线使用，以免发生断裂危险及造成电缆线破坏。

（7）安装排水管：根据安装图纸要求，依次连接好排水管、弯管、穿墙管、止回阀、闸阀、橡胶软接头等配件，并用混凝土将穿墙管与墙体之间填实。

18.3.3.3　污水提升装置

（1）在设备周围留有足够的空间，便于集水箱的进出口处安装隔离阀，以方便维修。

（2）如果安装在无防水措施的设备坑内，需独立安排一台排水泵，注意适当增加坑内的安装空间，以利于排水泵的安装。

（3）所有与设备连接的管路，都必须使用柔性连接件，集水箱上的进水管、出水管不可有超过50kg压力，如果管路较长，需设置支撑。

（4）安装鹅颈管或逆水密封防止污水倒流。

（5）出水口处安装转向式止回阀。

（6）设备基础应平整坚实。

（7）水泵出水口必须是丝扣连接。

（8）区间安装在预留槽内的水泵出水管搭接缠裹的防水绝缘胶带结合可曲挠橡胶接头起到防杂散电流作用。

（9）区间废水泵站DN40的管道采用不锈钢管，管道均采用丝扣连接，穿越道床处敷设在预留的管槽内。

18.3.4 污水管道及配件安装

18.3.4.1 站内卫生间排水管

（1）选用的管材和管件，应具有权威检测机构有效的检测报告及生产厂家的质量合格证。管材上应标明原料名称、规格、生产日期和生产厂名或商标，管件上应标明原料名称、规格和商标，包装上应标有批号、数量和生产日期。

（2）重力排水管管材、管件符合 GB/T 5836.1 和 GB/T 5836.2 的标准要求。管道安装符合规范要求，并由管材厂家负责提供管道安装手册指导现场安装。

（3）UPVC 排水管道安装工艺。

UPVC 排水管道安装工艺如表 18-3-1 所示。

表 18-3-1　UPVC 排水管道安装工艺

名称	流程
管材及胶水要求	阻燃型 UPVC 塑料排水管，必须符合 GB/T 5836.1 标准。承插式胶粘剂粘接，原厂配套溶剂胶水
安装施工流程示意	
粘接连接示意	
技术要求	（1）粘接前，应对承口做插入试验，不得全部插入，一般为承口的 3/4 深度。 （2）试插合格后，用棉布将承口需粘接部位的水分、灰尘擦拭干净，如有油污需用丙酮除掉。 （3）用毛刷涂抹胶粘剂时，先涂抹承口，后涂抹插口，随即用力垂直插入。 （4）插入粘接时将插口稍作转动，以利胶粘剂分布均匀，约 2～3min 即可粘接牢固，并应将挤出的胶粘剂擦净。 （5）粘接场所应通风良好，远离明火

（4）排水管道支吊架安装间距。

排水管道支吊架安装间距如表 18-3-2 所示。

表 18-3-2　排水管道支吊架最大间距表

管径 DN（mm）	50	75	110	125
横管（m）	1.2	1.5	2.0	2.0

18.3.4.2　机制铸铁管安装工艺

（1）开挖：土方开挖采用机械开挖，槽底预留 200mm 由人工清底。开挖过程中严禁超挖，以防扰动地基。对于有地下障碍物（现况管缆）的地段由人工开挖，严禁破坏。

（2）下管：在沟槽检底并核对管节、管件位置无误后立即下管。下管时注意承口方向保持与管道安装方向一致，同时在各接口处掏挖工作坑，工作坑大小为方便管道撞口安装为宜。

（3）清理承口：清刷承口，铲去所有杂物，如砂子、泥土和松散土涂层及可能污染水质、划破胶圈的附着物。

（4）上胶圈：将胶圈清理洁净，上胶圈时，使胶圈弯成心形或花形放在承口槽内就位，并用手压实，确保各个部位不翘不扭。

（5）对口，拉管：检查胶圈是否到位，若到位则抹上润滑剂（如浓皂水），若不到位则重新安装。在距离端面 100～110mm 插口外表面涂上润滑剂（如浓皂水）。调整球墨铸铁管的水平位置，进行校正，移动插口，将前端少许插入承口内。插入管应尽量悬空。挂捯链，将管拉入，在拉管过程中，应注意使插入管保持平直，防止插入管另一端上翘或发生其他偏移。

（6）检查：插口处画有两条标志线，拉入到已看不见第一条线而只看见第二条线的位置为止。接合完毕后，必要时用塞尺检查橡胶圈是否在正常位置。管子安装不理想时，应将管子分离后，再重新安装。

18.3.5　注意事项

（1）熟识施工图纸并完成设计交底。

（2）根据施工图、施工方案提出材料计划。

（3）材料进场后，施工员应及时配合材料人员自检自验，合格后应及时报验监理工程师签认，再行入库。

（4）应有预制加工场地和加工用料库房。

（5）在施工中，应预防管道堵塞，尤其是立管上方散口部位应及时封堵，以免掉进异物。

18.3.6　排水立管底部安装承重支架

如图 18-3-2 所示。

图 18-3-2　排水立管底部应安装承重支架

18.4　室外给水管网

18.4.1　施工准备

18.4.1.1　作业条件
（1）设备及材料均符合现行技术标准，符合设计要求。
（2）有出厂合格证。设备应有铭牌，并注明厂家名称，附件、备件齐全。
（3）现场清理完毕。

18.4.1.2　主要机具
电热熔机、砂轮锯或电锯。

18.4.2　室外给水管道安装工艺流程

如图 18-4-1 所示。

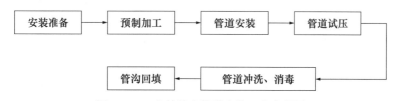

图 18-4-1　室外给水管道安装工艺流程图

18.4.3　施工工艺与要求

18.4.3.1　材料要求
（1）选用的管材和管件，应具有权威检测机构有效的检测报告及生产厂家的质量合格证。管材上应标明原料名称、规格、生产日期和生产厂名或商标，管件上应标明原料名称、规格和商标，包装上应标有批号、数量和生产日期。

（2）站外埋地给水管道采用 PE 管，PE 管的管材和管件应符合现行国家标准《给水用聚乙烯（PE）管材（件）》GB/T 13663.2 的规定，卫生性能应符合现行国家标准《生活饮用输配水设备及防护材料的安全性评价标准》GB/T 17219 的要求。

18.4.3.2　管沟的开挖

（1）管沟的开挖必须严格按照设计图纸或工程监理指导的开挖路线及开挖深度进行施工，而且在没有征得相关部门同意的情况下不得擅自进行改动。

（2）PE 管道的柔性好、重量轻，所以可以在地面上预制较长管线，当地形条件允许时，管线的地面焊接可使管沟的开挖宽度减小。聚乙烯管道埋设的最小管顶覆土厚度应在永久性冻土或季节性冻土地层冰冻线以下。

（3）在结实、稳固的沟底，管沟的宽度由施工所需要的操作空间决定，空间大小必须允许能够正常进行管沟底部的作业及管沟填埋材料的填埋及夯实等工作，而且还要考虑到管沟开挖费用以及购买填埋材料等费用的经济性。

18.4.3.3　管沟底的准备

对于像供水、排污或长距离输送管线的压力系统，除非设计图纸有特殊要求，一般来说，管沟底的水平精度要求并不是很高。而对于重力排水系统，坡度的等级必须达到规定的要求。

18.4.3.4　管沟内管道的敷设

（1）在管道被放入管沟之前应该对管道进行全面检查后再将管道吊入管沟内。管段连接采用热熔方式。

（2）公称直径小于 20mm 的管道可以手工拖入管沟内；对所有的大管道、管件、阀门及配件，应该采用适当的工具将它们放到管沟内；对于长距离的管道的吊装，应采用尼龙绳索。

18.4.3.5　最终的管道连接与装配

（1）室外管沟内管道的热熔连接与地面上管道的热熔连接方式均采用电热熔焊接接口。

（2）管沟内所连接的管道在回填前必须冷却到土壤的环境温度。

（3）PE 管道与金属管道、水箱或水泵相连时，一般采用法兰连接。对于 PE 管材之间，当不便于采用热熔方式连接时，也可采用法兰连接。法兰连接时，螺栓应预先均匀拧紧，待 8h 以后，再重新紧固。

18.4.3.6　PE 管道的压力测试

（1）PE 管道系统在投入运行之前应进行压力试验。压力试验包括强度试验和水密性试验两项内容。测试时一般推荐采用水作为试验介质。

（2）强度试验。

1）在排除待测试的管道内的空气之后，以稳定的升压速度将压力提高到要求的压力值，压力表应尽可能放置在该段管道的最低处。

2）压力测试可以在管线回填之前或之后进行，管道应以一定的间隔覆土，尤其对于蛇行管道，压力试验时，应将管道固定在原位。法兰连接部位应暴露以便于检查是否泄漏。

3）压力试验的测试压力不应超过管材压力等级或系统中最低压力等级配件的压力等级的1.5倍。开始时，应将压力上升到规定的测试压力值并停留足够的时间，保证管子充分膨胀，这一过程需要2～3h，当系统稳定后，将压力上升到工作压力的1.5倍，稳压1h，仔细观察压力表，并沿线巡视，如果在测试过程中并无肉眼可见的泄漏或发生明显的压力降，则管道通过压力测试。

4）在压力测试过程中，由于管子的连续膨胀将会导致压力降产生，测试过程中产生一定的压力降是正常的，并不能因此来证明管道系统肯定发生泄漏或破坏。

（3）水密性试验。

1）PE管道采用电热熔方式连接，使得PE管道具有较传统管材更为优越的水密性能。

2）水密性试验的测试压力不应超过管材压力等级或系统中最低压力等级的配件的压力等级的1.15倍，当管道压力达到试验压力后，应保持一定时间使管道内试验介质温度与管道环境温度达到一致，待温度、压力均稳定后，开始计时，一般情况下，水密性试验应稳压24h，试验结束后，如果没有明显的泄漏或压力降，则通过水密性试验。

18.4.3.7 回填与夯实

（1）可以采用优良的沙子与黏土砂砾材料作为PE管道的回填材料，包括细沙、黏沙及黏土砂砾的混合物。

（2）一般情况下，腋角及初回填要求至少要达到90%以上，夯实层应该至少达到距管顶150mm的地方，对于距管道顶部少于300mm的地方应该避免直接捣实。最终回填可能会采用原开挖土壤或其他材料，但其中不得含有冻土、结块黏土及最大直径不得超过200mm的石块。

18.4.4 注意事项

（1）输送生活给水的管道应采用塑料管、镀锌钢管或给水铸铁管，所使用的管材与配件应是同一厂家的配套产品。

（2）给水引入管与排水排出管净距不得小于1m，若给水管必须交叉敷设在排水管下面时，给水管应加套管，其长度不得小于排水管径的3倍。

（3）给水管道在埋地敷设时，应在当地的冰冻线以下，在无冰冻地区埋地敷设时，管顶的覆土埋深不得小于500mm。穿越道路部位的埋深不得小于700mm。

（4）给水管道接口法兰、卡箍等应安装在检查井或地沟沟内，不应埋在土壤中。

（5）给水管道在竣工后，必须对管道进行清洗。饮用水管道在冲洗后进行消毒，满足饮用水卫生要求。

18.4.5 实物图

室外给水管网安装实物图见图18-4-2。

图 18-4-2　室外给水管网安装实物图

18.5　室外排水管网

18.5.1　施工准备

18.5.1.1　作业条件

（1）设备及材料均符合现行技术标准，符合设计要求。

（2）有出厂合格证。设备应有铭牌，并注明厂家名称，附件、备件齐全。

（3）现场清理完毕。

18.5.1.2　主要机具

撬棍、捯链等。

18.5.2　室外排水管网安装工艺流程

如图 18-5-1 所示。

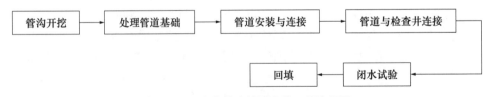

图 18-5-1　室外排水管网安装工艺流程图

18.5.3　室外排水管安装、试验工艺与要求

（1）施工准备

1）管沟沟底已进行平整，排水坡度符合设计要求并已在管沟沟底进行找坡，管底铺

砂完成；管道安装所用的绳、手锯、撬棒（一端定十字横板）、润滑剂、刷子、破布等已准备完成；连接管道时所需的工作坑已准备完成；对作业人员已进行管道施工工艺技术交底。

2）管材运到工地后搬运时必须轻抬轻放；插口顺水流方向，承口逆水流方向放置沟中；橡胶圈装在插口第二至第三根筋之间的槽内；清洁管材连接处内外壁污物，并涂上润滑剂；承插口中心线对齐；一人用绳（非金属）吊住插头，另一人用撬棒斜插入基础，并抵住管端面中心位置的横挡板，然后用力将插口缓缓插入另一根管承口直至预定位置。检查管道确定无渗漏等安装质量缺陷后，及时按工程设计要求进行覆土回填。

（2）工艺要求

1）管道排水坡度必须符合设计要求，De160 坡度不小于 7‰；排水管顶埋深 ≥ 0.7m，且置于冻土层以下。

2）管沟沟底找坡平整后铺砂，铺砂厚度为 200mm，管道在回填土前管顶覆砂，覆砂层厚度为 200mm，然后再进行回填土。回填土不允许有突尖硬物。

（3）闭水试验

室外排水管道灌水试验示意见图 18-5-2。

图 18-5-2　室外排水管道灌水试验示意图

闭水试验在管道内灌水 24h 后进行，外观无漏水，渗水量符合规范要求为合格。

18.5.4　注意事项

（1）安装之前，要对双壁波纹管进行逐节检查，检测其质量是否过关，若是不过关，则不采用。

（2）人力搬运双壁波纹管时，不能直接在地面上拖拉，必须要抬起，跟地面保持距离，而且抬起和放下管道的时候要轻抬轻放。

（3）安装双壁波纹管采取直线式铺设。若是遇到特殊转角的情况，可利用柔性接口折线铺设，相邻两节管纵轴线的允许转角应由管材制造厂提供。

（4）槽深小于 3m 的时候，可由人力将管道抬放入槽内。相反，槽深大于 3m 时，则用非金属绳索溜管入槽，依次平稳地放在砂砾基础管位上。严禁用金属绳索钩住两端管口或将管材自槽边翻滚入槽内。

（5）承插口管由低点向高点依次安装，且插口应与水流方向一致。

（6）用手锯切割管道调整管道长度，但切割面应垂直平整，不应有损坏。

18.5.5　室外排水管网安装实物图见图 18-5-3、图 18-5-4。

图 18-5-3　室外排水管网安装实物图（一）　　　图 18-5-4　室外排水管网安装实物图（二）

19 消防施工安装工艺

19.1 室内消火栓系统

19.1.1 施工准备

19.1.1.1 施工机具

电焊机、套丝机、台钻、压槽机、切割机、手枪钻、电锤、冲击钻、无齿锯、压力钳、虎台钳、管钳子、电动扳手、游标卡尺、激光投线仪、钢卷尺、打压泵等。

19.1.1.2 作业条件

熟悉施工现场各种管道的位置及走向，根据有压让无压、支管让主管等避让原则组织施工排布综合管线。结合消火栓施工图纸认真核实现场套管的预埋和孔洞的预留。现场水、电满足连续施工要求。设备基础经检验符合设计要求，达到安装条件。

19.1.2 工艺流程

工艺流程如图 19-1-1 所示。

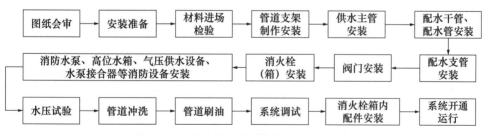

图 19-1-1 室内消火栓系统施工工艺流程图

19.1.3 施工要点与要求

19.1.3.1 管道的安装

（1）管材检验

1）室内消火栓系统通常选用内外壁热镀锌钢管或内外涂覆钢管，管材使用前应进行外观检查：无裂纹、缩孔、夹渣、重皮和镀锌层或涂覆层脱落锈蚀等现象。

2）管道壁厚应符合设计要求。

3）应有材质证明或标记等。

（2）配合预留、预埋和交接检查

1）套管的预埋位置和大小应符合设计要求。

2）安装在楼板内的套管，其顶部应高出装饰地面 50mm，底部应与楼板地面相平。

3）安装在墙壁内的套管，其两端应与饰面相平。

（3）管道连接方式

室内消火栓系统的管道，当采用内外热镀锌钢管或涂覆钢管时，管径大于 50mm 的采用沟槽连接或法兰连接，管径小于等于 50mm 的采用螺纹连接。

（4）管道支架的制作安装

1）管道支架或吊架的选择应考虑管道安装的位置、标高、管径、坡度以及管道内的介质等因素，确定所用材料和管架形式，然后进行下料加工。管架固定可以用膨胀螺栓。

2）管道支架或吊架之间的距离不应大于表 19-1-1、表 19-1-2 的规定。

表 19-1-1　镀锌钢管道、涂覆钢管道支架或吊架之间的距离

公称直径（mm）	25	32	40	50	70	80	100	125	150	200	250	300
距离（m）	3.5	4.0	4.5	5.0	6.0	6.0	6.5	7.0	8.0	9.5	11.0	12.0

表 19-1-2　沟槽连接规定最大支撑间距

公称直径（mm）	最大支撑间距（m）
65～100	3.5
125～200	4.2
250～315	5.0

注：1. 横管的任何两个接头之间应有支撑；
　　2. 不得支撑在接头上。

3）管道支架的孔洞不宜过大，且深度不得小于 120mm。支架安装牢固可靠，成排支架的安装应保证支架台面处在同一水平面上，且垂直于墙面。

（5）室内消火栓系统管道安装分类

室内消火栓系统的供水干管、配水干管、配水管、配水支管，通常采用沟槽式连接。消火栓箱内的消防自救水喉的连接采用螺纹连接方式。

（6）沟槽式连接施工要求

1）选用的沟槽式管接头应符合国家现行标准《沟槽式管路连接件技术规范》GB/T 36019 的要求。

2）有振动的场所和埋地管道应采用柔性接头，其他场所应采用刚性接头，当采用刚性接头时，每隔 4～5 个刚性接头应设置一个挠性接头，埋地连接时螺栓和螺母应采用不锈钢件；沟槽式管件连接时，其管材连接沟槽和开孔应使用专用滚槽机和开孔机加工。

3）沟槽式管件连接前应检查管道沟槽、孔洞尺寸和加工质量是否符合技术要求，沟槽、孔洞不得有毛刺、破损性裂纹和脏物。

4）沟槽橡胶密封圈应无破损和变形，涂润滑剂后卡装在钢管两端。

5）沟槽式管件的凸边应卡进沟槽后再紧固螺栓，两边应同时紧固，紧固时发现橡胶圈起皱应更换新的橡胶圈。

6）机械三通连接时，应检查机械三通与孔洞的间隙，各部位应均匀，然后再紧固到位；机械三通开孔间距不应小于1m，机械四通开孔间距不应小于2m；机械三通、机械四通连接时支管的直径应满足表19-1-3的规定，当主管与支管连接不符合表19-1-3时应采用沟槽式三通、四通管件连接。

表 19-1-3　机械三通、机械四通连接时支管直径

主管直径（mm）		65	80	100	125	150	200	250	300
支管直径（mm）	机械三通	40	40	65	80	100	100	100	100
	机械四通	32	32	50	65	80	100	100	100

7）配水干管（立管）与配水管（水平管）连接，应采用沟槽式管件，不应采用机械三通。

8）埋地的沟槽式管件的螺栓、螺母应做防腐处理。水泵房内的埋地管道连接应采用挠性接头。

9）采用沟槽连接件连接管道变径和转弯时，宜采用沟槽式异径管件和弯头；当采用补芯时，三通上可以用1个，四通上不应超过2个；公称直径大于50mm的管道不宜采用活接头。

10）沟槽连接件应采用三元乙丙橡胶（EDPM）C形密封胶圈，弹性应良好，应无破损和变形，安装压紧后C形密封胶圈中间应有空隙。

（7）螺纹连接施工要求

1）管子采用机械切割，切割面不得有飞边、毛刺。

2）采用机械套丝，套丝机一般以低速进行工作。

3）管口螺纹要规整，如有断丝或缺丝，不得大于螺纹全扣数的10%。

4）管道螺纹连接时，管钳的钳口尺寸与管子规格相适应。

5）管道螺纹连接时，在管子的外螺纹与管件的内螺纹之间加适当填料（含防锈漆、铅油麻丝或生胶带）。

6）安装时，将麻丝抖松成薄而均匀的纤维（或者用生胶带），然后从螺纹第二扣开始沿螺纹方向进行缠绕，然后拧上管件，用管钳收紧；填料缠绕要适当，麻丝或生胶带不得从管端下垂进入管腔，以免堵塞管路。

7）安装螺纹零件时，按旋紧方向一次装好，不得反拧。安装后露出2～3牙螺纹，并清除剩余填料。

8）套丝扣时破坏镀锌层或环氧树脂涂覆层表面及外露螺纹部分做防腐处理。

（8）水平环管的安装一般在支架安装完毕后进行。可先将水平环管的管段进行预制和预组安装（组装长度以方便吊装为宜），组装好的管道，在地面进行检查，若有弯曲则进行调直。上管时，将管道滚落在支架上，随即用准备好的U形卡固定管道，防止管道滑落。

管道安装好后，还应进行最后的校正调直，保证整根管道水平面和垂直面都在同一直线上并最后固定牢。

（9）立管安装：首先应根据设计图纸的要求确定立管的位置，用线坠在墙上弹出或画出垂直线，有水平支管的地方画出横线并标明，另根据立管卡的高度在垂直线上确定出立管卡的位置，并画好横线，然后根据所画的线裁好立管支架，当层高小于 5m 时，每一层须安装一个支架，当层高大于 5m 时，每层不得少于两个。立管支架的高度应距地面 1.8m 以上，两个以上的支架应均匀安装，成排管道或在同一房间里的立管支架的安装高度一致。支架安装之后，根据画线测出立管的尺寸进行编号记录，在地面统一进行预制和组装，在检查和调直后方可进行安装。上立管时，两人以上配合，一人在下扶管，一人在上端上管，上管时要注意支管的位置和方向，上好的立管要进行最后的检查，保证垂直度（允许偏差 4mm/m，10m 以上不大于 30mm）和离墙面距离，使其正面和侧面都垂直。最后上紧 U 形卡。

（10）配水支管安装：消火栓系统配水支管采用沟槽式连接。

（11）消火栓箱内安装的消防自救水喉采用螺纹连接，应按照施工工艺的要求，确保螺纹及连接的质量，套丝机或板牙套扣应不少于七道螺纹，连接不少于六道。铅油麻线或生料带应均匀缠绕在螺纹部分，连接完毕后应将外部清理干净，螺纹外露部分刷应防锈漆。

消火栓系统管道安装实物见图 19-1-2。

图 19-1-2　消火栓系统管道安装实物图

19.1.3.2　阀门的安装

（1）消防管道上设有消防阀门。环状管网上的阀门布置应保证管网检修时仍有必要的消防用水。环状管网上的消防阀门多选用蝶阀，消防泵房内多选用止回阀、泄压阀，消防立管上必要时可选用减压阀。

（2）蝶阀、止回阀、泄压阀、减压阀等阀门的型号、规格及公称压力应符合设计要求，且有合格证。

（3）阀门外观检查无缺陷和标识清晰；阀门及其附件应配备齐全，不得有加工缺陷和机械损伤。

（4）止回阀、泄压阀、减压阀等应按阀体上标注的永久性水流方向标志安装，不能反装。

（5）水平安装在管道上的阀门，其阀杆应装成水平或垂直向上。

（6）施工中，应配合装修预留阀门检修孔位置，阀门安装的位置尽量便于维修，且能满足阀门完全启泵的要求，并应作出标识。

（7）阀门应有明显的启闭标志。

19.1.3.3 消火栓（箱）的安装

（1）消火栓箱的安装，根据安装的形式可以分为明装、暗装、半暗装三种，消火栓箱暗装后，应用水泥砂浆填塞、抹平箱体四周空隙，确保箱体埋设牢靠。

（2）消火栓支管应以消火栓栓口的坐标、标高定位甩口，核定后再稳固消火栓箱，箱体找正稳固后再把消火栓栓头安装好，栓头侧装在箱内时应在箱门开启的一侧，箱门开启应灵活，栓阀外形规矩，无裂纹，启闭灵活，关闭严密。

（3）消火栓栓口中心离地面宜为1.1m，其出水方向宜向下或与设置消火栓的墙面成90°角；消火栓的启闭阀设置位置应便于操作使用，阀门的中心距箱侧面应为140mm，距箱后内表面应为100mm，允许偏差为±5mm。

（4）室内消火栓箱的安装应平正、牢固，暗装的消火栓箱不应破坏隔墙的耐火性能。

（5）消火栓箱体安装的垂直度允许偏差为3mm。消火栓箱门的开启角度不应小于120°。

消火栓箱及箱内配件安装实物见图19-1-3。

图 19-1-3 消火栓箱及箱内配件安装实物图

19.1.3.4 水泵与水泵接合器

消防水泵的安装详见"19.4 消防水泵房系统"；水泵接合器的安装详见"19.5 室外消防给水系统"。

19.1.3.5 管道试压和冲洗

（1）消火栓管网安装完毕后，应对其进行强度试验、严密性试验和冲洗。

（2）消火栓管网的强度试验、严密性试验和冲洗宜用水进行。

（3）系统试压前应具备的条件。

1）全部管道的位置及管道支吊架等经复查符合设计要求。

2）试压用的压力表不应少于2只，精度不应低于1.5级，量程应为试验压力值的1.5~2倍。

3）对不能参与试压的设备、仪表、阀门及附件应加以隔离或拆除，加设的临时盲板应具有突出于法兰的边耳，且应做明显的标志，并记录临时盲板的数量。

4）水压试验时的环境温度不宜低于5℃，当低于5℃时，水压试验应采取防冻措施。

（4）水压强度试验。

1）水压试验压力应符合设计要求。

2）水压强度试验的测试点应设在系统管网的最低点。

3）对管网注水时，应将管网内的空气排净，并应缓慢升压，达到试验压力后，稳压30min后，管网应无泄漏、无变形，且压力降不应大于0.05MPa。

（5）水压严密性试验。

1）水压严密性试验应在水压强度试验和管网冲洗合格后进行。

2）试验压力应为系统工作压力，稳压24h，应无泄漏。

（6）管网冲洗。

1）管网冲洗应在试压合格后分区、分段进行。

2）管网冲洗的水流速度、流量不应小于系统设计的水流速度、流量。

3）管网冲洗的水流方向应与灭火时管网的水流方向一致。

4）管网冲洗应连续进行。当出口处水的颜色、透明度与入口处的颜色、透明度基本一致时，冲洗方可结束。

19.1.3.6 管道保温

（1）位于车站风道、出入口，长度小于20m的出入口公共区与出入口连接处向公共区内延伸20m范围内，区间风井风道前后各200m范围内，出入段线洞口500m范围内等易冻结部位的消防给水管道应设置电伴热保温系统。

（2）防冻保温：站台层端门外及站台对侧距离活塞风孔100m范围内、车站与区间分界线向外100m范围内的消防管道均应设防冻保温，做法为50mm厚的复合硅酸镁管壳，车站外包铝合金薄板保护层，车站轨行区或区间外包镀锌钢板保护层。

（3）保温材料采用耐火性能达到A级不燃材料复合硅酸镁制品，防潮层采用不燃性玻璃布复合铝箔防潮层，车站外包铝合金薄板保护层，车站轨行区或区间外包镀锌钢板保护层。保护层应做好固定措施，不得影响行车安全，并应便于检修更换。

（4）复合硅酸镁管壳，使用密度150~160kg/m³，保温材料吸潮率≤2%、抗拉强度≥0.15MPa，憎水性≥98%，回弹性≥95%。

（5）保温管标识：无识别色的保温管道外层应有识别色标牌，标牌主色调同系统管道标识主色，标牌大小应适中，字迹清晰，直管段和管道分支处设置，间距控制在10m之内。

19.1.3.7 消火栓箱内配件及灭火器安装

（1）消防水带与快速接头绑扎好后，应根据箱内构造将消防水带挂放在挂钉、托盘或支架上。

（2）箱体内水龙带、水枪、卷盘摆放整齐均匀，位置正确。

（3）箱体内灭火器的规格型号、数量与施工图相符，摆放间距均匀，瓶体上的标识面朝外。

19.1.3.8 系统调试

（1）系统初始注水

1）先接通稳压泵电源，使泵房至系统管网压力逐步自动升至工作压力。

2）检查各阀门的开关状态，逐层检查消火栓有无漏水现象，观察系统排气阀的工作状态，确认排气阀排出连续的不带有空气的水柱，此时系统全部充满水，并使整个系统逐渐达到工作压力。

3）系统注水完毕后，将检修阀全开，同时将泵房加压泵投入自动状态，保证测试用水，此时系统为准工作状态。

（2）系统静压功能测试

1）在管网充满水且压力达到工作压力后，对消火栓系统的静水压力进行测试。

2）将试水接头直接与消火栓栓口连接，并确保连接牢固。

3）缓慢打开栓口阀门，同时打开试水接头上的排气阀，排净试水接头内的空气后关闭排气阀。

4）观察试水接头上的压力表，待压力表读数稳定后，读取数值即为消火栓静压，其中，最大静水压力不应大于 1.0MPa，最不利点消火栓栓口的静水压力不应小于 0.07MPa。

（3）系统动压功能测试

1）按照设计图纸技术要求，将水带接口、消防水带、水枪等依次在系统的最高点及最低点接好，并做好出枪试水的准备。

2）手动启动消防泵，在系统最高点观察消防水枪的充实水柱，并测试栓口处的出水压力，应满足设计要求。

3）在系统最高点及最低点观察消防水枪的充实水柱，并测试最低点消火栓口处的出水压力，其出水压力不应大于 0.5MPa。

19.1.4 供水干管、水平环管安装注意事项

（1）地下干管在上管前，将各分支管口堵好，防止杂物进入管内；在上干管时，要将各管口清理干净，保证管路畅通；安装完的干管，不得有塌腰、拱起的波浪现象及左右扭曲的蛇弯现象。

（2）管道安装横平竖直，水平管道纵横方向弯曲的允许偏差：当管径小于 100mm 时为 5mm，当管径大于 100mm 时为 10mm，横向弯曲全长 25m 以上为 25mm。

（3）如果水平管设计有坡度时，则按设计要求的坡度施工。高空作业时系好安全带，放好施工工具，不要让其掉下来；管道吊装时，如果用钢丝绳，则钢丝绳与钢管之间要加放至少两块软木，以防管道吊装时滑落。各种过沉降缝和伸缩缝的管道均加柔性连接。

（4）管道的安装位置应符合设计要求。当设计无要求时，管道的中心线与梁、柱、楼板等的最小距离应符合表 19-1-4 的规定。

表 19-1-4 管道的中心线与梁、柱、楼板等的最小距离（mm）

公称直径 DN	25	32	40	50	70	80	100	125	150	200
距离	40	40	50	60	70	80	100	125	150	200

19.1.5 管道支吊架安装注意事项

（1）管道的下列部位应设置固定支架或防晃支架：

1）配水管宜在中点设一个防晃支架，但当管径小于 DN50 时可不设。

2）配水干管及配水管，配水支管的长度超过 15m，每 15m 长度内应至少设 1 个防晃支架，但当管径不大于 DN40 可不设。

3）管径大于 DN50 的管道拐弯、三通及四通位置处应设 1 个防晃支架。

4）防晃支架的强度，应满足管道、配件及管内水的重量再加 50% 的水平方向推力时不损坏或不产生永久变形；当管道穿梁安装时，管道再用紧固件固定于混凝土结构上，宜可作为 1 个防晃支架处理。

（2）架空管道每段管道设置的防晃支架不应少于 1 个；当管道改变方向时，应增设防晃支架；立管应在其始端和终端设防晃支架或采用管卡固定。

19.2 自动喷水灭火系统

19.2.1 施工准备

19.2.1.1 施工机具

电焊机、套丝机、台钻、压槽机、开孔机、切割机、手枪钻、电锤、冲击钻、无齿锯、压力钳、虎台钳、管钳子、电动扳手、专用扳手、游标卡尺、激光投线仪、钢卷尺、打压泵。

19.2.1.2 作业条件

熟悉施工现场各种管道的位置及走向，根据有压让无压、支管让主管等避让原则组织施工排布综合管线。结合自动喷水灭火系统施工图纸认真核实现场套管的预埋和孔洞的预留。现场水、电满足连续施工要求。设备基础经检验符合设计要求，达到安装条件。

19.2.2 工艺流程

工艺流程见图 19-2-1。

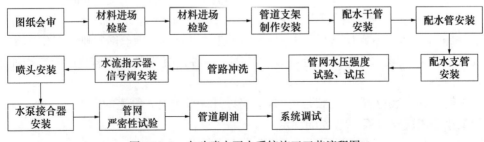

图 19-2-1 自动喷水灭火系统施工工艺流程图

19.2.3 施工要点与要求

19.2.3.1 管道的安装

（1）管材检验，详见 19.1.3.1（1）相关内容。

（2）配合预留、预埋和交接检查，详见 19.1.3.1（2）相关内容。

（3）管道预制。

1）自动喷水灭火系统的管道，其管径大于等于 100mm 的采用沟槽式连接或法兰连接，管径小于 100mm 的采用螺纹连接。

2）管道预制加工包括管道滚槽、定尺寸的丝扣短管、管口螺纹加工和支架的制作等工作。管道预制完后要分批分类存放且在运输和安装过程中注意半成品的保护；管道切割采用机械切割如砂轮切割机，切割时在切割机后设防护罩，以防切割时产生的火花、飞溅物污染周围环境或引起火灾。所有管道切割面与管道中心线垂直，以保证管道安装时的同心度。切割后要清除管口的毛刺、铁屑。管螺纹加工采用电动套丝机自动加工；DN25 以上要分两次进行，管道螺纹规整，如有断丝或缺丝，不得大于螺纹全扣数的 10%。螺纹连接的密封填料应均匀地附在管道的螺纹部分；拧紧螺纹时，不得将填料挤入管道内，连接后，将连接处外部清理干净。管螺纹的加工尺寸见表 19-2-1。

表 19-2-1　管螺纹的加工尺寸

项次	管道直径（mm）	螺纹尺寸		连接管件阀门螺纹长度（mm）
		长度（mm）	丝扣数（牙）	
1	25	18	8	15
2	32	20	9	13
3	40	22	10	19
4	50	24	11	21
5	65	23	12	23.5
6	80	30	13	26

（4）管道支架的制作安装。

1）管道支架或吊架的选择、制作详见 19.1.3.1（4）相关内容。

2）管道支架、吊架的安装位置不应妨碍喷头的喷水效果；管道支架、吊架与喷头之间的距离不宜小于 300mm，与末端喷头之间的距离不宜大于 750mm。

3）配水支管上每一直管段、相邻两喷头之间管段设置的吊架均不宜少于 1 个，吊架的间距不宜大于 3.6m。

4）当管道公称直径大于等于 50mm 时，每段配水干管或配水支管设置防晃支架不应少于 1 个，且防晃支架的间距不宜大于 15m；当管道改变方向时，应增设防晃支架。

（5）配水管道的连接方式。

自动喷水灭火系统的配水管道一般包括配水干管、配水管和配水支管，配水干管和配水管，管径一般大于等于 100mm，因此连接方式通常采用沟槽式连接。配水支管管径一般小于 100mm，因此通常采用螺纹连接。

（6）沟槽式连接工艺详见 19.1.3.1（6）相关内容。

（7）螺纹连接工艺应符合下列要求：

1）管道宜采用机械切割，切割面不得有飞边、毛刺；管道螺纹密封面应符合现行国家标准的有关规定。

2）当管道变径时，宜采用异径接头，在管道弯头处不宜采用补芯，当需要采用补芯时，三通上可用 1 个，四通上不应超过 2 个；公称直径大于 50mm 的管道不宜采用活接头。

3）螺纹连接的密封填料应均匀附着在管道的螺纹部分；拧紧螺纹时，不得将填料挤入管道内；连接后，应将连接处外部清理干净。

（8）配水干管的安装，详见 19.1.3.1（8）、（9）相关内容。

（9）配水管的安装一般在支架安装完毕后进行。可先将配水管的管段进行预制和预组安装（组装长度以方便吊装为宜），组装好的管道，在地面进行检查，若有弯曲，则进行调直。上管时，将管道滚落在支架上，随即用准备好的 U 形卡固定管道，防止管道滑落。干管安装好后，还要进行最后的校正调直，保证整根管道水平面和垂直面都在同一直线上，并最后固定牢。

（10）配水支管的安装。

配水支管管径一般小于 100mm，因此，通常采用螺纹连接。螺纹连接的管道，应按照施工工艺的要求，确保螺纹及连接的质量，用套丝机或手工套丝板套丝，丝扣应不少于七道螺纹，连接不少于六道，连接后的外露螺纹应控制在 2～3 道。铅油麻线应均匀缠绕在螺纹部分，连接完毕后应将外部清理干净，螺纹外露部分应刷防锈漆。配水支管一般也提前进行预制，其安装工艺要求同配水管。

（11）短立管安装。

自动喷水灭火系统的短立管管径大多情况下为 25mm，因此短立管的连接方式为螺纹连接。一般情况下可根据装修吊顶与否配置向上或向下的短立管，并可提前预制，短立管的螺纹连接施工工艺同配水支管的施工工艺。其安装难点在于短立管的预制，因短立管预制长度的控制决定了喷头安装的位置是否能够满足规范及设计图纸的要求。

19.2.3.2　洒水喷头的安装

（1）喷头安装必须在系统试压、冲洗合格后进行。

（2）喷头安装时，不应对喷头进行拆装、改动，并严禁给喷头附加任何装饰性涂层。

（3）喷头安装应使用专用扳手，严禁利用喷头的框架施拧；喷头的框架、溅水盘产生变形或释放元件损伤时，应采用规格、型号相同的喷头更换。

（4）安装在易受机械损伤处的喷头，应加设喷头防护罩。

（5）喷头安装时，溅水盘与吊顶、门、窗、洞口或障碍物的距离，应符合下列规定：

1）吊顶型喷头安装实物如图 19-2-2 所示。

2）除吊顶型喷头及吊顶下安装的喷头外，直立型、下垂型标准覆盖面洒水喷头，其溅水盘与顶板的距离应为 75～150mm。如图 19-2-3、图 19-2-4 所示。

3）当在梁或其他障碍物底面下方的平面上布置喷头时，溅水盘与顶板的距离不应大于 300mm，同时溅水盘与梁等障碍物底面的垂直距离应为 25～100mm。

4）当喷头溅水盘高于附近梁底或高于宽度小于 1.2m 的通风管道、排管、桥架腹面时，喷头溅水盘高于梁底或通风管道、排管、桥架腹面的最大垂直距离见图 19-2-5 和表 19-2-2。

图 19-2-2 吊顶型喷头安装实物图

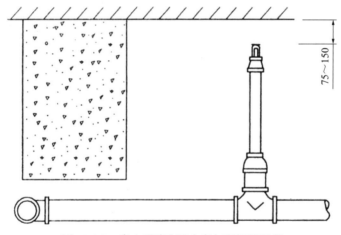

图 19-2-3 直立型喷头溅水盘与顶板的距离

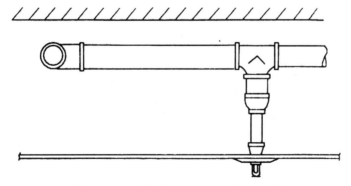

图 19-2-4 下垂型喷头吊顶下安装示意图

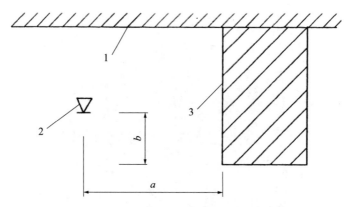

图 19-2-5　喷头与梁等障碍物的距离

1—天花板或屋顶；2—喷头；3—障碍物

表 19-2-2　喷头溅水盘高于梁底、通风管道等腹面的最大垂直距离

（标准直立与下垂喷头）

喷头与梁、通风管道、排管、桥架的 水平距离 a（mm）	喷头溅水盘高于梁底、通风管道、排管、桥架腹面的 最大垂直距离 b（mm）
$a < 300$	0
$300 \leqslant a < 600$	60
$600 \leqslant a < 900$	140
$900 \leqslant a < 1200$	240
$1200 \leqslant a < 1500$	350
$1500 \leqslant a < 1800$	450
$1800 \leqslant a < 2100$	600
$a \geqslant 2100$	880

（6）当梁、通风管道、排管、桥架宽度大于 1.2m 时，增设的喷头应安装在其腹面以下部位，如图 19-2-6 所示。

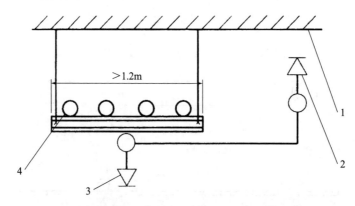

图 19-2-6　障碍物下方增设喷头示意图

1—顶板；2—直立型喷头；3—增设的下垂型喷头；4—管道当喷头

（7）安装在不到顶的隔断附近时，喷头与隔断的水平距离和最小垂直距离应符合表 19-2-3 的规定，如图 19-2-7 所示。

表 19-2-3　喷头与隔断的水平距离和最小垂直距离（mm）

喷头与隔断的水平距离 a	喷头与隔断的最小垂直距离 b
$a < 150$	80
$150 \leqslant a < 300$	150
$300 \leqslant a < 450$	240
$450 \leqslant a < 600$	310
$600 \leqslant a < 750$	390
$a \geqslant 750$	450

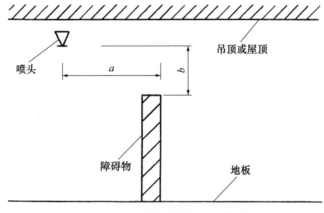

图 19-2-7　喷头与隔断障碍物的距离

（8）装设网格、栅板类通透性吊顶的场所，当通透面积占吊顶总面积的比例大于 70% 时，喷头应安装在吊顶上方。

（9）顶板或吊顶为斜面时，喷头应垂直于斜面，并应按斜面距离确定喷头间距。

（10）喷头安装时，应尽量使喷头框架的方向保持一致，以确保喷头安装后的美观。

19.2.3.3　报警阀组的安装

（1）报警阀组的安装应在供水管网试压、冲洗合格后进行。

（2）报警阀组安装时应先安装水源控制阀、报警阀，然后进行报警阀辅助管道的连接。水源控制阀、报警阀与配水干管的连接，应使水流方向一致。

（3）报警阀组安装的位置应符合设计要求，设计无要求时，报警阀组应安装在便于操作的明显位置，距室内地面高度宜为 1.2m；两侧与墙的距离不应小于 0.5m；正面与墙的距离不应小于 1.2m；报警阀组突出部位之间的距离不应小于 0.5m，安装报警阀组的室内地面应有排水设施。报警阀组安装实物图见图 19-2-8。

（4）报警阀组附件的安装。

1）压力表应安装在报警阀上便于观测的位置。

2）排水管和试验阀应安装在便于操作的位置。

图 19-2-8　报警阀组安装实物图

3）水源控制阀的安装应便于操作，且应有明显的开闭标志和可靠的锁定设施。

（5）湿式报警阀组的安装。

1）应使报警阀前后的管道中能顺利充满水；压力波动时，水力警铃不应发生误报警。

2）报警水流通路上的过滤器应安装在延迟器前且便于排渣操作的位置。

（6）干式报警阀组的安装。

1）应安装在不发生冰冻的场所。

2）安装完成后，应向报警阀气室注入高度为 50～100mm 的清水。

3）充气连接管接口应在报警阀气室充注水位以上部位，且充气连接管的直径不应小于 15mm；止回阀、截止阀应安装在充气连接管上。

4）气源设备的安装应符合设计要求和国家现行有关标准的规定。

5）安全排气阀应安装在气源与报警阀之间，且应靠近报警阀。

6）加速器应安装在靠近报警阀的位置，且应有防止水进入加速器的措施。

7）低气压预报警装置应安装在配水干管一侧。

8）下列部件应安装压力表：

a. 报警阀充水一侧和充气一侧。

b. 空气压缩机的气泵和储气罐上。

c. 加速器上。

（7）雨淋阀组的安装。

1）雨淋阀组可采用电动开启、传动管开启或手动开启，开启控制装置的安装应安全可靠。水传动管的安装应符合湿式系统有关要求。

2）预作用系统雨淋阀组后的管道若需充气，其安装应按干式报警阀组有关要求进行。

3）雨淋阀组的观测仪表和操作阀门的安装位置应符合设计要求，并应便于观测和操作。

4）雨淋阀组手动开启装置的安装位置应符合设计要求，且在火灾时应能安全开启和便于操作。

5）压力表应安装在雨淋阀的水源一侧。

19.2.3.4 水流指示器的安装

（1）水流指示器的安装应在管道试压和冲洗合格后进行。

（2）水流指示器的电气元件应竖直安装在水平管道上侧，其动作方向应和水流方向一致。

（3）安装后的水流指示器桨片、膜片应动作灵活，不应与管道内壁发生碰撞。

19.2.3.5 压力开关的安装

压力开关应竖直安装在通往水力警铃的管道上，且不应在安装中拆装改动。

19.2.3.6 水力警铃的安装

（1）水力警铃应安装在公共通道或值班室附近的外墙上，且应安装检修、测试用的阀门。

（2）水力警铃和报警阀的连接应采用热镀锌钢管，当镀锌钢管的公称直径为20mm时，其长度不宜大于20m。

（3）安装后的水力警铃启动时，警铃声强度应不小于70dB。

19.2.3.7 阀门的安装

（1）阀门的规格、型号和安装位置应符合设计要求。

（2）阀门的安装方向应正确，阀内应清洁、无堵塞、无渗漏。

（3）主要控制阀应加设启闭标志。隐蔽处的阀门应在明显处设有指示其位置的标志。

（4）信号阀应安装在水流指示器前的管道上，与水流指示器之间的距离不宜小于300mm。

（5）排气阀的安装应在系统管网试压和冲洗合格后进行；排气阀应安装在配水干管顶部、配水管的末端，且应确保无渗漏。

19.2.3.8 末端试水装置的安装

末端试水装置和试水阀的安装应便于检查、试验，并应有相应排水能力的排水设施。

19.2.3.9 压力开关、信号阀、水流指示器的引出线应用防水套管锁定

19.2.3.10 系统试压及冲洗

（1）系统试压前应具备的条件详见19.1.3.5（3）相关内容。

（2）水压强度试验的试验压力：当系统设计工作压力小于等于1.0MPa时，水压强度试验压力应为设计工作压力的1.5倍，并不低于1.4MPa；当系统设计工作压力大于1.0MPa时，水压强度试验压力应为该工作压力加0.4MPa。

（3）水压强度试验的测试点应设在系统管网的最低点。对管网注水时应将管网内的空气排净，并应缓慢升压；达到试验压力后，稳压30min后，管网应无泄漏、无变形且压力降不应大于0.05MPa。

（4）水压严密性试验应在水压强度试验和管网冲洗合格后进行。试验压力应为设计工作压力，稳压24h应无泄漏。

（5）自动喷水灭火系统的水源干管、进户管和室内埋地管道，应在回填前单独或与系统一起进行水压强度试验和水压严密性试验。

（6）气压严密性试验的介质宜采用空气或氮气，气压严密性试验压力应为0.28MPa，

且稳压 24h，压力降不应大于 0.01MPa。

（7）管网冲洗。

1）管网冲洗应分区、分段进行；水平管网冲洗时，其排水管位置应低于配水支管。

2）管网冲洗的水流方向应与灭火时管网的水流方向一致。

3）管网冲洗应连续进行。当出口处水的颜色、透明度与入口处水的颜色、透明度基本一致时，冲洗方可结束。

4）管网冲洗宜设置临时专用排水管道，其排放应畅通和安全。排水管道的截面面积不得小于被冲洗管道截面面积的 60%。

5）管网的地上管道与地下管道连接前，应在配水干管底部加设堵头后，对地下管道进行冲洗。

6）管网冲洗结束后，应将管网内的水排除干净，必要时可采用压缩空气吹干。

19.2.3.11 系统调试

（1）系统初始化注水

1）先将报警阀阀前的检修阀关闭，接通泵房稳压泵电源，使泵房至此阀前压力逐步自动升至工作压力。

2）检查各报警阀的状态，确认在自由状态时缓慢打开报警阀前的检修阀30%开度，观察报警阀前后的压力及通过报警阀的水力报警泄水口的泄水与否判断阀后是否进水，除湿式报警阀外，其他阀后均不应有水注入，若其他管网内见水则说明控制阀关闭不严密，应迅速关闭已开启30%的检修阀，查明原因后重试。湿式系统通过逐层进水关闭各层排气阀，直至一个湿式系统全部充满水、并使整个系统逐渐达到工作压力。

3）系统注水完毕后，将检修阀全开，同时将泵房加压泵投入自动状态，保证测试用水，此时系统为初始状态，功能正常的系统称为准工作状态。

（2）系统功能测试

1）逐层开启末端泄水装置，水流指示器应在10s内动作，相应湿式报警阀应在30s内动作，包括水力警铃鸣响及压力开关动作。

2）关闭末端泄水装置，系统应自动恢复正常。

3）开启湿式报警阀的试验阀，湿式报警阀应立即动作。

4）恢复系统各部件，系统进入准工作状态。

19.2.4 配水干管安装注意事项

（1）地下配水干管在上管前，应将各分支管口堵好，防止杂物进入管内；在上配水干管时，要将各管口清理干净，保证管路畅通。

（2）竖直安装的配水干管除中间用管卡固定外，还应在其始端和终端设防晃支架或采用管卡固定，其安装位置距地面或楼面的距离宜为1.5～1.8m。

19.2.5 配水管安装注意事项

（1）管道的安装位置应符合设计要求。当设计无要求时，管道的中心线与梁、柱、楼板等的最小距离应符合表19-1-4的规定。

（2）管道水平安装时宜设 2‰～5‰ 的坡度，且应坡向排水管，当局部区域难以利用排水管将水排净时，应采取相应的排水措施。

（3）配水干管、配水管应做红色或红色环圈标志。红色环圈标志，宽度不应小于20mm，间隔不宜大于4m，在一个独立的单元内环圈不宜少于2处。

19.2.6 管道支吊架安装注意事项

注意事项详见 19.1.5 相关内容。

19.3 高压细水雾系统

19.3.1 施工准备

19.3.1.1 施工机具

包括电焊机、氩弧焊焊机、台钻、手枪钻、电锤、冲击钻、无齿锯、压力钳、虎台钳、管钳子、电动扳手、游标卡尺、激光投线仪、钢卷尺、打压泵、空压机等。

19.3.1.2 作业条件

落实现场水、电情况，满足连续施工要求，保障系统设备材料正常施工。按照图纸核对土建方预留预埋孔洞的位置、尺寸是否正确。设备基础经检验符合设计要求，达到安装条件。

19.3.2 工艺流程

工艺流程如图 19-3-1 所示。

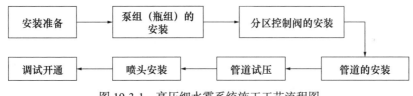

图 19-3-1 高压细水雾系统施工工艺流程图

19.3.3 施工要点与要求

19.3.3.1 泵组（瓶组）的安装

（1）系统采用柱塞泵时，泵组安装后应充装润滑油并检查油位；泵组吸水管上的变径处应采用偏心大小头连接。

（2）泵组控制柜安装时，控制柜基座的水平度偏差不应大于 ±2mm/m，并应采取防腐及防水措施；控制柜与基座应采用直径不小于 12mm 的螺栓固定，每只柜不应少于 4 只螺栓；做控制柜的上下进出线口时，不应破坏控制柜的防护等级。

（3）储水瓶组、储气瓶组在安装时，应按设计要求确定瓶组的安装位置；瓶组的安装、固定和支撑应稳固，且固定支框架应进行防腐处理；瓶组容器上的压力表应朝向操作面，安装高度和方向应一致。

高压细水雾系统泵组安装实物图见图 19-3-2。

图 19-3-2　高压细水雾系统泵组安装实物图

19.3.3.2　分区控制阀安装

（1）阀组的安装，应按设计要求确定阀组的观测仪表和操作阀门的安装位置，并应便于观测和操作。

（2）阀组上的启闭标志应便于识别，控制阀上应设置标明所控制防护区的永久性标志牌。

（3）分区控制阀的安装高度宜为 1.2～1.6m，操作面与墙或其他设备的距离不应小于0.8m，并应满足安全操作要求。

（4）分区控制阀应有明显启闭标志和可靠的锁定设施，并应具有启闭状态的信号反馈功能。

19.3.3.3　管道安装

系统管道应采用冷拔法制造的奥氏体不锈钢钢管，系统最大工作压力不小于 3.50MPa时，应采用符合现行国家标准《不锈钢和耐热钢牌号及化学成分》GB/T 20878 中规定的牌号为 022Cr17Ni12Mo2 的奥氏体不锈钢无缝钢管。系统管道连接件的材质应与管道相同。系统管道宜采用专用接头或法兰连接，也可采用氩弧焊焊接。

（1）管道支吊架的安装

支吊架的间距要均匀，根据表 19-3-1 给出的最大间距进行安装。

表 19-3-1　系统管道支吊架的间距表

管道外径（mm）	≤16	20	24	28	32	40	48	60	≥76
最大间距（m）	1.5	1.8	2.0	2.2	2.5	2.8	2.8	3.2	3.8

管道应固定牢固，在支吊架和管子之间垫一层橡胶层。根据尺寸标准，将管托安装在吊管架（角钢／扁钢）上。

（2）管道及管件的安装

管道安装前应分段进行清洗。施工过程中，应保证管道内部清洁，不得留有焊渣、焊瘤、氧化物、杂质或其他异物，施工过程中的开口应及时封闭。并排管道法兰应方便拆装，间距不宜小于 100mm。管道之间或管道与管接头之间的焊接应采用对口焊接。系统管道焊接时，应使用氩弧焊工艺，并应使用性能相容的焊条。管道穿越墙体、楼板处应使用套管；穿过墙体的套管长度不应小于该墙体的厚度，穿过楼板的套管长度应高出楼地面 50mm。管道与套管间的空隙应采用防火封堵材料填塞密实。设置在有爆炸危险场所的管道应采取导除静电的措施。

（3）管道安装后的清洗

管道安装固定后，应进行冲洗。冲洗前，应对系统的仪表采取保护措施，并应对管道支吊架进行检查，必要时应采取加固措施；冲洗用水的水质宜满足系统的要求；冲洗流速不应低于设计流速；冲洗合格后，应按规范要求填写管道冲洗记录。

（4）管道压力试验

试验用水的水质应与管道的冲洗水一致；试验压力应为系统工作压力的 1.5 倍；试验的测试点宜设在系统管网的最低点，对不能参与试压的设备、仪表、阀门及附件应加以隔离或在试验后安装；试验合格后，应按规范要求填写试验记录。

（5）管道吹扫

压力试验合格后，系统管道宜采用压缩空气或氮气进行吹扫，吹扫压力不应大于管道的设计压力，流速不宜小于 20m/s。

19.3.3.4 喷头的安装

（1）喷头的安装应在管道试压、吹扫合格后进行。

（2）应根据设计文件逐个核对其生产厂标志、型号、规格和喷孔方向，不得对喷头进行拆装、改动。

（3）应采用专用扳手安装。

（4）喷头安装高度、间距，与吊顶、门、窗、洞口、墙或障碍物的距离应符合设计要求。

（5）不带装饰罩的喷头，其连接管管端螺纹不应露出吊顶；带装饰罩的喷头应紧贴吊顶。

（6）带有外置式过滤网的喷头，其过滤网不应伸入支干管内。

（7）喷头与管道的连接宜采用端面密封或 O 形圈密封，不应采用聚四氟乙烯、麻丝、胶粘剂等作密封材料。

高压细水雾喷头安装实物图见图 19-3-3。

19.3.3.5 系统调试

（1）系统调试应包括泵组、稳压泵、分区控制阀的调试和联动试验，并应根据批准的方案按程序进行。

（2）泵组调试时，以自动或手动方式启动泵组时，泵组应立即投入运行；以备用电源切换方式或备用泵切换启动泵组时，泵组应立即投入运行；采用柴油泵作为备用泵时，柴油泵的启动时间不应大于 5s；控制柜应进行空载和加载控制调试，控制柜应能按其设计功能正常动作和显示。

（3）稳压泵调试时，在模拟设计启动条件下，稳压泵应能立即启动；当达到系统设计压力时，应能自动停止运行。

图 19-3-3　高压细水雾喷头安装实物图

（4）分区控制阀的调试，对于开式系统，分区控制阀应能在接到动作指令后立即启动，并应发出相应的阀门动作信号；对于闭式系统，当分区控制阀采用信号阀时，应能反馈阀门的启闭状态和故障信号。

（5）开式系统的联动试验，进行实际细水雾喷放试验时，可采用模拟火灾信号启动系统，分区控制阀、泵组或瓶组应能及时动作并发出相应的动作信号，系统的动作信号反馈装置应能及时发出系统启动的反馈信号，相应防护区或保护对象保护面积内的喷头应喷出细水雾；进行模拟细水雾喷放试验时，应手动开启泄放试验阀，采用模拟火灾信号启动系统时，泵组或瓶组应能及时动作并发出相应的动作信号，系统的动作信号反馈装置应能及时发出系统启动的反馈信号；相应场所入口处的警示灯应动作。

（6）闭式系统的联动试验可利用试水阀放水进行模拟。打开试水阀后，泵组应能及时启动并发出相应的动作信号；系统的动作信号反馈装置应能及时发出系统启动的反馈信号。

19.3.4　注意事项

（1）管道支吊架的制作及安装严格按照规范要求组织施工。

（2）系统工作压力较高，在进行管道强度、严密性试验时，需做好安全、技术交底，并通知施工现场人员注意安全。

（3）系统压力测试完成后，要做好系统吹扫工作，避免管道内残存杂质堵塞管道及喷头。

19.4　消防泵房系统

19.4.1　施工准备

19.4.1.1　施工机具

滚槽机、开孔器、电焊机、台钻、手枪钻、电锤、冲击钻、无齿锯、压力钳、虎台钳、管钳子、电动扳手、游标卡尺、激光投线仪、钢卷尺、打压泵、空压机、卷扬机、千斤顶等。

19.4.1.2　作业条件

现场水、电情况，满足连续施工要求，保障系统设备材料正常施工；按照图纸核对土建方预留预埋孔洞的位置、尺寸是否正确；设备基础经检验符合设计要求，达到安装条件。

19.4.2　工艺流程

工艺流程见图 19-4-1。

图 19-4-1　消防泵房系统施工工艺流程图

19.4.3　施工要点与要求

19.4.3.1　一般工艺要求

（1）消防水泵其附属管道的安装，应清除其内部污垢和杂物。安装中断时，其敞口处应封闭。

（2）供水水泵安装时，环境温度不应低于 5℃；环境温度低于 5℃时，应采取防冻措施。

19.4.3.2　消防水泵的安装

（1）消防水泵的布置，一般采用一字排列的形式，泵间距离以便于通行及拆装与检修水泵、电机为度留出位置，泵台后面留出宽裕空位以备现场进行拆检工作。

（2）使用地脚螺栓将泵／电机座直接在泵基础上找正、找平；水泵固定后方可进行进／出口管道的连接。

（3）将泵底座与混凝土基础进行固定。

（4）泵、电机与底座的固定。将泵及电机吊引到底座相应的位置上，穿好固定螺栓稍加固定，水泵、电机找正固定后，连接好联轴器，其间隙应为 2～3mm，连接完毕后用手盘车，转动应灵活不卡塞。

（5）水泵吸水管及其附件的安装。

1）吸水管上宜设过滤器，并应安装在控制阀后。

2）吸水管上的控制阀应在消防水泵固定于基础之后再进行安装，其直径不应小于消防水泵吸水口直径，且不应采用没有可靠锁定装置的蝶阀，蝶阀应采用沟槽式或法兰式蝶阀。

3）当消防水泵和消防水池位于独立的两个基础上且相互为刚性连接时，吸水管上应加设柔性连接管。

（6）消防水泵的出水管上应安装消声止回阀、控制阀和压力表；系统的总出水管上还应安装压力表和压力开关；安装压力表时应加设缓冲装置。压力表和缓冲装置之间应安装旋塞；压力表的量程应为工作压力的 2.0～2.5 倍。

消防水泵、稳压泵安装实物图见图 19-4-2。

图 19-4-2　消防水泵、稳压泵安装实物图

19.4.3.3　消防水泵的调试

（1）以自动或手动方式启动消防水泵时，消防水泵应在 55s 内投入正常运行，且应无不良声音和振动。

（2）以备用电源切换方式或备用泵切换启动消防水泵时，消防泵应在 1min 或 2min 内投入正常运行。

（3）消防水泵应进行现场性能测试，其性能应与生产厂商提供的数据相符，并应满足消防给水设计流量和压力的要求。

（4）消防水泵零流量时的压力不应超过设计压力的 140%；当出流量为设计工作流量的 150% 时，其出口压力不应低于设计压力的 65%。

19.4.3.4　稳压泵调试

（1）稳压泵应按设计要求进行调试。当达到设计启动压力时，稳压泵应立即启动；当达到系统停泵压力时，稳压泵应自动停止运行；稳压泵启停应达到设计压力要求。

（2）能满足系统自动启动要求，且当消防主泵启动时，稳压泵应停止运行。

（3）稳压泵在正常工作时每小时的启停次数应符合设计要求，且不应大于 15 次 /h。

（4）稳压泵启停时系统压力应平稳，且稳压泵不应频繁启停。

19.4.4　注意事项

（1）水泵及底座的吊装根据现场情况采用门型架吊装，不得将泵轴或电机轴作为吊点。

（2）吸水管水平管段不应有气囊和漏气现象。变径连接时，应采用偏心异径管件，并用管顶平接方式，如图 19-4-3 所示。

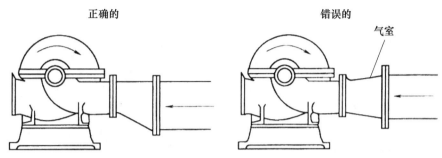

图 19-4-3　正确和错误的水泵吸水管安装示意图

19.5　室外消防给水

19.5.1　施工准备

19.5.1.1　施工机具

电焊机、电热熔焊机、挖掘机、无齿锯、角磨机、打夯机、游标卡尺、钢卷尺、打压泵等。

19.5.1.2　作业条件

熟悉施工现场各种管道的位置及走向，并且管道根据有压让无压、支管让主管等避让原则组织施工。施工机具、材料到达施工现场满足使用要求。现场水、电满足连续施工要求。

19.5.2　工艺流程

工艺流程见图 19-5-1。

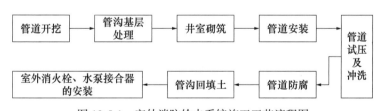

图 19-5-1　室外消防给水系统施工工艺流程图

19.5.3　施工要点与要求

19.5.3.1　一般要求

（1）室外消防给水管道在埋地敷设时，应当在当地的冰冻线以下，如必须在冰冻线以上铺设时，应采取可靠的保温防潮措施。在无冰冻地区埋地敷设时，管顶的覆土厚度不得小于 500mm，穿越道路部分的埋深不得小于 700mm。

（2）室外消防管道的接口法兰、卡箍等应安装在检查井或地沟内，不应埋在土壤中。

（3）管沟的坐标、位置、沟底标高应符合设计要求。

（4）管沟的沟底应是原土层，或是夯实的回填土，沟底应平整，坡度应顺畅，不得有坚硬的物体、块石等。

（5）管沟回填土，管顶上部 200mm 以内应用沙子或无块石及冻土块的土，并不得用机械回填；管顶上部 500mm 以内不得回填直径大于 100mm 的块石和冻土块；500mm 以上部分回填土中的块石或冻土块不得集中。

（6）井室的砌筑应按设计或给定的标准图施工。井室的底标高在地下水位以上时，基层为素土夯实；在地下水位以下时，基层应打 100mm 厚的混凝土底板，砌筑应采用水泥砂浆，内表面抹灰后应严密不透水。

（7）井盖应有明确的文字标识。

19.5.3.2　管道安装

室外消防给水系统一般采用球墨铸铁管或钢丝网骨架塑料复合管，球墨铸铁管采用承插连接方式，钢丝网骨架塑料复合管采用电熔连接方式。一般均为埋地敷设，室外埋地球墨铸铁管道要求外壁应刷沥青漆防腐；埋地钢丝网骨架塑料复合管不应做防腐处理。

（1）埋地管道下料前应采用仪器或拉线测量各段尺寸，并考虑好管件、阀门等连接后产生的偏差。

（2）管道就位后应测量并调整其坡度符合设计规定及现场要求，与排水管平铺时水平净距不小于 500mm，交叉铺设时应在排水管上方 150mm，否则应在其下方加套管敷设。

（3）当埋地管直径不小于 DN100 时，应在管道弯头、三通和堵头等位置设置钢筋混凝土支墩。埋地消防给水管道应在管道三通或转弯处设置混凝土支墩。

（4）当消防给水管道必须穿越建筑基础时，应采取防护套管等保护措施。

（5）管道隐蔽验收合格后的回填应首先用松软的土将管道下方填实，并覆盖至管道上方不小于 400mm 后方可用含有杂物块的土方填塞、碾压。

（6）钢丝网骨架塑料复合管材、管件电熔连接要求：

1）电熔连接机具输出电流、电压应稳定，并应符合电熔连接工艺要求。

2）电熔连接机具与电熔管件应正确连通。连接时，通电加热的电压和加热时间应符合电熔连接机具和电熔管件生产企业的规定。

3）电熔连接冷却期间，不应移动连接件或在连接件上施加任何外力。

4）电熔承插连接应符合下列规定：

a. 测量管件承口长度，并在管材插入端标出插入长度标记，用专用工具刮除插入段表皮。

b. 用洁净棉布擦净管材、管件连接面上的污物。

c. 将管材插入管件承口内，直至长度标记位置。

d. 通电前，应校直两对应的待连接件，使其在同一轴线上，用整圆工具保持管材插入端的圆度。

（7）球墨铸铁管的安装要求：

1）沿直线安装管道时，宜选用管径公差组合最小的管节组队连接，确保接口的环向间隙均匀。

2）安装滑入式橡胶圈接口时，推入深度应达到标记环，并复查与其相邻已安装好的第一至第二个接口的推入深度。

3）安装机械式柔性接口时，应使插口与承口法兰压盖的轴线相重合；螺栓安装方向应一致，用扭矩扳手均匀、对称地紧固。

4）管道沿曲线安装时，接口的允许转角应符合表 19-5-1 的规定。

表 19-5-1 沿曲线安装接口的允许转角

管径 D（mm）	允许转角（°）
75～600	3

19.5.3.3 室外消火栓的安装

（1）地下式消火栓安装时，消火栓的顶部出水口与消防井盖底面的距离不得大于 400mm，井内应有足够的操作空间，寒冷地区井内应做防冻保护。

（2）地上式消火栓安装时，其侧出水口应朝向道路，且距路边不应大于 2m，距房屋外墙不宜小于 5m。

19.5.3.4 水泵接合器的安装

（1）水泵接合器一般采用地下式。

（2）首先确定水泵接合器进水口与井盖底面的距离不大于 0.4m，调整基座的高度。

（3）将水泵接合器安装在基座上，用膨胀螺栓固定牢固。水泵接合器与管网连接处，在井内加检修阀门。

（4）水泵接合器安装位置有明显标识，阀门位置便于操作，附近没有障碍物。

（5）消防水泵接合器应安装在便于消防车接近的人行道或非机动车行驶地段，距室外消火栓或消防水池的距离宜为 15～40m。

（6）地下式消防水泵接合器井的砌筑应有防水和排水措施。

19.5.3.5 管道试压及冲洗

内容详见 19.1.3.5。

19.5.4 注意事项

（1）当管径较小、重量较轻时，一般采用人工下管，当管径较大、重量较重时，一般采用机械下管，但在不具备下管机械的现场或现场条件不允许时，可采用人工下管。

（2）吊车下管有专人指挥，指挥人员熟悉机械吊装，起吊前配备专人实行临时交通管制，吊车不能在架空输电线路下作业。

（3）回填土每层填土夯实后，再进行上一层的铺土。填土全部完成后，应进行表面拉线找平，凡超过标准高程的地方，及时依线铲平。凡低于标准高程的地方，应补土夯实。

19.6 电伴热系统

19.6.1 施工准备

19.6.1.1 施工机具

绝缘胶带、剪刀、壁纸刀、剥线钳、电工工具、万用表、摇表等。

19.6.1.2 作业条件

（1）电伴热带安装前需要把被伴热管道处理完毕，例如需要确认管道除锈、防腐、冲洗试压工作已经完毕并合格。

（2）安装电伴热带前使用 500V 或 1000V 摇表对电伴热的绝缘电阻进行测试，将摇表的正负极分别接在电伴热带一根母线和屏蔽网上进行测试，读出的数值大于 50 兆欧，即可安装，并做好安装前的记录。

（3）电伴热安装应有安全、可靠的辅助设施，如安全、牢固的梯子、架子以及带有安全保护装置的电源等。

19.6.2 工艺流程

工艺流程见图 19-6-1。

图 19-6-1　电伴热系统施工工艺流程图

19.6.3 施工工艺与要求

（1）电伴热带一般敷设在管道纵切面水平中心线偏下 45° 处。如多根平铺，可向上、下平移，但不应敷设在管道正上方。用绝缘胶带将伴热带径向固定在管道上，遇到弯头处或法兰处应适当增加胶带的用量。然后在敷设的伴热带上横向覆盖绝缘胶带并压平，使伴热带紧贴管道面，提高热效率。

（2）伴热带的每个回路不能超过其最大使用长度。每个回路中至少包括一个电源接线盒、一个温控装置、若干个中间接线盒和终端接线盒。终端接线盒由伴热带根数而定，有多少根用多少只。典型电伴热带接线示意图见图 19-6-2。

（3）温控箱是由温控器通过感温线来控制温度的，可以把感温线的终端紧贴伴热带上缠好，然后把温控箱调到需要控制的温度。

（4）电伴热带在管道、容器上的敷设方式：平行直铺、连续 S 形敷设、横 U 形敷设、缠绕敷设。具体的敷设方式要根据设计给出的长度及功率要求来决定。

（5）遇到法兰、管架预留伴热带 0.5m，蝶阀、球阀 0.8m，截止阀 1m，大管道阀门另加；对于埋地管道每只接线盒预留伴热带 2m。

（6）对管道"引上弯""引下弯""水平弯"处，电伴热带应敷设在"阴面"，即管道的中下部，避免正下方敷设。

（7）在管道的"T"接部位，无论是"同径"还是"异径"，伴热带的敷设应在一侧。

对于横 U 形敷设方式的伴热带，禁止上下形式的"相对"敷设。

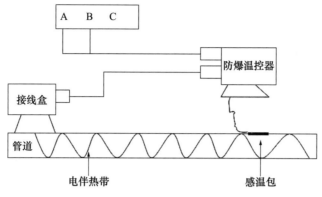

图 19-6-2 典型电伴热带接线示意图

（8）电伴热带敷设在管道上的固定间距一般不大于 50cm，转弯处应缩短固定距离，并适当增加胶带缠绕圈数，详见图 19-6-3。

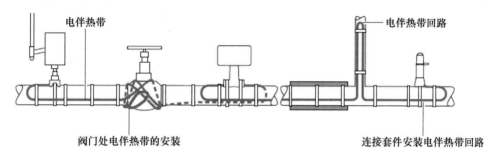

图 19-6-3 电伴热带管道敷设示意图

（9）电伴热带外一般安装保温层，保温层大多选择与管道直径匹配的保温材料，保温材料的对口和接口应紧凑连贯，形成一个整体并固定。

（10）保护层的重叠咬合处，对于纵向没有特殊要求，但是对横向安装咬合处的布置应避开伴热带敷设位置，尽量选择在伴热带敷设位置的相对侧，即"相对法安装"。

（11）电伴热安装示意如图 19-6-4～图 19-6-11 所示。

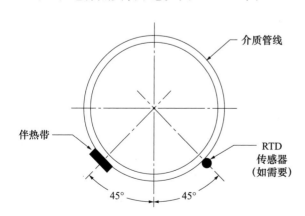

图 19-6-4 单伴热电缆铺设安装示意图

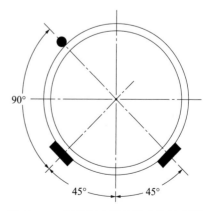

图 19-6-5 双伴热电缆铺设安装示意图

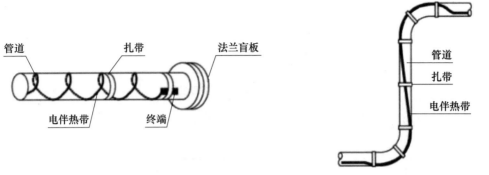

图 19-6-6 伴热电缆缠绕铺设安装示意图   图 19-6-7 弯头伴热电缆安装示意图

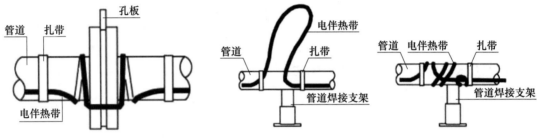

图 19-6-8 法兰伴热电缆安装示意图   图 19-6-9 支架伴热线安装示意图（一）

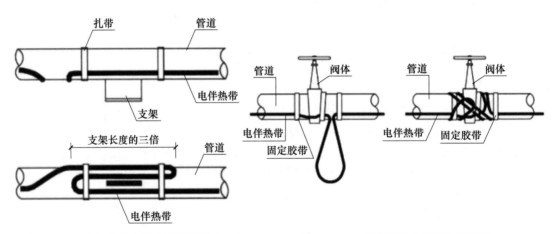

图 19-6-10 支架伴热电缆安装示意图（二）   图 19-6-11 阀门伴热电缆安装示意图

19.6.4 系统接线

（1）电伴热带需要借助电源接线盒连接电源，将电伴热带的外护套及屏蔽层剥离，剥出母线，打开电源接线盒后盖，将剥离好的电伴热带由电源接线盒下口穿入接线盒内，并将电源线由电源线入口穿入接线盒，固定在接线端子上。

（2）管道如果出现分支，可使用中间接线盒连接，使用接线盒时，要做好防水、防潮密封处理，避免导线出现并线或金属丝外露。

（3）电伴热带尾端密封，将末端剥去外护套及屏蔽层，电伴热带线芯剪成斜口，处理好的尾部插入尾端内，尾端内的两根线芯切勿对接。

19.6.5 系统调试

（1）在电伴热带接通电源前，需要检查电源线、温控器、电伴热带等是否连接正常，通过检查后启动电伴热系统是否正常工作，另外，检查电源箱各开关、显示灯是否正常工作。

（2）在电伴热带进行通电测试时，需要多次调节电伴热带工作的温度，检查电伴热带是否可以正常伴热。观察并记录 3 个周期电伴热带工作时的温度，还需观察记录电伴热带漏电、断路、高低温试验等。

19.6.6 注意事项

（1）电伴热带安装时，不要在地面上拖拉，以免被锋锐物损伤，不要与高温物体接触，防止电焊熔渣溅落到伴热带上。

（2）伴热带虽有良好的柔性，但不允许打硬折，需要弯曲时，弯曲半径不得小于伴热带厚度的 6 倍。

（3）伴热带安装时，不允许交叉重叠，以免产生过热现象，影响产品正常使用寿命。

19.7 气体灭火系统

19.7.1 施工准备

19.7.1.1 施工机具

电焊机、套丝机、台钻、切割机、手枪钻、电锤、冲击钻、无齿锯、压力钳、虎台钳、管钳子、电动扳手、专用扳手、游标卡尺、激光投线仪、钢卷尺、打压泵。

19.7.1.2 作业条件

防护区、保护对象及灭火剂储存容器间的设置条件与设计相符；系统所需的预埋件及预留孔洞等工程建设条件符合设计要求；施工机具、材料到达施工现场满足使用要求。现场水、电满足连续施工要求。

19.7.2 工艺流程

工艺流程见图 19-7-1。

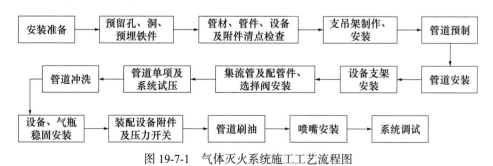

图 19-7-1 气体灭火系统施工工艺流程图

19.7.3　施工要点与要求

19.7.3.1　灭火剂储存装置的安装

（1）灭火剂储存装置安装后，泄压装置的泄压方向不应朝向操作面。低压二氧化碳灭火系统的安全阀应通过专用的泄压管接到室外。

（2）储存装置上压力计、液位计、称重显示装置的安装位置应便于人员观察和操作。

（3）储存容器的支、框架应固定牢靠，并应做防腐处理。

（4）储存容器宜涂红色油漆，正面应标明设计规定的灭火剂名称和储存容器的编号。

（5）集流管上的泄压装置的泄压方向不应朝向操作面。

（6）连接储存容器与集流管间的单向阀的流向指示箭头应指向介质流动方向。集流管应固定在支、框架上。支、框架应固定牢靠，并做防腐处理。

管网气体灭火系统钢瓶间实物图见图 19-7-2。

图 19-7-2　管网气体灭火系统钢瓶间实物图

19.7.3.2　集流管安装

（1）集流管选择特制的成品组件，按瓶组数量选择，摆放时进气管应朝下，与对应的灭火剂储存容器间隔一定尺寸，多个集流管并联时在现场进行配接安装。

（2）单元独立系统集流管直接与气体灭火防护区管路配接；组合分配系统考虑区域选择阀的安装位置、标高、检修空间等集中进行安装，连接选择阀的延长集流管的标高在1.0m 左右，在延长集流管上引出分支管路，分支管路的长度依据设备型式及现场实际情况而定。

（3）集流管置于瓶组架、启动瓶组架上后，先调正、调平、调直，然后用 U 形卡、垫片、螺母或其他卡具将集流管紧固在瓶组架、启动瓶组架上，紧固后集流管应横平竖直，若不平直需重新进行调整、紧固。

（4）安装过程中集流管外表面的红色油漆如有被损伤之处，安装后对破损处进行防腐补刷处理。

19.7.3.3　液体单向阀安装

（1）在液体单向阀底座上缠好密封带，核对单向阀的安装方向，保证灭火剂流向集流管，用管钳拧转单向阀，直到拧紧为止。

（2）拧转单向阀时，密封带不得挤入单向阀内，挤出的密封带清理干净。

19.7.3.4 安全泄压装置

（1）安全泄压装置可根据设备型式选择垂直安装或水平安装，连接方式依设备而定。

（2）安装时核对泄压方向，泄压方向不能朝向操作面。

19.7.3.5 储存容器、高压软管、启动装置（气动储存容器＋电动启动阀）、称重装置安装

（1）储存容器摆放时尽量避免磕碰瓶体，位置固定时使容器阀操作面朝外，固定完后再统一安装高压软管。

（2）储存容器的压力表朝向操作面，安装高度和方向一致。

（3）在储存容器上部靠近瓶颈处设防倒、防晃固定点，除设有悬挂式称重装置的系统外均固定牢固，与瓶体接触部分不应有刚性棱角。

（4）在储存容器正面标明设计规定的灭火剂名称和贮存容器的编号。

（5）电磁驱动装置驱动器的电气连接线应沿固定灭火剂储存容器的支、框架或墙面固定。

（6）气动驱动装置，驱动气瓶的支、框架或箱体应固定牢靠，做防腐处理，同时在驱动气瓶上标明驱动介质名称、对应防护区或保护对象名称或编号，标志具有永久性并便于观察。

（7）在启动储存容器正面标明驱动介质的名称和对应防护区名称编号。

（8）电动启动器的电气连线穿金属管，沿固定灭火剂储存容器的支、框架或墙面固定。

（9）拉索式的手动驱动装置的拉索除必须外露部分外，均采用经内外防腐处理的钢管保护；拉索转弯处采用专向导向滑轮；拉索末端拉手设在专用的保护盒内；拉索套管和保护盒固定牢靠。

（10）安装以物体重力为驱动力的机械驱动装置时，保证重物在下落行程中无阻挡，其行程应超过阀开启所需行程 25mm。

（11）二氧化碳灭火剂储存装置安装称重检漏装置，安装依据设备生产厂家的资料进行，安装时注意不能妨碍系统的应急操作、日常观察等。

19.7.3.6 选择阀安装

（1）选择阀操作手柄应安装在操作面一侧，当安装高度超过 1.7m 时应采取便于操作的措施。

（2）采用螺纹连接的选择阀，其与管道连接处宜采用活接头。

（3）选择阀的流向指示箭头应指向介质流动方向。

（4）选择阀上应设置标明防护区域或保护对象名称或编号的永久性标志牌，并应便于观察。

19.7.3.7 气控管路安装

（1）气控管路横平竖直。竖直管道应在其始端和终端设防晃支架或采用管卡固定。平行管道采用管卡固定，管卡间距不宜大于 0.6m，转弯处增设一个管卡；平行管道或交叉管道之间间距保持一致，采用支架固定，支架间距不大于 0.6m。

（2）气控管路上单向阀的安装位置与方向符合设计要求。

（3）系统调试前，电动启动阀暂不安装或暂不接线，甩口部位封闭防护好，甩留线头要包扎防护好。

（4）气动驱动装置的管道安装后应进行气压严密性试验。试验介质采用氮气或空气，试验压力不低于驱动气体的储存压力，压力升至试验压力后，关闭加压气源，3min 内被试管道的压力无变化为合格。

19.7.3.8　预制灭火系统的安装

（1）柜式气体灭火装置、热气溶胶灭火装置等预制灭火系统及其控制器、声光警报器的安装位置应符合设计要求，并固定牢靠。

（2）柜式气体灭火装置、热气溶胶灭火装置等预制灭火系统装置周围空间环境应符合设计要求。

柜式气体灭火系统实物图见图 19-7-3。

图 19-7-3　柜式气体灭火系统实物图

19.7.3.9　喷嘴的安装

（1）安装喷嘴时，应按设计要求逐个核对其型号、规格及喷孔方向。

（2）安装在吊顶下的不带装饰罩的喷嘴，其连接管管端螺纹不应露出吊顶；安装在吊顶下的带装饰罩的喷嘴，其装饰罩应紧贴吊顶。

19.7.3.10　灭火剂输送管道的安装

（1）支吊架安装

支吊架加工、焊接牢固美观，使用前除锈、防腐。支吊架的固定部位结合下料考虑，距丝接管件或焊缝的距离不小于 500mm。支吊架的安装间距符合表 19-7-1 规定。

表 19-7-1　支吊架之间的安装间距

公称直径（mm）	15	20	25	32	40	50	65	80	100	150
最大间距（m）	1.5	1.8	2.1	2.4	2.7	3.0	3.4	3.7	4.3	5.2

（2）公称直径 ≥ 50mm 的主干管道，垂直方向和水平方向至少各安装一个防晃支架，当过建筑物楼层时，每层设一个防晃支架。水平管道改变方向时应设防晃支架。管道末端应采用防晃支架固定，支架与末端喷嘴间的距离不应大于 500mm。

（3）管道就位、连接

1）管道加工完毕后就位，其连接应在将管道和支吊架用卡具基本固定后进行，法兰焊接或螺纹拧入时确保灵活与安全，必要时采取临时吊架措施。

2）采用螺纹连接时，管材宜采用机械切割；螺纹不得有缺纹、断纹等现象；螺纹连接的密封材料应均匀附着在管道的螺纹部分，拧紧螺纹时，不得将填料挤入管道内；安装后的螺纹根部应有2～3条外露螺纹；连接后，应将连接处外部清理干净并做好防腐处理。

3）采用法兰连接时，衬垫不得凸入管内，其外边缘宜接近螺栓，不得放双垫或偏垫。连接法兰的螺栓，直径和长度应符合标准，拧紧后，突出螺母的长度不应大于螺杆直径的1/2且保证有不少于2条外露螺纹。

4）系统管道的三通管接头的分流出口应水平安装。

（4）管道压力试验、吹扫、刷漆

1）灭火剂输送管道安装完毕后，应进行强度试验和气压严密性试验，并合格。

2）水压强度试验压力应按下列规定取值：

a. 对高压二氧化碳灭火系统，应取15.0MPa；对低压二氧化碳灭火系统，应取4.0MPa。

b. 对IG541混合气体灭火系统，应取13.0MPa。

c. 对七氟丙烷灭火系统，应取1.5倍系统最大工作压力。

3）进行水压强度试验时，以不大于0.5MPa/s的升压速率缓慢升压至试验压力，保压5min，检查管道各处无渗漏，无变形为合格。

4）当水压强度试验条件不具备时，可采用气压强度试验代替。气压强度试验压力取值：二氧化碳灭火系统取80%水压强度试验压力，IG541混合气体灭火系统取10.5MPa，七氟丙烷灭火系统取1.15倍最大工作压力。

5）气压强度试验应遵守下列规定：

a. 试验前，必须用加压介质进行预试验，预试验压力宜为0.2MPa。

b. 试验时，应逐步缓慢增加压力，当压力升至试验压力的50%时，如未发现异状或泄漏，继续按试验压力的10%逐级升压，每级稳压3min，直至试验压力。保压检查管道各处无变形，无泄漏为合格。

6）灭火剂输送管道经水压强度试验合格后还应进行气密性试验，经气压强度试验合格且在试验后未拆卸过的管道可不进行气密性试验。

7）灭火剂输送管道在水压强度试验合格后，或气密性试验前，应进行吹扫。吹扫管道可采用压缩空气或氮气，吹扫时，管道末端的气体流速不应小于20m/s，采用白布检查，直至无铁锈、尘土、水渍及其他异物出现。

8）气密性试验压力应按下列规定取值：

a. 对灭火剂输送管道，应取水压强度试验压力的2/3。

b. 对气动管道，应取驱动气体储存压力。

9）进行气密性试验时，应以不大于0.5MPa/s的升压速率缓慢升压至试验压力，关断试验气源3min内压力降不超过试验压力的10%为合格。

10）气压强度试验和气密性试验必须采取有效的安全措施。加压介质可采用空气或氮气。气动管道试验时应采取防止误喷射的措施。

11）灭火剂疏散管道的外表面已涂红色油漆。在吊顶内、活动地板下等隐蔽场所内的管道，可涂红色油漆色环，色环宽度不应小于 50mm。每个防护区或保护对象的色环宽度应一致，间距应均匀。

19.7.4 系统调试

（1）调试时，应对所有防护区或保护对象按相关规范规定进行系统手动、自动模拟启动试验，并应合格。

（2）调试时，应对所有防护区或保护对象按相关规范规定进行模拟喷气试验，并应合格。柜式气体灭火装置等预制灭火系统的模拟喷气试验，宜各取 1 套分别按产品标准中有关联动试验的规定进行试验。

（3）设有灭火剂备用量且储存容器连接在同一集流管上的系统应按规范规定进行模拟切换操作试验，并应合格。

19.7.5 注意事项

（1）防护区的门应向疏散方向开启，并能自行关闭；用于疏散的门必须能从防护区内打开。

（2）灭火后的防护区应通风换气，地下防护区和无窗或设固定窗扇的地上防护区，应设置机械排风装置，排风口宜设在防护区的下部并应直通室外。

20 综合支吊架施工安装工艺

综合支吊架并不像其他专业那样是一个专业分类，有的时候会纳入包含环控通风、动力照明以及给水排水的机电施工承包中，也有划归到所在车站的土建施工承包中，但不论是怎样的专业归属，其重要性越来越突出，其原因一方面是因为 BIM 技术的应用，使得综合管线在综合管廊和专业布线重合段多采用综合支吊架，另一方面是因为伴随智慧城轨、绿色城轨的发展，线缆管路越来越多，采用综合支吊架能更好地解决施工安装过程中各专业之间的冲突。

本章所描述的内容重点放在综合支吊架的综合协调方面，而对于支吊架的具体安装工艺在本书第 17 章"通风空调系统 17.6 支吊架"则有较为详细的相关内容。

20.1 工艺流程

工艺流程如图 20-1-1 所示。

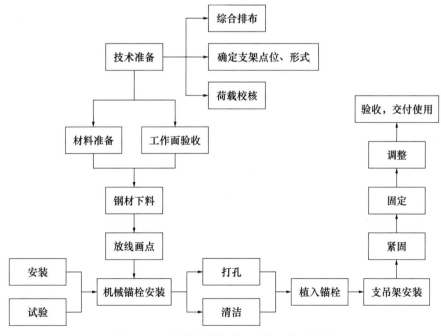

图 20-1-1　综合支吊架施工安装工艺流程图

20.2 技术要点

20.2.1 综合管线排布原则

（1）风管布置在上方（当有重力排水管道时，风管必须避让重力排水管道），电管、桥架和水管在同一剖面时，桥架在上、水管在下进行布置。

（2）避让原则：

1）有压让无压；

2）小管让大管；

3）检修次数少的管线，让检修次数多的管线；

4）弱电桥架避让强电桥架，强电桥架避让母线。

（3）垂直面排列管道。

1）保温管道在上，不保温管道在下；

2）不经常检修管道在上，经常检修的管道在下。

20.2.2 综合支吊架深化设计

（1）综合支吊架的点位与深化设计

根据布置好的综合管线排布图，进行装配式支吊架点位和形式的深化设计，合理选择支吊架的布置位置，要求支架间距满足各专业规范中最大间距的规定，选用的钢材和连接件应按照管线重量暂时估选，在后面对其进行受力计算校核。

（2）承重荷载受力计算

支吊架的意义就在于支撑管线，使管线不发生掉落，所以支吊架选型设计时必须进行受力计算校核，出具受力计算书，校核结果合格才算是深化设计合格，可以安装使用。

（3）管线的重力荷载包括管线自重，流质、电缆重量，保温层重量及附加重量。

常见管线的单位长度重量表详见表20-2-1～表20-2-3。

表 20-2-1　钢管单位长度重量表（kg/m）

管道	外径（mm）	空管	满水	保温
DN65	76.1	5.28	9.16	13.9
	82.5	6.31	10.96	15.2
DN80	88.9	6.81	12.15	18.4
DN100	108	9.33	17.31	27.5
	114.3	9.9	18.9	28.8
DN125	139.6	13.5	27.12	38.2
DN150	159	17.1	34.76	48.9
	168.3	18.1	39.93	50.6
DN200	219.1	33.1	64.73	79.5
DN250	273	41.4	95.4	111.7

续表

管道	外径（mm）	空管	满水	保温
DN300	323.9	55.5	130.85	150
DN350	355.6	68.6	159.2	198.2

表 20-2-2　镀锌钢板风道单位长度重量表

底边宽（m）	宽（mm）	高（mm）	壁厚（mm）	密度（g/cm³）	理论每米质量（kg）	每米质量（kg）
0.5	500	320	0.75	7.8	9.59	12.95
0.63	630	400	0.75	7.8	12.05	16.27
0.8	800	630	1	7.8	22.31	30.12
1	1000	320	1	7.8	20.59	27.80
1	1000	450	1	7.8	22.62	30.54
1.25	1250	1250	1	7.8	39.00	52.65
1.25	1250	500	1	7.8	27.30	36.86
1.5	1500	500	1.2	7.8	37.44	50.54
1.6	1600	500	1.2	7.8	39.31	53.07
1.6	1600	850	1.2	7.8	45.86	61.92
1.85	1850	800	1.2	7.8	49.61	66.97
2	2000	500	1.2	7.8	46.80	63.18
2	2000	1000	1.2	7.8	56.16	75.82
2	2000	1250	1.2	7.8	60.84	82.13
2.2	2200	650	1.5	7.8	66.69	90.03
2.5	2500	400	1.5	7.8	67.86	94.00
2.5	2500	600	1.5	7.8	72.54	97.93
2.6	2600	650	1.5	7.8	76.05	102.67

表 20-2-3　桥架单位长度重量表

序号	规格（mm）	单位	桥架重量（kg/m）			
			梯级式	托盘式	槽合式	组合式
1	100×100	m	—	—	8.00	—
2	200×100	m	7.50	9.00	12.00	—
3	300×100	m	8.00	11.50	40.00	—
4	300×150	m	10.50	13.00	40.00	—
5	400×150	m	—	—	50.00	—
6	400×200	m	—	—	60.00	—
7	500×150	m	—	—	70.00	—

续表

序号	规格（mm）	单位	桥架重量（kg/m）			
			梯级式	托盘式	槽合式	组合式
8	500×200	m	—	—	90.00	—
9	600×150	m	—	—	100.00	—
10	600×200	m	—	—	120.00	—
11	800×150	m	—	—	130.00	—
12	800×200	m	—	—	150.00	—

（4）若支架本身能承受荷载小于管线实际荷载，那么在支架受力的时候，会出现过大的弯曲变形，严重时会出现弯曲折断，对人身安全，机电设备都有极大的隐患。所以支架的承重受力计算是至关重要的一节，型钢、螺栓以及锚栓的抗拉、抗弯、抗剪（不能忽略地震时的水平加速度），都需要进行力学计算校验。

20.2.3 抗震支吊架设计

20.2.3.1 抗震支吊架分类及布置原则

（1）抗震支吊架按类型分为侧向抗震支吊架和纵向抗震支吊架两种（侧纵向在一个部位时称为双向／四向抗震支吊架），在功能上分别负责垂直管子方向和顺着管子方向的水平地震作用。

（2）对于各个系统的侧、纵向抗震支吊架的管线规格以及布置间距，可参考《建筑机电工程抗震设计规范》GB 50981 中的相关规定，见表 20-2-4。

表 20-2-4 抗震支吊架最大间距表

水平管道类别（新建工程）		抗震支吊架最大间距（m）	
		侧向	纵向
给水管、消防管、喷淋管、空调水管	刚性连接金属管	12.0	24.0
	柔性连接金属管、非金属管及复合管	6.0	12.0
燃气、热力管道	燃油、燃气、高温热水管、蒸汽管、医用气体、真空管、压缩空气管及其他有害气体管道	6.0	12.0
通风及排烟管道	刚性材质	9.0	18.0
	非金属材质	4.5	9.0
电线套管、电缆桥架、电缆托盘、电缆槽盒	刚性材质	12.0	24.0
	非金属材质	6.0	12.0

20.2.3.2 地震作用受力计算

（1）抗震支吊架在地震中应对建筑机电工程设施给予可靠保护，承受来自任意水平方向的地震作用。抗震支吊架的主要荷载是地震作用，水平地震作用应按额定负荷时的重力荷载计算。

（2）地震作用受力计算具体分为以下几步：

1）根据抗震斜撑（侧向和纵向）初步布置的间距分别计算出单跨管线的总重量。

2）采用等效测力法计算出沿最不利方向施加于机电工程设施重心处的水平地震作用标准值。

3）通过受力分析计算出初步设置的抗震斜撑作用点所受的压力及拉力。

4）根据节点受力大小，对不同型号的连接件进行抗剪、抗拉强度校核，选用最具技术经济比的型材及连接件。

5）考虑安全系数后，再次进行抗震荷载的校核计算，确保支吊架所能承受的荷载依旧能满足加上安全系数之后的管线总荷载，一般取安全系数 1.3。

6）计算结果合格，受力计算结束，出具受力计算书。

20.2.4　综合支吊架常用构件及特点

20.2.4.1　开孔 C 形钢

开孔 C 形钢通常用于与专用配件的任意搭配，背面采用多条形孔设计，安装灵活方便，如图 20-2-1 所示。

20.2.4.2　C 形钢扣板

C 形钢扣板常用于防止 C 形钢安装固定后边缘弯曲变形，确保荷载均匀分布，如图 20-2-2 所示。

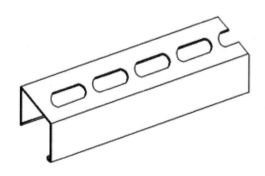

图 20-2-1　开孔 C 形钢示意图

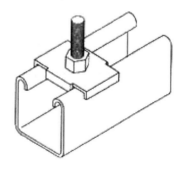

图 20-2-2　C 形钢扣板示意图

20.2.4.3　钢结构锁件

锁件用于吊杆、支架与钢结构免焊接、免钻孔固定，适合在钢梁上的吊挂连接，如图 20-2-3 钢结构锁件示意图所示。

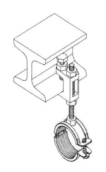

图 20-2-3　钢结构锁件示意图

20.2.4.4 钢结构梁夹

钢结构梁夹利用 U 形螺栓与 C 形钢尺寸相匹配，通常为成对使用，用于工字梁边缘的固定，并将槽钢卡紧，如图 20-2-4 所示。

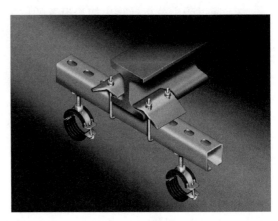

图 20-2-4　钢结构梁夹

20.2.4.5 平面连接件

平面连接件主要用于 C 形钢之间的连接，连接使用方法见 BIS-W4 角连接件图（图 20-2-5），以及用于 C 形钢平面角、垂直角的连接示意图（图 20-2-6）。

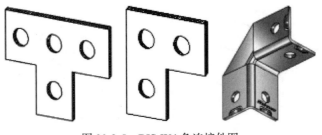

图 20-2-5　BIS-W4 角连接件图

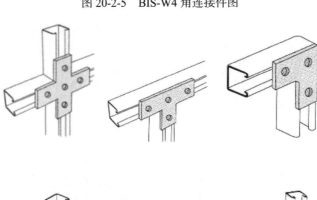

图 20-2-6　用于 C 形钢平面角、垂直角的连接示意图

20.2.4.6 型钢底座

型钢底座用于将支架系统固定于混凝土梁或楼板等结构,底座腰形孔设计,如图20-2-7所示。

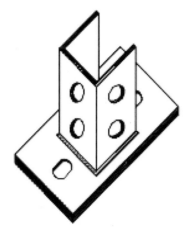

图 20-2-7　型钢底座

20.2.4.7 钢板底座 C 形钢固定支架

钢板底座 C 形钢固定支架用作生根固定于土建结构并连接 C 形钢的基础材料,如图 20-2-8 所示。

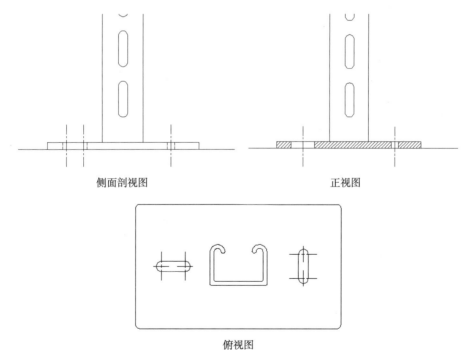

侧面剖视图　　　　　　　　　正视图

俯视图

图 20-2-8　钢板底座 C 形钢固定支架

20.2.4.8 型钢底座 C 形钢固定支架

如图 20-2-9 所示。

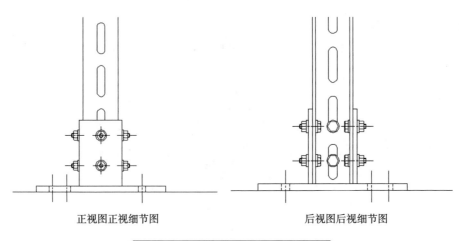

正视图正视细节图　　　　　　　　后视图后视细节图

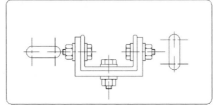

俯视图

图 20-2-9　型钢底座 C 形钢固定支架图

20.2.4.9　灯笼型管卡（单管吊卡）

如图 20-2-10 所示。

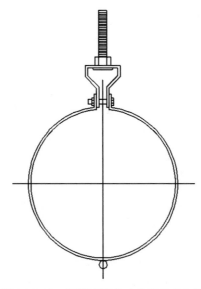

图 20-2-10　灯笼型管卡（单管吊卡）图

20.2.4.10　P 型管夹

P 型管夹如图 20-2-11 所示，主要应用于震动不大的管子的固定，如电线管、排水管等。

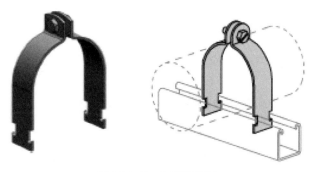

图 20-2-11　P 型管夹图

20.3　施工准备

20.3.1　机具准备

主要机具：砂轮切割机、扳手、升降车、活动龙门架、手电钻等常用加工和安装机具。

测量工具：游标卡尺，水平尺，钢直尺，钢卷尺，盒尺，线坠，尼龙小线，水平测试管等。

所有投入施工的机具需检验合格，不得带有故障或安全隐患。

20.3.2　作业条件

建筑物内部的地面已做好，墙体已抹灰完毕。

综合支吊架施工区域内均已完成定测，有条件时，需在 BIM 上进行反馈并核实专业间的冲突。

作业地点要有相应的辅助措施，并已完成技术交底和安全交底。技术交底应包含所有综合支吊架所涉及的专业。

20.3.3　施工工艺流程

工艺流程如图 20-3-1 所示。

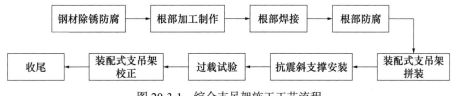

图 20-3-1　综合支吊架施工工艺流程

20.4 工艺质量控制

20.4.1 材料控制

所用型材、连接件及配件等材料的规格参数和性能参数应符合设计要求，详见表 20-4-1。

表 20-4-1 各站装配式支吊架常用材料规格表

序号	材料名称	型号	技术要求
1	C 形槽钢	41 号	厚度 2.0mm
2	C 形槽钢	52 号	厚度 2.5mm
3	C 形槽钢	72 号	厚度 2.75mm
4	机械膨胀锚栓	M1t	承载力 16.2kN
5	抗震连接件		承载力 12kN

20.4.2 材料进场验收、堆放

（1）进场材料应具有对应的材料清单，产品质量合格证书和性能检测报告等文件，应进行材料现场验收，仔细查看材料的规格型号是否与清单对应，观察以下几点：

1）热浸锌锌层表面应光滑均匀、致密，不应有起皮、气泡、花斑、局部未镀、划痕等缺陷。

2）热浸锌锌层表面应均匀、无毛刺、过烧、挂灰、伤痕、局部未镀锌（直径 2mm 以上）的缺陷。零配件、槽内不得有影响安装的锌瘤。

3）有螺纹、齿形处镀层应光滑，不允许有淤积锌渣或影响使用效果的缺陷。

4）锌层厚度大于等于 60μm，锌层附着力以及锌层厚度用画线、画格法测试。

5）材料进场的同时，报监理单位审核，监理审核合格后方可进场。

（2）符合要求后，所有进场材料进场后要分类整齐码放，并做好标识及成品保护。

1）应储存在通风良好、干燥的库房内。

2）构件应同型号、同规格储存在货架上。摆放在卡板上时，应码放整齐，高度不应超过 5 层或 1m。

3）槽钢的储存，应在地上铺设防潮膜，防潮膜上垫置干燥木条，若型钢的长度 ≥6m，为防止钢材弯曲变形，应在中间再设一个垫木支撑点。不同型号槽钢应分开叠放，未经拆封的槽钢之间应衬垫干燥木条。

4）槽钢的堆放高度不宜高于 1.0m，并应有防倾覆措施和警示标牌。

5）存放于室内地面上时，要在地面上铺设一层防水薄膜，薄膜上垫置两排干燥木条，型钢均需码放在木条上；未经拆开的整捆型钢每一层之间也要用干燥木条衬垫，槽钢应架空堆放，槽钢距离地面架空距离最少 150mm。

20.4.3 现场定位

（1）在支架设计施工图上选定一个不变部位为基准点。

（2）量取该趟支架中的一个支架离基准点的尺寸，再依据此尺寸进行现场实测实量确定该支架位置，并用记号笔做好标记。

（3）用红外线以该点为基准点进行水平投影，再用卷尺依据综合管线排布及支架设置施工图上各个支架之间的关系进行现场测量定点，以实现对各支架的精确定位。

（4）涉及房间管线开洞、可拆墙以及吸气式探测装置等需避让的地方应做好标记。

20.4.4 施工安装工艺

（1）下料。

槽钢下料要求切面垂直、切口平整，有利于构件之间荷载传递；丝杆下料要求切面垂直、切口平整，切口一周打磨，便于与螺母连接。切口处使用两道富锌漆做防腐处理。

（2）确定好锚栓点位后，使用吸尘电锤在定位好的支架位置打孔施工，并植入具有机械锁键的后扩底锚栓。

（3）将提前预制加工好的支架运用连接件与后扩底锚栓连接安装。

（4）安装完成后运用激光投线仪进行各支架安装水平度校核。

（5）将各连接件的螺母锁紧。

（6）再次用激光投线仪进行其水平度复测。

20.4.5 质量要求

（1）现场安装的支架应横平竖直，成排成组成直线排列时应阵列整齐，中心线错位不得超过100mm。

（2）连接件与槽钢之间的连接应牢固、可靠，支架表面应干净整洁，槽钢及连接件表面镀锌层完好无破损，型材切口处防腐处理应符合要求，立柱、横担和丝杆露头处应有堵头等防磕碰保护措施。

（3）综合支吊架每一层均宜有对应的专业类别、管径大小的防水防潮标签。

（4）安装完成的支架，符合现场安装质量要求后，应能满足其实际使用功能要求，成品支吊架应满足负载管线的承重要求，抗震支吊架应满足负载管线及设备地震时的地震作用要求。

20.5 现场实物

详见图 20-5-1、图 20-5-2。

图 20-5-1　综合支吊架实物图 　　　　图 20-5-2　综合支吊架抗震斜支撑实物图

21 电梯与电扶梯施工安装工艺

21.1 电梯

21.1.1 施工准备

根据工程合同或工期的要求编制施工班组，当供货、运输以及土建吊装孔施工计划改变时，应及时调整作业人员数量。

21.1.1.1 人员配备

持有省或直辖市颁发的特种作业证许可证，一般一个安装班组的配备有电工 1 人；钳工 3 人；起重工 2 人；电气焊工 1 人。

21.1.1.2 机具与劳动防护配备

（1）工作服、安全帽、安全带、防尘卫生帽、防滑鞋、手套、电焊面罩、墨镜、电焊专用手套。

（2）安装用机具如表 21-1-1 所示。

表 21-1-1 电梯安装常用机具表

序号	名称	型号	数量	备注
1	压线钳	1.25～8mm	2 把	
2	压线钳	14～38mm	2 把	
3	导轨刨刀		2 把	
4	电源箱	80～100A	3 个	
5	活动电箱		2 个	
6	电焊机	300A	2 台	
7	气焊工具		2 套	
8	电锤	12～38mm	3 把	
9	手电钻		3 把	
10	水平尺		5 把	
11	找道尺		2 副	
12	塞尺		8 把	
13	钢板尺		10 把	

序号	名称	型号	数量	备注
14	角尺		10 把	
15	线坠		8 个	
16	变压器	36V	2 台	
17	捯链	3t5m	3 个	
18	激光铅直仪		1 台	
19	水准仪		1 个	
20	兆欧表		1 台	
21	接地电阻测试仪		1 台	
22	电梯加速度测试仪		1 台	
23	声级计		1 台	
24	转速表		1 台	
25	游标卡尺		2 把	

21.1.1.3　现场设备堆放场地要求

（1）要求土建总包单位在现场提供电梯安装负责人办公室。

（2）与总包单位协商库房事宜，并尽量靠近电梯井道。

（3）现场工具房应门窗齐全、牢固，严防设备工具丢失。

21.1.1.4　现场临时用电的要求及准备

（1）暂在一层设一个电源分闸箱，每个分闸箱的保护开关容量不小于 100A，用电末端的漏电保护开关其漏电动作电源不得超过 30mA。

（2）梯井内焊接作业时采用双线到位，为防止梯井把线过长影响焊接质量，所以要注意电焊机电流不能太大并选择适当电焊条。

（3）所有电动工具采用临时电源接线板从分电源箱处引至作业点，电动工具（含电焊机、变压器）都必须有良好的接地，各种用电器与电源连接板之间必须采用完好的正式插头，电源接线板之尾线采用 3 芯软电缆线，电动工具的电源必须从闸箱内漏电开关中引出使用。

（4）电梯井道内照明采用 36V 低压供电，保证井道内有足够的操作照度。

（5）保护地线的接地电阻应不小于 4Ω。

21.1.1.5　脚手架搭设要求

（1）每部脚手板的铺设要求按图纸尺寸和方向搭设。

（2）每层脚手架的承重要求不小于 3kPa。

（3）每层楼面地槛处下取 400mm 要求有一层架子，上面加一档脚手板，每隔一层楼脚手板要铺满一次。一定铺在厅门地槛下取 400mm 处的那层架子上，便于上下作业而且安全。

（4）为防止架子晃动，要求采用每隔两层架子用钢管延伸至结构墙的方法将架子的四个方向与梯井墙顶住。

（5）井道脚手架搭设完毕，施工人员应会同安质部门、监理与土建有关人员共同检查验收并办理合格手续。在脚手架搭设过程中必须有施工小组的人员在现场配合，保证脚手架既安全又适于电梯安装施工。

（6）脚手架必须经过安全技术部门检验合格后方可使用。

21.1.2 工艺流程

工艺流程见图 21-1-1。

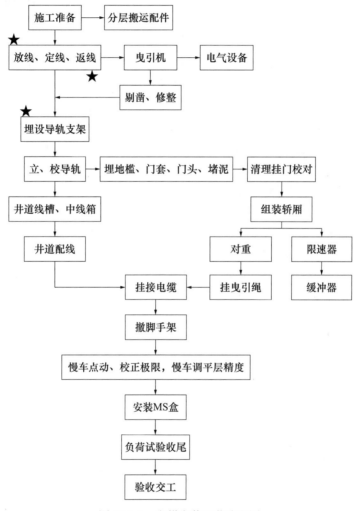

图 21-1-1 电梯安装工艺流程图

注：图中★为关键工序

21.1.3 施工要点与要求

21.1.3.1 机房设备吊运

电梯设备运至现场后，曳引机、控制柜、承重梁应运至各部位；轿厢立柱、顶梁、底梁、轿顶、轿底、轿厢围板、门机、曳引机钢丝绳、部分厅门、门框等应运至顶层；另一部分厅门、门框、缓冲器、底坑设备、安装材料等运至首层库房。

21.1.3.2 测量与放线

测量梯井、放基准线的工作是整修安装的关键，所以必须认真对待，施工中注意随时收集有关资料数据摸索放线经验。施工中基准线的确定采用如下方法：

（1）为减少基准线过长以及结构的变化对导轨安装精度的影响，顶部、底部样板均采用干燥、无节、韧性强、不易变形的木材制作。

（2）测梯井：先钉好上、下样板，在顶层样板沿厅门口按通常方法先放两钢丝至底坑，挂上线坠，利用加水桶的方法稳定线坠，并选择结构最稳定时间将线坠用 U 形钉固定在木框上，测井线稳固后在最短的时间内测量各层梯井前后左右各部尺寸并做好记录。

（3）粗放基准线：根据梯井测量数据和安装放线图，将顶层样板粗略固定并将基准线放至底坑（门口线、大道架线、小道架线在由顶样板垂下时注意校正各线之对角线），挂上线坠，基准线放下后采用与测井线同样的方法稳定并基本固定。

（4）放线时要特别注意厅门线、大小道距墙的间距要满足安装要求，防止出现误差结构无法修改，梯井基准固定之后必须经厂方现场技术指导进行确认并做好记录，梯井线确定之后任何人在施工中不得随意改动。

（5）在施工过程时还要随时注意校正各档位置线的对角线必须一致，其误差不得大于 1mm。

21.1.3.3 导轨安装

（1）道架安装应严格按照制造商提供的安装手册执行，在施焊时应注意好电流大小以确保焊接质量，长度不得小于 50mm。同时在厂方有要求下要按厂方要求进行焊接。关于道架间距按设计图纸要求执行，一般情况下为 2500^{+0}_{-50}mm。

（2）立道、轨道安装垂直度偏差每 5m 每根不大于 0.7mm，导轨的相互偏差（即平行度）全高不大于 1mm，大道轨距偏差 $^{+2}_{-0}$mm，小道轨距偏差 $^{+2}_{-0}$mm，其他要求按标准及安装手册执行，一次立道视情况随时调整捯链。

（3）轨道找正中途不要换人，检测器具亦不得随意更换。

21.1.3.4 地槛、门套、上槛及厅门安装工艺要点

为保证地槛的稳装精度采用统一加工制作的地槛规矩尺，电梯轿厢地槛与厅门地槛间隙控制为 30^{+1}_{-0}mm。

（1）把两个地槛规矩尺每根大道把一个，固定并钩住地槛后再校对地槛中心，再固定地槛，要求地槛全长水平误差不超过 1/1000，地槛中心误差不超过 1mm。

（2）上槛与地槛保持平行，门头中心应对准地槛中心，其误差不得大于 1mm。

（3）门套组装时应不受外力，四角要保持 90°，找正后要用小型电焊机可靠固定。

（4）土建在封门套间隙时应派人看护，防止损坏门套或挤歪门套。

（5）挂厅门时必须注意清理门套井内的突出物，防止厅门划伤，厅门应垂直开关灵活，且与地槛和门套隙均为 5～8mm。

（6）地槛应高出楼面最终装修面 2～5mm。

21.1.3.5 机房安装工艺要点

（1）曳引机下有承重钢梁时，应做到两根平行，两根垂直钢梁的平整度应小于 1mm，

或按厂方安装手册的规定稳装，承重梁两端下面必须用钢板垫实。

（2）曳引机安装要严格按照手册上的要求进行施工。

（3）机房安装后应将机房门锁好，土建或装修单位不具备条件时应有专人看护。

21.1.3.6　轿厢组装工艺要点

（1）轿厢组装在顶层位置组装，安全钳应在组装底梁时调整好，先装厢架，再装厢体。

（2）轿厢底盘水平度要求为 1/1000。

（3）轿厢围板组装时先量好实际预组装尺寸，再打孔用螺栓初紧，待全部螺栓合格到位后，最后拧紧全部螺栓。

（4）钢丝绳头制作的长度尽量保持一致，全部绳都放下后比齐，最后统一做对重侧绳，比量尺寸时空绳一侧每根绳加 80～100kg 的拉力。

21.1.3.7　电气部分安装

（1）机房地槽、梯井线槽、控制柜等均应固定牢固，电气上连为一体，有良好的接地。

（2）限速器、编码器、楼层指示灯、呼梯按钮盒等都应多穿一根黄绿两色的地线并固定好，线槽连接一定要用镀锌螺钉，梯井线槽要按图纸位置安装。

（3）由于梯井较高不易在室外先放线再往梯井内布放，应采用在机房放线的方法，防止线多过重拉断线芯，放一部分后线槽内先固定几点再放其余部分。

（4）线槽内布线应整齐，不得扭曲交叉，拐角处内侧应加护套，中间接线盒、轿厢等处要采用二芯线作地线。

（5）井道内电源线、控制线、信号线等应避免缠绕打结，并避开钢丝绳运行晃动范围，以免破皮损坏。

21.1.4　安全防护

（1）电梯安装及调试阶段作业人员资质必须满足特种设备作业证等资质要求。

（2）施工人员的个人防护用品配备需经过检验并处于有效期内。

（3）脚手架安装安全需经过验收。

（4）井道内用于气焊、电焊的把线均应理顺无缠绕，外皮完整无破损，无拉断、漏气、漏电的隐患。

（5）有关起吊作业、带电作业、搬运作业、员工安全实操、防坠落保护措施、机房和临时仓库、电梯安装安全要点、电焊和施工防火、临边防护与作业通道等须进行岗前专业培训。

21.1.5　质量控制与检验

21.1.5.1　法规及性能要求

（1）电梯安装后性能达到现行《电梯制造与安装安全规范》GB/T 7588、《电梯安装验收规范》GB 1006 规定的标准。

（2）电梯安装后性能达到《电梯工程施工质量验收规范》GB 50310 要求。

（3）电梯安装后性能达到电梯制造商规定的有关技术性能标准。

21.1.5.2 验收要求

（1）通过设备厂家自检要求，并出具自检合格报告。

（2）通过当地质量监督部门监督检验验收要求，并取得合格报告。

21.1.6 施工结束

（1）施工完成后，邀请监理验收，达到验收标准后在检验批安装记录上签字盖章确认，并留存影像资料。

（2）出场前材料、工器具、人员对照进场前的登记信息进行清点拍照，并做好记录，确保施工结束后材料、工器具、人员全部出清。离场时将施工垃圾带出场地。

21.2 自动扶梯

21.2.1 工地安装准备

21.2.1.1 基本工具

皮尺，铅锤。

21.2.1.2 安装准备内容

（1）检查井道，应该清晰地标出完工后地板的水平线标记和中心线标记。

（2）检查马道各尺寸，包括检查两终端支撑之间的距离，以及底坑长度、底坑深度、提升高度和井道对角线长度的尺寸。

（3）检查楼板的开口尺寸。

（4）检查运输的横梁和吊钩。

（5）检查地板尺寸和承载能力的梁或吊钩。

（6）当扶梯有中间支撑时，需检查中间支撑梁的距离位置和垂直高度。

（7）根据工地条件选择合适的卸载和吊装就位方式与工具，评估吊装风险。

（8）检查防护栏。

（9）检查周围环境。

（10）检查电缆预留长度。

21.2.2 安装前技术准备

（1）施工管理人员、作业人员在开工前，必须认真阅读有关图纸资料，并经指导人员确认，现场经理要组织施工班组学习施工方案和技术标准，绝不可因为工期紧张而忽视对图纸资料的审阅。

（2）正式开工前安装人员应积极认真地准备专用工具和必需的器材设备，例如通信联络器材，找道尺、精度较高的水平尺。统一发放标准盒尺、规尺，吊装用吊具、锁具等进行安全检查。

（3）正式开工前现场经理要组织施工班组，结合施工程序及方案中规定的重点工序制定有针对性的技术方案。

（4）其他准备工作。

1）扶梯基坑必须清理干净。

2）所有扶梯底坑不能有积水和漏水现象发生。

3）各扶梯预留洞口四周必须有防护栏。

4）各扶梯预留洞口用水泥做防水台。

5）扶梯井道或井道附近的轴线尺寸和标高线尺寸必须齐全、正确。注意，此项工作非常重要，是扶梯生产、制造的基础，也是扶梯安装必要的条件，此项工作应以书面形式给安装单位进行交底。

21.2.3 扶梯进场工艺要点

货车在建筑外卸货点处由 20t 汽车式起重机卸货至地面，然后利用两台 5t 叉车分段运输至起吊点附近，卸货至地面，进入建筑物内还应考虑运输回转半径能否满足要求。

21.2.4 吊装机具

吊装机具清单详见表 21-2-1。

表 21-2-1 吊装机具表

序号	名称	规格	单位	数量
1	吊机	25t	台	2
2	捯链	10t	台	4
3	捯链	5t	台	8
4	PESA03 吊装带	7200kg	根	10
5	卷扬机	3t	台	1
6	滚杠	$\phi 108 \times 10 \times 2500$（mm）	根	若干
7	导向滑轮	5t	个	4
8	悬挂吊装锚点	10t	组	10
9	扶梯专用吊装专用扁担	10t	组	2

21.2.5 吊运过程的人员配备

（1）扶梯吊装运输由现场负责人负责，成立扶梯吊装运输组，并设吊装指挥、现场安全员、技术人员。

（2）技术人员负责扶梯运输吊装方案的编制及方案交底，吊装指挥负责扶梯运输、吊装的指挥，安全员负责方案中安全技术要求的审核及各类工机具安全性能的复核，现场负责人负责扶梯运输安全交底、方案的实施及组织人力、物力完成整个扶梯运输吊装过程。

21.2.6 工艺流程

工艺流程见图 21-2-1。

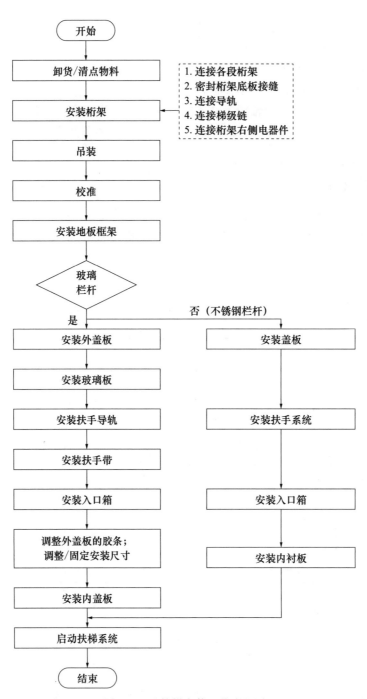

图 21-2-1　扶梯安装工艺流程图

21.2.7　施工要点与要求

21.2.7.1　卸车

卸车工艺重点在于安全,大风、雷雨等恶劣天气应停止施工。设备吊装点必须是厂家指定位置,不可擅自更改,卸车现场如图 21-2-2 所示。

图 21-2-2　自动扶梯卸车现场图

21.2.7.2　水平牵引工艺

水平牵引工艺要点在牵引用卷扬机的选择：

（1）选用 1t 卷扬机及直径 10mm 钢丝绳（许用拉力 0.9t）。

（2）卷扬机锚点设置在混凝土柱子。卷扬机底座处使用钢丝绳与混凝土柱子紧固，混凝土柱子根部用钢丝绳围绕时，围绕部分加垫铁抱角及木板加以保护。

（3）立式地锚：在地面打入 22mm 膨胀螺钉四个一组，连接钢板、拉钩组成锚点。

21.2.7.3　出入口扶梯吊装工艺

（1）扶梯的吊挂受力点只能在扶梯两端支撑起吊螺栓或起吊固定脚上。

（2）拉动或抬升扶梯时，不能让其他部位受力。

（3）从马道上下坡时应慢速缓降，避免撞击。

（4）预留的吊钩在吊装前应做拉力试验，合格后方可用于吊装，否则需另行安装吊点。

21.2.7.4　厅台扶梯吊装工艺

（1）扶梯分体吊运到负一层站厅层门后，在站厅地面进行组装。

（2）在扶梯吊装垂直位置上方楼板处，安装头部、中部、尾部 6 个吊装锚点，悬挂 6 组拉钩、10t 捯链。

（3）利用捯链同时起吊扶梯的头部、中部、尾部，将扶梯吊装到指定位置。

（4）采用分段吊装，利用固定吊点，借助底托、滚械的滑动，使扶梯分段顺利吊装到设计位置。

1）在吊装扶梯上方，根据现场的条件与吊装点对应位置做若干个吊装点。

2）吊装点的制作采用在混凝土上打孔安装膨胀螺栓，每个吊装点四个 $\phi16mm$ 的膨胀螺栓，把一块 200mm×300mm×12mm 的钢板固定住。钢板上焊接一个吊钩，吊钩上挂钢丝绳，钢丝绳上挂吊链。

3）在扶梯吊装位置设置吊装架（龙门式或人字式）。吊装架上设滑轮组，滑轮上穿钢丝绳，用卷扬机为动力挪动吊装扶梯。

4）根据具体环境设置锚点（锚点可采用混凝土螺栓，也可采用地面安装膨胀螺栓固定铁板作为地锚）将卷扬机固定在地锚上。

5）用上方吊点上的吊链和吊装架上的滑轮组吊起扶梯，利用底托和滚杠使扶梯向前方移动，当扶梯向上或向下处放时，须缓慢移动，一边移动，一边升降，因此需要采用多处吊点，捯几次钢丝绳，同时几台吊链也要配合好，动作一致才能保证安全。通过扶梯吊点的吊链和吊装架滑轮组的吊点释放，逐步将扶梯放至设计位置，如图 21-2-3 所示。

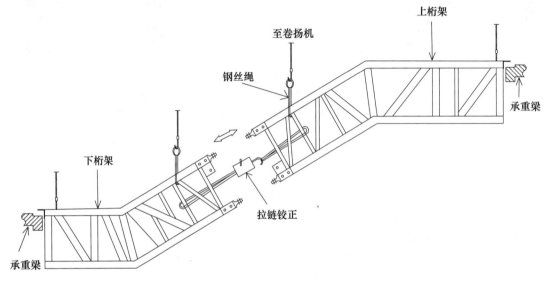

图 21-2-3　扶梯吊装示意图

21.2.7.5　扶梯桁架的固定

（1）桁架吊运后，桁架与搁置梁间距保持在 0～15mm，以免间距过大造成单位面积负荷过大，当扶梯满载时，产生不良后果，间距太小则会引起扶梯运行振动大或桁架受挤变形。

（2）将最终地面完成面的标高线引至龙尾和龙头处，以此为标准调整扶梯高度。

（3）调整扶梯前后尺寸以符合图纸要求，将两台扶梯桁架之间距离保持在 40mm，以保证外饰板的安装距离。

（4）将框式水平仪放置于梯级上，在左右两侧用垫片调整桁架的左右水平度符合要求。

（5）用角铁与膨胀螺栓将扶梯的龙头、龙尾可靠固定后，用混凝土将其下部受力点填实。检查是否有突出物妨碍日后地面的装修，如有则将突出物切除。

21.2.7.6　现场装配

（1）桁架、大链轴等部件的中心必须一致。

（2）安装梯级用链条后，安装 1/2 的梯级并将其转至桁架底部，再安装玻璃底座。

（3）安装扶手带轨道后装入扶手带，再安装护裙板的支撑角铁。

（4）护裙板安装完毕后，进行安全开关的安装和调整。

（5）安装全部梯级（留4～5只梯级不装）。用垫片调整梳齿板梁高度符合要求后，安装梳齿板。

（6）安装操作盘，安装引入电源及其开关。

（7）调整扶手带张力后安装内饰板，进行试车运行。

21.2.7.7　与装修专业的配合协调要点

（1）标高线。

设计联络阶段，需要与精装单位统一标高线。

（2）扶梯出入口周围空间。

该畅通区的宽度至少等于扶手带外缘距离加上每边各80mm，纵深尺寸从扶手装置端部算起至少为2.5m。

（3）防爬装置的要求应符合国标要求，实物见图21-2-4。

（4）防滑行装置要求及实物见图21-2-5。

图21-2-4　防爬装置设置现场图　　　图21-2-5　防滑行装置设置现场图

21.2.8　安全防护

21.2.8.1　劳动防护配备

按国家有关标准对操作工人配备工作服、安全帽、安全带、防尘卫生帽、防滑鞋、手套、口罩、电焊面罩、墨镜、防风尘眼镜、电焊专用手套、护脚盖等劳动防护用品。

21.2.8.2　一般安全措施

（1）工作开始前，应在自动扶梯的出入口处设置有效的护栏，防止无关人员误入工作区域。

（2）在进行工作前，自动扶梯上的主电源开关和其他电源开关应置于"关"的位置，上锁悬挂标签并测试和验证有效。

（3）当一节或多节梯级被拆除，不允许乘用自动扶梯，应用两种独立的方法在电气和机械方面锁闭设备。

（4）工作制动器、附加制动器以及主传动维修时，应有防止梯级下滑的机械式安全措施。

21.2.8.3　在桁架中作业的安全措施

（1）试验停止和检修开关，试验共用按钮和方向按钮的有效性。

（2）在桁架中作业时应禁止任何电动运行，不允许在梯级轴上行走。

（3）对主电源开关锁闭，警示并采取两种独立的方法（电气和机械阻挡）来防止梯级链条的运动。

21.2.8.4 驱动站和转向站作业的安全措施

（1）进入驱动站和转向站应按下停止开关。

（2）提供充足的照明以保证安全进出和安全工作，控制开关应在靠近每个入口的地方。

（3）使用电动工具所配备的电源插座应符合国标要求。

（4）进入驱动站和转向站工作时，入口处应设置有效的防护装置。

21.2.8.5 其他安全措施

对于重载的自动扶梯的电动机、齿轮箱应采取预防措施，以防止在高温情况下接触到这些设备，并在可能达到高温的机器上张贴警示标识。

21.2.9 质量控制与检验

21.2.9.1 法规及性能要求

（1）安装后性能达到现行《自动扶梯和自动人行道的制造与安装安全规范》GB 16899规定的标准。

（2）电梯安装后性能达到现行《电梯工程施工质量验收规范》GB 50310要求。

（3）电梯安装后性能达到电梯制造商规定的有关技术性能标准。

21.2.9.2 验收要求

（1）通过设备厂家自检要求，并出具自检合格报告。

（2）通过当地质量监督部门监督检验验收要求，并取得合格报告。

21.2.10 施工安全注意事项

（1）参加扶梯安装的施工人员必须接受过安装技术教育，了解安装过程中的危险所在及程度，未接受过安装技术教育的员工不得从事安装工作。

（2）坚持在每一道工序开始前，都要进行安全技术交底，即在安装工作时要将安全注意事项同时交底。

（3）吊装用具及钢丝绳在每一次吊装前均应进行安全检查，钢丝绳出现断股则不能使用。

21.2.11 施工结束

施工完成后，邀请监理验收，达到验收标准后在检验批和安装记录上签字盖章确认，并留存影像资料。

21.3 残疾人升降平台

地铁用残疾人升降平台主要采用斜向升降平台，由于空间条件所限且往往设有垂直电梯，垂直升降平台一般很少应用，遇特殊情况需应用时，可参考其他行业的相关标准或规范执行。

斜向残疾人升降平台是一种安装在楼道系统利用电机牵引沿着轨道上下移动并运载乘客的无障碍安全装置。装置主要由主驱动系统，辅助驱动系统、主控系统和安全系统组成。其主要部件包括驱动系统、立柱、导轨、绳轮链和移动平台等。无障碍升降机按其运行方向分曲线型和直线型二种。直线型多采用齿轮齿条式驱动机构，沿楼梯做上升和下降，只能作直线运行不能转弯，倾斜角一般不大于35°，适用于楼层不高的直线型楼梯。曲线型采用绳球链式传动，不仅能作上升和下降，还能作水平、转弯和螺旋形运行，适用范围较为广泛。

一般情况下，斜向升降平台需按照设计要求进行制造和安装，无特殊说明与要求条件下，斜向升降平台多采用斜挂式升降平台，其宽度不应小于900mm，深度不应小于1000mm，并设扶手和挡板，有条件时需设置控制呼叫按钮。

21.3.1　施工准备

（1）施工安装督导人员到位。

（2）施工安装所需的工器具应配备到位。

（3）现场施工条件已勘验并得到确认。

（4）设备已到货并开箱验收。

21.3.2　施工工艺要求

（1）立柱与导轨应按标记标号固定安装。

（2）主机试运行前暂不固定地脚螺栓，否则无法调整。

（3）升降平台在台阶高处时，应按照设计要求保证对台阶有足够的安全距离，避免轮椅乘客意外滑落。

（4）控制呼叫按钮应按照《无障碍设计规范》GB 50763 所要求的高度进行安装，一般情况下安装高度控制在 900～1100mm。

（5）在乘降位置处张贴使用说明书时应与导向标识、控制呼叫按钮等一一对应。

21.3.3　工艺流程

工艺流程如图 21-3-1 所示。

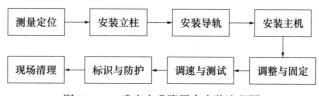

图 21-3-1　残疾人升降平台安装流程图

21.3.4　施工工艺质量要点

（1）安装在楼梯侧的残疾人升降平台应不影响规范或设计所要求的最小疏散通道宽度。

（2）现场确认施工条件，装修、配电等前序工程是否已经完成，预留条件是否到位。

（3）现场测量并做好标记，使现场标记能够与设计图保持一致。

（4）打开包装箱，按包装上的编号、轨道和立柱沿标记顺序摆放，如图 21-3-2、图 21-3-3 所示。

图 21-3-2　拆箱、打开包装现场图　　　　图 21-3-3　依编号、轨道和立柱
沿标记顺序摆放现场

（5）打开包装物，对包装上的编号与轨道上的编号进行核对，检查看是否一致，如果有不一致的则按图纸尺寸落实该轨道的编号。

（6）下轨道穿线时注意穿两根电线，一根 2 芯的充电线，一根 5 芯的呼叫线。

（7）轨道内主线不允许出现接头，穿线时严禁用力拉拽，出线口不要损伤线材。

（8）连接轨道时需按照图纸顺序进行连接，轨道连接处齿条必须用齿条验具进行检验，保证齿条与齿条验具配合严紧后拧紧螺栓，紧固力矩需达到设计规定的要求。见图 21-3-4。

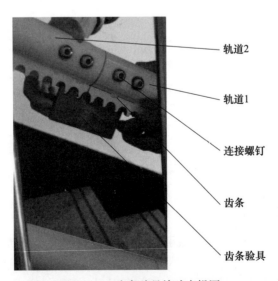

　　　　　　　　　　　　　　　　　　　　　　　　　　　　　轨道2

　　　　　　　　　　　　　　　　　　　　　　　　　　　　　轨道1

　　　　　　　　　　　　　　　　　　　　　　　　　　　　　连接螺钉

　　　　　　　　　　　　　　　　　　　　　　　　　　　　　齿条

　　　　　　　　　　　　　　　　　　　　　　　　　　　　　齿条验具

图 21-3-4　齿条验具检验实操图

（9）轨道连接完成后，临时固定几个点位（一般为每隔一处临时固定），防止挂主机时轨道出现倾斜现象造成事故。

（10）轨道连接完成后挂主机试运行，空载运行检验设备是否有蹭台阶和倾斜角过大的情况。

（11）设备运行正常后，开始调整立柱，使立柱的底脚板与楼梯台阶（踏步）保持平面配合，立柱必须用水平尺测量，确保垂直于踏步，必要时在底脚板处加 0.5mm 不锈钢垫片进行调整，立柱摆放的位置在台阶（踏步）中间的位置。

（12）立柱调整好后，设备再运行一周，运行正常后固定地脚螺栓，不得有松动。

（13）地脚固定完成后安装充电位，充电位必须与升降机本体配合严紧，为防止配合不实影响充电，充电点应用细目砂纸打磨，使其充电点达到最佳状态。

（14）呼叫盒（图 21-3-5）或电气控制箱现场接线安装时，不允许带电进行操作。

图 21-3-5　呼叫盒实物图

（15）调整充电位的位置并承载运行。

（16）消除可存在的隐患，这些隐患包括可能对乘客造成的头部磕碰、轮椅滑动等引起的伤害。

（17）张贴使用说明书的高度应满足现行《无障碍设计规范》GB 50763 的要求。

附录 设备系统常用英文缩略语注释表

缩写词	英文解释	中文解释
2M	—	SYV 类射频同轴电缆
ACC	AFC Clearing Center	清分管理中心
ACS	Access Control System	门禁系统
ACS	Axle Counting System	计轴系统
AFC	Automatic Fare Collection	自动售检票系统
AG	Automatic Gate Machine	自动检票机
AM	Automatci Train Operation	列车自动驾驶模式
AP	Access Point	接入点
APF	Active Power Filter	有源电力滤波器
AS	Access Switch	接入交换机
ASD	Automatic Sliding Door	滑动门
ATC	Automatic Train Control System	列车自动控制系统
ATO	Automatic Train Operation	列车自动运行
ATP	Automatic Train Protection	列车自动防护
ATPM	ATP Manual Mode A TP	防护下的人工列车驾驶模式
ATS	Automatic Train Supervision	列车自动监控
AVM	Add Value Machine	自动充值机
BAS	Building Automation System	环境与设备监控系统
BCS	Backbone Communication System	骨干通信网系统
BIM	Building Information Modeling	建筑信息模型
BNC	Bayonet Nut Connector	卡扣配合型连接器
BOM	Booking Office Machine	半自动售票机
BS	Backbone Switch	骨干交换机
CAD	Computer Aided Design	计算机辅助设计
CBTC	Communications-Based Train Control	基于通信的列车控制
CC	Carborne Controller	车载控制器
CCTV	Closed Circuit Television	视频监控系统
CI	Computer Based Interlocking	计算机联锁
CLK	Clock	时钟系统

缩写词	英文解释	中文解释
COM	Cluster communication	串行通信
COS	Communication Server	通信服务器
CPU	Central Processing Unit	中央处理器
CT	Current Transformer	电流互感器
DAP	Data Acquisition Platform	数据采集平台
DCS	Data Communication Subsystem	数据通信子系统
DCU	Door Control Unit	门控单元
DDF	Digital Distribution Frame	数字配线架
DOI	Door open indicator(light alarm)	门状态指示灯
DSU	Database Storage Unit	数据库存储单元
E1	—	欧洲的 30 路脉码调制 PCM
EMC	Electromagnetic Compatibility	电磁兼容性
EB	Emergency Brake	紧急制动
	Emergency Button	紧急按钮
EED	Emergency escape door	应急门
EER	Energy Efficiency Ratio	制冷能效比
EMC	Electromagnetic Compatibility	电磁兼容
EN standards	European standards	欧洲标准
ETC	Emergency Treatment Center	应急指挥中心
E/S	Encoder/Sorter Machine	车票编码分拣机
FAS	Fire Alarm System	火灾自动报警系统
FC	Fiber Channel	光纤通道
FIX	fixed screen door	固定门
G.703	—	连接数据高速同步通信服务的建议
GB	—	中国国家标准
GIS	Geographic Information System	地理信息系统
	Gas Insulated Switchgear	气体绝缘金属封闭开关设备
GOOSE	Generic Object Oriented Substation Event	面向通用对象的变电站事件
IBP	Integrated Backup Panel	综合后备盘
IDC	Information Data Center	信息发布中心系统
IEEE	Institute of Electrical and Electronics Engineers	电子与电气工程师协会
IETF	The Internet Engineering Task Force	国际互联网工程任务组
IGBT	Insulated Gate Bipolar Transistor	绝缘栅双极型晶体管
ILC	Interlocking Controller	联锁控制器
IP	Internet Protocol	互联网络协议

缩写词	英文解释	中文解释
ISCS	Integrated Supervision and Control System	综合监控系统
ISO	International Organization for Standardization	国际标准化组织
ITU-T	International Telecommunication Union-Telecommunication Sector	国际电信联盟电信标准分局
L2S	Level 2 Switch	二层网络交换机
L3S	Level 3 Switch	三层网络交换机
LAN	Local Area Network	局域网
LC	Line Center	线路中央计算机系统
LCB	Local Control Box	就地控制盒
LCD	Liquid Crystal Display	液晶显示器
LED	Light Emitting Diode	发光二极管
LTE	Long Term Evolution	时分长期演进
MAC	Municipl Administration & Communication Card Co.	市政交通一卡通
MAL	Movement Authority Limit	移动授权
MCB	Miniature Circuit Breaker	微型断路器
MLC	Multi line management center	多条线路共用的线路中心
MR	Mobile Radio	车载无线台
MSD	Manualsecondaydoor	端门
MTBF	Mean Time Between Failure	平均无故障时间
MTTR	Mean Time to Repair	平均每次故障维修时间
NCC	NDC and OMC	线网运营信息化系统
NDC	Network Data Center	线网数据中心系统
NDF	Network distribution frame	网络配线架
NGN	Next Generation Network	次世代网络
NTP	Network Time Protocol	网络时间协议
OA	Office Automation	特指：轨道交通综合办公网络
OCC	Operating Control Center	线路运营控制中心
OMC	Operation and Maintenance Management Center	运维管理中心系统
PA	PublicAddress	车站广播系统
PC	Personal Computer	个人计算机
PCC	Passenger Information System Control Center	信息编播中心系统
PCM	Pulse-code Modulation	脉冲编码调制
PDH	Plesiochronous Digital Hierarchy	准同步数字系列
PEDC	Platform end door controller	单元控制器
PIS	Passenger Information System	乘客信息系统
PLC	Programmable Logic Controller	可编程逻辑控制器

缩写词	英文解释	中文解释
PPS	Packets per Second	包转发率
PRI	Primary Rate Interface	基群速率接口
PSC	Platform screen doors central control panel	中央控制盘
PSCADA	Power Supervision Control And Data Acquisition	变电所自动化系统
PSD	Platform Screen Doors	站台门系统
PSL	Platform screen doors local control panel	就地控制盘
PSTN	Public Switched Telephone Network	公共交换电话网络
PT	Potential Transformer	电压互感器
PTE	Portable test equipment	设备维修终端
PTN	Packet Transport Network	分组传送网
PTP	Precision Time Protocol	精确时钟同步协议
RAID	Random Array of Inexpensive Disks	磁盘阵列
RJ45	Registered Jack 45	标准 8 位模块化接口
RM	Restricted Manual	限制人工模式
RPM	Revolutions Per Minute	每分钟多少转
RRU	Radio Remote Unit	射频拉远单元
RS-422		平衡电压数字接口电路的电气特性
SAM	Secure Access Module	安全存取模块
SAN	Storage Area Network	存储局域网
SAS	Serial Attached SCSI	串行连接 SCSI
SC	Station Computer system	车站计算机系统
SCADA	Supervision Control And Data Acquisition System	监控与数据收集系统
SDH	Synchronous Digital Hierarchy	同步数字体系
SIG	Signaling	信号系统
SIGTRAN	Signaling Transport	IP 网络中传递 SS7 信令的协议
SIP	Session Initiation Protocol	会话发起协议
SLE	Station Level Equipment	车站现场设备
SPD	Surge Protection Device	电涌保护器
SVG	Static Var Generator	无功补偿装置
TCM	Ticket Checking Machine	自动查询机
TCP/IP	Transmission Control Protocol/Internet Protocol	传输控制协议／网际协议
TN-S		三相五线制系统
TOD	Train Operator Display	司机显示器
TVM	Ticket Vending Machine	自动售票机
TVF	Tunnel Ventilation Fan	隧道风机

缩写词	英文解释	中文解释
UDP	User Datagram Protocol	用户数据报协议
UPS	Un-interruptable Power Supply	不间断电源
USB	Universal Serial BUS	通用串行总线
VLAN	Virtual Local Area Network	虚拟局域网
UO	Under Platform Exhaust/ Over Track Exhaust	排风机
VVVF	Variable Voltage Variable Frequency	变压变频
WAN	Wide Area Network	广域网

参 考 文 献

［1］ 中铁电气化局集团有限公司. 城市轨道交通供电系统施工与技术管理［M］. 北京：中国铁道出版社，2014.

［2］ 杨建国. 城市轨道交通供电工程施工技术手册［M］. 北京：中国铁道出版社，2013.

［3］ 北京市轨道交通建设管理有限公司，中国铁路通信信号上海工程局集团有限公司. 城市轨道交通通信系统工程安装技术指南［M］. 北京：中国铁道出版社，2017.

［4］ 中铁电气化局集团第一工程有限公司. 城市轨道交通供电系统工程施工工艺示范手册：Q/JYGS DB01—2018.

［5］ Q/ZFC-TFKT-01，Q/ZFC-JZDQ-01，Q/ZFC-JZGPS-01. 中发建筑技术集团有限公司企业标准.

［6］ 中铁十二局集团电气化工程有限公司. 施工工艺标准手册：地铁信号分册 V2.0，地铁变电分册 V1.0，地铁通信分册 V2.0，地铁刚性接触网（DC1500）V1.0，地铁砌筑及装修分册 V1.0，机电安装分册 V1.0.

［7］ 上海市安装工程集团有限公司. 上海市安装工程集团有限公司企业标准（系列）：ZD-1.15-2015，…，ZE-3.03-2008，…，ZZ-2.02-2018.

［8］ QG/JA04.01-2019，…，QG/JA05.08-2019. 河北省安装工程有限公司企业标准（系列）.

［9］ 中铁武汉电气化局集团有限公司. 城铁分公司工艺指导手册：Q/CT J001-2020.